高等职业技术教育

房屋设备安装专业系列教材

FANGWU SHEBEI ANZHUANG ZHUANYE XILIE JIAOCAI

建筑电气控制

（第三版）

主　编　赵宏家

副主编　徐　静

侯志伟

JIANZHU DIANQI KONGZHI

重庆大学出版社

内 容 简 介

本书共分9章。第1~2章主要介绍常用控制电器的基本结构、工作原理及性能，继电器、接触器控制的基本环节及设计和调试内容；第3~7章主要介绍水泵与消防设备、空调与制冷设备、锅炉、电梯和建筑机械等设备的控制系统分析；第8~9章主要从应用方面介绍可编程序控制器的工作原理、特点、编程语言和编程方法，并结合建筑设备的控制介绍应用及设计实例。

本书为房屋设备安装和建筑电气技术专业的教材，也可作为建筑智能化、楼宇智能化、物业管理等专业相关课程的教材，以及从事建筑设备制造、安装、调试、运行管理的工程技术人员的培训教材和参考书。

图书在版编目(CIP)数据

建筑电气控制/赵宏家主编.—3版.—重庆：
重庆大学出版社，2015.8
高职高专房屋设备安装专业系列教材
ISBN 978-7-5624-9340-2

Ⅰ.①建…　Ⅱ.①赵…　Ⅲ.①房屋建筑设备—电气控制—高等职业教育—教材　Ⅳ.①TU85

中国版本图书馆CIP数据核字(2015)第161097号

建筑电气控制
(第三版)

主　编　赵宏家
副主编　徐　静　侯志伟
责任编辑：林青山　　版式设计：王　勇
责任校对：秦巴达　　责任印制：赵　晟

*

重庆大学出版社出版发行
出版人：邓晓益
社址：重庆市沙坪坝区大学城西路21号
邮编：401331
电话：(023)88617190　88617185(中小学)
传真：(023)88617186　88617166
网址：http://www.cqup.com.cn
邮箱：fxk@cqup.com.cn(营销中心)
全国新华书店经销
重庆升光电力印务有限公司印刷

*

开本：787×1092　1/16　印张：19.25　字数：480千
2015年8月第3版　2015年8月第6次印刷
印数：9 906—12 905
ISBN 978-7-5624-9340-2　定价：34.00元

系列教材编委会名单

为进一步推进高等工程专科的建设、改革和发展，我校在全体教职员工的共同努力下，于1997年成功地跻身于全国示范性高等工程专科重点建设学校。在1997年底至1998年初，学校根据原国家教委教高司[1997]128号文“关于做好高等工程专科教育第四批专业教学改革试点工作的意见”的精神，将“房屋设备安装”专业申报为教学改革试点专业，并顺利地通过了原国家教委的资格审查和专家组的实地考察、遴选。国家教育部1998年7月正式批准“房屋设备安装”专业为高等工程专科教学改革试点专业。我校教改专业亦增至为3个。

遵照教高司[1997]128号文关于“这次启动的第四批试点专业确定为以技术岗位型、工程设备型和工程产品型专业为主。这些专业一般具有针对性强、对专业知识和工程实践能力要求较高、知识和能力往往覆盖几个学科等特点”的要求，房屋设备安装专业的教学改革，就是使该专业的专业知识覆盖（或称涉及）了“给水排水工程”、“供热通风与空调”和“建筑电气技术”3个学科，但又不是3个学科的简单组合，而是有所侧重、各有取舍、有机地结合，着重培养和训练能够同时从事建筑内水、暖、电等设备的施工安装、运行管理和维护工作的应用性高等工程技术复合型人才。房屋设备安装专业教学改革的主要特点在于：拓宽知识面，加强实践教学，即对房屋建筑内水、暖、电、气各种设备的安装知识和技术都进行学习和训练，在建安或建筑企业中能够以1个人顶原单一专业的2个或3个人使用，适应在施工安装、管理维护过程中减少人员、提高效益的需要。该专业的知识结构比较新颖，克服了以往专业知识面与工作适应面较窄的问题，顺应了当前教育改革与专业调整的趋势，适应了施工企业对一专多能的人才的需要。

为了实现上述人才的培养目标，我校在教学模式、课程设备、教学内容和教材建设等方面进行全面、系统、深入的研究与改革试验，在研究专业知识、能力与素质结构，改革专业课程设置体系，建立新的教学模式，应用现代化教学手段的同时，着力进行与之相适应的专业教材建设。在学校教改领导小组的具体指导下，成立了系列教材编审委员会，组织编写了“房屋设备安装专业系列教材”——《工程制图与 *Auto CAD* 基础》、《电工与电子技术》、《建筑给水排水工程》、《建筑安装工程预算与管理》、《建筑供电与照明》、《建筑弱电技术》、《建筑电气控制》、《电子技术与电缆电视实验》、《热工学理论基础》、《供热工程》、《制冷与空调工程》、《流体力学泵与风机》等 12 本主干课程教材。

“房屋设备安装专业系列教材”是在没有较为成熟的经验可以借鉴的情况下，对相关课程内容进行了较大幅度的增删、整合与创新而形成，强调基础理论的应用性，突出专业课程的实用性和针对性，力求体现出高专（高职）的特色。为了获得较好的效果，编委会组织了专业教改试点过程中理论基础扎实、实践经验丰富、且具有多年教学经验的授课教师参加教材的编写，并由编委会中相关学科具有高级职称的骨干教师担任主审。

我们虽然有良好的主观愿望，但限于编者的业务水平，加之时间仓促，教材整合过程中其取舍难免失当，错漏之处在所难免，敬请广大读者与同行专家批评指正。

房屋设备安装专业

系列教材编委会

1997 年 12 月

前　言

本书是在前两版的基础上进行修改的，由于本教材主要是通过讲解电气控制电路来了解电气控制电路的分析方法，所以重点是基本控制电路的分析。随着电子技术、控制技术的高速发展，电气设备的实际控制电路已经发生了很大变化，比如锅炉的控制、电梯的控制、制冷机组的控制、塔式起重机的控制等都已经应用 DDC、PC 等进行控制了，但是，其基本的逻辑分析方法是相同的，只有了解了控制电路基本的分析方法，才能应用 DDC、PC 等进行编制程序。而 DDC、PC 等仅仅是代替了时间继电器、中间继电器等，有触点的接触器还不能大量地取代，因此该部分电路还是应用原始的继电器、接触器控制的电路进行讲解和分析，为今后的 DDC、PC 等程序分析或编制程序奠定了基础。

参加本书编写的有重庆大学赵宏家、徐静、侯志伟、魏明、王明昌、唐琰年、施毛第等。由于作者水平有限，书中不妥和错误之处，敬请读者提出批评指正。

编　者

2015 年 1 月

前　言

（第 1 版）

本书是根据房屋设备安装和建筑电气技术专业《建筑电气控制》课程教学大纲的要求编写的。我国自改革开放以来，经济建设得到迅猛发展，人民生活水平不断提高，人们对建筑环境的要求也越来越高，因此建筑设备所占的比重也越来越大。但目前有关建筑设备电气控制内容的书较少，因此，本书的重点是阐述建筑设备的电气控制。

本书编写的主导思想是：既要适应建筑行业电气控制现状的实际需要，又应反映电气控制技术的新发展。编写中注意精选内容，力求结合生产实际，突出应用，着重于生产机械或设备控制电路的工作原理和分析方法，尽可能做到通俗易懂，便于自学。

本书的内容分为 3 大部分：第 1 部分为传统的基础部分（1 ~ 2 章），主要介绍常用控制电器的基本结构、工作原理及性能；继电器、接触器控制的基本环节及设计和调试内容。第 2 部分为生产机械和设备的电气控制实例分析（3 ~ 7 章），主要介绍水泵与消防设备、空调与制冷设备、锅炉、电梯等设备的控制系统分析；作为建筑行业的工程技术人员需要有较宽的知识面，因此，也介绍了有关建筑机械控制等内容。第 3 部分为可编程序控制器（8 ~ 9 章），主要从应用方面介绍可编程序控制器的工作原理、特点、编程语言和编程方法，并结合建筑设备的控制介绍应用及设计实例。

本书由重庆大学赵宏家任主编，徐静、侯志伟任副主编。其中第 1，2 章由侯志伟和唐琰年编写；第 2.7，2.8，3，4，5，6 章由赵宏家编写；第 7 章由霍四敏编写；第 8，9 章及部分附录由徐静编写；书中的部分插图由张铁刚绘制。全书由赵宏家统稿。

本书由重庆大学杨光臣副教授任主审，侯士英副教授任副主审，他们对本书提出了大量的宝贵意见，在此谨表示衷心感谢。

由于作者水平有限，书中不妥和错误之处，敬请读者提出批评指正。

编　者

2002 年 5 月

目 录

绪 论

1)**电气控制的基本概念**

电气即“电的”意思,电气控制即电的控制。电气控制是以电为控制能源,通过控制装置(设备)和控制线路,对电气设备的运动方式或工作状态进行自动控制的综合技术。电气设备包括发、配电设备和用电设备(电气传动),也包括通过电的器件去控制其他设备的物理量,进而产生状态变化的设备。

控制装置:控制装置(控制设备)是能使用电系统正常运行的设备总称。它主要由控制、测量、保护、监视和调节用电设备运行的装置以及与这些装置有关的附件、外壳和支持件等组成。控制装置主要有三大功能,即监视、控制和保护功能。由于控制方式的不同,控制装置的功能和设备组成也不同,随着电子技术的大量应用,控制装置的效能也得到迅速提高。

电气传动:用于实现生产过程机械设备电气化及其自动化的电气设备及系统的技术总称。由于生产过程的机械设备绝大多数为电动机驱动,因此,电气传动(电力传动)主要是研究电动机的控制技术。

随着电子技术和自动控制技术的高速发展,电气传动技术也取得了令人惊叹不已的发展,首先体现在作为驱动力发生装置的电动机本身有了进步。在新型绝缘材料和硅钢片等材质方面发展的基础上,改进了电动机的设计技术,研制出体积小、重量轻、可靠性高、快速响应性好的电动机,还研制出一些新型及适用于不同用途的特殊电动机,例如直线电动机、无换向器电动机、磁滞电动机等。

其次,控制技术方面也有了显著的进步,除了传统的继电接触控制以外,晶体管、晶闸管、集成电路等新型电子开关和控制、调节器件也得到了广泛应用,使控制装置和控制技术发生了根本性变化。例如,虽然无换向器电动机的理论很早就有,但只是在晶闸管出现之后才开始得到实际应用。如今,一向被认为难以改善调速性能的交流异步电动机,也已作为调速性能优良的电动机而受到用户欢迎，特别是在电梯、水泵、风机等传动中得到广泛的应用，大有取代直流电动机之势。

再有，随着可编程序控制器（PC 或 PLC）和计算机在控制方面的大量应用，不仅可以实现快速而精密的控制，而且还催生了许多新技术。例如：机床上的仿形控制和数字控制；生产加工线上的自动程序控制；电梯上的集中管理控制；制冷机组的直接数字控制（DDC）等。由于新技术发展迅速，并且花样繁多，对其选择也就不是一件轻而易举之事，必须对其操作性能、控制性能、可靠性、经济性、装置的体积等进行综合评判后，才能优选出最佳的控制方案。

可编程序控制器：能用专用或高级语言编程，并在工业环境条件下能可靠运行的实时控制器。一般以顺序或程序控制等逻辑判断和开关量控制为主，但高挡的可编程序控制器亦能进行较复杂的直接数字控制。目前 PC 的配置越来越完善，功能也越来越强，既能控制开关量，又能控制模拟量；既可以进行单机控制，又可以在同级和上级 PC 之间通讯联网，实现规模较大的集散控制。特别是如果在建筑设备中应用 PC 进行控制，就能使楼宇设备的智能化管理成为现实。

直接数字控制：接受上级计算机或人工的设定值，对生产机械过程的某些参数（速度、位置、压力、温度等）直接进行数字闭环控制的系统（DDC）。该系统多用微处理机或可编程序控制器构成，通常是多级计算机控制系统的最低一级。

2）**建筑设备的概念**

为了给人们创造一个安全、方便、舒适和清洁的环境，建筑物中会装设各种各样的设备，这些设备统称为建筑设备。电既是这些设备的能源，也是这些设备各种信号的传输手段。没有电，建筑物所具有的各种效能便不能充分发挥。

建筑物的用途繁多，有办公楼、商店、旅馆、医院、学校、公寓、住宅、仓库等，虽然建筑设备要根据各类建筑物的用途来设计，但一般由各种通用设备组成，从用电性质方面看，可以分为电力设备、动力设备和弱电设备。

电力设备：主要有受电设备、变电设备、配电设备、备用电源设备、照明设备等。

动力设备：主要有空气调节设备、制冷设备、制热设备、给水设备、排水设备、卫生处理设备、电梯、自动扶梯、救灾防灾设备等。

弱电设备：主要有防灾报警设备、防盗报警设备、通信与网络设备、广播音响设备、有线电视设备等。

3）**建筑设备对电气传动的要求**

建筑物的动力设备是以电气传动（电力传动）的应用形式存在于空调、上下水、电梯等各种设备中。建筑物的空气调节是用空调设备将冷、热源设备制造的冷、热水与室外或室内的空气进行热交换，使室内温度保持在某一设定值。为此，需用电气传动给制冷机、给水泵、通风机等。给水、排水设备是将建筑物的上水和下水分成若干区，以便对整个建筑物供水和排水，其动力设备以水泵为主。在消防设备中，则有向灭火栓、喷水车、自动喷水装置供水以及发生火灾时切断烟路、排出烟雾等用的泵和风机。

建筑电气动力设备大多数用交流异步电动机传动，因为动力设备的用途和规模各不相同，故电动机的功率和台数也不一样，功率从数千瓦至数十千瓦，台数少则几十台，多至几百台或数千台。30 kW 以下时，广泛应用鼠笼式或特殊鼠笼式电动机传动，大容量则用绕线式电动机，除高速电梯和特殊用途外，几乎不用直流电动机。

建筑电气动力设备传动电动机的启动、停止操作,有的在机旁手动操作,也有将几台以至几十台电动机作为一组,彼此关联地按时间顺序远距离操作,这些电动机的控制装置分散地放在设备及电动机附近,所以机房往往遍布于建筑物的各个角落。

随着电子技术的飞跃发展,从电能的控制开始到建筑设备中的通信、图像、信息处理等,电子设备的比重正日益增加,并且采用了控制计算机来合理地运用和管理建筑设备。目前,在一个场所对建筑设备进行集中监控已是发展的趋势,遥控及用计算机进行自动控制和管理(BAS)的智能化建筑正在日益普及。随着动力设备的运行、监视、控制和记录等自动化技术的完善,为了减少信号联线,已采用遥测和遥控装置、数据通道装置等来和中央控制室建立信息传输关系。

4)本课程的性质和任务

本课程的内容既有传统的继电器、接触器部分,又有现代的可编程序控制器部分,既有基本的控制环节部分,又有建筑设备中的各种动力设备的电气控制系统实例分析。动力设备是建筑设备的三大支柱之一,是水、暖、机、电多学科的结合点,也是建筑设备管理(BA)最核心的部分。因此,本课程是建筑类电气专业的主要专业课,也是建筑设备类专业的专业技术基础(或专业)课。

本课程的主要任务是通过学习和实践,了解常用低压电器的用途和性能;掌握传统的继电器、接触器典型控制系统的分析、设计方法及在不同的建筑动力设备的应用;了解可编程序控制器的工作原理、特点及性能;掌握可编程序控制器的编程语言、编程方法、使用技能及在建筑动力设备中的应用实例。由于本课程是为水、暖、机各学科的动力设备服务的,所以,必须了解水、暖、机的动力设备的运行工艺(工况),为分析和设计动力设备的控制电路奠定基础。

本课程应强调基本技能和动手能力的培养,因此,在学习中应特别注意理论联系实际,与实验、实习、实训、课程设计等实践环节相结合,在实验或实训中,应特别加强调试和故障判断能力的培养,以达到巩固和加深对课堂教学及教材内容的理解,增加学生的学习兴趣和培养更快适应实际工作能力的目的。

1

常用低压控制电器

本章主要介绍常用低压控制电器的结构、工作原理、型号、规格及用途等有关知识,同时介绍它们的图形符号及文字符号,为正确选择和合理使用这些电器打下基础。

1.1 控制电器的基础知识

1.1.1 控制电器的作用与分类

控制电器是一种能根据外界的信号和要求,手动或自动地接通或断开电路,断续或连续地改变电路参数,以实现电路或非电对象的切换、控制、保护、检测、变换和调节用的电气设备。简言之,控制电器就是一种能控制电的工具。

控制电器的种类很多,分类方法也很多,例如:按工作电压在 AC 1 000 V 或 DC 1 200 V 以下为界的低压控制电器和高压控制电器;按使用系统分的电力拖动自动控制系统用控制电器、电力系统用控制电器、自动化通讯系统用控制电器;按动作原理分的手动控制电器和自动控制电器;按工作原理分的电磁式控制电器和非电量控制电器等。我国低压控制电器产品型号命名分为刀开关和转换开关、熔断器、自动开关、控制器、接触器、启动器、控制继电器、主令电器、电阻器、变阻器、调整器、电磁铁以及其他控制电器共 13 类。关于低压控制电器产品型号编制方法、产品型号的类组代号以及派生字母对照表参见附表 1.1 和附表 1.2。通过表中内容可以了解低压控制电器现有的种类。另外,近几年通过引进技术或合资生产的控制电器产品的型号没有按其类组代号进行编制,一般为控制电器产品引进前所在国的型号,因此,同类控制电器产品的型号比较多。

1.1.2 电磁式控制电器

电磁式控制电器在电气控制电路中使用量最大,其类型也很多,常用的接触器和继电器大多数为电磁式控制电器。各类电磁式控制电器在工作原理和构造上亦基本相同。就其结构而言,一般都由感测和执行两个主要部分组成。感测部分是电磁机构,也是耗能元件;执行部分是触头系统,起开关作用。

1)**电磁机构**

电磁机构的主要作用是将电磁能量转换成机械能量(消耗电能),带动触头动作,从而实现接通或分断电路的功能。

电磁机构由吸引线圈、铁心、衔铁等几部分组成。吸引线圈是用于通电产生电磁能量的电路部分;铁心是固定用的磁路部分;衔铁是可动的磁路部分,触头是由衔铁带动其动作而实现接通或分断电路的电路部分。

(1)常用的磁路结构

常用的磁路结构如图 1.1 所示,可分为 3 种形式。

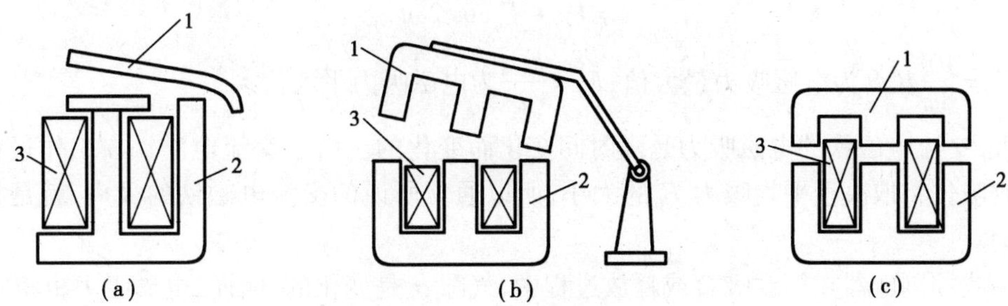

图 1.1 常用的磁路结构

(a)衔铁沿棱角转动;(b)衔铁沿轴移动;(c)衔铁直线运动

1—衔铁;2—铁心;3—吸引线圈

①衔铁沿棱角转动的拍合式铁心,如图 1.1(a)所示。这种形式广泛应用于直流电器中。

②衔铁沿轴转动的拍合式铁心,如图 1.1(b)所示。其铁心形状有 E 形和 U 形两种。这种结构多用于触点容量较大的交流接触器中。

③衔铁直线运动的双 E 形直动式铁心,如图 1.1(c)所示。这种形式多用于中小型交流接触器和继电器中。

电磁式控制电器的吸引线圈分为直流励磁与交流励磁两种,都是利用电磁铁的原理制成。通常直流电磁铁的铁心是用整块钢材制成,而交流电磁铁的铁心是用硅钢片叠铆而成。

(2)吸引线圈

吸引(励磁)线圈的作用是将电能转换成磁能。按通入吸引线圈的电流种类不同,可分为直流线圈和交流线圈。

对于直流电磁铁,因其铁心不发热,只有线圈发热,所以直流电磁铁的吸引线圈做成高而薄的瘦高型,且不设线圈骨架,使线圈与铁心直接接触,易于散热。

对于交流电磁铁,由于其铁心存在磁滞损耗和涡流损耗,线圈和铁心都发热,所以交流电磁铁的吸引线圈设有骨架,使铁心与线圈制成短而厚的矮胖型,这样做有利于铁心和线圈的散热。

2)**电磁吸力与吸力特性**

电磁式控制电器是根据电磁铁的基本原理而设计,电磁吸力是影响其工作可靠性的一个重要参数。电磁铁的吸力可按下式求得

$$F_{at} = \frac{10^7}{8\pi}B^2S \tag{1.1}$$

式中 F_{at}——电磁吸力,N;

B——气隙中的磁感应强度,T;

S——磁极截面积,m^2。

在气隙值 σ 及外加电压值一定时,对于直流电磁铁,电磁吸力是一个恒定值,但对于交流电磁铁,由于外加的是正弦交流电压,其气隙磁感应强度亦按正弦规律变化,即

$$B = B_m \sin \omega t \tag{1.2}$$

将式(1.2)代入式(1.1)整理得

$$\begin{aligned} F_{at} &= \frac{F_{atm}}{2} - \frac{F_{atm}}{2}\cos 2\omega t \\ &= F_0 - F_0 \cos 2\omega t \end{aligned} \tag{1.3}$$

式中,$F_{atm} = \frac{10^7}{8\pi}B_m^2 S$ 为电磁吸力最大值;$F_0 = \frac{F_{atm}}{2}$为电磁吸力平均值。

因此,交流电磁铁的电磁吸力是随时间变化而变化的。由于交流电磁铁在工作过程中能否将衔铁吸住将取决于平均吸力 F_0的大小,所以通常所说的交流电磁铁的吸力,就是指它的平均吸力。

电磁式控制电器在衔铁吸合或释放过程中,气隙 σ 是变化的,因而,电磁吸力也将随 σ 的变化而变化。

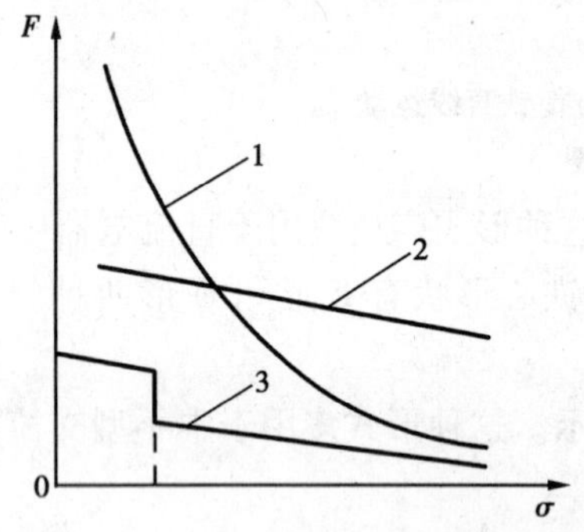

图 1.2 电磁铁的吸力特性曲线

1—直流电磁铁吸力特性;2—交流电磁铁吸力特性;3—反力特性

所谓吸力特性,是指电磁吸力 F_{at}随衔铁与铁心间气隙 σ 变化的关系曲线。不同的电磁机构,有不同的吸力特性。图 1.2 为一般电磁铁的吸力特性。

对于直流电磁铁,其电阻的大小与气隙无关,励磁电流与电压的大小有关,接上电压后,衔铁动作过程为恒磁势工作,其吸力随气隙的减小而增加,所以吸力特性曲线比较陡峭。而交流电磁铁的励磁电流与气隙成正比(阻抗随气隙变化),动作过程为恒磁通工作,但考虑到漏磁通的影响,其吸力随气隙的减少略有增加,所以吸力特性比较平坦。

3)**反力特性和返回系数**

所谓反力特性是指反作用力 F_r与气隙 σ 的关系曲线,如图 1.2 中的曲线 3 所示。

为了使电磁机构能正常工作,其吸力特性与反力特性必须配合得当。当衔铁吸合过程中,其吸力特性应始终处于反力特性上方,即吸力要大于反力;反之衔铁释放时,吸力特性则应位于反力特性下方,即反力要大于吸力。

返回系数是指释放电压 U_{re}(或电流 I_{re})与吸合电压 U_{at}(或电流 I_{at})的比值,用 β 表示。

对于具有电压线圈的电磁机构:

$$\beta_u = \frac{U_{re}}{U_{at}} \tag{1.4}$$

对于具有电流线圈的电磁机构:

$$\beta_i = \frac{I_{re}}{I_{at}} \tag{1.5}$$

返回系数是反映电磁式控制电器灵敏度的一个参数,β 值大,控制电器灵敏度就高;反之,则灵敏度低。用于保护的控制电器一般要求有较高的 β 值,并且 β 值可以调整。

4)交流电磁机构安装短路环的作用

根据交流电磁吸力公式可知,交流电磁机构的电磁吸力是一个2倍电源频率的周期性变量。它有2个分量:一个是恒定分量 F_0,其值为最大吸力值的1/2;另一个是交变分量 F_{AC},$F_{AC}=F_0\cos 2\omega t$,其幅值为最大吸力值的1/2,并以2倍电源频率变化,总的电磁吸力 F_{at} 在0 ~ F_{atm} 的范围内变化,其吸力曲线如图1.3所示。

电磁机构在工作中,衔铁始终受到反作用弹簧、触头弹簧等的反作用力。尽管电磁吸力的平均值 F_0 大于 F_r,但在某些时候 F_{at} 仍将小于 F_r(如图1.3中画有斜线的部分)。当 $F_{at}<F_r$ 时,衔铁开始释放;当 $F_{at}>F_r$ 时,衔铁又被吸合。如此周而复始,使衔铁产生振动并发出噪声,为此,必须采取有效措施,消除振动和噪声。

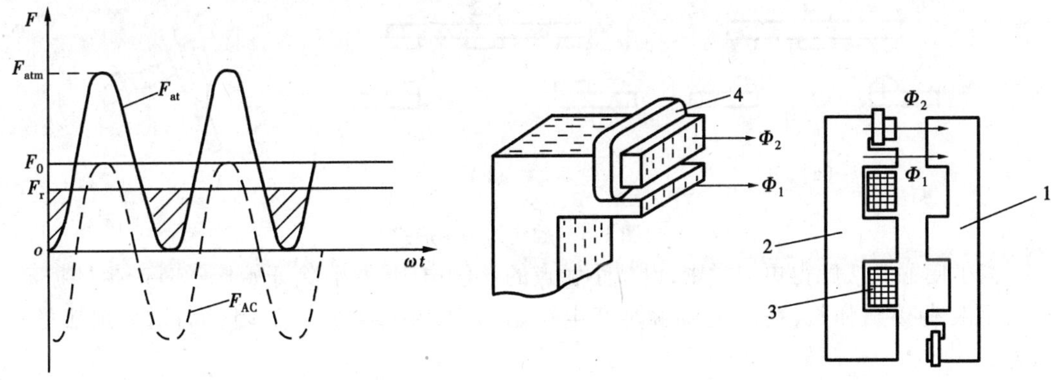

图1.3　交流电磁机构实际吸力曲线

图1.4　交流电磁铁的短路环

1—衔铁;2—铁心;3—线圈;4—短路环

具体办法是在铁心端部开一个槽,槽内嵌入被称为短路环的铜环,如图1.4所示。当励磁线圈通入交流电后,在短路环中就有感应电动势及电流产生,该感应电流又会产生一个磁通。短路环把铁心中的磁通分为两部分,即不穿过短路环的 Φ_1 与穿过短路环的 Φ_2,由于短路环的作用,Φ_1 与 Φ_2 产生相移,即不同时为0,使合成吸力始终大于反作用力,从而消除了振动和噪声。短路环通常包围2/3的铁心截面,它一般用铜、康铜或镍铬合金等材料制成。

1.1.3　控制电器的触头系统和电弧

1)控制电器的触头系统

触头是控制电器的执行部分,起接通和分断电路的作用。因此,要求触头的导电、导热性能良好。触头通常用铜制成,但铜的表面容易氧化而生成一层氧化铜,将增大触头的接触电阻,使触头的损耗增大,温度上升。所以有些控制电器,如继电器和小容量的控制电器,其触头常采用银质材料,这不仅在于其导电和导热性能均优于铜质触头,更重要的是其氧化膜的电阻率与纯银相似(氧化铜则不然,其电阻率可达纯铜的十余倍以上),而且要在较高的温度下才会形成,同时又容易粉化。因此,银质触头具有较低和稳定的接触电阻。对于大中容量的低压控制电器,在结构设计上,触头采用滚动接触,可将氧化膜去掉,这种结构的触头也常采用铜质材料。

触头主要有以下几种结构形式:

(1)桥式触头

图 1.5(a)是 2 个点接触的桥式触头,图 1.5(b)是 2 个面接触的桥式触头,2 个触点串于同一条电路中,电路的接通与断开由 2 个触点(双断点)共同完成。点接触型适用于电流不大,且触头压力小的场合;面接触型适用于大电流的场合。

(2)指形触头

图 1.5(c)所示为指形触头,其接触区为一直线,触头接通或分断时产生滚动摩擦,以利于去掉氧化膜。此种型式适用于接电次数多、电流大的场合。

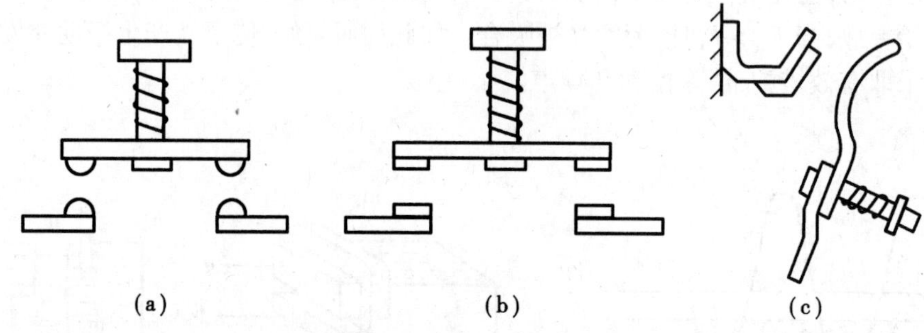

图 1.5　触头的结构形式

为了使触头接触得更加紧密,以减小触点的接触电阻,并消除开始接触时产生的振动,在触头上装有接触弹簧,在刚刚接触时产生初始压力,并且随着触头闭合而增大触头的相互压力。

2)**电弧的产生及灭弧方法**

当触头在大气中切断电路时,若被断开电路的电流超过某一数值(其值在 0.25 ~ 1 A),且在切断后加在触头间隙(或称弧隙)两端电压超过某一数值(其值在 12 ~ 20 V)时,则触头间隙中就会产生电弧。电弧的产生实际上是触头间气体在强电场作用下产生的放电现象。电弧的危害是:会产生高温将触头烧损;使电路的切断时间延长;严重时会引起火灾或其他事故。因此,在控制电器中应采取适当措施来快速熄灭电弧。常用的灭弧方法有以下几种:

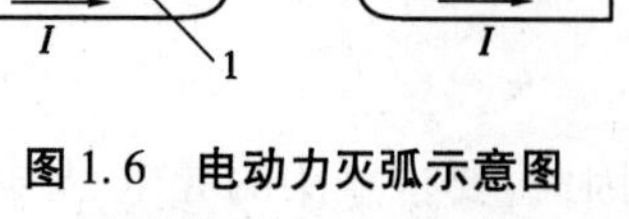

图 1.6　电动力灭弧示意图

1—静触头;2—动触头

(1)电动力灭弧

图 1.6 是一种桥式结构双断口触头。当触头打开时,断口处有电弧生成,而电弧电流将在动、静触头之间产生磁场(图中以⊕表示),根据左手定则,电弧电流要受到一个指向外侧的电动力 F 的作用,使之向外运动并拉长及迅速穿越冷却介质而加快冷却熄灭。这种灭弧方法一般用于交流接触器

等交流电器中。

(2)磁吹灭弧

其原理如图1.7所示。在触头电路中串入一个磁吹线圈,它产生的磁通(如图中的“×”符号所示)经过导磁夹板引向触头周围,当触头切断产生电弧后,电弧电流产生磁通(如图中⊕和⊙符号所示)。由于在弧柱下方两个磁通是相加的,而在弧柱上方彼此相减,因此,电弧在下强上弱的磁场作用下,被拉长并吹入灭弧罩中,引弧角与静触头相连接,其作用是引导电弧向上运动,将热量传递给罩壁,使电弧冷却熄灭。

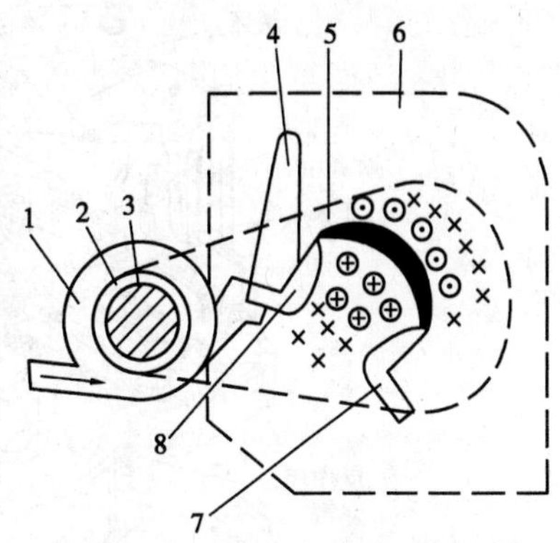

图1.7 磁吹灭弧示意图

1—磁吹线圈;2—绝缘套;3—铁心;4—引弧角;5—导磁夹板;6—灭弧罩;7—动触头;8—静触头

由于这种灭弧装置是利用电弧电流本身灭弧,因而电弧电流越大,其吹弧能力也越强。它广泛应用于直流接触器中。

另外,还有窄缝灭弧、栅片灭弧等其他灭弧方法。总之,电器触头通断的电流越大,对其灭弧能力的要求就越高,因此,控制电器触头的通断电流就受其灭弧能力的约束而限制了其使用条件和额定电流值。

1.2 接触器

接触器在正常工作条件下,主要用作频繁地接通和分断电动机绕组等主电路,是可以实现远距离自动控制的开关电器。接触器广泛应用于电力传动控制系统中,其主要控制对象是电动机,也可用于控制其他电力负载,如电热器、照明灯、电焊机、电容器组等。

接触器按其主触头通过电流的种类不同,可分为交流接触器和直流接触器。

1.2.1 交流接触器

1)**基本结构**

图1.8为交流接触器的外形与结构示意图。交流接触器由以下几个基本部分组成:

(1)电磁机构

电磁机构由线圈、动铁心(衔铁)和静铁心组成。对于CJ0,CJ10系列交流接触器大都采用衔铁直线运动的双E型直动式电磁机构,而CJ12,CJ12B系列交流接触器采用衔铁绕轴转动的拍合式电磁机构。

(2)触头系统

触头系统由主触头和辅助触头组成。主触头用于通断主电路,通常为3对(3极)常开触头,其额定电流有10 A至600 A等不同的挡级供选择。辅助触头用于通断控制电路,其额定电流一般为5 A,用于电气联锁或信号指示的电路,一般常开、常闭触头各2对。

(3)灭弧装置

容量一般在20 A以上的接触器设有灭弧装置,对于小容量的接触器,常采用双断口触头灭弧、电动力灭弧等;对于大容量的接触器,采用纵缝灭弧罩及栅片灭弧罩。

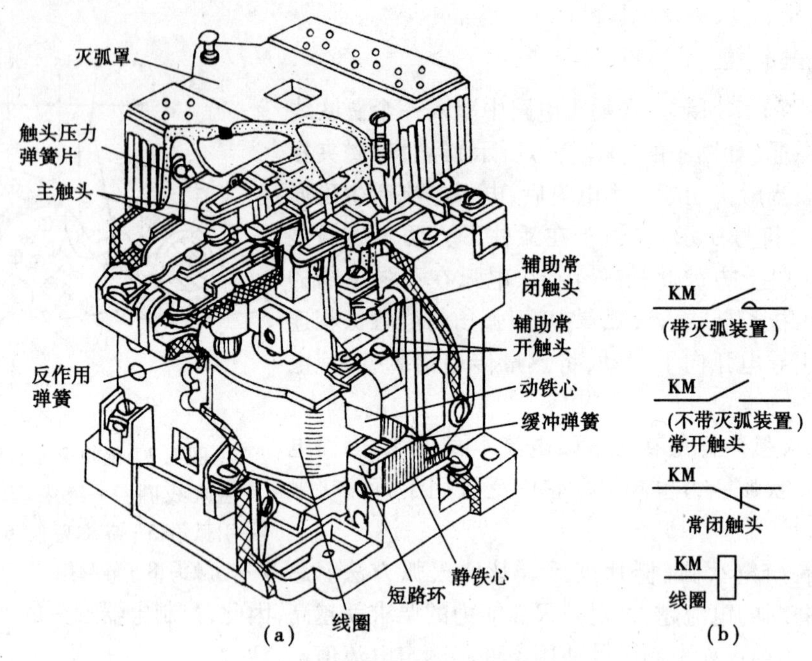

图 1.8　交流接触器的外形、结构及符号

(a)外形及结构;(b)符号

(4)其他部件

其他部件包括反作用弹簧、缓冲弹簧、触头压力弹簧、传动机构及外壳等。

2)工作原理

当线圈通电后,线圈电流产生磁场,使静铁心产生电磁吸力将衔铁吸合。衔铁带动动触头动作,其主触头(一般是常开的)闭合,接通被控制的主电路(电动机绕组)。其辅助触头的常闭触头断开,常开触头闭合,用于信号电路或控制电路(小电流)的联锁控制等。当线圈断电时,电磁吸力消失,衔铁在反作用弹簧力的作用下释放,其主触头和辅助触头都随之复位。

通过对接触器吸引线圈的通电和断电,可以控制其主触头的接通和断开,从而使被控制的主电路(电动机绕组)通电和断电,完成启动和停止等操作。由于能够用吸引线圈中的小电流去控制大电流电路(电动机绕组),同时还可以实现远距离操作和自动控制等,因此,接触器是电气控制过程中不可缺少的一种开关式自动电器。

3)交流接触器使用时的注意事项

①交流接触器在启动时,由于铁心和衔铁之间的气隙大、磁阻大、线圈阻抗小(一般为衔铁吸合后的 1/10),所以其启动电流为衔铁吸合后的线圈工作电流的 10 倍左右,所以过于频繁启动或启动时间过长,线圈来不及散热,会发生过热而损坏线圈的绝缘。

交流接触器也有采用直流吸引线圈的,它的特点是工作时没有噪声,主要用于频繁启动的场所。

②交流接触器吸引线圈的工作电压一般为额定电压的 85% ~105%,在这个范围内,衔铁能可靠吸合和工作。如电压过高,因磁路已经趋于饱和,线圈电流将显著增大,有烧毁线圈绝缘的危险;如电压过低,衔铁不能可靠吸合,这时相当于启动状态,也有烧毁线圈绝缘的危险。

交流接触器的衔铁吸合后,其维持吸合的电压一般为额定电压的 60% 左右,所以不能用其实现欠电压保护,因为欠电压的标准一般为额定电压的85%以下。

③交流接触器吸引线圈的额定电压有若干挡级,又分为交流吸引线圈和直流吸引线圈,使用时要注意其电压种类和电压挡级。另外,其主触头的额定电流也分为若干挡级,使用时也要注意其挡级。

1.2.2　直流接触器

直流接触器的结构和工作原理与交流接触器基本相同,在结构上也是由电磁机构、触头系统和灭弧装置等部分组成。但也有不同之处:电磁机构为直流的,其主触头常采用滚动接触的指形触头,通常为1或2对;由于直流电弧比交流电弧更难熄灭,因此直流接触器的灭弧能力要求更高,常采用磁吹式灭弧装置。

1.2.3　接触器的主要技术数据

1)**接触器的型号**

常用的交流接触器有CJ0,CJ12,CJ20等系列。CJ20系列是全国统一设计的产品,它的额定电压可以达到660 V(其中个别型号可达到1.14 kV),电流可以达到630 A,它主要用于远距离控制和频繁启动电动机的场合。该系列的特点是:噪音低、安装面积小、动作可靠、体积小、容易保养、重量轻。CJ20系列可取代CJ8,CJ12等系列产品。该产品符合IEC158-1,GB1497,JB2455和JB/DQ4172等标准。

接触器的型号含义。

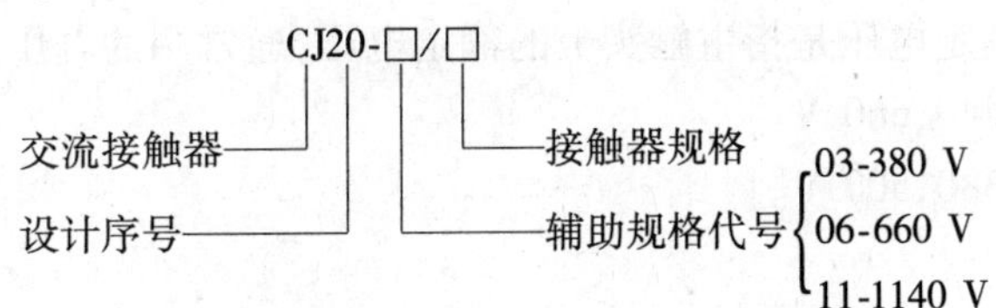

CJ20系列交流接触器的技术数据见表1.1。

表1.1　CJ20系列交流接触器的技术数据

型　号	额定工作电压/V	额定工作电流/A	电动机最大功率/kW		电寿命/10^4次			机械寿命/10^4次			
			380 V	660 V	AC2	AC3	AC4	AC2	AC3	AC4	
CJ20-6.3	380	6.3	3	3					100	4	
CJ20-10	660	10	4	7					100	4	
CJ20-16		16	7.5	11					100	4	1 000
CJ20-25		25	11	13					100	4	
CJ20-40		40	22	22			380 V		100	4	
CJ20-63		63	30	35			300		120	5	
CJ20-100	380	100	50	50				10	120	3	
CJ20-160	660	160	85	85				10	120	1.5	第一期
CJ20-250	1 140	250	132	190		1 200	600 V	10	60-80	1	指标
CJ20-400		400	200				120	10	60-80	1	600
CJ20-630		630	300	350				10	60-80	0.5	

续表

型　号	额定工作电压/V	额定工作电流/A	电动机最大功率/kW		电寿命/10^4 次			机械寿命/10^4 次			
			380 V	660 V	AC2	AC3	AC4	AC2	AC3	AC4	
CJ10-5	380	5	2.2								
CJ10-10	500	10	4								
CJ10-20		20	10								
CJ10-40		40	20								
CJ10-60		60	30			630		60	4	300	
CJ10-100		100	50								
CJ10-150		150	75								
CJ12-100	380	100	50								
CJ12-150		150	75		600			15			300
CJ12-250		250	125								
CJ12-400		400	200								
CJ12-600		600	300		300			10			200

2）**接触器的额定参数**

主要有额定电压、额定电流和线圈的额定电压等。

（1）额定电压

接触器铭牌上的额定电压是指主触头上的额定电压，通常用的电压等级为：

直流接触器：220，440，660 V。

交流接触器：220，380，500 V。

（2）额定电流

接触器铭牌上的额定电流指主触头额定电流。通常用的电流等级为：

直流接触器：25，40，60，100，150，250，400，600 A。

交流接触器：5，10，20，40，60，100，150，200，250，400，600 A 等。

上述电流是指接触器安装在敞开式控制屏上，触点工作不超过额定温升，负载为间断—长期工作制时的电流值。所谓间断—长期工作制是指接触器连续通电时间不超过 8 h。若超过 8 h，必须空载开闭 3 次以上，以消除表面氧化膜。

（3）线圈的额定电压

通常用的电压等级为：直流线圈额定电压有 24，48，220，440 V。交流线圈的额定电压有：36，127，220，380 V 等。选用时一般交流负载用交流接触器，直流负载用直流接触器，但交流负载需要频繁动作时，可以采用直流线圈的交流接触器。

3）**3TB 型和 B 型系列简介**

近年来有的工厂引进生产了西门子公司的 3TB 型系列、BBC 公司的 B 型系列等具有 20 世纪 80 年代初期水平的交流接触器。

3TB40-44 型交流接触器和 B 型系列交流接触器主要供远距离接通与分断电路之用，并适用于频繁地启动及控制交流电动机。3TB 型产品结构设计紧凑、机械寿命长、电寿命高、技术经济指标优越、外形尺寸小、安装方便，它符合 VDE，IEC 标准要求。3TB 型交流接触器主要技术数据见表1.2。

表1.2　3TB型交流接触器主要技术数据

接触器型号	额定发热电流/A	额定工作电流/A		可控电动机功率/kW		接触器在AC-3使用类别下的操作频率和电寿命/次		接触器在AC-4使用类别下电寿命数据		
								可控电动机功率/kW		电寿命/次
		380 V	660 V	380 V	660 V	操作频率 750 h^{-1}	操作频率 1 200 h^{-1}	380 V	660 V	操作频率 300 h^{-1}
3TB40	22	9	7.2	4	5.5		1.2×10^6	1.4	2.4	2×10^5
3TB41	22	12	9.5	5.5	7.5		1.2×10^6	1.9	3.3	
3TB42	35	16	13.5	7.5	11		1.2×10^6	3.5	6	
3TB43	35	22	13.5	11	11		1.2×10^6	4	6.6	
3TB44	55	32	18	15	15	1.2×10^6	1.2×10^6	7.5	11	

B型系列交流接触器可部分取代我国生产的CJ0,CJ8,CJ10等系列交流接触器,它与我国现有交流接触器相比较,具有以下优点:符合国家标准;额定工作电压可到660 V;可用于50～60 Hz的交流电路和直流电路;产品品种全、适用于各种电流;还可提供多种标准和非标准电压线圈,便于用户选用;体积小、重量轻、材料少、安装面积小、能耗低、技术经济指标良好。并有多种附件供应,安装、使用、接线、维修等都很方便,并能扩展使用功能;安全、可靠性高。B型交流接触器主要技术数据见表1.3。

表1.3　B系列交流接触器主要技术数据

序号	接触器的型号		B9	B12	B16	B25	B30	B37	B45	B65	B85	B105	B170
1	主极数		3或4				3						
2	最大工作电压/ V		660										
3	额定绝缘电压/ V		660										
4	额定发热电流/A		16	20	25	40	45	45	60	80	100	140	230
5	AC-3和AC-4时额定工作电流/A	380 V	8.5	11.5	15.5	22	30	37	44	65	85	105	170
		660 V	3.5	4.9	6.7	13	17.5	21	24	55	55	82	118
6	AC-3时的控制功率/kW	380 V	4	5.5	7.5	11	15	18.5	22	23	45	55	90
		660 V	3	4	5.5	11	15	18.5	22	40	50	75	110
7	最多辅助触头数/对		5			4		8					
8	机械寿命/10^6次		10										6
9	电寿命/10^6次		1										
10	操作频率/次 h^{-1}		600										
11	线圈额定吸持功率/ VA/(W)		9.5(2.2)			10(3)		22(5)		30(8)		32(9)	60(15)
12	质量/kg		0.26	0.27	0.28	0.48	0.6	1.06	1.08	1.9	1.9	2.3	3.2

1.2.4 接触器的工作任务类别

根据《低压电器基本标准》(GB1497—85),常用的交流接触器可以分为以下4种类别:

①在 $\cos\varphi=0.9$ 以下,接通和分断额定电压和额定电流的属于AC1,常用于对无感或微感负载的电阻炉控制。

②在 $\cos\varphi=0.7$ 和额定电压下,接通2.5倍的额定电流,分断额定电流的属于AC2,常用于对绕线式电动机的启动、停止控制。

③在 $\cos\varphi=0.4$ 和额定电压下,接通6倍的额定电流,分断额定电流的属于AC3,常用于对鼠笼式电动机的启动、停止控制。

④在 $\cos\varphi=0.4$ 和额定电压下,接通和分断6倍的额定电流的属于AC4,常用于对鼠笼式电动机的启动,反接制动与反向、点动的控制。

常用的直流接触器可以分为3种类别,因用得比较少,此处就不做介绍了。

1.3 继电器

继电器是一种根据某种输入信号的变化,使其触头动作而接通或断开电器线圈等的控制电路,能实现自动控制和保护的自动电器。其输入量可以是电流、电压等电量,也可以是时间、温度、速度、压力等非电量,而输出则是触头的动作,或者是电参数(无触点)的变化。

继电器的种类很多,按输入信号的性质可分为:电压继电器、电流继电器、时间继电器、温度继电器、速度继电器、压力继电器等;按结构及工作原理可分为:电磁式继电器、感应式继电器、电动式继电器、热继电器、电子式继电器等;按输出形式可分为:有触点继电器和无触点继电器;按用途可分为:控制用继电器和保护用继电器。

1.3.1 电磁式继电器

电磁式继电器是应用得最早、最多的一种形式。其结构及工作原理与接触器大体相同,在结构上也是由电磁机构和触头系统等组成。但也有一些不同之处,即不同的继电器可以对不同输入量的变化作出反应,而接触器只有在一定的电压信号下才能动作;继电器是用于接通和分断小容量控制回路,而接触器是用于接通和分断主电路及大容量控制回路。因此,继电器触头的额定电流较小(一般5 A以下),不需要专设灭弧装置。

电磁式继电器按吸引线圈电流的种类不同,可分为直流电磁式与交流电磁式继电器;按继电器所反映的参数不同,可分为电流继电器、电压继电器、中间继电器和时间继电器等。

1)电磁式电流继电器

电磁式电流继电器的线圈与被测量的主电路串联,以反映主电路电流的变化,为了不影响主电路正常工作,其线圈导线粗、匝数少、线圈阻抗小。

电磁式电流继电器又分为欠电流和过电流两种。欠电流继电器的吸引电流为线圈额定电流的30%~65%,释放电流为额定电流的10%~20%,因此,在电路正常工作时,衔铁是吸合的;只有当电流降低到某一整定值时,继电器释放,其触头复位而输出信号。它常用于直流电动机的励磁回路实现欠电流保护。

过电流继电器在电路正常工作时不吸合,当电流超过某一整定值时才动作,整定范围通常为2~4倍额定电流。它常用于直流电动机或绕线式电动机启动时防止过电流的保护,其动作电流均可以调整。电流继电器也用于按电流原则控制的电路。

2)**电磁式电压继电器**

电磁式电压继电器的结构与电流继电器相似,不同的是电压继电器的线圈为并联的电压线圈,所以线圈导线细、匝数多、阻抗大。

根据动作电压值的不同,电磁式电压继电器也有过电压和欠电压之分。过电压继电器在电压为额定电压的110%~115%以上时动作,欠电压继电器在电压为额定电压的40%~70%时动作,其动作电压均可以调整。

3)**电磁式中间继电器**

电磁式中间继电器实质上是电压继电器,但它的触头对数多,一般有8对,其常闭和常开可以有不同的组合。特殊触头的额定电流可达10 A,动作灵敏。其主要用途是:当其他电器的触头对数或触头容量不够时,可借助中间继电器来扩展它们的触头数或触头容量,起到中间传递的作用。

4)**电磁式继电器的整定**

继电器的吸引值和释放值可通过以下方法整定。图1.9为JT3系列直流电磁式继电器结构示意图。JT指通用型,可以组装成电流、电压或中间继电器。

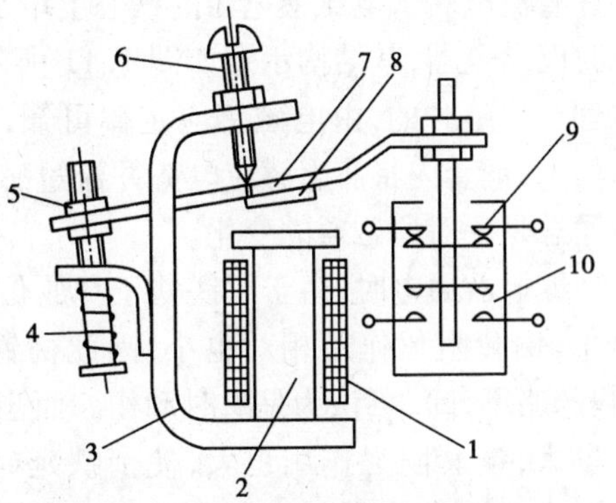

图1.9 JT3系列直流电磁式继电器结构示意图

1—线圈;2—铁心;3—磁轭;4—弹簧;5—调节螺母;6—调节螺钉;7—衔铁;8—非磁性垫片;9—常闭触头;10—常开触头

(1)调整释放弹簧的松紧程度

释放弹簧调得越紧,反作用力越大,则吸引电流(电压)和释放电流(电压)就越大,反之就越小。

(2)改变非磁性垫片厚度

非磁性垫片越厚,衔铁吸合后磁路的气隙和磁阻就越大,释放电流(电压)也就越大,反之越小,而吸引值不变。

(3)改变初始气隙的大小

在反作用弹簧弹力和非磁性垫片厚度一定时,初始气隙越大,吸引电流(电压)就越大,反之就越小,而释放值不变。

5)**电磁式继电器型号**

在通用电磁式继电器中,JT3系列直流电磁式和JT4系列交流电磁式继电器均为老产品,JT9,JT10,JL12,JL14,JZ7等系列为新产品,其中JL14系列为交直流电流继电器,JZ7系列为交流中间继电器。JL12系列过电流继电器内部装有硅油阻尼系统,通过硅油的粘滞性而延迟电磁机构衔铁动作时间,它具有过载保护功能,常常用于起重用绕线式电动机。在通用电磁式继电器装上不同的线圈或阻尼后,就可构成电压、电流、中间等各种电磁式继电器,从而实现产品的系列化,提高产品的通用性。

电磁式继电器的一般图形符号是相同的,如图1.10所示。电流继电器的字母符号为KI,

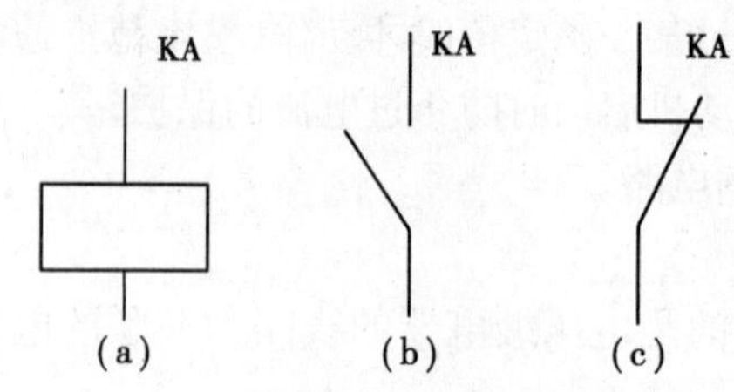

图 1.10　电磁式继电器的图形符号

(a)吸引线圈;(b)常开触头;(c)常闭触头

电压继电器的字母符号 KV,而中间继电器的字母符号为 KA。

1.3.2　时间继电器

时间继电器是一种感测机构接受讯号后,其执行机构的触头能延时动作,从而实现延时接通或断开电路的控制电器。它的种类很多,常用的有电磁式、空气阻尼式、晶体管式和电动式等。

1)直流电磁式时间继电器

在直流电磁式电压继电器的铁心上增加一个阻尼铜套,即可构成时间继电器,其结构示意如图 1.11 所示。它是利用电磁阻尼原理产生延时的,由电磁感应定律可知,在继电器线圈通、断电过程中,铜套内将产生感应电势并流过感应电流,此电流产生的磁通总是反对原磁通的变化。

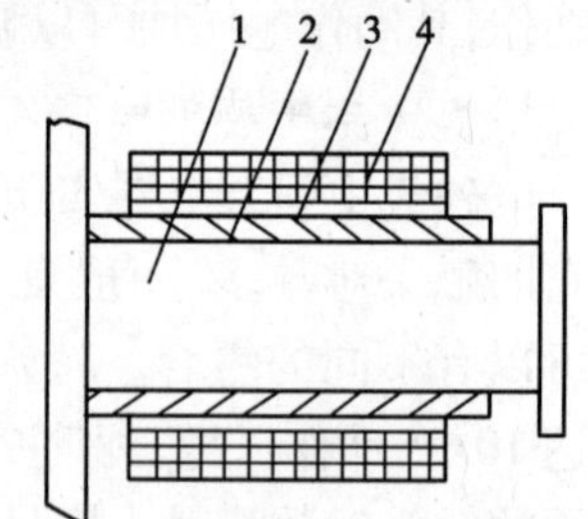

图 1.11　带有阻尼铜套的铁心示意图

1—铁心;2—阻尼铜套;3—绝缘层;4—线圈

当继电器通电时,由于衔铁处于释放位置,气隙大、磁阻大、磁通小,铜套阻尼作用相对也小,因此衔铁吸合时延时不显著(一般忽略不计),可认为是瞬时动作。而当继电器断电时,磁通变化量大,铜套阻尼作用也大,使衔铁延时释放而起到延时作用。因此,这种继电器仅能产生断电延时。

这种时间继电器延时较短,JT3 系列最长不超过 5 s,而且准确度较低,一般只用于时间精确度要求不高的场合。也可以在线圈电路上并联电容与电阻,线圈断电时在电容与电阻回路放电而使衔铁延时释放,触头延时恢复。调节电阻可以调节延时时间。

2)空气阻尼式时间继电器

空气阻尼式时间继电器是利用空气阻尼原理获得延时的。它由电磁系统、延时机构和触头三部分组成。电磁机构为直动式双 E 型铁心,触头系统是借用 LX5 型微动开关,延时机构采用气囊式阻尼器。

空气阻尼式时间继电器既可以组装成通电延时型,也可以组装成断电延时型。电磁机构可以是直流的,也可以是交流的。现以通电延时型时间继电器为例介绍其工作原理,请参见图 1.12(a)。

当线圈 1 通电后,衔铁 3 被铁心 2 吸合,活塞杆 6 在塔形弹簧 8 的作用下,带动活塞 12 及橡皮膜 10 向上移动。但由于橡皮膜下方气室的空气稀薄,形成负压,因此活塞杆 6 只能缓慢地向上移动,其移动的速度取决于进气孔的大小,可通过调节螺杆 13 进行调整。经过一定的延迟时间后,活塞杆才能移到最上端,这时通过杠杆 7 将微动开关 15 压动,使其常闭触头断开,常开触头闭合,起到通电延时的作用。

当线圈 1 断电时,电磁吸力消失,衔铁 3 在反力弹簧 4 的作用下释放,并通过活塞杆 6 将活塞 12 推向下端,这时橡皮膜 10 下方气室内的空气通过橡皮膜 10、弱弹簧 9 和活塞 12 的肩部所形成的单向阀,迅速地从橡皮膜上方的气室缝隙中排掉。因此杠杆 7 和微动开关 15 能迅速复位。

在线圈1通电和断电时,微动开关16在推板5的作用下都能瞬时动作,此两对触头为时间继电器的瞬动触头。

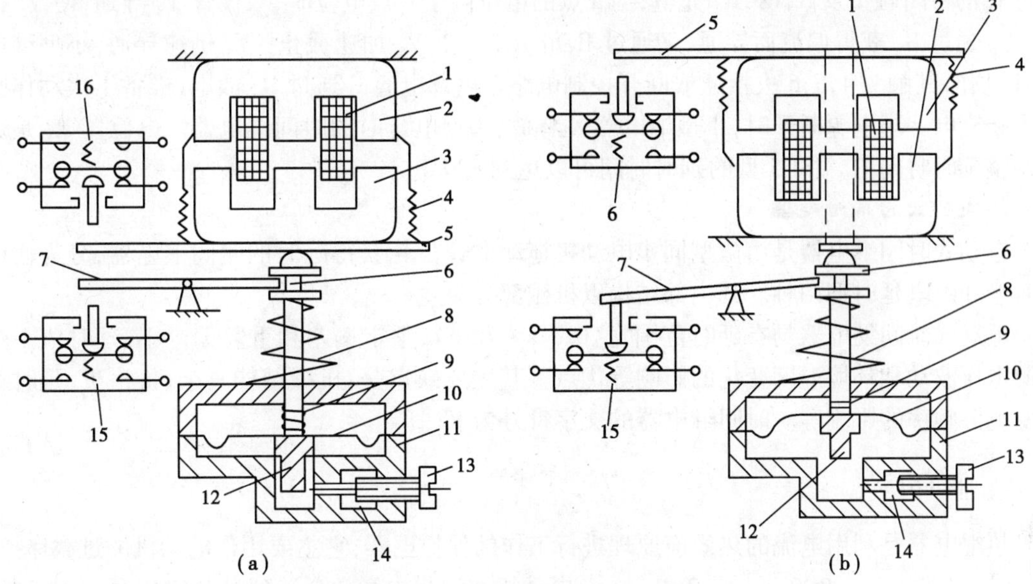

图1.12 JS7-A系列时间继电器动作原理

(a)通电延时型;(b)断电延时型

1—线圈;2—铁心;3—衔铁;4—反力弹簧;5—推板;6—活塞杆;7—杠杆;8—塔形弹簧;9—弱弹簧;10—橡皮膜;11—空气室壁;12—活塞;13—调节螺杆;14—进气孔;15,16—微动开关

图1.12为JS7-A系列空气阻尼式时间继电器结构原理图。其中1.12(a)为通电延时型,将其电磁机构的铁心和衔铁翻转180°安装时,即为断电延时型,如图1.12(b)所示。

空气阻尼式时间继电器的优点是:延时范围宽(180 s)、结构简单、寿命长、价格低廉。其缺点是:受使用环境限制,延时误差大(±10% ~ ±20%),无调节刻度指示,难以精确地整定延时值。对延时精度要求高的场合,不宜使用这种时间继电器。

3)晶体管式时间继电器

晶体管式时间继电器也称为电子式时间继电器,它具有延时范围宽、精度高、体积小、耐冲击、耐振动、调节方便以及寿命长等优点,所以发展很快,使用也日益广泛。

晶体管式时间继电器是利用RC电路电容器充电时,电容器上的电压逐渐上升的原理作为延时基础的。因此改变充电电路的时间常数(改变电阻值),即可整定其延时时间。继电器的输出形式有触点式和无触点式两种,前者是用晶体管驱动小型电磁式继电器实现延时输出的,后者是采用晶体管或晶闸管输出的。

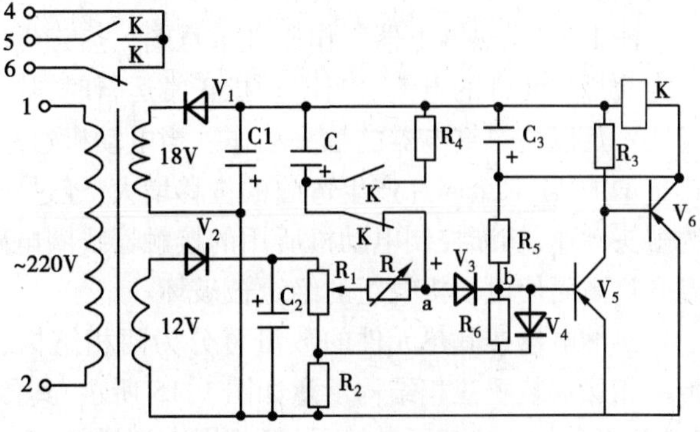

图1.13 JSJ型晶体管时间继电器原理图

常用的产品有JSJ,JSB,JS14,JS20型等。图1.13为JSJ型晶体管时间继电

器的原理图,当变压器的1和2两端接通电源时,V_5通过R_5和小型继电器K的线圈获得偏流而导通,V_6截止,小型继电器K的线圈只流过非常小的电流,其衔铁不动作。同时,电容C通过K的常闭触头及R,R_1,R_2充电,当a点的电位高于b点电位时,二极管V_3导通,使V_5截止,V_6通过R_3获得偏流而导通,又通过R_5正反馈,使V_5加速截止,V_6迅速导通,小型继电器K动作,其触头4,5,6去接通或断开控制电路。内部电容C通过R_4放电,准备下次动作时再重新充电。当电源断开时,小型继电器K释放,为通电延时的时间继电器。电位器R_1是用于调整延时时间的。JSJ-5型的延时时间可以达到300 s。

4)电动式时间继电器

电动式时间继电器是由微型同步电动机拖动减速齿轮获得延时的时间继电器,分为通电延时型和断电延时型两种。其内部结构以机械部分为主。

电动式时间继电器具有延时范围宽(0.1 s~72 h)、整定偏差和重复偏差小、延时值不受电源电压波动和环境温度变化的影响等优点。其主要缺点是:机械结构复杂、价格贵、延时偏差受电源频率的影响等。时间继电器的文字符号为KT。

1.3.3 热继电器

热继电器是利用电流的热效应原理进行工作的保护电器,它主要用作电动机的过载保护。电动机在运行中经常会遇到过载的情况,只要过载不太大,时间较短,且电动机绕组不超过允许温升,这种过载是允许的。但过载时间过长,绕组温升超过了允许值时,将会加速绕组绝缘老化,缩短电动机的使用寿命,严重时甚至会使电动机绕组烧毁。因此,凡电动机长期运行时,都需要对其可能过载提供保护措施。

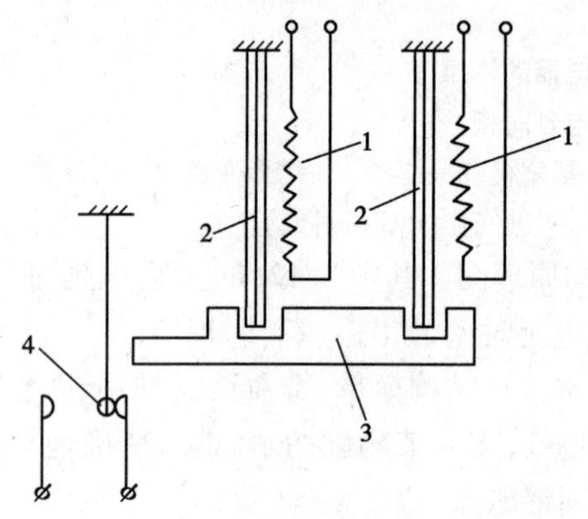

图1.14 热继电器工作原理示意图

1—热元件;2—双金属片;3—导板;4—触头

1)热继电器的结构及工作原理

热继电器主要由热元件、双金属片和触头三部分组成。双金属片是热继电器的感测元件,它由两种不同膨胀系数的金属用机械辗压而成,受热会弯曲。膨胀系数大的称为主动层,膨胀系数小的称为被动层。

图1.14是热继电器工作原理示意图。热元件串接在电动机定子绕组中,电动机绕组电流即为流过热元件的电流。当电动机正常运行时,热元件产生的热量只能使双金属片稍微弯曲,但还不足以使热继电器的触头动作。当电动机过载时,流过热元件的电流增大,热元件产生的热量增加,使双金属片产生弯曲的位移增大,经过一定时间后,双金属片推动导板使热继电器的触头动作,切断控制电动机所用的接触器线圈电路,使电动机断电,停止运转,从而防止了因温升过高而使电动机绕组的绝缘被破坏。

热继电器按其热元件的数量可分为两相结构、三相结构和带断相保护装置的三相结构。带断相保护装置三相结构示意如图1.15所示,其传动导板为差动式,当三相电源有一相断相时,其双金属片冷却不动,而另两相因电流增加,双金属片弯曲增大,共同使差动式导板位移增大,进而使热继电器的触头能尽快动作。

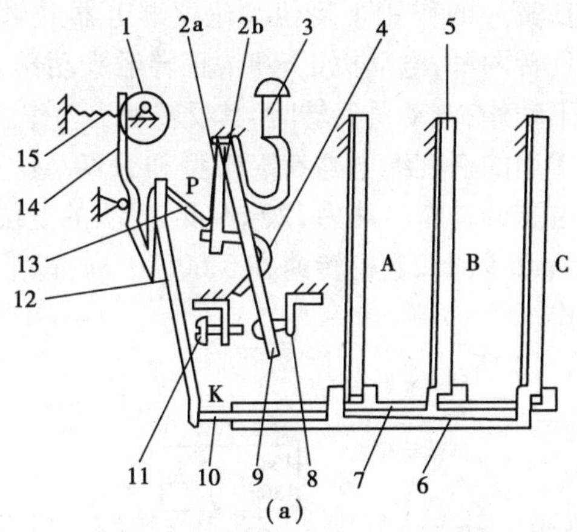

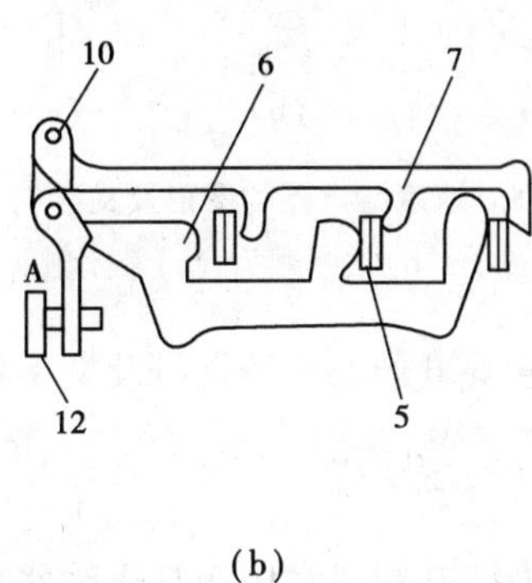

图 1.15 JR16 系列热继电器结构示意图

(a)结构示意图;(b)差动式断相保护示意图

1—电流调节凸轮;2a,2b—簧片;3—手动复位按钮;4—弓簧;5—主双金属片;6—外导板;7—内导板;8—静触头;9—动触头 10—杠杆;11—复位调节螺钉;12—补偿双金属片;13—推杆;14—连杆;15—压簧

热继电器触头动作后,复位方式有自动复位和手动复位两种,可以用复位螺钉调节,但必须等到双金属片冷却后才能复位。手动复位常用于水泵的控制。

2)**热继电器的选用**

我国目前生产的热继电器主要有 JR0,JR2,JR9,JR10,JR15,JR16 等系列,热继电器的选择主要根据电动机的额定电流来确定热继电器的型号及热元件的额定电流等级。对星形接线的电动机可选两相或三相结构式的,对三角形接线的电动机,最好选择带断相保护的热继电器。所选用的热继电器的整定电流通常与电动机的额定电流相等。

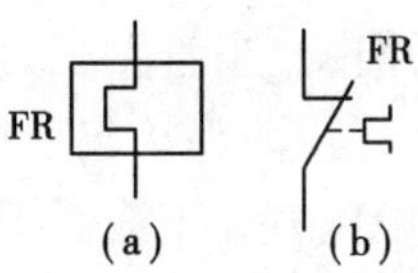

图 1.16 热继电器的图形及文字符号

(a)热元件;(b)常闭触头

热继电器的图形符号及文字符号如图 1.16 所示。

1.3.4 速度继电器

速度继电器在鼠笼式异步电动机的电源反接制动控制中应用,亦称反接制动继电器。它主要由转子、定子和触头三部分组成。转子是一个圆柱形永久磁铁。定子是一个笼型空心圆环,由矽钢片叠成,并装有笼型绕组。

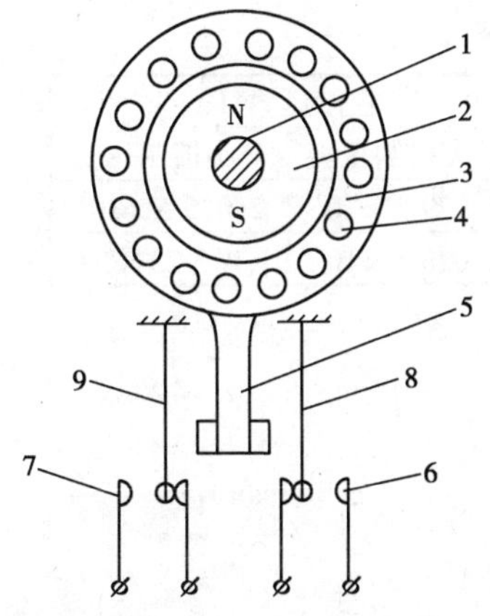

图 1.17 速度继电器原理示意图

1—转轴;2—转子;3—定子;4—绕组;5—摆锤;6,7—静触头;8,9—簧片

图 1.17 为速度继电器的原理示意图。其转子的轴与被控电动机的轴同轴连接,而定子套在转子上。当电动机转动时,速度继电器的转子随之转动,定子内的短路导体便切割磁场而感应电势并产生电流。此电流与旋转的转子磁场共同作用产生转矩,于是定子开始转动,当转到一定角度时,装在定子轴上的摆锤推动簧片(动触片)动作,使常闭触头分断、常开触头闭合;当电动机转速降低到某一整定值时,定子产生的转矩减小,

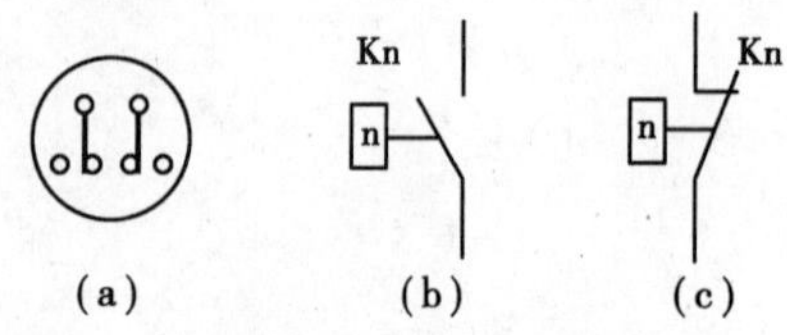

图 1.18　速度继电器的图形及文字符号
(a)转子;(b)常开触头;(c)常闭触头

触头在簧片的作用下复位。速度继电器的触头有正转和反转两种,电动机正转时,正转触头动作,而反转触头不动作;电动机反转时,其反转触头动作。

常用的速度继电器有 YJ1 型和 JFZ0 型。一般速度继电器的动作转速为 120 r/min,触头的复位转速在 100 r/min 以下,电机转速在 3 600 r/min 以下能可靠地工作。

速度继电器的图形符号及文字符号如图 1.18 所示。

1.3.5　压力继电器

压力继电器通常用作气压给水设备、消防系统或机床的气压、水压和油压等系统中的保护。

压力继电器由微动开关、调节螺母、压缩弹簧、顶杆、橡皮薄膜、缓冲器等组成。其结构及符号如图 1.19 所示。

压力继电器装在水路(气路或油路)的分支管路中。当管路压力超过整定值时,通过缓冲器、橡皮薄膜抬起顶杆,使微动开关动作,若管路中压力等于或低于整定值后,顶杆脱离微动开关,使触头复位。

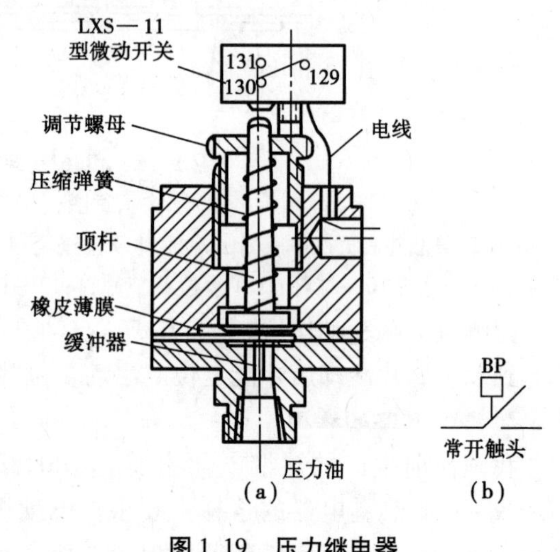

图 1.19　压力继电器
(a)结构图;(b)符号

压力继电器调整方便,只需放松或拧紧调整螺母即可改变控制压力。常用的压力继电器有 YJ 系列、TE52 系列和 YT-1226 系列压力调节器等。

YJ 系列压力继电器的技术数据如表 1.4 所示。

表 1.4　YJ 系列继电器技术数据

型号	额定电压/ V	长期工作电流/A	分断功率/ VA	控制压力/Pa	
				最大控制压力	最小控制压力
YJ-0	AC380	3	380	$6.079\,5\times10^5$	$2.026\,5\times10^5$
YJ-1				$2.026\,5\times10^5$	$1.013\,25\times10^5$

1.4　开关电器

1.4.1　刀开关

刀开关又称闸刀,是一种简单的手动操作控制电器。它广泛应用于各种配电设备和供电线路中,通常用于非频繁接通或切断容量不大的低压供电线路,并兼作电源隔离开关。按工作原理和结构形式，刀开关可分为：胶盖闸刀开关、铁壳开关、组合开关等。各种类型的刀开关还可按其额定电流、刀的极数（单极、双极或三极）、有无灭弧罩以及操作方式来区分。除在电力系统等特殊场合中的大电流刀开关采用电动操作外，一般都是采用手动操作方式。

1）**胶盖闸刀开关**

胶盖闸刀开关是民用建筑中普遍使用的一种刀开关，它的外形如图1.20所示，胶盖闸刀开关的闸刀装在瓷质底板上，每相附有保险丝、接线端子，用胶木罩外壳盖住闸刀和保险丝，起保护和隔离作用，防止切断电源时电弧烧伤操作者。常用的胶盖闸刀开关有HK1，HK2系列，主要有单相双极和三相三极开关。

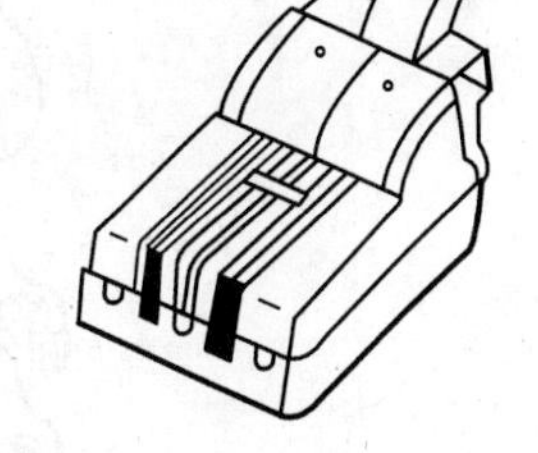

图1.20　胶盖瓷座闸刀开关

2）**铁壳开关**

铁壳开关又称负荷开关，其刀开关装在铁壳内，如图1.21所示。它的结构主要由刀闸、熔断器和铁制外壳、壳盖以及手柄组成。在刀闸断开处有灭弧罩，在内部与手柄相连处装有速断弹簧，所以它的灭弧能力强，其断开速度比胶盖闸刀开关快，并具有短路保护功能，适用于各种配电设备，供不频繁的手动接通和分断负荷电路之用，如三相感应电动机的不频繁启动和停转的操作。28 kW以下的电动机直接启、停的控制也通常是采用这种开关。铁壳开关的型号主要有HH3，HH4等系列。

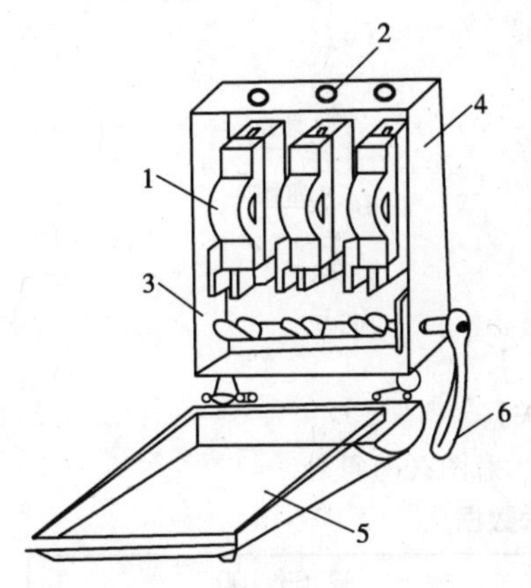

图1.21　铁壳开关结构

1—瓷插熔断器；2—进出线孔；3—刀闸；4—外壳；5—壳盖；6—手柄

3）**组合开关**

组合开关也可称为转换开关，也是一种刀开关，只不过是一种操作手柄可左右转动的刀开关。其结构如图1.22所示。由于它采用扭簧储能机构，可以使开关快速闭合及分断，提高了分断能力和灭弧性能。组合开关可以通过选择不同类型的动触头和静触头，然后叠装起来，可得到若干种不同的接线方案，使用起来非常方便，故广泛用于电器设备的电源开关、测量三相电压和控制7.5 kW以下小容量电动机的直接启动、正反转等不频繁操作的场合。

组合开关的额定电压为220 V和380 V。额定电流有10，25，35，60 A等。产品型号有HZ5，HZ10系列等。

4）**新型隔离开关**

近年来国内多个厂家从国外引进技术，生产较为先进的小型隔离开关，如PK系列隔离开关和PG系列熔断器式隔离开关等。PK系列为可拼装式隔离开关，分为单极和多极两种，其外形如图1.23所示。外壳采用陶瓷等材料制成，因而耐高温、抗老化、绝缘性能好。该产品体积小、重量轻、可采用导轨进行拼装，电寿命和机械寿命都较长，主要技术数据见表1.5所示。它可替代前述的小型刀开关，广泛应用于工矿企业、民用建筑等场所的低压配电电路和控制电路中。

PG型熔断器式隔离开关是一种带熔断器的隔离开关，其外形结构大致与PK型相同，也分为单极和多极两种，可用导轨进行拼装，其主要技术数据如表1.5所示。PK型和PG型隔离开关目前国内已有多家厂家和公司生产。

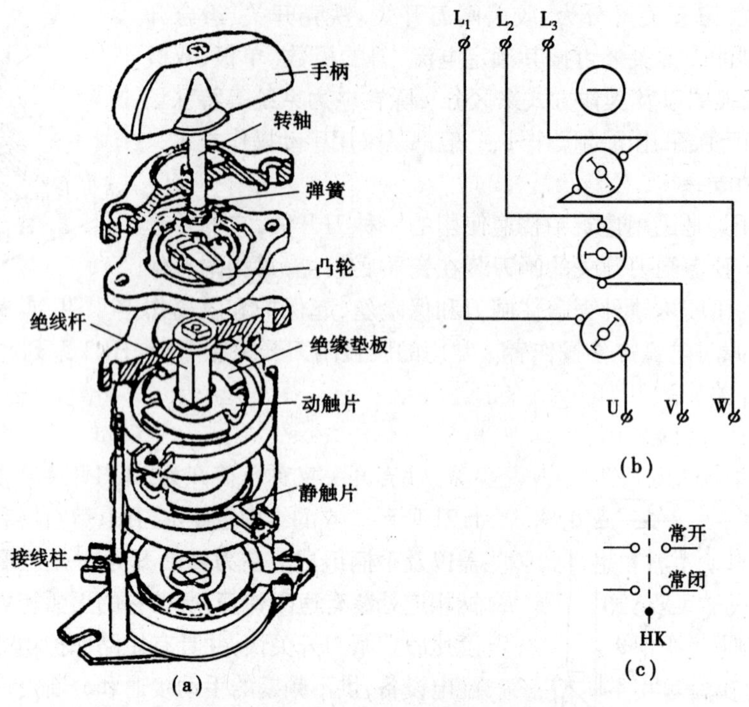

图 1.22 组合开关(转换开关)

(a)组合开关的结构图;(b)组合开关结构示意图;(c)符号

表 1.5 新型隔离开关主要技术数据

<table>
<tr><td rowspan="3">PK 系列</td><td>额定电流/A</td><td colspan="2">16</td><td colspan="2">32,63,100</td></tr>
<tr><td>额定电压/ V</td><td colspan="2">220</td><td colspan="2">380</td></tr>
<tr><td>极数 p</td><td colspan="4">1,2,3,4</td></tr>
<tr><td rowspan="5">PG 系列
(熔断器式)</td><td>额定电流/A</td><td>10</td><td>16</td><td>20</td><td>32</td></tr>
<tr><td>熔断器的额定电流/A</td><td>2,4,6,10</td><td>6,10,16</td><td>0.5,2,4,6,8,10,12,16,20</td><td>25,32</td></tr>
<tr><td>额定电压/ V</td><td colspan="2">220</td><td colspan="2">380</td></tr>
<tr><td>额定熔断短路电流/A</td><td colspan="2">8 000</td><td colspan="2">20 000</td></tr>
<tr><td>极数 p</td><td colspan="4">1,2,3,4</td></tr>
</table>

1.4.2 自动空气开关

自动空气开关(断路器或自动开关)是一种能自动切断电路故障的开关和保护电器。它主要用于保护低压交直流电路的线路及电气设备,使它们免遭过电流、短路或欠电压等不正常情况的损害。自动空气开关具有良好的灭弧性能,它能带负荷通断电路,所以可用于电路的不频繁操作。自动空气开关主要由触头系统、灭弧系统、脱扣器和操作机构等组成。它的操作机构比较复杂,主触头的通断可以手动控制,也可以电动控制,故障时能自动脱扣(跳闸)。其原理结构如图 1.24(a)所示,其外形如图

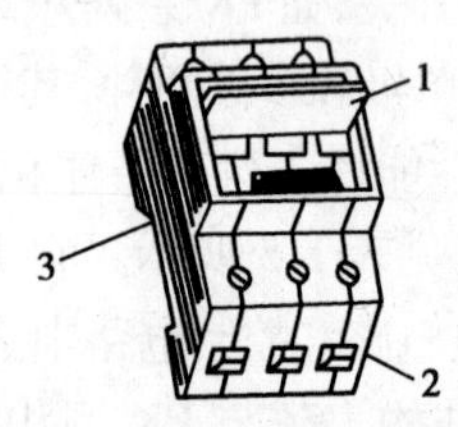

图 1.23 PK 系列隔离开关外形

1—手柄;2—接线端;3—安装轨道

1.24(b)所示。实际上它相当于刀开关、熔断器、热继电器和欠压继电器的组合。

自动空气开关的工作原理是:当线路过电流时,过电流脱扣器吸合动作;当欠电压时,失压脱扣器释放动作;当过载时,热元件(热脱扣器)变形动作。三者都是通过脱扣板动作而引起主触头动作来切断故障电路,从而保护线路及线路中的电气设备。

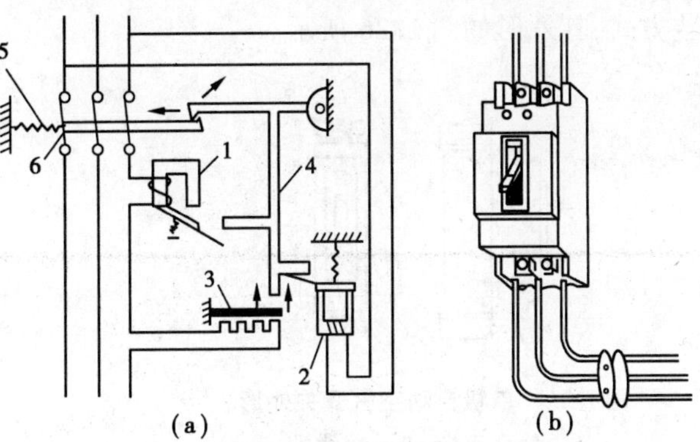

图 1.24　自动空气开关的原理结构及外形

(a)原理结构示意图;(b)外形

1—过电流脱扣器;2—欠电压(失压)脱扣器;3—热脱扣器;4—脱扣板;5—释放弹簧;6—主触头

过电流脱扣器主要用作短路保护和短时严重过载保护,可通过调节其弹簧的拉力来改变其动作的电流值。热脱扣器主要用作过载保护。为了满足保护动作的选择性,过电流脱扣器和热过载脱扣器的动作时间分别有过载长延时和短路瞬时动作、过载长延时和短路短延时动作等方式。失压线圈脱扣器也有瞬时和延时动作两种方式。另外,并不是所有的自动开关全都有上述3种保护功能,如失压保护一般只在大型配电用自动开关中使用。在具体应用时可根据不同要求来选择。

自动空气开关按其用途可分为配电线路用自动空气开关、电动机保护用自动空气开关、照明用自动空气开关、控制线路用自动空气开关等;按其结构可分为塑料外壳式、框架式、快速式、限流式等。但基本形式只有万能式和装置式两种系列。

塑料外壳式自动空气开关属于装置式,是民用建筑中常用的一种,它具有保护性能好、安全可靠等优点。框架式自动空气开关,其结构是敞开装在框架上,因其保护方案和操作方式比较多,故有“万能式”之称。快速式自动空气开关主要用于对半导体整流器等的过载、短路快速保护。限流式自动空气开关是用于交流电网的快速动作的限流自动保护电器,以限制短路电流。

自动开关型号含义:

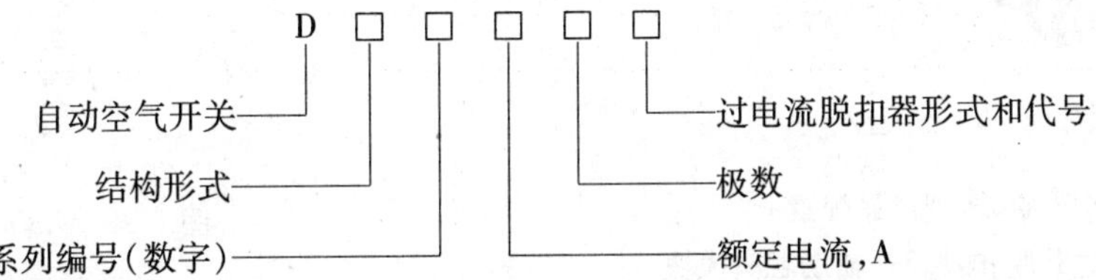

目前在民用建筑中常用的自动空气开关的型号主要有 DW10,DW5,DZ5,DZ10,DZ6 等系列。DZ5,DZ10,DZ12 系列除有三极和二极外,还有单极形式,并可以在导轨上拼装成多极,用于对分路进行集中控制。其外形如图 1.25 所示。

除上述所介绍的自动开关外,近年来国内有关厂家从国外引进生产了具有国际先进水平的更新换代产品,如 TO,TG,TS,TL,TH 系列塑壳式自动开关。其外形基本上与 DZ 型相同,但体积小、重量轻、工作可靠、产品的机械寿命和电气寿命以及带负荷的通断能力都比原国产相应规格的产品要高 1 ~2 倍或 1 ~2 个数量级。此外,还有的厂家引进生产通断能力大(可达 6 kA)的 PX-200C 系列、C45N-60 等系列小型断路器,这种断路器有单极和多极,可采用导轨安装方式,其外形如图 1.26 所示。

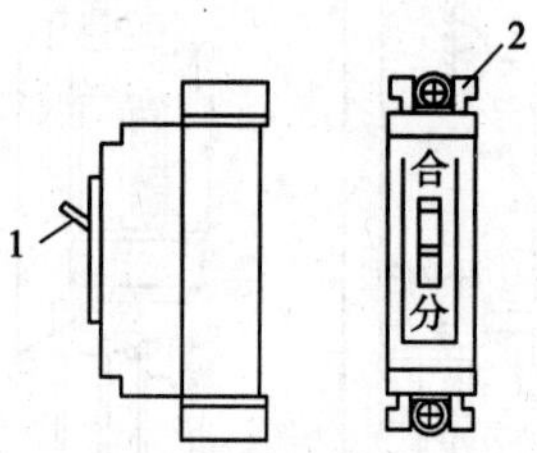

图 1.25　单极自动空气开关外形

1—分合手柄; 2—接线端

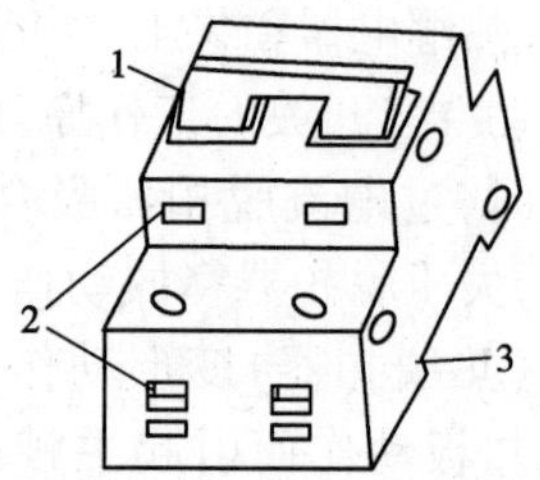

图 1.26　PX-200C 系列外形图

1—手柄; 2—接线端;3—安装轨道

1.4.3　KB0 系列控制与保护开关电器

CPS(Control and Protective Switching Device)即"控制与保护开关电器"是低压电器中的新型产品,KB0 是填补国内空白的第一代 CPS 大类产品。

KB0 系列控制与保护开关电器是由我们国内公司自主研发的智能型多功能电器,其特征是在单一的结构形式的产品上实现集成化的、内部协调配合的控制与保护功能,相当于断路器(熔断器)、接触器、热继电器及其他辅助电器的组合。具有远距离自动控制和就地直接控制功能、面板指示及信号报警功能,还具有反时限、定时限和瞬时三段保护特性。KB0 含意为控制、保护、初始设计(填补国内空白)。根据需要选配不同的功能模块或附件,即可实现对一般(不频繁启动)的电动机负载、频繁启动的电动机负载、配电电路负载的控制与保护。

KB0 系列产品型号有基本型(KB0)、电动机可逆型控制器(KB0N)、双电源自动转换开关(KB0S)、电动机 Y-△减压启动器(KB0J)、动力终端箱(KB0X)等类型。

图 1.27　基本型产品配置

1—主体;2—过载脱扣器;3—辅助触头模块

4—分励脱扣器;5—远距离再扣器

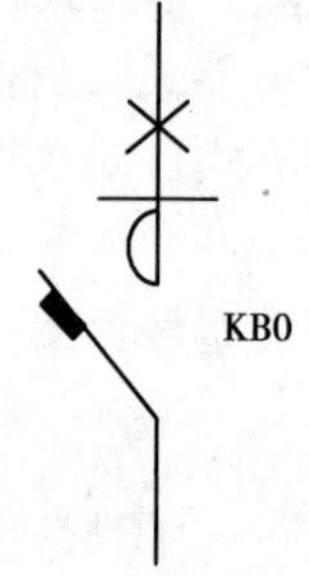

图 1.28　KB0 系列电器图形符号及标注

基本型产品的配置见图 1.27,其图形符号见图 1.28。

①可逆型控制与保护开关电器 KB0N:以 KB0 基本型作为主开关,与机械联锁和电气联锁等附件组合,构成可逆型控制与保护开关电器,适用于电动机的可逆或双向控制与保护。

②双电源自动转换开关电器 KB0S:额定电流 100 A 及以下产品以 KB0 基本型作为主开关与电压继电器、机械联锁、电气联锁等附件组合,构成 CB 级或 PC 级的双电源自动转换开关电器 ATSE;额定电流 250 ~630 A 的 ATSE 为 PC 级。

③减压启动器 KB0J、KB0J2、KB0Z、KB0R:以 KB0 基本型为主开关,与适当接触器、时间

继电器、机械联锁和电气联锁构成 Y-△减压启动器 KB0J、自耦减压启动器 KB0Z、电阻减压启动器 KB0R，实现电动机的减压启动和多种保护。

④双速控制器 KB0D：以 KB0 基本型作为主开关，与适当的接触器、电气联锁等附件组合，构成双速控制器，适用于双速电动机的控制与保护。

⑤三速控制器 KB0D3：以 KB0 基本型作为主开关，与适当的接触器、电气联锁等附件组合，构成三速控制器，适用于三速电动机的控制与保护。

⑥保护控制箱 XBK1：以 KB0 作为主开关，安装在标准的保护箱内组成动力终端箱，适用于户外以及远程单独负载的控制与保护。

⑦派生型式：消防型（F 型）、隔离型（G 型）、插入式板后接线（R 型）等。

1.4.4　软启动器

软启动器是一种集电动机软启动、软停车、轻载时节能和多种保护功能于一体的新颖电机控制装置，国外称为 Soft Starter 见图 1.29。软启动器装置有电子式、液态式和磁控式等类型。广泛应用的是电子式。电子式软启动器装置是采用三对反并联晶闸管作为调压器，将其串入电源和电动机定子之间，它由电子控制电路调节加到晶闸管上的触发脉冲角度，以此来控制加到电动机定子绕组上的电压，使电压能按某一规律逐渐上升到全电压，通过适当地设置控制参数，使电动机在启动过程中的启动转距、启动电流与负载要求得到较好的匹配。

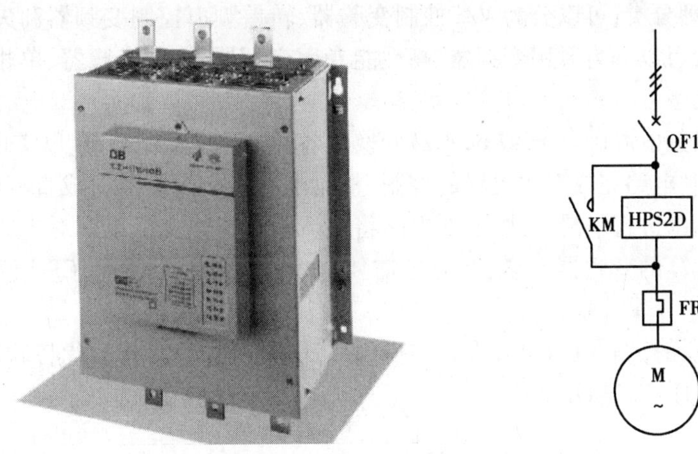

图 1.29　通用型软启动控制装置与电路图

软启动器一般是在电动机启动时串入，启动结束时，用一个接触器将其短接，使其在电动机正常工作时并无电流经过，以降低晶闸管的热损耗，延长软启动器的使用寿命，提高其工作效率，又使电网避免了谐波污染。

软启动器启动时电压沿斜坡上升，升至全压的时间可设定在 0.5～60 s。软启动器亦有软停止功能，其可调节的斜坡时间在 0.5～240 s。

使用软启动器可解决水泵电机启动与停止时管道内的水压波动问题；可解决风机启动时传动皮带打滑及轴承应力过大的问题；可减少压缩机、离心机、搅动机等设备在启动时对齿轮箱及传动皮带应力问题，这些设备常用软启动器作为启动设备。

随着电力电子技术的快速发展以及传动控制对自动化要求的不断提高，采用晶闸管为主要器件、单片机(CPU)为控制核心的智能型软启动器,已在各行各业得到越来越多的应用,由于软启动器性能优良、体积小、质量轻,具有智能控制及多种保护功能,而且各项启动参数可根据不同负载进行调整,其负载适应性很强。因此,电子式软启动器逐步取代落后的Y-Δ、自耦减压和磁控式等传统的减压启动设备将成为必然。

1.4.5 变频器

变频技术是应交流电机无级调速的需要而诞生的。20世纪60年代以后,电力电子器件经历了SCR(晶闸管)、GTO(门极可关断晶闸管)、BJT(双极型功率晶体管)、MOSFET(金属氧化物场效应管)、SIT(静电感应晶体管)、SITH(静电感应晶闸管)、MGT(MOS控制晶体管)、MCT(MOS控制晶闸管)、IGBT(绝缘栅双极型晶体管)、HVIGBT(耐高压绝缘栅双极型晶闸管)的发展过程,器件的更新促进了电力电子变换技术的不断发展。20世纪70年代开始,脉宽调制变压变频(PWM-VVVF)调速研究引起了人们的高度重视。20世纪80年代,作为变频技术核心的PWM模式优化问题吸引着人们的浓厚兴趣,并得出诸多优化模式,其中以鞍形波PWM模式效果最佳。20世纪80年代后半期开始,美、日、德、英等发达国家的VVVF变频器已投入市场并获得了广泛应用。

变频器的分类方法有多种,按照主电路工作方式分类,可以分为电压型变频器和电流型变频器;按照开关方式分类,可以分为PAM控制变频器、PWM控制变频器和高载频PWM控制变频器;按照工作原理分类,可以分为V/f控制变频器、转差频率控制变频器和矢量控制变频器等;按照用途分类,可以分为通用变频器、高性能专用变频器、高频变频器、单相变频器和三相变频器等。

变频器是把工频电源(50 Hz或60 Hz)变换成各种频率的交流电源,以实现电机的变速运行的设备,其中控制电路完成对主电路的控制,整流电路将交流电变换成直流电,直流中间电路对整流电路的输出进行平滑滤波,逆变电路将直流电再逆成交流电。对于如矢量控制变频器这种需要大量运算的变频器来说,有时还需要一个进行转矩计算的CPU以及一些相应的电路。

变频器已在电梯控制、恒压泵等设备中得到广泛的应用,今后将会代替软启动器,用于三相交流电动机的降压变频启动。

1.5 主令电器

主令电器是自动控制系统中用于发送控制指令的电器。它不直接控制主电路的通断,而是在电路中发出“指令”去控制一些自动电器,故称为“主令电器”,它属于手动电器。主令电器应用广泛,种类繁多,按其作用可分为:控制按钮、行程开关、接近开关、万能转换开关、主令控制器等。

1.5.1 按钮开关

按钮开关是一种结构简单,应用广泛,短时接通或断开小电流电路的电器。按钮开关一般由按钮帽、恢复弹簧、桥式动触头、静触头和外壳等组成。当按下按钮帽时,先断开常闭触头,然后接通常开触头。当手抬起后，在恢复弹簧的作用下使按钮帽复原（常开触头先断开，常闭触头后闭合）。其外形、结构及符号如图 1.30 所示。

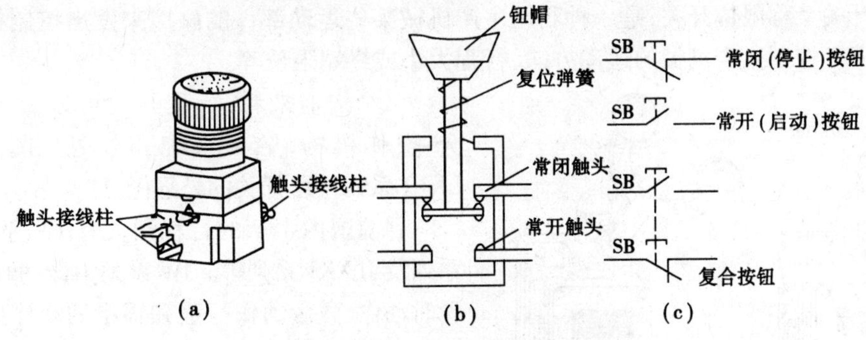

图 1.30　按钮的外形、结构及符号

(a)外形；(b)结构；(c)符号

按钮开关可分为常开、常闭和复合式等多种形式。在结构形式上有揿钮式、紧急式、钥匙式与旋钮式等。为识别其按钮作用，通常将按钮帽涂成不同的颜色，一般红色表示停止。

按钮开关的型号意义：

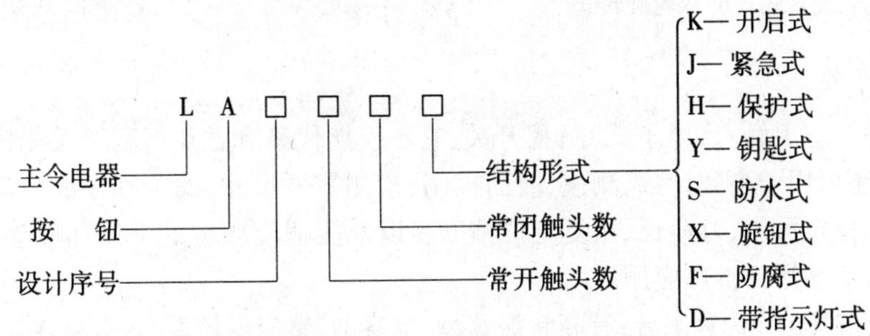

选择时，应根据所需要的触头数、使用的场所及颜色来确定。

常用的 LA18，LA19，LA20 系列按钮开关，适用于 AC 500 V，DC 440 V，额定电流 5 A，控制功率为 AC 300 W，DC 70 W 的控制回路中。

常用的按钮开关技术数据如表 1.6 所示。

表 1.6　常用按钮开关技术数据

型　号	额定电压/V	额定电流/A	结构形式	触头对数		按钮数	用　　途
				常开	常闭		
LA2			元　　件	1	1	1	作为单独元件用
LA10-2K	500	5	开 启 式	2	2	2	用于电动机启动、停止控制
LA10-2H	500	5	保 护 式	2	2	2	
LA10-2A	500	5	开 启 式	3	3	3	用于电动机、倒、顺、停控制
LA10-3H	500	5	保 护 式	3	3	3	
LA19-11D	500	5	带指示灯	1	1	1	特殊用途
LA18-22Y	500	5	带钥匙式	2	2	1	
LA18-44Y			带钥匙式	4	4	1	

1.5.2 行程开关

行程开关又称限位开关,是一种利用生产机械某些运动部件的碰撞来发出控制指令的主令电器。用于控制生产机械的运动方向、行程大小或终端限位等。

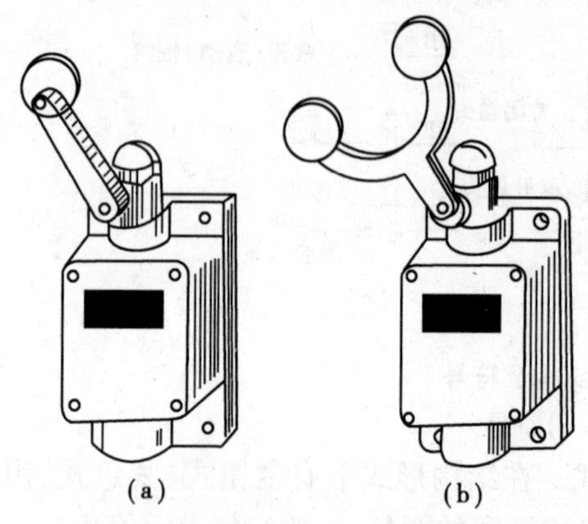

图 1.31 LX19 系列行程开关
(a)单轮旋转式;(b)双轮旋转式

从结构上来看,行程开关可以分为 3 个部分:操作机构、触头系统和外壳。图 1.31 为 LX19 系列行程开关的外形图。

目前国内生产的行程开关有 JW 系列、LX19 系列及 JLXK1 系列等。JW 系列为微动开关,具有瞬时动作、微量动作行程和很小的动作压力等特点。LX19 系列行程开关是以 LX19 型元件为基础,增设不同的滚轮和传动杆,即可组成单轮、双轮及径向传动杆等形式的行程开关。其中单轮和径向传动杆式行程开关可自动复位,而双轮行程开关则不能自动复位,要复位必须反方向碰撞其另一个滚轮。

1.5.3 接近开关

接近开关又称无触点(电子式)行程开关,它不仅能代替有触点行程开关来完成行程控制和限位保护,还可用于高频计数、测速、液面控制、检测零件尺寸、加工程序的自动衔接等。由于它具有工作稳定可靠、寿命长、重复定位精度高以及能适应恶劣的工作环境等特点,所以在工业生产方面逐渐得到推广应用。

接近开关按其工作原理来分:有高频振荡型、电容型、感应电桥型、永久磁铁型、霍尔效应型等,其中高频振荡型最为常用。高频振荡型接近开关的电路由振荡器、晶体管放大器和输出器三部分组成,其基本工作原理是:当有金属物体进入高频振荡器的线圈磁场时,该物体内部将产生涡流损耗,使振荡回路电阻增大,能量损耗增大,使振荡减弱直至终止,开关输出控制信号。

常用的接近开关有 LJ1,LJ2 和 LXJ0 等系列。图 1.32 为 LJ2 系列晶体管接近开关电路原理图。此开关的振荡器为电容三点式振荡器,由三极管 V_1、振荡线圈 L 及电容 C_1,C_2和 C_3组成。振荡器的输出加到三极管 V_2的基极上,经 V_2放大及二极管 V_7,V_8整流,成为直流信号加至 V_3的基极,使 V_3导通。

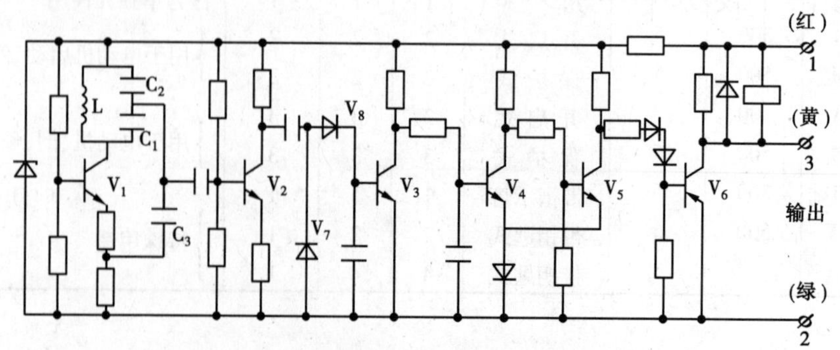

图 1.32 LJ2 系列晶体管接近开关电路原理图

当开关附近没有金属物体时,三极管 V_4截止, V_5导通, V_6截止,开关无输出。

当金属物体靠近开关感辨头时,由于在该物体内产生涡流损耗,使振荡回路等效电阻增加,能量损耗增加,以致振荡减弱直到终止,这时 V_7, V_8整流电路无输出电压。则 V_3截止使 V_4导通, V_5截止, V_6导通,并有信号输出。

1.5.4　万能转换开关

万能转换开关是一种多挡式、控制多回路的主令电器。一般可作为各种配电装置的远距离控制,也可作为电压表、电流表的换相开关,还可作为小容量电动机的启动、调速和换向之用。由于其换接的线路多、用途广,故有“万能”之称。目前常用的万能转换开关有 LW5,LW6 等系列。

LW6 系列开关由操作机构、面板、手柄及数个触头座等主要部件组成,用螺栓组装成为整体。其操作位置有2 ~ 12 个,触头底座有 1 ~ 10 层,其中每层底座均可装 3 对触头,并由底座中间的凸轮进行控制。由于每层凸轮可做成不同的形状,因此,当手柄转到不同位置时,通过凸轮的作用,可使各对触头按所需要的规律接通和分断。

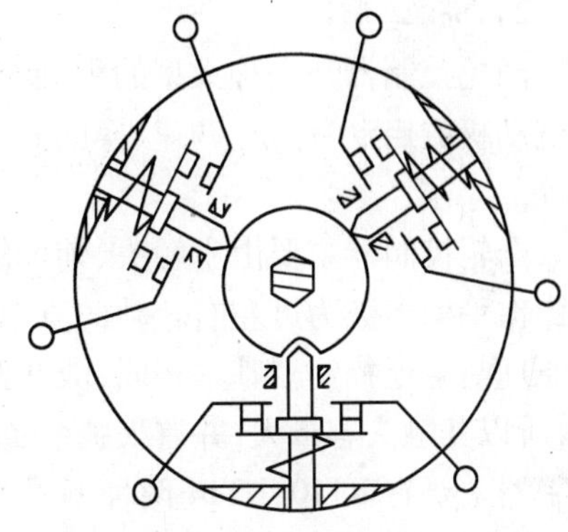

图 1.33　万能转换开关结构示意图

LW6 系列万能转换开关还可装成双列形式,列与列之间用齿轮啮合,并由公共手柄进行操作,因此,这种转换开关装入的触头数最多可达到 60 对。图 1.33 为 LW6 系列万能转换开关中某一层的结构原理图。

1.5.5　主令控制器与凸轮控制器

1)主令控制器

主令控制器是用来频繁地按顺序切换多个控制电路的主令电器。它与磁力控制盘配合,可实现对起重机、轧钢机及其他生产机械的远距离控制。

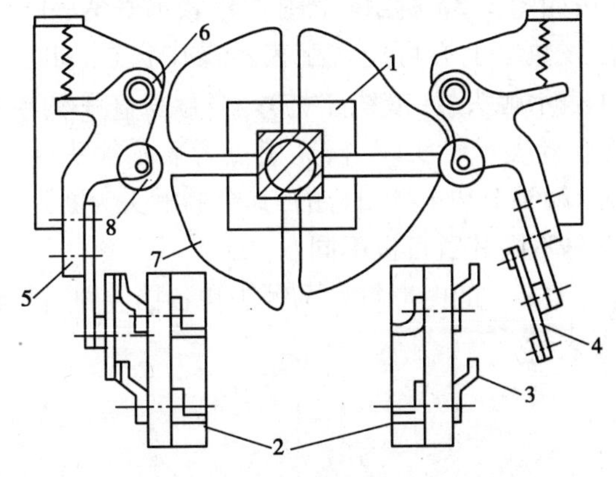

图 1.34　主令控制器结构示意图

1,7—凸轮块;2—接线柱;3—固定静触头;4—动触头;5—支杆;6—转动轴;8—小轮

主令控制器的结构示意图如图 1.34 所示。主要由转轴、凸轮块、动触头及静触头、定位机构及手柄等组成。它的触头较小,并采用桥式结构,触点由银质材料制成,所以操作轻便,每小时允许接电次数较多。

在图 1.31 中 1 与 7 为固定于方轴上的凸轮块;3 是固定的静触头;4 是动触头,它固定于能绕轴转动的支杆 5 上。当转动方轴时,凸轮块随之转动,当凸轮块的凸起部分转到与小轮接触时,支杆 5 在反力弹簧作用下复位,使动、静触头闭合,从而接通被控回路。这样安装一串不同形状的凸轮,可使触头按一定顺序闭合与断开,以获得按一定顺序进行控制的电路。

主令控制器的操作手柄可由万向轴承通过钢丝、滑轮等实现纵向倾斜操作(这是与万能开关不同之处)。两个主令控制器也可组装成联动式,操作手柄可在纵、横倾斜(十字方向)的任意方位操纵。用一个操作手柄就可以控制起重机起重和行走两种方式的运转。结构紧凑、操作灵活,方便等优点使它在起重机械中得到了广泛的应用。

目前国内生产的主令控制器主要有 LK14,LK15,LK16 等系列。LK14 系列主令控制器的额定电压为 AC 380 V,额定电流为 15 A,控制电路数为 12 个。

2)凸轮控制器

凸轮控制器是一种大型的手动控制器。主要用于在起重设备中直接控制中小型绕线式异步电动机的启动、停止、调速、换向和制动,也适用于有相同要求的其他电力拖动场合,如卷扬机等。

凸轮控制器主要由主触头、辅助触头、转轴、凸轮、杠杆、手柄、灭弧罩及定位机构等组成,其操作手柄多数为可左右转动的方向盘式。图 1.35 为凸轮控制器的结构原理图。因它的工作原理与主令控制器基本相同,故在此不再重述。由于凸轮控制器直接控制电动机主电路工作,所以其触头容量大,并有灭弧装置,因而体积也大,操作时比较费力。目前国内生产的凸轮控制器主要有 KT10,KT14 两种型号。

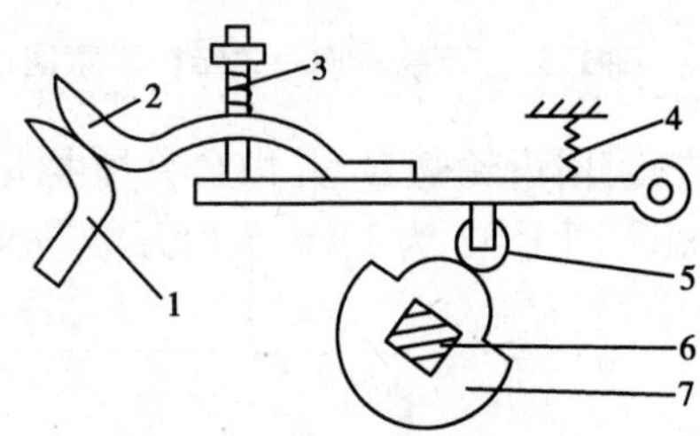

图 1.35　凸轮控制器结构原理图

1—静触头;2—动触头;3—触头弹簧;4—弹簧;5—滚子;6—绝缘方轴;7—凸轮

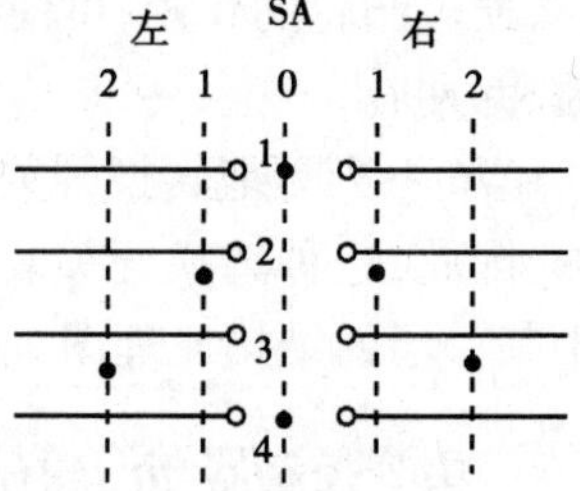

图 1.36　凸轮控制器的图形符号

凸轮控制器的图形符号及触头通断表示方法如图 1.36 所示。图中"0"表示手柄(手轮)的中间位置,两侧的数字表示手柄操作位置,在该数字上方可用文字表示操作状态(如左和右),短划线表示手柄操作的挡位数。数字 1 ~4 表示触头号(或线路号)。各触头在手柄转到不同挡位时的通断状态用黑点"●"表示,有黑点者表示触头闭合,无黑点者表示触头断开。例如手柄在中间"0"位,触头 1 和 4 处有黑点表示触头 1 和 4 是闭合的,其余的触头为断开的。控制器的操作位置和触头,根据控制器的具体型号不同其数目也不同。

转换开关、万能转换开关、主令控制器等转换类开关的图形符号及触头在各挡位的通与断表示方式是相同的。它们的文字符号一般用 SA 表示。

1.6　熔断器

1.6.1　熔断器的作用及性能

熔断器分高压和低压两类。民用建筑中使用的主要是低压熔断器,主要用来保护电气设备和配电线路免受过载电流和短路电流的损害。

熔断器的保护作用是靠熔体来完成的。熔体是由低熔点的铅锡合金或其他材料制成的,截面为一定的熔体只能承受一定值的电流(规定值)。当通过的电流超过此规定值时,熔体将熔断,从而起到保护作用。而熔体熔断所需的时间与电流的大小有关,这种关系通常用安秒特性曲线来表示(见图1.37)。所谓安秒特性,就是指熔体熔化的电流与熔化时间之间的关系曲线。

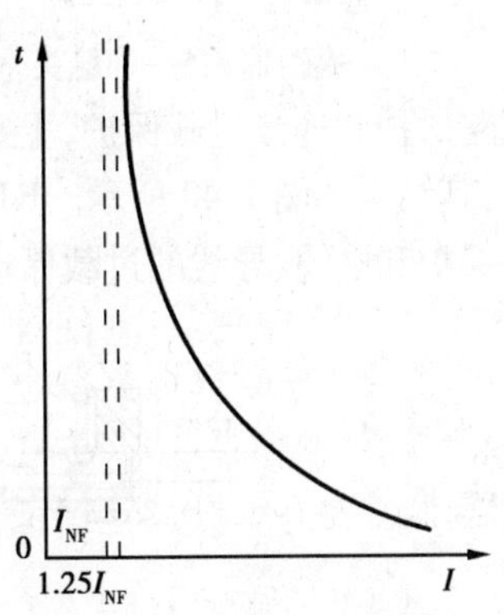

图1.37　熔体的安秒特性

从图中曲线可以看出:当通过熔体的电流越大时,熔断的时间就越短。图中 I_{NF} 为熔体的额定电流,当通过的电流小于熔体的额定电流的1.25倍时,熔体是不会熔断的,可以长期运行;若通过的电流大于熔体的额定电流1.25倍,则熔体被熔断,倍数越大,越容易熔断,即熔断时间越短,详见表1.7。

表1.7　通过熔断器熔体的电流与熔断时间

通过熔体的电流	$1.25\ I_{NF}$	$1.6\ I_{NF}$	$2\ I_{NF}$	$2.5\ I_{NF}$	$3\ I_{NF}$	$4\ I_{NF}$
熔断时间	∞	60 min	40 s	8 s	4.5 s	2.5 s

当负载发生故障时,有很大的短路电流通过熔断器,熔体很快熔断,迅速断开故障电路,从而有效地保护未发生故障的线路与设备。熔断器主要用作短路保护,而对于过载一般不能准确保护。

1.6.2　熔断器的种类

常用的低压熔断器有瓷插式、螺旋式和管式等。

1)**瓷插式熔断器**

瓷插式熔断器有RC1A等系列,主要用于AC 380 V(或220 V)50 Hz的低压电路中,一般接在电路的末端,作为电气设备的短路保护。其结构如图1.38所示。

2)**螺旋式熔断器**

螺旋式熔断器有RL1等系列,主要用于AC 50 Hz或60 Hz、额定电压500 V以下、额定电流200 A以下的电路中,作为短路或过载保护。其结构如图1.39所示。这种熔断器在熔断管的上盖中有一红点或其他色彩的指示器,当熔断管中熔丝熔断时指示器跳出。

3)**管式熔断器**

管式熔断器主要有RM10型和RT0型两种。RM10是新型的无填料密闭管式熔断器,用作

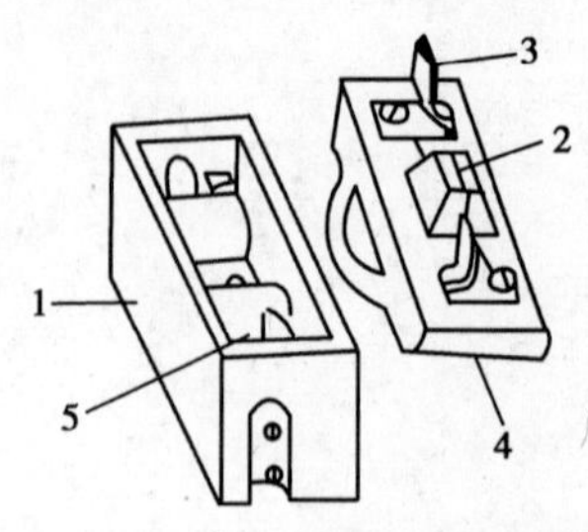

图 1.38　RC1A 型瓷插式熔断器

1—瓷底座;2—熔丝;3—动插头;
4—瓷插件;5—静触头

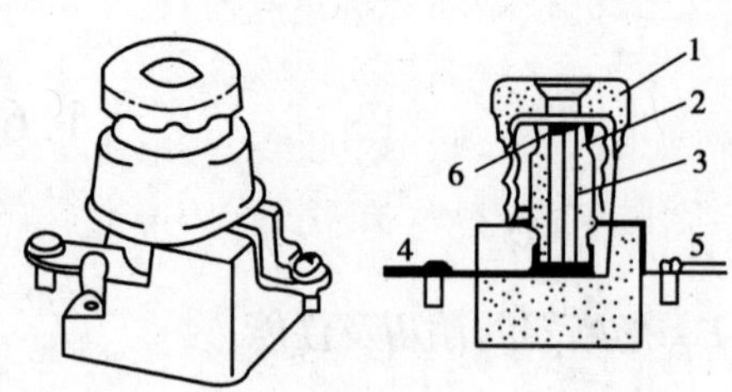

图 1.39　螺旋式熔断器

1—瓷帽;2—熔断管;3—熔丝;4—进线;
5—出线;6—红点指示

短路保护和连续过载保护,主要用于额定电压 AC 500 V 或 DC 440 V 的电力网和成套配电设备上,其结构如图 1.40 所示。RT0 型为有填料密闭型管式熔断器,用作电缆、导线及电气设备的短路保护和电缆、导线的过载保护,主要用于具有较大短路电流的电力网或配电装置中。

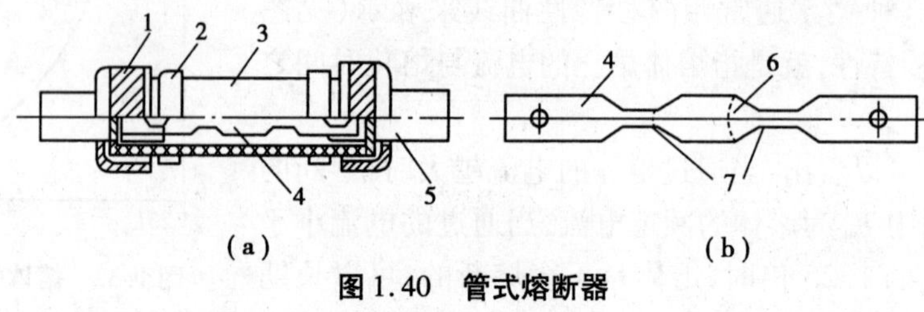

图 1.40　管式熔断器

(a)熔管;(b)熔化

1—铜帽;2—管夹;3—纤维管;4—熔片(变截面);5—接触闸刀;6—过载熔断部位;7—短路熔断部位

1.6.3　熔断器的选择

1)熔断器的型号含义

低压熔断器的型号含义:

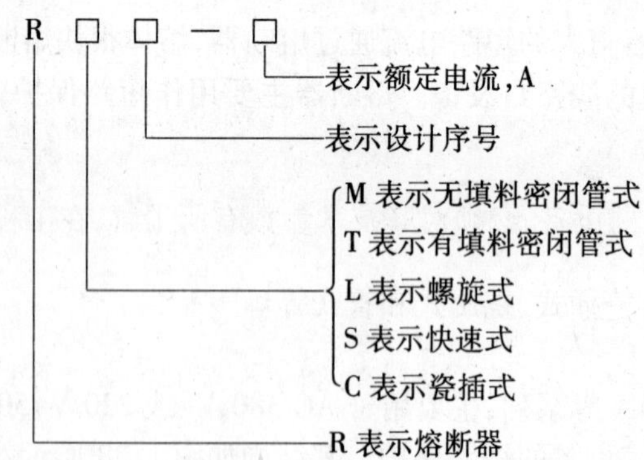

2)低压熔断器的选择

熔断器用于不同的负载,其额定电流选择方法不同。

当用于保护无启动过程的平稳负载如照明、电阻炉等,可按下式计算:

$$U_{RN} \geqslant U_N \tag{1.6}$$
$$I_{RN} \geqslant I_N$$

式中　U_{RN}——熔断器额定电压;

I_{RN} ——熔断器额定电流；

U_N ——线路额定电压；

I_N ——负载额定电流。

如用于保护单台长期工作的电动机,按下式计算：

$$I_{RN} \geqslant (1.5 \sim 2.5) I_N \tag{1.7}$$

如用于保护频繁启动的电动机,应按下式计算：

$$I_{RN} \geqslant (3 \sim 3.5) I_N \tag{1.8}$$

如用于保护多台电动机时,则应按下式计算：

$$I_{RN} \geqslant (1.5 \sim 2.5) I_{N\max} + \sum I_N$$

式中 $I_{N\max}$——多台电动机中容量最大的一台电动机的额定电流；

$\sum I_N$—— 其余电动机额定电流之和。

小结 1

本章较详细地介绍了继电接触控制系统中常用的控制电器和保护电器的构造原理、图形符号、技术参数及各自的特点及用途等。

控制电器主要是用于接通和切断电路,以实现各种控制要求。它主要分为自动切换和非自动切换两大类。自动切换的有接触器、中间继电器、时间继电器、行程开关、自动开关、漏电保护开关等,其特点是触头的动作是自动的。非自动切换电器有按钮、转换开关等,其特点是触头的动作是靠手动实现的。

保护电器主要用于对电动机及电控系统实现短路、过载、过流、漏电及失(欠)压等保护。如熔断器、热继电器、过电流和欠电流继电器、过电压和失(欠)电压继电器等。这些电器可根据电路的故障情况自动切断电路,以实现保护功能。

学习这些常用电器时,应联系工程实践、结合实物,通过实践或实习等手段加深对本章内容的理解。并抓住各自的特点及共性,以实现合理使用及正确选择电器,为将来从事工程实践打下良好的基础。

要想恰当合理选择电器设备,必须对其技术参数有所了解,在工程实践中选用时应查阅有关技术资料及手册。

1)手动电器的特点及作用

闸刀开关:结构简单、熄弧、断流能力差,可用于控制非频繁工作的5.5 kW 以下电动机和作为60 A 以下的电源开关。

铁壳开关:有速断、联锁装置和防护外壳,熄弧、断流能力强,可用于控制非频繁工作的15 kW以下电动机的正反转、Y-△启动和电源开关。

自动开关:熄弧、断流能力强,配装不同的脱扣器可实现过流、过载或失压后自动跳闸。可用于控制频繁工作的电动机和电力线路、照明线路的保护开关。

按钮:通断电流小,自动复位式按钮无记忆功能,专供发出控制指令用。

万能转换开关和主令控制器:触头通断电流小,手柄挡位多、触头数量多,可同时控制多条回路,可按一定程序下达控制指令。广泛用于水泵和起重机械等的控制。

2)**自动控制电器的特点及作用**

自动控制电器多数为电磁式电器,其共同点是都有电磁机构和触头系统。

接触器:有主触头和辅助触头以及灭弧装置,可用于远距离的、频繁的通断主电路,是实现电动机自动控制的主要电器。

中间继电器:可扩大触点数量、容量小、动作灵敏,用于控制电路。

电压继电器:用于控制电路的欠压或失压保护。

电流继电器:为电流线圈,线圈接在主电路,触头接在控制电路,可用于过电流保护及按电流原则控制等。

时间继电器:可将控制信号经过延时后发出,有通电延时型和断电延时型之分,可用于按时间原则控制的电路。

自动保护电器:属于电路故障保护型电器,电压继电器、电流继电器等也可划分为此类电器。

热继电器:是利用电流热效应原理制成的,热元件接在电动机主电路,过载时利用触头切断接触器线圈电路而实现过载保护,动作电流可调。

熔断器:结构简单,电路发生短路故障时,产生大电流使熔体熔断而切断电路。小电流等级的熔断器兼有过载保护功能。动作后需要换熔体或部件。

随着科学技术的发展,低压电器产品更新很快,本章所介绍的电器型号仅反映其工作原理和用途。在实践中,必须注意新系列产品的特点、性能及应用。

复习思考题1

1)选择填空题

(1)有一容量为10 kW的三相异步电动机,工作在粉尘飞扬的场所,欲对其实现非频繁直接启动,并要求有短路保护,应选择________。

A.闸刀开关　　B.组合开关　　C.铁壳开关　　D.自动开关

(2)所谓交流接触器和直流接触器,其分类方法是________。

A.按主触点所控制电路的种类分

B.按接触器吸引线圈种类分

C.按辅助触点所控制的电路种类分

(3)热继电器用作三相交流电动机过载保护时,对星形接法的电动机可选用________或________热元件的热继电器,但对三角形接法的电动机,最好选用________的热继电器。接在主电路中的是其________;接在控制电路中的是其________。

(4)一个20 A以上的接触器主要由3个部分组成,它们是________、________、________。

(5)复合按钮被按下时,其________触头先断开,________触头后闭合;手松开后,其________触头先恢复,________触头后恢复。

(6)应用接触器、继电器的电动机电气控制电路一般具有________、________、________3种保护。

(7)自动开关可有________、________等脱扣方式。

2)思考题

(1)一个励磁线圈额定电压为 AC 380 V 的交流接触器,接到 AC 220 V 的控制电路中可能会发生什么问题?

(2)一个励磁线圈额定电压为 AC 220 V 的交流接触器,接到 AC 380 V 的控制电路中可能会发生什么问题?

(3)交流励磁的交流接触器频繁启动时,线圈为什么会过热?

(4)交流励磁的交流接触器接相同电压等级的直流电励磁是否可以?

(5)在交流励磁的交流接触器铁心上为什么要安装铜制的短路环?

(6)两个交流励磁的交流接触器,其线圈是否可以串联使用,为什么?

(7)两台电动机是否可以用一个热继电器实现过载保护,为什么?

(8)热继电器与过电流继电器的工作原理有什么不同,各用于什么保护,两种保护有什么区别?

(9)一个 40 A 的交流接触器和一个 40 A 的电流继电器比较,试归纳出两点不同之处。

(10)在电动机的控制电路中,应用了热继电器后为什么还要应用熔断器?

(11)有人说接触器具有欠电压保护功能,现有一台机械设备的电动机,只要电压低于 80% U_N 以下就不准其运行,应用接触器控制时,只有在什么情况下才能实现其欠电压保护?

(12)交流接触器在运行中,在线圈断电后衔铁不释放,试说明原因。

电气控制电路的基本环节

由按钮、继电器、接触器等低压电器组成的控制系统具有线路简单、维修方便、便于掌握等优点，在各种生产机械和工作设备的电气控制系统中得到广泛的应用。由于生产机械和工作设备种类繁多，所要求的电气控制电路也是千变万化、多种多样的，本章着重阐明这些电气控制电路的基本环节、组成规律、阅读分析和设计方法，为阅读实际设备的电气控制系统奠定基础。

2.1　电气控制系统中图的作用和绘图原则

2.1.1　电气图的特点

1）电气图的表达形式

《电气制图》(GB 6988)及《电气技术用文件的编制》(GB/T 6998.1—1997)规定，电气图的表达形式分为4种：

(1)图(drawing)

图是图示法的各种表达形式的统称。根据定义，图的概念是广泛的，它不仅指用投影法绘制的图(如各种机械图)、用图形符号绘制的图(如各种简图)，也包括用其他图示法绘制的图(如各种表图)。图也可以定义为用图的形式来表示信息的一种技术文件。

(2)简图(diagram)

简图是用图形符号、带注释的围框或简化外形表示系统或设备中各组成部分之间相互关系及其连接关系的一种图。在不致引起混淆时，简图也可简称为图。

应该说明的是,“简图”是技术术语,不要从字义上去理解为简单的图。应用这一术语的目的是为了把这种图与其他的图相区别。再者,我国有些部门曾经把这种图称为“略图”。为了与其他国家标准[如《机械制图机构运动简图符号》(GB 4460—84)]的术语一致,本标准采用了“简图”而不用“略图”。在电气图中,大多数图种,如系统图、电路图和接线图等都属于简图。

(3)表图(chart)

表图是表明两个以上变量之间关系的一种图。在不致引起混淆时,表图也可简称为图。根据定义,表图所表示的内容和方法都不同于简图。经常碰到的曲线图、时序图都属于表图之列。应该指出,“表图”也是技术术语,之所以用“表图”而不用“图表”,是因为这种表达形式主要是图而不是表。

(4)表格(table)

表格是把数据按纵横排列的一种表达形式,用以说明系统、成套装置或设备中各组成部分的相互关系或连接关系,或者用以提供工作参数。表格也可简称表。表格可以作为图的补充,也可以用来代替某种图。

2)电气图在中国发展的3个阶段

工程界要交流,就需要工程语言,即使是不同国籍的工程技术人员。只要按照相约的符号和规则来描述,大家就能看得懂,能实现信息结构的传送和表达,实现技术交流。电气简图就是通过直观图形来传达信息的工程语言,电气信息结构文件编制规则与电气简图用图形符号一样,也是电气工程的一种语言。

世界上大多数国家将国际IEC标准作为统一电气工程语言的依据,我国在将IEC标准转化为国家标准的过程中经历了3个阶段。

(1)第1阶段

20世纪60年代中期,国家第一机械工业部提出由国家科学技术委员会发布了《电工系统图图形符号》(GB 312:1964)、《电力及照明平面图图形符号》(GB 313:1964)、《电信平面图图形符号》(GB 314:1964)等系列标准。这些标准参照IEC(国际电工委员会)修订相关标准的建议方案制定,使我国第一次有了统一的电气图形符号标准,为国内各部门制定相应的行业标准提供了依据,从而也提高了我国电气设计的标准化水平。

(2)第2阶段

20世纪80年代中期,由国家标准局发布的电气制图及电气图用图形符号、电气设备用图形符号和主要的相关国家标准有:电气制图标准7项,即(GB 6988.1—86)~(GB 6988.7—86);电气图用图形符号标准13项,即(GB 4728.1—85)~(GB 4728.13—85);电气设备用图形符号标准2项,即(GB 5465.1—85~GB 5465.2—85);相关标准5项,即《电气技术中的项目代号》(GB 5094—85)、《电气技术中的文字符号制订通则》(GB 7159—87)、《电气系统说明书用简图的编制》(GB 7356—87)、《电器接线端子的识别和用字母数字符号标志接线端子的通则》(GB 4026—83)、《绝缘导线的标记》(GB 4884—85)等。

该系列标准参照采用了《电气简图用图形符号》(IEC 60617:1983)标准、《简图、表图、表格》(IEC 113)标准、《电气技术中的项目代号》(IEC 60750)标准及相关文件,以IEC符号为主,并根据当时国内情况加入了一些IEC标准中没有的符号。这套系列标准的发布实施,为我国正在起步的改革开放和“四个现代化”建设提供了技术支持,为提高电气技术信息交流的速度和质量发挥了重要作用。

(3)第3阶段

20世纪90年代,随着科学技术的发展,系统和设备越来越复杂,功能越来越完善,但人们对操作和维修却要求越来越简单易行,希望通过阅读电气信息结构文件就能正确掌握操作技能和维修方法。这就要求电气信息的表达更具有全局的观念。将复杂的系统看作一个整体,而将各个单元、功能、位置看作是系统的一部分而作相应的分层,并给各层中各个项目以清晰的符号代号,以利于快速检索和查询。由于电气技术的发展对文件编制提出了新的要求,于是IEC首先修订了IEC 113系列标准,代之以新的标准系列《电气信息结构文件编制》(IEC 61082),全面规范了电气简图和相关文件的编制。同时,又发布了《工业系统、成套装置与设备以及工业产品——结构原则和检索代号》(IEC 61346)系列标准,代替了《电气技术中的项目代号》(IEC 60750),提出了结构与检索的全新概念。IEC还对文件和文件编制规定了满足信息技术要求的管理方法。由于机、电早已密不可分,IEC在20世纪90年代中后期发布的多个标准都是IEC和ISO(国际标准化组织)联合起草的,适用范围不仅是电,而是一切技术领域。

正是基于上述情况,我国也将新IEC标准转化为国家标准的第3阶段。随着20世纪90年代中后期国际标准的全面更新,我国的电气信息结构、文件编制标准化技术委员会修订了第二版GB/T 4728系列标准(T的含义为推荐选用)。GB/T 4728仍由13部分组成,但符号形式、内容、数量与IEC 60617的第二版完全相同。1997—2003年修订了第二版《电气制图》(GB 6988)系列标准,并更名为《电气技术用文件的编制》(GB/T 6988),主要有:一般要求、功能性简图、接线图与接线表、位置文件和安装文件等,其内容与《电气信息结构文件编制》(IEC 61082)完全相同。这些新标准的发布与实施,加速了我国技术领域的信息化进程,在国内、外经济技术交流中发挥重要作用,也为我国电气工程技术与国际接轨奠定了基础。

3)电气信息结构文件的文件种类

(1)结构

为了使工业系统、成套装置与设备以及工业产品的设计、制造、维修或运营能高效率地进行,我们往往将系统及其信息分解成若干部分,每一部分又进一步细分。这种连续分解成部分和这些部分的组合就称为结构。

结构可以反映以下几方面:a. 系统的信息结构,即信息在不同的文件和信息系统中如何分布;b. 每一种文件的内容结构;c. 检索代号的构成。当然,它也反映系统或成套装置本身。一个系统以及每一个组成的物体,都可以从诸多方面进行观察。例如:a. 它能做什么;b. 它是如何构成的;c. 它位于何处。相对我们对物体观察的3个方面,可以得到所研究方面的3种类型,我们把相应的结构分别称为:a. 功能面结构;b. 产品面结构;c. 位置面结构。电气信息结构文件种类就是按此划分。

(2)文件

文件是指由若干相关记录构成的集合,是能为人所感知的、作为一个整体可在用户和系统之间进行交换的结构化信息量。

文件是媒体上的信息,是我们借助媒体所需获得的信息。我们想要的信息可能是物体的功能,也可能是物体的位置,或者是技术数据,或者仅是想知道物体之间是如何连接的。上述这些信息类型要形成文件,还需要用一定的表达形式,如用图、表格或文字的形式。因为最基本的记录信息的材料是纸张，所以我们俗称看图纸，从图纸上获得所需要的信息。随着科学技术的发展，又出现了诸如缩微胶片、磁带、磁盘、光盘这样的数据媒体类型用以记录信息。于是信息不仅可以以静态方法记录在纸张和缩微胶片上，也可以以动态方法显示在图像显示装置上。

工程技术信息的表达方式主要有图、表格和文字。图是指用图形来表达信息的文件，它还可以包含注释；表格是指采用行和列的形式来表达信息的文件；文字是指运用文字语言来表达信息的文件，如说明书、操作指南以及图、表格中的说明文字等。

(3)电气信息结构文件的种类

电气信息文件可以分为功能性文件、位置文件、接线文件、项目表、说明文件和其他文件6大类。具体分类及说明见表2.1。

表2.1 电气信息结构文件的文件种类

种类			说明
功能性文件	功能性简图	概略图	表示系统、分系统、装置、部件、设备、软件中各项目之间的主要关系和连接的相对简单的简图，通常采用单线表示法。可作为教学、训练、操作和维修的基础文件。在旧国标中称为系统图、框图、网络图等
		功能图	用理论的或理想的电路而不涉及实现的方法来详细表示系统、分系统、装置、部件、设备、软件等功能的简图。用于分析和计算电路特性或状态的，表示等效电路的功能图也可以称为等效电路图
		电路图	表示系统、分系统、装置、部件、设备、软件等实际电路的简图。为了解电路所起的作用、编制接线文件、测试和寻找故障、安装和维修等提供必要的信息
		端子功能图	表示功能单元各端子接口连接和内部功能的一种简图
		程序图	详细表示程序单元、模块及其互联关系的简图[表][清单]
	功能性表图	功能表图	用步或转换描述控制系统的功能、特性和状态的表图
		顺序表图	表示系统各个单元工作次序或状态的图[表]
		时序图	按比例绘出时间轴的顺序表图
位置文件	总平面图		表示建筑工程服务网络、道路工程相对于测定点的位置、地表资料、进入方式和工区总体布局的平面图
	安装图[平面图]		表示各项目安装位置的图
	安装简图		表示各项目之间连接的安装图
	装配图		通常按比例表示一组装配部件的空间位置和形状的图
	布置图		经简化或补充以给出某种特定目的所需信息的装配图
接线文件	接线图[表]		表示或列出一个装置或设备的连接关系的简图[表]
	单元接线图[表]		表示或列出一个结构单元内连接关系的接线图[表]
	互连接线图[表]		表示或列出不同结构单元之间连接关系的接线图[表]
	端子接线图[表]		表示或列出一个结构单元的端子和该端子上的外部连接的接线图[表]
	电缆图[表][清单]		提供有关电缆，如导线的识别标记、两端位置、路径等

续表

<table>
<tr><th colspan="2">种 类</th><th>说 明</th></tr>
<tr><td rowspan="2">项目表</td><td>元件表、设备表[零件表]</td><td>表示构成一个组件(或分组件)的项目(零件、元件、软件、设备等)和参考文件的表格</td></tr>
<tr><td>备用元件表</td><td>表示用于防护和维修的项目(零件、元件、软件,散装材料等)的表格</td></tr>
<tr><td rowspan="5">说明文件</td><td>安装说明文件</td><td>给出有关一个系统、装置、设备或元件的安装条件以及供货、交付、卸货、安装和测试说明或信息的文件</td></tr>
<tr><td>试运转说明文件</td><td>给出有关一个系统、装置、设备或元件试运行和启动时的初始调节、推荐的设定值和正常发挥功能所需的措施等</td></tr>
<tr><td>使用说明文件</td><td>给出有关一个系统、装置、设备或元件的使用说明或信息的文件</td></tr>
<tr><td>维修说明文件</td><td>给出有关一个系统、装置、设备或元件的维修程序的说明</td></tr>
<tr><td>可靠性或可维修性说明文件</td><td>给出有关一个系统、装置、设备或元件的可靠性或可维修性说明文件</td></tr>
<tr><td colspan="2">其他文件</td><td>可能需要的其他文件,例如手册、指南、样本、图纸和文件清单等</td></tr>
</table>

(4)不同类型文件之间的相互关系

因同一信息常常用于不同类型的文件,所以在这些文件之间必然存在着相互关系,如功能性文件、位置文件、接线文件中都有零件表等。

为了获得协调一致的整套文件,当决定文件编制次序时,必须考虑文件之间的相互关系。作为一般原则,文件的编制应从概略级开始,而后从一般到较特殊的更详细级。例如,在功能性简图中可以分为3种级别,从概略图到功能图和电路图。同样,描述功能文件应放在描述实现功能的文件之前。我们在阅读整套电气信息结构文件时,也应该从粗到细。从概略级开始,先得到总的印象、概貌,然后从一般到较特殊的更详细级。阅读电气信息结构文件的顺序与编制电气信息结构文件的顺序是一致的。当然,为了某一目的,也可以直接阅读某一更详细级的图纸。

4)电气图用图形符号

前面已经讲到,简图主要是用图形符号绘制的,因此,对于图形符号,我们不仅要熟悉它,还要熟练地应用它。

目前,我国已经有了一整套图形符号的国家标准《电气图用图形符号》(GB/T 4728.1)~(GB/T 4728.13),在绘制简图时必须遵循。在该标准中,除规定了分产品单元图形符号外,还规定了一般符号、符号要素、限定符号和通用的其他符号,并且规定了符号的绘制方法和使用规则。有些符号规定了几种形式,有的符号分优选形和其他形,在绘图时,可以根据需要选用。对符号的大小、取向、引出线位置等可按照使用规则做某些变化,以达到图面清晰、减少图线交叉或突出某个电路等目的。对标准中没有规定的符号,可以选取GB/T 4728中给定的符号要素、限定符号和一般符号,按其中规定的组合原则进行派生,但此时应在图纸空白处加注说明。

另外,使用规则中规定:符号的大小和符号图线的粗细不影响符号的含义,在绝大多数情况下，符号的含义只由其形式决定；大多数符号的取向是任意的。在不改变符号含义的前提下，符号可以根据图面布置的需要，按90°的倍数旋转或取其镜像形态。

GB/T 4728 与 GB 4728 的主要区别：

①等同采用 IEC 60617 标准。新版国家标准《电气简图用图形符号》(GB/T 4728:1996—2000)在符号的去留、形式、说明等方面与 IEC 全部一致(仅对 IEC 中个别有误的符号做了修改或补充)。注:T 的含义为推荐选用。

②示出符号的网格。新版 GB/T 4728 等同 IEC，图形符号全部示出网格，其目的是便于计算机绘图，同时方便人们正确掌握符号各部分的比例，使符号的构成、尺寸一目了然。

③增加了大量反映新技术、新设备、新功能的图形符号。

④更改了一个产品单元名称。将"GB 4728.11 中电力、照明和电信布置"改为"GB/T 4728.11 建筑安装平面布置图"。由此可以说明，建筑安装平面布置的应用已得到了重视。

建筑安装平面布置图属于位置性文件，在此新标准前，IEC 也没有处理好位置性文件的图形符号问题，因此，原 GB 4728 根据国情所增加的符号大部分都在这个单元中。例如灯的种类、安装方式；插座的种类、安装方式等。本书也重点摘录了该产品单元的图形符号，见附录表1。为了帮助标准使用人员理解旧的简图，也示出 GB 4728 第一版时根据国情增加、现在又删去的符号，这些符号今后一般不再使用，见附录表2。由于 GB/T 4728 标准的贯彻需要一个过程，所以本书也部分地使用 GB 4728 的图形符号。

5)项目代号

(1)项目代号的作用

为了便于查找、区分各种图形符号所表示的元件、器件、装置和设备等，在电气图和其他技术文件上采用一种称作"项目代号"的特定代码，并将其标注在各个图形符号近旁。必要时也可标注在该符号表示的实物上或其近旁，以便在图形符号和实物之间建立起明确的一一对应关系。

项目是指在图上通常用一个图形符号表示的基本件、部件、组件、设备、系统等，如电阻器、继电器、电动机、开关设备、配电系统等。从"项目"的定义中可以看出，它是指在电气技术文件中出现的实物，并且通常在图上用一个图形符号(或带注释的围框)表示。在不同的场合中，项目可以泛指各类实物，也可以特指某一个具体的元器件。总之，不论所指的实物大小和复杂程度如何，只要在图上通常用一个图形符号(或带注释的围框)表示，这些实物就可统称为项目。

(2)项目代号的组成与标注

完整项目代号包括4个具有相关信息的代号段，每个代号段都用特定的前缀符号加以区分。每个代号段的字符都包括拉丁字母或阿拉伯数字，或者由拉丁字母和数字共同组成，组成方式见表2.2。

表 2.2　完整项目代号的组成

代号段	名　称	定　义	前缀符号	示　例
第 1 段	高层代号	系统或设备中任何较高层次项目的代号	等号"="	=T2 =F=B4
第 2 段	位置代号	项目在组件、设备、系统或建筑物中的实际位置的代号	加号"+"	+D12 +B+23
第 3 段	种类代号	主要用以识别项目种类的代号	减号"-"	-QS1
第 4 段	端子代号	用以同外电路进行电气连接的电器导电件的代号	冒号":"	:13 :B

一个完整的系统或成套设备通常可以分成几个部分,其中每个部分都可以分别给出高层代号。因为高层代号同各类系统或成套设备的划分方法有关,因此还没有像第 3 段种类代号那样提供规定种类字母代码,也没有对第 2 段位置代号提供规定的字母代码。目前还是任意选定字母及数字,为了实现检索,以后会逐步完善。

(3)种类代号

种类代号是用以识别项目种类的代号。项目的种类同项目在电路中的功能无关。例如,各种电阻器可视为同一种类的项目。对于某些组件,在具体使用时可以按其在电路中的作用分类。例如开关,因用在电力电路(作断路器,用 Q 表示)或控制电路(作选择器,用 S 表示)的作用不同,可视为不同的项目。

种类代号的主要作用是识别项目的种类。正因为如此,在各种电气技术文件中,种类代号(也是基本文字符号)使用得最广泛,出现得最多。《电气技术中的项目代号》(GB 5094—85)规定了项目种类的字母代码表(见附录表 2),在《电气技术中的文字符号制订通则》(GB 7159—87)中,又进行了更加详细的划分。用单字母符号将各种电气设备、装置和元器件划分为 23 个大类,每一个大类用一个专用拉丁字母表示。由于拉丁字母"I"和"O"容易与阿拉伯数字"1"和"0"混淆,所以不把他们作为单独的文字符号使用。用双字母符号是用第二个字母将同一大类产品按功能、状态、特性等进一步划分。

· 2.1.2　电气工程图的种类 ·

建筑电气工程图是应用非常广泛的电气图之一,建筑电气工程图可以表明建筑物电气工程的构成规模和功能,详细描述电气装置的工作原理,提供安装技术数据和使用维护方法。根据建筑物的规模和要求不同,建筑电气工程图的种类和图纸数量也不同,常用的建筑电气工程图主要有以下几类。

1)**说明性文件**

①图纸目录。内容包括序号、图纸名称、图纸编号、图纸张数等。

②设计说明(施工说明)。主要阐述电气工程的依据、工程的要求和施工原则、建筑特点、电气安装标准、安装方法、工程等级、工艺要求及有关设计的补充说明等。

③图例。即图形符号和文字代号,通常只列出本套图纸中涉及到的一些图形符号和文字

代号所代表的意义。

④设备材料明细表(零件表)。列出该项目电气工程所需要的设备和材料的名称、型号、规格和数量,供设计概算、施工预算及设备订货时参考。

2)**概略图(系统图)**

概略图是用符号或带注释的框,概略表示系统或分系统的基本组成、相互关系及其主要特征的一种简图。其用途是:为进一步编制详细的技术文件提供依据,供操作和维修时参考。

概略图是表现电气工程的供电方式、电力输送、分配、控制和设备运行情况的图纸,在我国习惯上称为系统图、主接线图等。从概略图中可以粗略地看出工程的概貌,概略图可以反映不同级别的电气信息,如变配电系统概略图、动力系统概略图、照明系统概略图、弱电系统概略图等。概略图的规模有大有小,对于一个变配电所的概略图规模一般都比较大,而对于一个住宅户的概略图就比较简单了,例如图2.1就是某用户照明配电概略图。

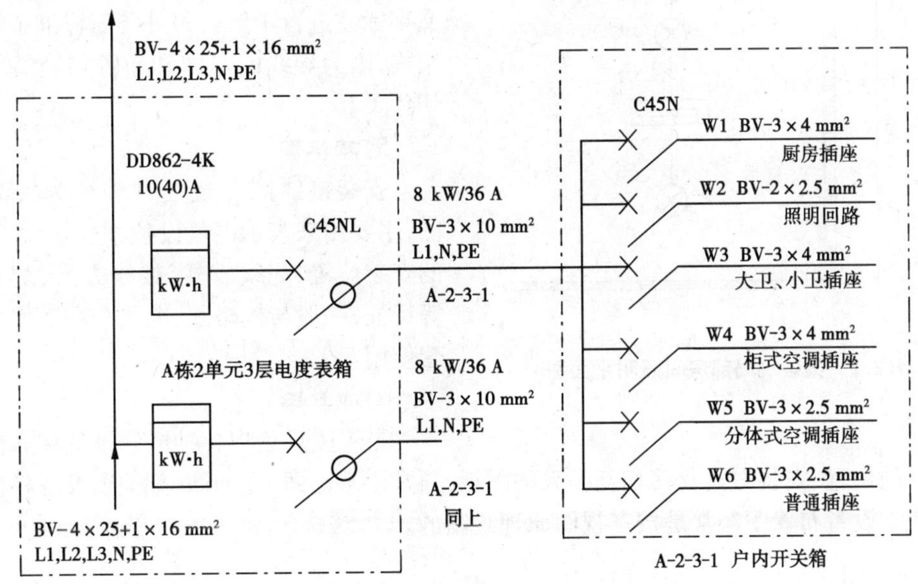

图2.1　某用户照明配电概略(系统)图

从概略图中所表达的内容,我们可以了解到A栋2单元3层楼的电度表箱(照明配电箱)共有2户,每户设备容量按8 kW、电流按36 A计算,电度表箱的进线为3相5线,其中的L1相与电度表连接,电度表的型号为DD862-4K、10(40)A(额定电流10 A、最大电流40 A),经过1个40 A的C45NL型号的漏电保护断路器(自动开关),再通过3根(火线L1、零线N和接地保护线PE)10 mm²的BV型号导线进入户内,户内也有一个配电箱,又分成6个回路经自动开关向用户的电气设备配电,而L1、L2、L3继续向4层以上配电,零线N和接地保护线PE是共用的。对于1栋楼的配电系统图将会比较复杂,但其作用是相同的。

3)**电路图**

电路图是用图形符号并按工作顺序排列,详细表示电路、设备或成套装置的全部基本组成和连接关系,而不考虑其实际位置的一种简图。目的是便于详细理解作用原理,分析和计算电路特性。电路图是本教材分析的重点。

4)**电气平面图**

电气平面图是表示电气设备、装置与线路平面布置的图纸,是进行电气安装的主要依据。

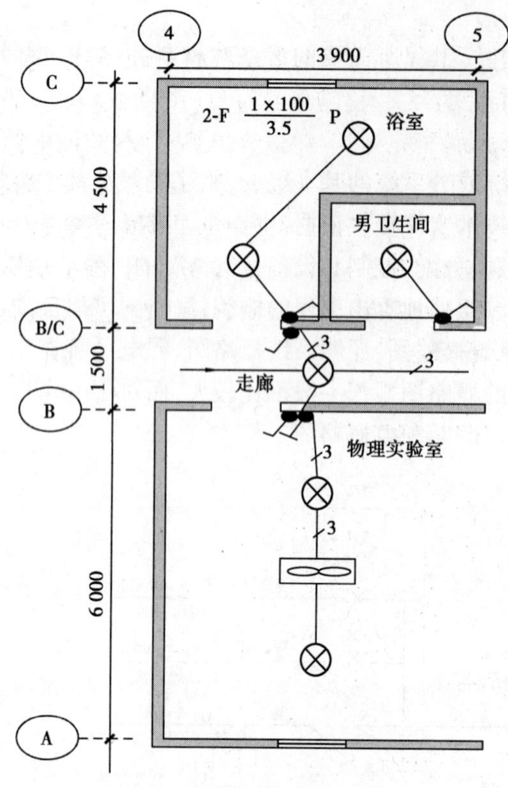

图2.2　某建筑局部房间照明平面图

电气平面图是以建筑平面图为依据，在图上绘出电气设备、装置的安装位置及标注线路敷设方法等。常用的电气平面图有变配电所平面图、动力平面图、照明平面图、接地平面图、弱电平面图等。

图2.2为某建筑的局部房间照明平面图。从照明配电平面布置图中所表达的内容，我们可以进一步了解到建筑的配电情况，灯具、开关等的安装位置情况及导线的走向。但平面布置图只能反映设备的安装位置，不能反映安装高度，安装高度可以通过说明或文字标注进行了解。另外还需详细了解建筑结构，因为导线的走向和布置与建筑结构密切相关。

5）**接线图**

安装接线图在现场常被称为安装配线图，主要用来表示电气设备、电器元件和线路的安装位置、配线方式、接线方式、配线场所等特征，一般与概略图、电路图和平面图等配套使用。

6）**布置图**

布置图是表现各种电气设备和器件的平面与空间的位置、安装方式及其相互关系的图纸，通常由平面图、立面图、剖面图及各种构件详图等组成。设备布置图经常是按三视图原理绘制的。

2.1.3　电路图

1）**电路图的作用**

电路图(circuit diagram)是用图形符号并按其工作顺序排列，详细表示电路、设备或成套装置的全部基本组成和连接关系，而不考虑其实际位置的一种简图。目的是便于详细理解控制系统的作用原理，分析和计算电路特性。

电路图的主要用途是：

①便于详细理解电路、设备或成套装置及其组成部分的作用原理。

②为测试和寻找故障提供信息。

③作为绘制接线图的依据。

电路图在20世纪60年代制定的GB 312等旧标准中称为电气原理图，因此许多教科书和工程技术人员仍然称其为电气原理图。

由于电路图描述的连接关系仅仅是功能关系，而不是实际的连接导线，因此电路图不能代替接线图。但电路图反映了电器的连接关系，因而也有人称之为“线路图”。

2)**电路图的绘制原则**

电气控制电路分为主电路和辅助电路两部分。图 2.3 为一台电动机的正、反转电气控制电路图。主电路是电气控制电路中强电流通过的电路,是被控制的对象(电动机绕组)的电路,它主要由电源开关、接触器的主触头、热继电器的热元件、电动机绕组等组成;辅助电路包括控制电路、保护电路、信号(监视)电路、局部照明电路等,主要由接触器和继电器的线圈、接触器的辅助触头、继电器的触头、按钮和信号灯等电器元件组成,辅助电路是弱电流通过的部分,是为被控制的对象服务的。电气控制系统一般都有 3 个基本功能:控制功能、保护功能和监视功能。比较简单的电气控制电路中一般没有信号电路和局部照明电路(或不表示),而控制电路和保护电路大多数融为一体,统称为控制电路。

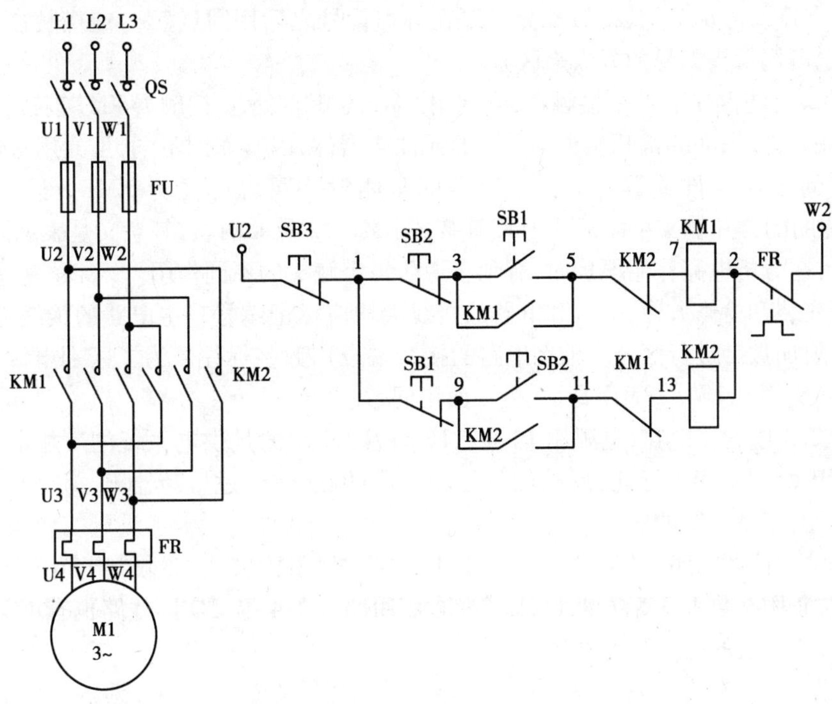

图 2.3 三相鼠笼式电动机正反转控制电路

在绘制比较复杂的电气控制电路图时,为了表明各电器元、器件在图中的位置,常常采用图幅分区法、电路编号法或表格法等画法反映其具体位置。绘制比较简单的电气控制电路图主要以分析方便为原则,按功能布局法画出,一般应遵循以下原则:

①电路图中所用的电器元件、器件和设备都必须按国家标准《电气图用图形符号》(GB 4728)和《电气技术中的文字符号制定通则》(GB 7159)规定的图形符号和种类代号(字母文字符号)来表示。

在国标中的图形符号一般不受方向限制,特别是继电器和接触器的常闭、常开触头,可以任意转换角度,但对电源开关的要求是上端接电源线,打开电源开关时,刀部分不带电的原则画出。有关电气控制电路常用的图形符号部分见附录 3。

②电器元件、器件和设备的可动部分通常应表示在非激励或不工作的状态或位置。

即电器的线圈未通电,对应的常闭触头、常开触头没动作,开关、按钮和行程开关不受外力作用时的正常状态画出。

③电器元件及各部件不按实际位置画,而是以阅读和分析电路工作原理的需要为主画出。一般主电路画在辅助电路的左侧或上面,各分支电路按动作顺序从上到下或从左到右依次排列(水平布置或垂直布置)。

例如图2.3,主电路画在左侧,辅助电路(控制电路)画在右侧;控制电路是按动作顺序(先正转、后反转)从上到下画出的,接触器KM1控制电动机正转,接触器KM2控制电动机反转。此种画法利于视觉习惯和阅读习惯。如果控制电路比较复杂,画出的控制电路篇幅也比较大,水平布置就不利于阅读了,因此,较复杂的控制电路一般从左到右依次排列(垂直布置),例如第7章中的图7.6所示的混凝土搅拌机的控制电路。

④同一种类的电器元件用同一字母符号后加数字序号来区分。同一个电器的不同部件可用同一字母文字符号标注,其相似部分可以在种类代号之后用圆点(·)或横杠(-)隔开的数字来区分,也可用触头编号的方法来区分。

例如图2.3,电路中有两个接触器,分别用KM1,KM2表示。接触器KM1有线圈、主触头、辅助的常闭触头和辅助的常开触头等不同的元件或器件,因其作用不同,可共用KM1,表示是一个接触器的不同元件或器件。其中辅助的常闭触头可以标注为KM1-1或KM1·1及$KM1_{1,2}$;而辅助的常开触头可以标注为KM1-2或KM1·2及$KM1_{3,4}$,其意义是表示同一个电器的不同触头,在分析电路作用原理时,有利于说明每个触头的不同作用。

⑤为了安装和检修方便,电机和电器的接线端均应标记编号。主电路的接线端点一般用一个字母再附加数字进行区分。辅助电路的接线端点用数字标注。为了区别电源极性,一般以耗能元件(线圈)为界,一面用奇数,另一面用偶数。

例如图2.3中的主电路,电源用L1,L2,L3标注,反映的是供电系统的三相电源;经过电源开关QS用U1,V1,W1标注,反映的是三相电源的相序;经过熔断器FU用U2,V2,W2标注,这些实际上就是导线的标记。

图2.3中的控制电路,接触器KM1和KM2的线圈(阻抗较大,能限制电流)为耗能元件,以其为界,左面用奇数1,3,5,7,9,11,13等,右面用偶数2,4等。实际线路也有不分电源极性而连续编排,使导线的标记是连号的。

⑥在电路图中,有连接关系的十字交叉导线要用黑圆点(·)表示,无连接关系的十字交叉导线不画黑圆点。

2.1.4 接线图或接线表

1)接线图的用途

接线图和接线表(connection on diagram/table)是表示成套装置、设备或装置连接关系,用以进行接线和检查的一种简图或表格。

接线图和接线表主要用于对电气控制系统的安装接线、线路检查、线路维修和故障处理。在实际应用中,接线图通常需要与电路图和位置图一起使用。接线图和接线表可单独使用也可组合使用。

2)接线图的绘制原则

接线图能够表明电气控制电路中所有电机、电器的实际位置,标出各电机、电器之间的接线关系和接线去向,它为安装电气设备、在电器元件之间进行配线、检修电气故障提供必要的资料。电气安装接线图是根据电器位置(在控制柜或箱中)布置最合理、连接导线最经济等原

则来安排的,一般应依据下列原则绘制:

①各电器不画实体,以图形符号代表,各电器元件的位置均应与实际安装位置一致。

②接线图中的各电器元件的字母文字符号及接线端子的编号应与电路图一致,并按电路图的位置进行导线连接,便于接线和检修。

③不在同一控制屏(柜)或控制台的电机或电器的导线连接应通过接线端子进行。

④画连接导线时,应标明导线的规格、型号、根数及穿线管的尺寸等,如图 2.4 所示。

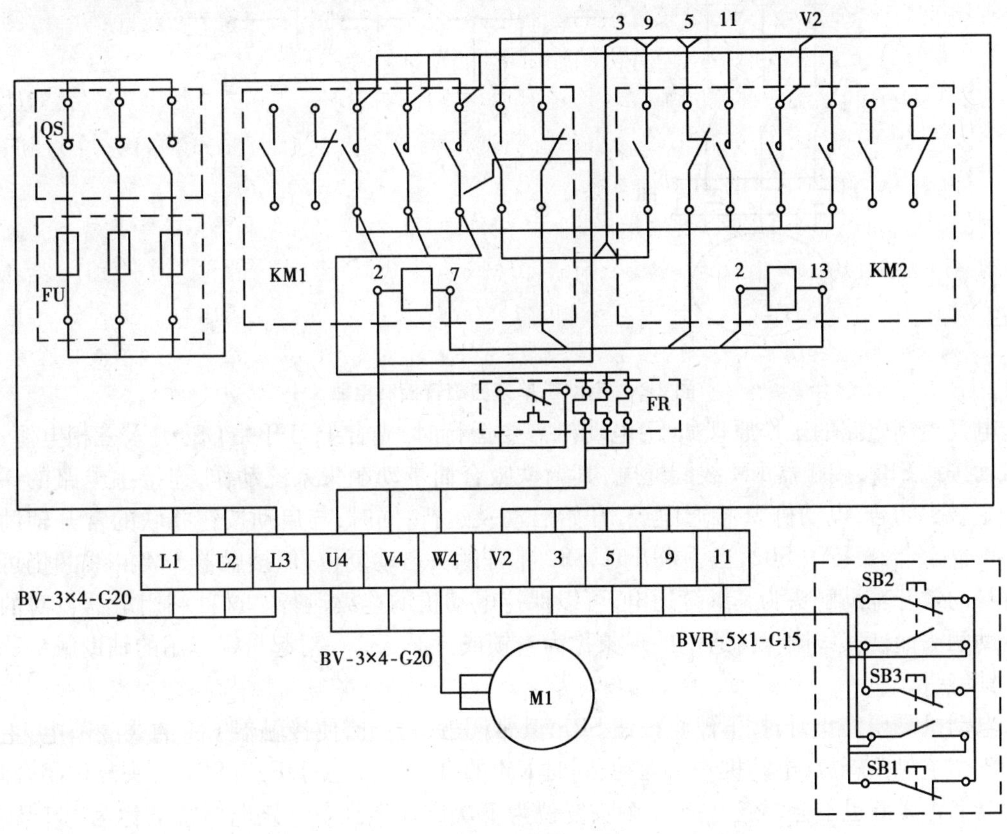

图 2.4 电动机正、反转电气控制电路接线图

2.2 三相鼠笼式异步电动机直接启动的控制

三相鼠笼式异步电动机直接启动时,其启动电流是额定电流的 4 ~ 6 倍,比较大的启动电流在供电线路上会产生较大的电压降,会影响同一供电线路其他电气设备正常运行。但是,在电源、供电线路和生产机械能满足要求的条件下,大多数的电动机都可以直接启动。

1)单方向旋转电路

许多生产机械和工作设备对电动机只有单方向旋转的要求,例如水泵、风机等设备,只是在控制功能上有不同的要求。

(1)单方向连续运行控制

图 2.5 为三相异步电动机单向运行控制电路图。由刀开关 QS、熔断器 FU、接触器 KM 的

主触头、热继电器 FR 的发热元件与电动机构成主电路。由热继电器 FR 的常闭触头、停止按钮 SB1、启动按钮 SB2、接触器 KM 的励磁线圈及常开辅助触头构成控制电路。

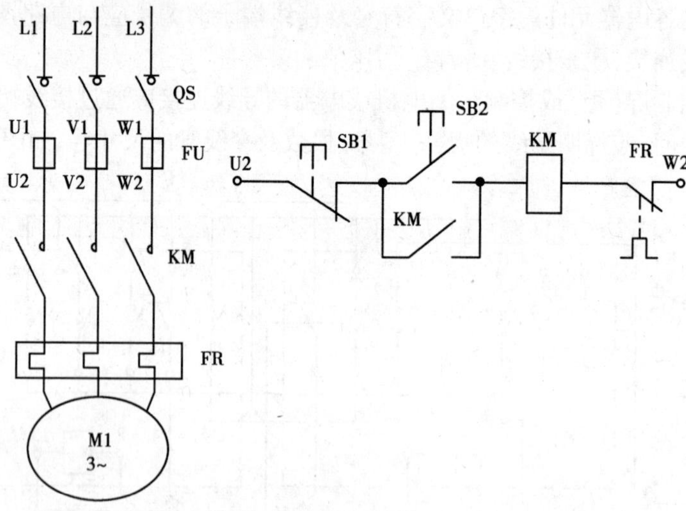

图 2.5　电动机单方向旋转控制电路

电气控制电路的工作原理如下:电动机需要运行时,先合上刀开关 QS,引入三相电源;按下启动按钮 SB2,接触器 KM 线圈通电,其衔铁吸合而带动触头系统动作,连接主电路的 3 个常开主触头闭合,电动机 M 接通电源,开始启动及运行;同时,与启动按钮并联的常开辅助触头 KM 也闭合,短接了 SB2,当手松开时,SB2 常开触头自动复位,但接触器 KM 的线圈仍可通过自身的常开辅助触头为其继续通电,可以保持电动机的连续运行。这种利用电器自身的常开辅助触头而使其线圈保持通电的现象称为自锁或自保。这一对起自锁作用的辅助触头称之为自锁触头。

电动机需要停止时,按下停止按钮 SB1,其常闭触头打开,使接触器 KM 的线圈断电,主电路的 3 个主触头释放,电动机停止运动;同时 KM 的自锁触头也断开,当 SB1 触头复位闭合时,接触器 KM 线圈也不会再通电;SB1 触头复位为下次启动做准备。该电路常被称为"起保停"控制电路。

该控制电路的保护功能主要有:

①短路保护:通过熔断器 FU 的熔体实现。如果发生主电路或控制电路的电源相间短路时,其短路电流可达几十倍的额定电流。如此大的电流会使线路绝缘损坏,须要快速切断电源。熔断器的熔体熔断可以快速地切断短路电流的通路。

②过载保护:通过热继电器 FR 和接触器 KM 共同作用来切断电动机的电源。当负载过载或电动机缺相运行时,都将使主电路的电流增大,短时间的过载是允许的,时间稍长,温度升高,会损坏电动机绕组的绝缘,降低其使用寿命。通过热继电器热元件的热效应原理可以切断接触器 KM 的线圈电路,使 KM 主触头断开而切断电动机的电源,实现对电动机的过载保护。

③失压保护:通过接触器 KM 的自锁触头和自复位的启动按钮共同实现。当电网电压消失(如停电)而又重新恢复时,要求电动机或电气设备不能自行启动,以确保操作人员和设备的安全。由于自锁常开触头 KM 的存在,当电网停电时,接触器释放;恢复供电时,不重新按启动按钮发出命令,电动机就不会自行启动。

在电气控制电路中应用了接触器后,可实现远距离控制(按钮线的电流小,可以接得远一些)和频繁的操作。启动和停止只需操作按钮,电源开关 QS 仅起隔离电源的作用,操作安全;当发生过载时接触器自动切断电源,不需要更换元件;同时它又具有失压保护功能。这是用刀开关直接控制电动机启动与停止的电路无法比拟的。因此,用接触器对电动机进行控制得到了广泛的应用。

(2)既能连续运行又能点动的控制

有些生产机械或工作设备常常要求既能连续(长动)运行,又能实现有调整的点动控制。所谓点动控制就是指:按下启动按钮电动机就运行,松开启动按钮电动机就停止的功能。实际上就是无自锁或自锁回路不起作用的控制方式。

图 2.6(a)是用小型转换开关或钮子开关 S 控制的既能连续运行又能点动的控制电路,合上开关 S,自锁触头 KM 起作用,是连续运行功能;打开 S,自锁触头 KM 回路不起作用,是点动控制功能。

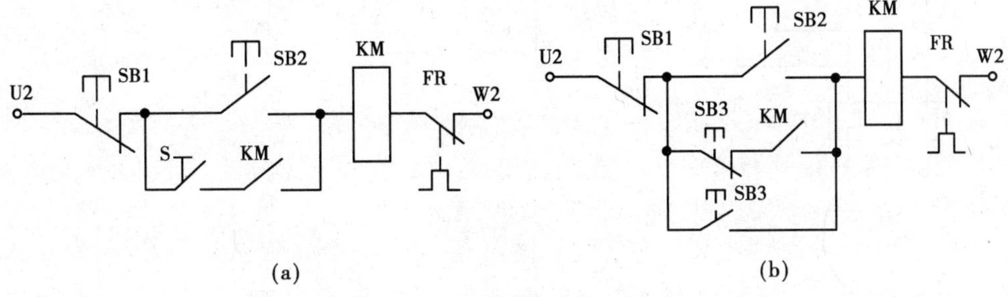

图 2.6 电动机既能连续运行又能点动的控制电路

(a)用钮子开关 S 控制;(b)用增加一个复合按钮 SB3 控制

图 2.6(b)是增加了一个复合按钮 SB3 控制的既能连续运行又能点动的控制电路。按下 SB2,自锁触头 KM 通过 SB3 的常闭触头起作用,是连续运行功能。

如单独按下 SB3,其常开触头闭合,使接触器 KM 线圈通电,SB3 的常闭触头分断,使自锁触头 KM 回路不起作用;松开按钮 SB3,在其常开触头刚断开,而常闭触头还没闭合的瞬间,接触器 KM 线圈断电,其自锁触头 KM 分断,当 SB3 常闭触头闭合时,已不会形成自锁了,是点动功能。值得注意的是:接触器 KM 动作要灵敏,才能实现上述点动控制功能。

2)**多地控制**

有些设备为了操作方便,需要在 2 个(或多个)地点分别进行启动和停止的控制,例如消防水泵就需要多个地点控制其启动。方法是将 2 个(或多个)启动按钮的常开触头用导线并联,停止按钮的常闭触头串在同一控制电路中。图 2.7 所示为两地控制电路,操作 SB2 或 SB4 都可实现启动控制。操作 SB1 或 SB3 都可实现停止控制。

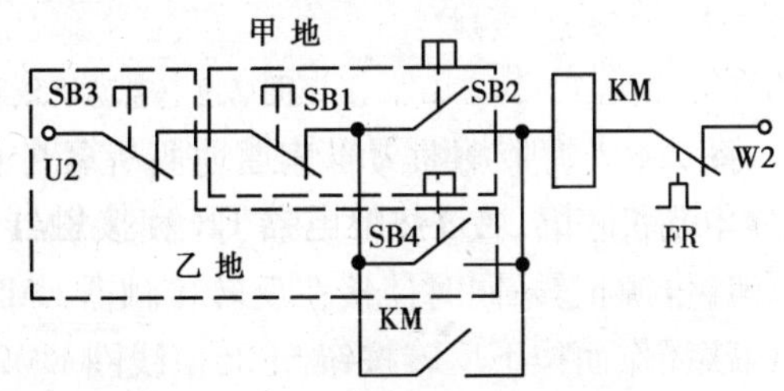

图 2.7 电动机两地控制电路

3)**正、反转控制电路**

有些生产机械要求电动机能够实现正、反 2 个方向旋转,由三相电动机的旋转原理可知,只需将电动机的任意两相电源互换,就可实现正、反转。为此,需要 2 个不同时工作的接触器进行控制,如果 2 个接触器同时工作,就会造成电源相与相之间短路。

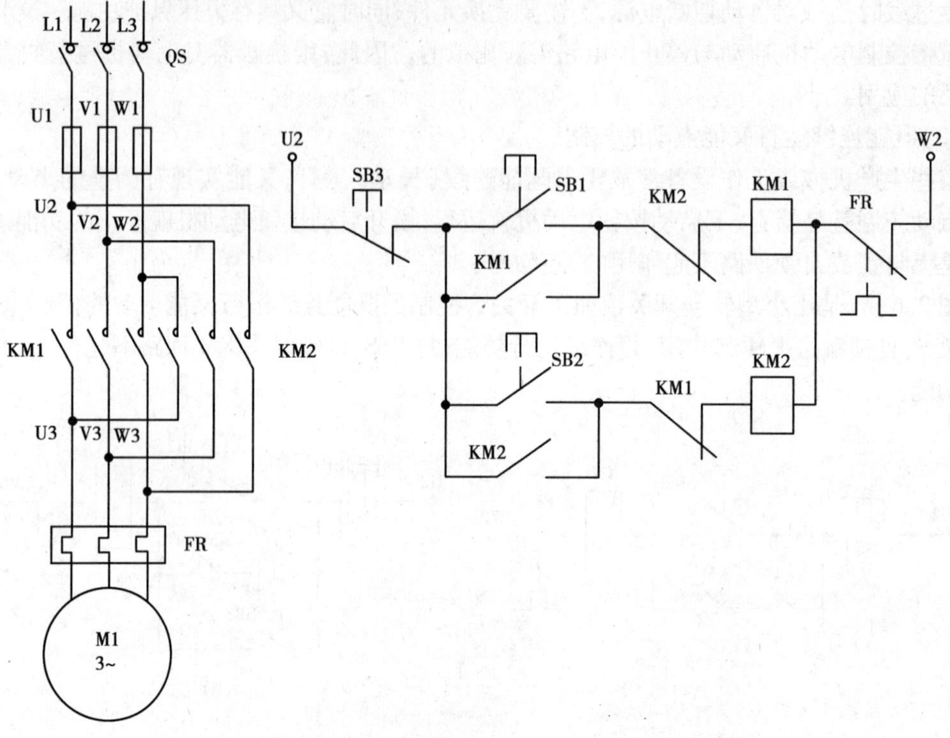

图 2.8　电动机正反转控制电路

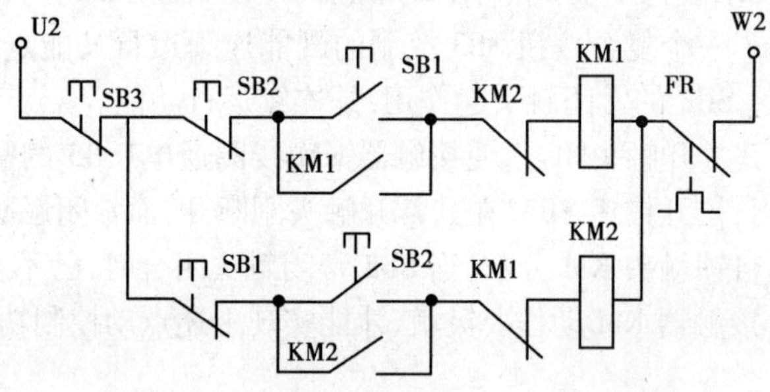

图 2.9　电动机双互锁的正反转控制电路

图 2.8 为用接触器动断触头进行互锁的控制电路。控制原理如下,先合上电源开关 QS;欲使电动机正转,按下 SB1,正转接触器 KM1 线圈通电动作并自锁;其主触头闭合,电动机接正相序电源正转;同时使接在反转接触器 KM2 线圈回路的常闭辅助触头断开,进行互锁(可防止因误操作而按下反转按钮 SB2,使线圈 KM2 也通电,造成主回路的相间短路)。

要使电动机反转,需先按停止按钮 SB3,使正转接触器 KM1 释放;再按反转按钮 SB2,反转接触器 KM2 通电并自锁;其主触头闭合,使电动机接反相序电源反转;其常闭辅助触头分断,切断 KM1 线圈控制回路。这种利用两个接触器的常闭触头相互制约对方的线圈同时通电的方法称电气互锁,这一对常闭触头也称之为互锁触头。这种控制电路在电动机从一种旋转方向转换为另一种方向的操作过程中,都要先按下停止按钮。其控制功能可认为是“正停反”或

“反停正”控制。

图 2.9 是用接触器常闭触头和复合按钮的常闭触头进行双互锁的控制电路。若要使在正转的电动机变为反转,可直接按 SB2,先是把串在正转控制回路中的常闭触头打开,然后再接通反转控制回路,只要正转接触器 KM1 互锁触头复位,反转接触器 KM2 线圈就会通电。应用复合按钮机械动作的先后实现互锁称为机械互锁。这种操作不需要先按停止按钮就可以直接改变电动机的旋转方向的控制功能可认为是“正反停”控制。

在控制电动机由正转变为反转时,是经过了反接制动使其停止,又经过反向启动的过程。反接制动时的电流可达到额定电流的 10 倍左右,因此仅用于小型电动机的不频繁操作控制。

图 2.9 电路如果只用复合按钮实现机械互锁是不太安全可靠的,因为当某一个接触器的常开触头被熔焊或衔铁被卡住而不能断开时,另一个接触器动作后,将会产生电源相间短路故障。

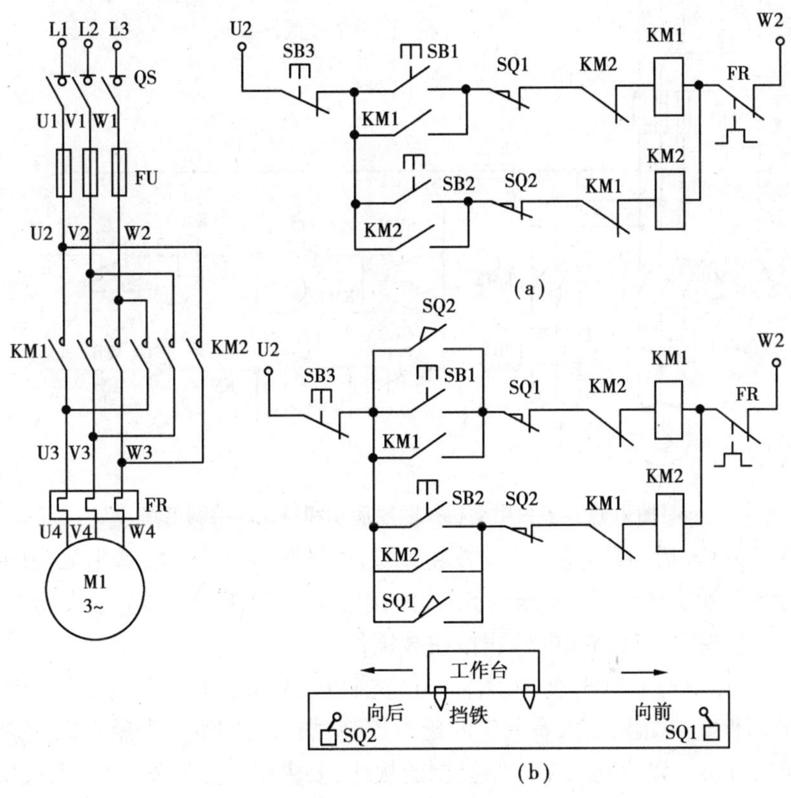

图 2.10　行程控制电路

(a)行程控制正反转电路;(b)自动往返的控制电路

4)**行程限位控制**

有些位移性生产机械或部件(如起重机的小车、电梯、铣床的工作台等)需要有终端限位控制或者自动往返控制。图 2.10(a) 就是利用行程开关实现终端限位控制的电路。行程开关的安装位置在位移性部件的终端、位移性部件上安装有撞块,也可反之。控制电路的功能是:当 KM1 线圈通电时,电动机正转,生产机械的运动部件向右位移,位移到终端,撞块与行程开关 SQ1 相碰,行程开关 SQ1 的常闭触头断开,分断了 KM1 线圈电路,其主触头断开使电动机断电而停止(位移性运动部件一般都有制动装置)。要想使运动部件返回,操作反向启动按钮即可。返回到终端碰撞 SQ2,从而实现正、反 2 个方向都有终端限位的控制。

如果将 SQ1 的常开触头并联在反向启动按钮两端,将 SQ2 的常开触头并联在正向启动按钮两端,见图 2.10 (b),就可实现自动往返的控制。如电动机正转,运动部件位移到正向限位终端,碰撞了 SQ1,SQ1 的常闭触头切断了 KM1 线圈电路;同时 SQ1 的常开触头闭合,短接了 SB2 按钮,只要 KM1 常闭触头恢复,KM2 线圈回路就接通,实现直接反向启动,相当于用复合按钮互锁加电气互锁的控制电路,不过,此电路是由生产机械自动控制正反转的。

5)**顺序控制**

有的生产机械和设备需要多台电动机拖动,而各台电动机之间的启动与停止需要有一定的顺序控制关系,例如:在锅炉的控制中,要求引风机先启动,送风机后启动,而停止时则相反,要求送风机先停止,引风机后停止。图 2.11 就是实现这种控制规律的一种控制电路。

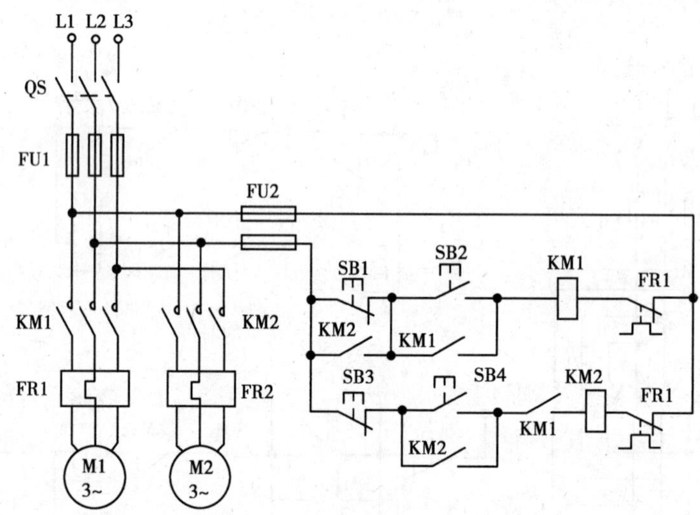

图 2.11　多台电动机按顺序启动和停止的控制电路

合上电源开关 QS 后,必须先按启动按钮 SB2,接触器 KM1 吸合,其主触头闭合,使 M1 先启动。其辅助常开触头闭合后,才能按 SB4,使接触器 KM2 吸合,其主触头闭合,使 M2 后启动。其辅助常开触头闭合后,M1 的停止按钮被锁住。

需要停止时,必须先按 SB3,使接触器 KM2 先释放,M2 先停止,再按 SB1,才能使 KM1 释放,实现 M1 的后停止。如果要求有一定的延时控制,加入时间继电器就可以实现。

根据上面的分析可以得到一个顺序控制的规律:要求甲接触器先工作,乙接触器才能工作时,只需将甲接触器的常开触头串在乙接触器的线圈电路。如果要求乙接触器释放后甲接触器才能释放,只需将乙接触器的常开触头并在甲的停止按钮上。

2.3　三相鼠笼式异步电动机降压启动控制

由于大容量的异步电动机启动时电流较大,将会使供电线路的压降增大,影响同一供电线路其他电气设备正常运行,所以要限制电动机的启动电流。鼠笼式异步电动机一般采用降压启动方式来限制其启动电流,启动时降低加在电动机定子绕组上的电压,启动后再将电压恢复到额定值,使其在正常电压下运行。由于定子电流和电压成正比,所以降压启动可以减小启动电流,不至于在电路中产生过大的电压降,减少对线路电压的影响,但其启动转矩也随之减小。常用的有星形三角形(Y-△)换接和串自耦变压器等启动方法。

2.3.1　星形三角形降压启动控制

凡是正常运转时定子绕组为三角形(△)接法的鼠笼式异步电动机,只要启动转矩满足要求,都可采用星形三角形的减压启动方法来达到限制启动电流的目的。

1)启动性能与控制要求

从电机学的原理可知,星形(Y)接法的电动机每相绕组电压是△接法的电动机每相绕组电压的$1/\sqrt{3}$,而Y接法时供电线路的电流是△接法直接启动时的1/3,但其启动转矩也是△接法直接启动时的1/3,因此,只能用于电动机的轻负载或空载启动。这种启动方法最大的优点是启动控制设备投资少。

从图2.12(a)可以看出Y-△启动控制需要3个接触器,一个用于接电源(KM),一个用于实现Y接法(KM_Y),另一个用于实现△接法($KM_{\triangle}$)。KM_Y和$KM_{\triangle}$的主触头绝对不允许同时闭合,同时闭合将造成电源短路。因此,两个接触器之间必须有互锁。当转速升到一定高度时,线路的电流将减小,应该将Y接法转换成△接法,控制方式可以用时间继电器来实现,图2.12(b)就是实现Y-△启动控制电路中的一种。

2)控制电路工作原理分析

Y-△启动控制电路的工作原理分析起来比较复杂,为了分析方便,我们用电器元件动作程序图的方法进行叙述。电器元件动作程序图就是用规定符号和箭头配以少量文字说明来表述电器的控制原理,是分析较复杂的电气控制电路最好的方法之一。在控制电路图中,各种电器主要有两类部件,一类是耗能元件,主要是电器的线圈,而线圈可两种状态,通电和断电,用箭头↑表示线圈通电,用箭头↓表示线圈断电。另一类是触头,触头也有两种状态,接通和断开,分析时,不强调它的原始状态如何,而主要强调现时,用箭头↑表示触头接通,用箭头↓表示触头断开。下面就用电器元件动作程序图的方法对Y-△启动控制电路工作过程进行分析。

要使电动机工作,首先合上总电源开关QS,主电路和辅助电路有了电源,再按下启动按钮SB1,各电路元件工作情况如下:

按下SB1
- KM_Y↑
  - 常开主触头↑→电动机呈Y形接法
  - 辅助常闭触头↓→互锁
  - 辅助常开触头↑→KM↑
    - 常开主触头↑→电动机接电源呈Y形接法启动
    - 辅助常开触头↑→自锁
- KT↑其延时动断触头延时断开→KM_Y↓→其触头全部复位→

→$KM_{\triangle}$↑
- 常开主触头↑→电动机△形接法,加速,运行
- 辅助常闭触头↓→互锁

$KM_{\triangle}$辅助常闭触头的作用就是防止电动机工作后,如果再误按了启动按钮SB1,可能使KM_Y和$KM_{\triangle}$同时工作而造成主电路短路。

停止:按下SB2,控制电路全部失电,各元件均恢复到不工作时的正常状态,电动机也断开电源而停止运行。

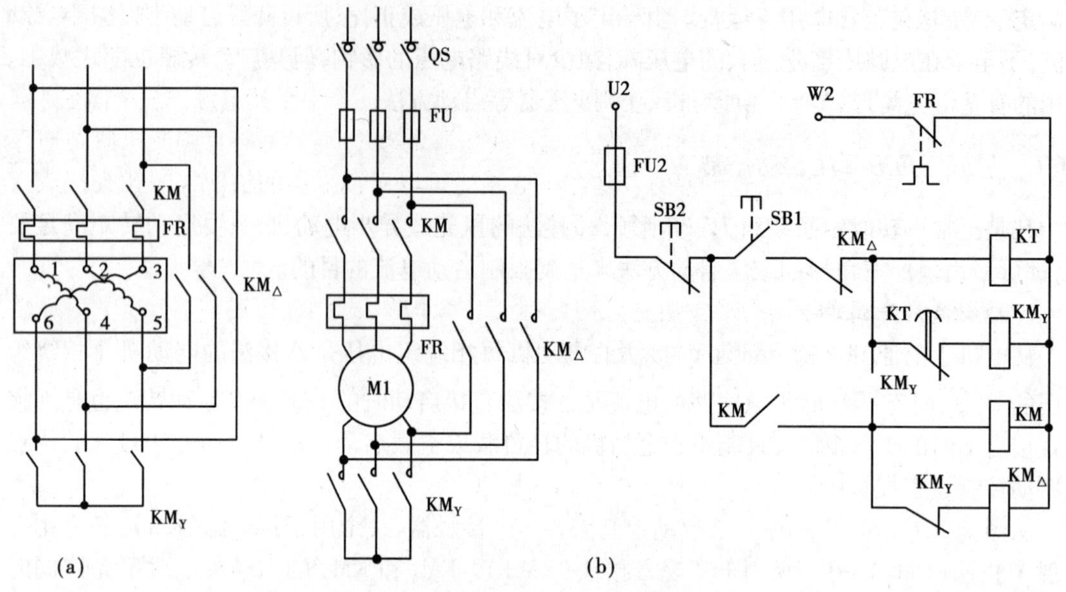

图 2.12 电动机 Y-△启动控制电路

3）**延时时间的调整**

由于设备的电动机容量和负载的性质是不同的，Y-△转换所需要的时间也是不同的，Y-△启动的目的是限制启动电流，但是如果启动过程太长，不仅不利于提高劳动生产率；而且当电动机转速升高后，过低的启动电压将使电流成为较大的过载电流，电动机绕组温度会升高。因此，时间继电器的延时时间需要调整合适。

调整的原则是以启动过程的电流为依据，即电动机由 Y 转换成△接法时，其加速电流不大于 Y 接法时的初始启动电流，又接近于初始启动电流时的时间为最佳（最短）延时时间。其他降压启动方法的延时时间调整原则都是相同的。

调整的方法是：在设备安装调试时，用钳型电流表监视初始启动电流和 Y-△转换时的加速电流，并调整时间继电器的延时，经过几次启动过程的调整就能确定该设备的延时时间了。以后正常运行时不必再去调整它。

Y-△启动有多种控制电路，厂家也有定型产品，一般称为 Y-△启动控制器，它们的控制原理都是相同的。

2.3.2 定子串自耦变压器的降压启动控制

Y-△启动方法的缺点是启动转矩为直接启动时的 1/3，对有些设备无法带负载启动。要增大启动转矩可用串自耦变压器的方法实现，因自耦变压器的副边有几组抽头，可满足不同的轻负载对启动转矩的要求。

1）**启动性能与控制要求**

从电机学原理可知：降压启动时，电动机绕组的电压为 $U_2 = KU_e$，K 小于 1；而线路的电流为 K^2I_q；其启动转矩为 K^2T_q。这种启动方法常用于 Y-△启动时的启动转矩不能满足要求的情况，它的启动性能介于 Y-△启动和直接启动之间，因需要增加自耦变压器，启动控制设备的投资较大。降压启动也可以应用于对启动电流限制更小的情况，但启动转矩也会更小。

其控制方法是:当电动机启动时,电动机绕组接在自耦变压器副边,而自耦变压器原边接电源;在转速升高后,电动机绕组就可以直接接入电源了。电动机绕组接电源需要一个接触器控制。

电动机绕组接自耦变压器时,可以使用两个接触器控制,一个用于接电源,另一个将自耦变压器副边接成 Y,也可以串在电动机绕组与自耦变压器副边之间,然后将自耦变压器副边直接接成 Y。为了减少投资,比较小型的自耦变压器副边可以用接触器的辅助常闭触头接成 Y(因只断开小电流),也可以选择 5 个主触头的接触器。

2)控制电路工作分析

一般常用的自耦变压器启动方法是采用定型产品 XJ01 型补偿降压启动器,XJ01 型补偿降压启动器适用于 14 ~28 kW 电动机,其控制电路见图 2.13 所示。工作原理分析如下:

①合上电源开关 QS,主、辅电路通电。

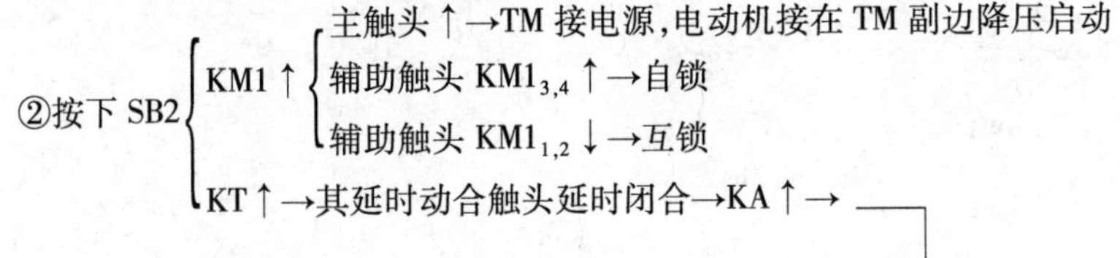

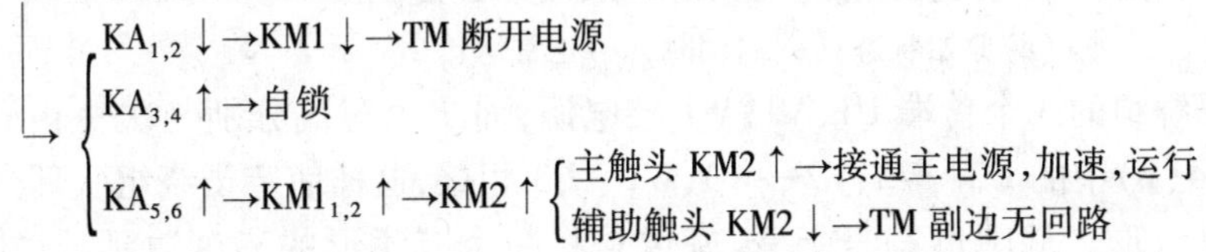

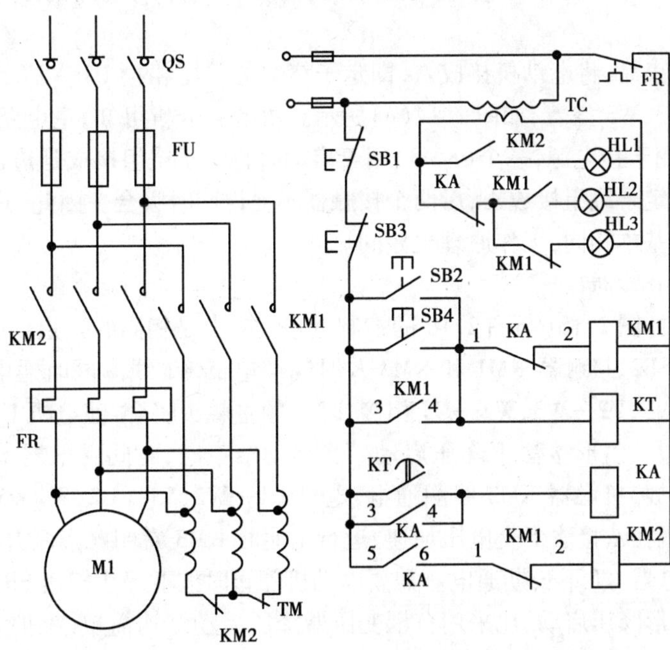

图 2.13 串自耦变压器启动电路

串自耦变压器启动的控制电路也有多种,但控制原理基本相同。

2.3.3 延边三角形降压启动控制

1)启动性能与控制要求

延边三角形降压启动的启动性能介于 Y-△启动和直接启动之间,可以代替串自耦变压器的降压启动。但是它要求电动机定子有 9 个出线头,即三相绕组的首端 U1,V1,W1;三相绕组的尾端 U2,V2,W2 及各组绕组的抽头 U3,V3,W3,绕组的结构如图 2.14(a)所示。

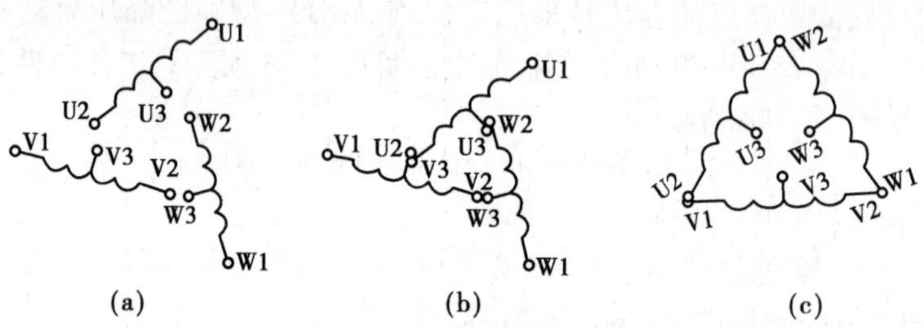

图 2.14 延边三角形接法时电动机绕组的连接方法

(a)原始状态;(b)启动时;(c)正常运转

电机启动时,定子绕组的 3 个首端 U1,V1,W1 接电源,而 3 个尾端分别与次一相绕组的抽头端相连,如图 2.14(b)中的 U2—V3,V2—W3,W2—U3 相接,这样使定子绕组一部分接成 Y 形,另一部分则接成△形。从图形符号上看,好像是将一个三角形的三个边延长,故称为"延边三角形"。

在电机启动结束后,将电动机接成△,即定子绕组的首尾相接 U1—W2,V1—U2,W1—V2 相接,而抽头 U3,V3,W3 空着,如图 2.14(c)所示。由上述分析可知,主电路需要 3 个接触器控制,一个(KM1)用于接电源,一个(KM3)用于启动时将定子绕组接成延边△,另一个(KM2)用于正常工作时将定子绕组接成△,后两个接触器不允许同时吸合。因此,其控制电路可以与 Y-△降压启动控制基本相同,工作原理也相同。

2)控制电路工作分析

电气控制电路如图 2.15(与图 2.10 的控制电路实际上是相同的),启动时,合上电源开关 QS,按下启动按钮 SB2,接触器 KM1 和 KM2 及时间继电器 KT 线圈同时通电,KM2 的主触头闭合,使电机 U2—V3,V2—W3,W2—U3 相接,KM1 的主触头闭合,使电机 U1,V1,W1 端与电源相通,电机在延边三角形接法下降压启动。当启动结束时,时间继电器 KT 的触头延时动作,使 KM2 断电释放,接触器 KM3 线圈通电,电机 U1—W2,V1—U2,W1—V2 接在一起后与电源相接,于是电机在△接法下全电压加速、运行。同时 KM3 常闭触点断开,使 KT 线圈失电释放,保证时间继电器 KT 不长期通电。需要电动机停止时按下停止按钮 SB1 即可。

采用延边三角形降压启动,比采用自耦变压器降压启动结构简单,维护方便,可以频繁启动,改善了启动性能。但因为电动机需要有 9 个出线端,故其应用范围受到了限制。

2.3.4 定子串电阻降压启动控制

1)启动性能与控制要求

当电动机启动时,在定子侧串接电阻(电抗)降低电动机的端电压,以达到限制启动电流

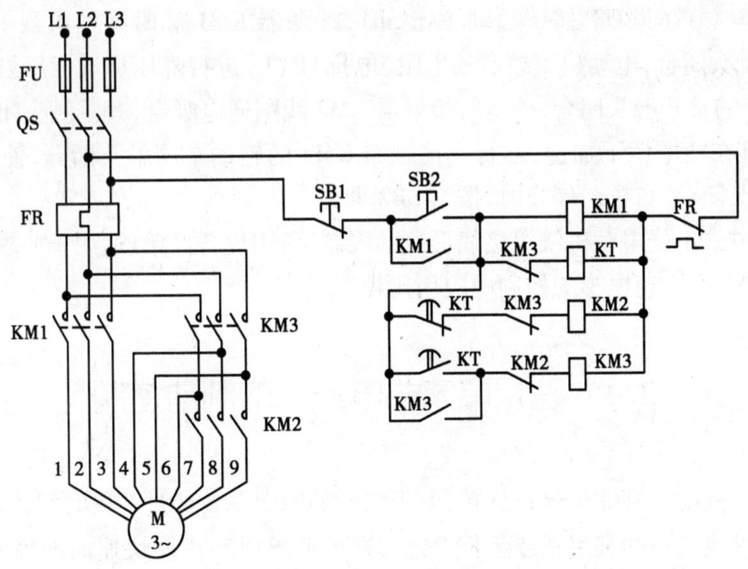

图 2.15　延边三角形降压启动控制电路

的目的。当启动结束后，将所串接的电阻（电抗）短接，使电动机在额定电压下进入稳定运行状态。定子串电阻降压启动时的电压为 $U_2 = KU_e$，K 小于 1；线路的启动电流为 KI_q；降压时的启动转矩为 K^2T_q。因启动转矩减小过大，所以定子串电阻降压启动性能最差。

定子串电阻降压启动的控制最少需要 2 个接触器，一个用于接电源，另一个用于短接启动电阻（电抗）。定子串电阻降压启动的优点是：其所串接的电阻（电抗）可以分为几次短接，但每短接一段电阻就需要一个接触器进行控制。串接的电阻（电抗）一般称为启动电阻（电抗）。启动电阻也可以用于制动时限制制动电流，这也是其优点之一。

2）**控制电路工作分析**

定子串电阻（电抗）降压启动控制电路见图 2.16。

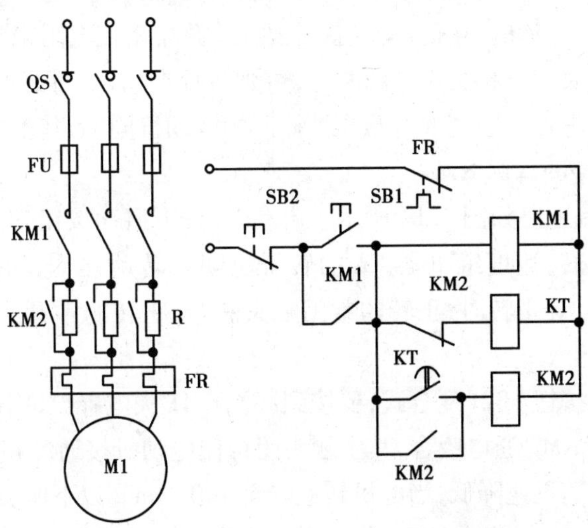

图 2.16　定子串电阻（电抗）降压启动控制电路

启动时,合上刀开关 QS,按下启动按钮 SB1,接触器 KM1 和时间继电器 KT 同时通电吸合,KM1 的主触头闭合,电动机串接启动电阻(电抗)R(L)进行降压启动,经过一定的延时后,KT 的延时闭合的常开触头闭合,使运行接触器 KM2 线圈通电吸合,其主触头闭合,将 R(L)短接,于是电动机在全电压下加速,运行。接触器 KM2 的辅助常闭触头断开,使 KT 释放;KM2 的辅助常开触头闭合,自锁。停止时,按下 SB2 即可。

这种启动方式不受电动机绕组接线形式的限制,所用设备简单,适用于要求启动平稳又要求有制动的情况,在低速电梯的控制中应用比较多。

2.4 三相鼠笼式电动机的制动控制

从电动机切断电源到完全停止旋转,由于惯性的原因总要经过一段时间才能停止,将会影响某些生产机械或设备的利用率或运行工艺。这就要求电动机能快速而准确地停止,即用某种手段来限制电动机的惯性转动,从而实现机械设备的快速停车。这种快速停车的措施称为“制动”。

制动的目的就是使电动机快速停止;制动的方法有机械制动和电气制动。机械制动包括:电磁离合器制动、电磁抱闸制动等。电气制动包括电源反接制动和能耗制动等。

2.4.1 电源反接制动控制

1)控制要求

电源反接制动是机床中对小容量的电动机(一般在 10 kW 以下)经常采用的制动方法之一。所谓电源反接制动,就是电动机需要快速停止时,将定子绕组任意两相电源的相序反接(交换),电动机便产生与原相序旋转方向相反的制动转矩使其快速停止。但是,电源反接制动时的电流将达到额定电流的 10 倍,有时就需要在线路中串接电阻来限制其制动电流。

当电动机停止前,要将三相交流电源断开,否则将反向启动。因此,需要一个检测速度的装置,常用的是速度继电器。速度继电器与被控制的电动机同轴,其工作原理见第 1 章。

2)单方向反接制动的控制电路

电源反接制动控制电路如图 2.17 所示。启动时,按下启动按钮 SB1,接触器 KM1 线圈通电吸合,电动机启动运转,速度继电器 Kn 的转子也随之转动,当电动机转速超过 120 r/min 时,其对应的触头动作(即正转时,正转的常闭触头断开,正转的常开触头闭合),为反接制动作准备。

停止时,按下停止按钮 SB2(复合式,要按到底),KM1 失电释放,因速度继电器 Kn 的常开触头是闭合的,接触器 KM2 通电吸合,其主触头闭合使电动机接通反相序电源,串接电阻进行反接制动,电动机的转速迅速降低,当电机转速降至 100 r/min 以下时,速度继电器 Kn 的常开触头复位,KM2 断电释放,制动结束后,才可以松开按钮 SB2。如松开过早,会出现停转不准确的现象。为了解决这一问题,可在线路中加一只中间继电器。

图 2.18 是加中间继电器的反接制动控制电路。启动时,按下启动按钮 SB1,KM1 通电吸

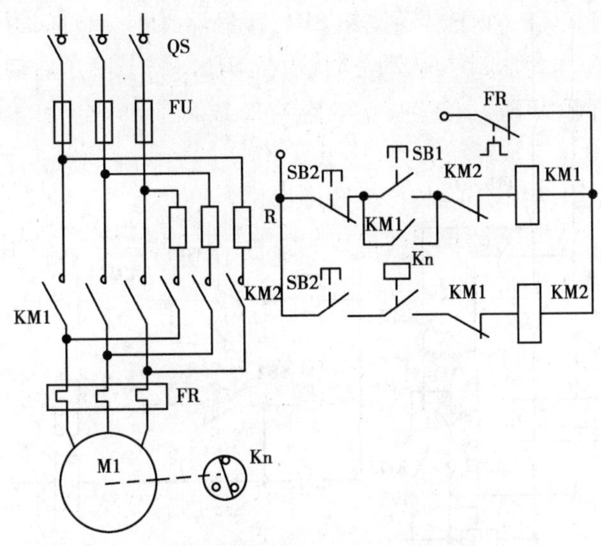

图 2.17　单向反接制动电路

合,电机启动运转,当转速达到 120 r/min 时,速度继电器 Kn 常开触点闭合,使中间继电器 KA 线圈通电,为反接制动做好准备。

停止时,按下停止按钮 SB2,KM1 失电释放,电动机正相序电源被切除,制动接触器 KM2 通电吸合,使电动机接反相序电源及串电阻反接制动,当转速在 100 r/min 以下时,Kn 触头复位,KA 断电释放,使 KM2 失电,电机脱离电源,制动结束。这个控制电路只要轻轻按下 SB2 即可,不必长时间的按住。

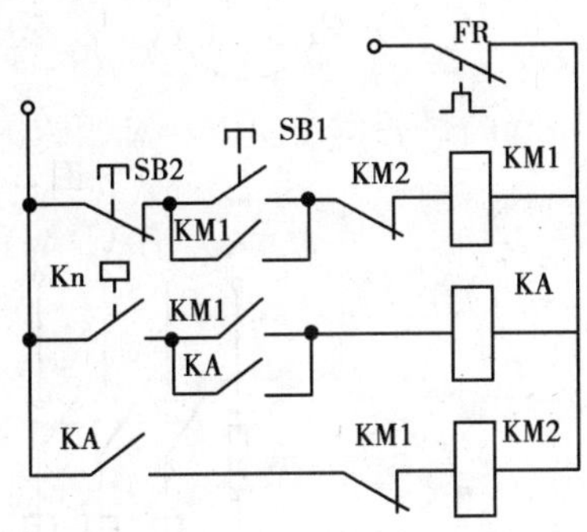

图 2.18　加中间继电器的反接制动电路

2.4.2　能耗制动控制

1) **能耗制动的控制要求**

从电机学原理可知,当需要电动机快速停止时,若在断开交流电源后,立即在定子绕组接入一直流电源,直流电流就会在电动机定子绕组中产生一个静止的磁场,而转子由于惯性作用在继续旋转,并切割这个静止磁场,在转子绕组中产生感应电动势和电流,利用转子感应电流与静止磁场的相互作用产生制动转矩,达到迅速而准确地制动的目的。这种将电动机储存的能量消耗在转子绕组上的制动方法称为能耗制动。

能耗制动的效果与通入直流电流的大小和三相绕组的接法有关(可以有几种接法),但直流电流不能大于交流的启动电流,电动机停止时要立即断开直流电源。

2) **单向能耗制动控制电路分析**

图 2.19 为电动机单向运转,用时间继电器控制的能耗制动电路。其工作原理如下:

电动机要工作时,合上开关 QS,按下启动按钮 SB1,接触器 KM1 线圈通电,其主触头闭

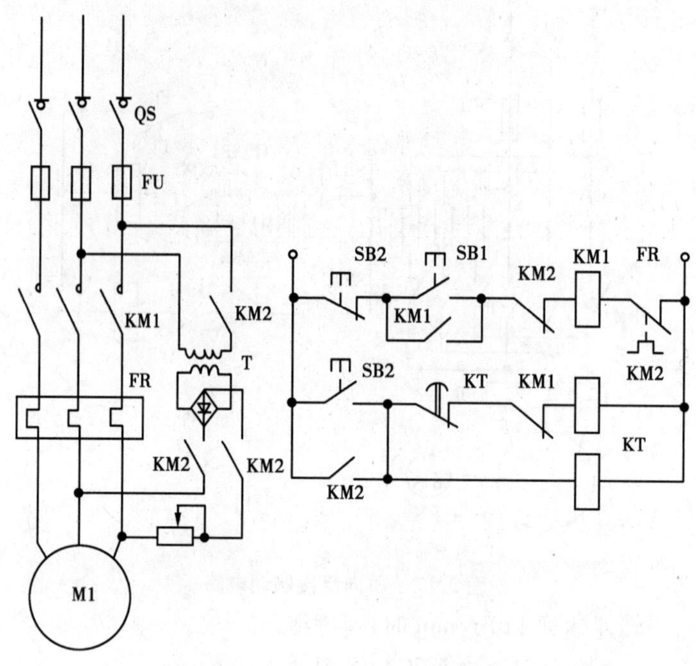

图 2.19　单向能耗制动控制电路

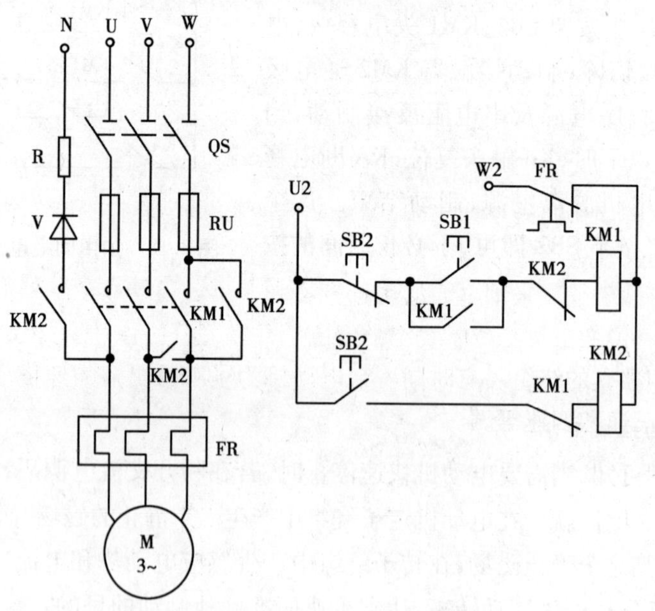

图 2.20　无变压器的单管能耗制动

合，电动机启动运转。

需要停止时，按下停止按钮 SB2，其常闭触头断开，使 KM1 失电释放，电动机脱离交流电源。同时 SB2 的常开触头闭合，因 KM1 常闭触头复位，使制动接触器 KM2 及时间继电器 KT 线圈通电，KM2 的辅助触头用于自锁和互锁；KM2 的主触头闭合，交流电源经变压器和单相整流桥变为直流电并通入电动机定子绕组，产生静止磁场，与转动的转子相互切割感应电势，产生电流,电流与静止磁场共同作用,产生制动转矩,电动机在能耗制动下迅速停止。当电动机停止时,KT 的延时触头就应该终止延时并打开,使 KM2 失电释放,直流电源被切除,制动结束。

能耗制动适用于电动机容量较大,要求制动平稳和启动频繁的场合。它的缺点是需要一套整流装置,而整流变压器的容量随电动机的容量增加而增大,这就使其体积和重量加大。为了简化线路,可采用无变压器的单管能耗制动。控制电路如图 2.20 所示,只是主电路应用了一个二极管实现半波整流,为了限制电流,还应串入一个电阻。它们的控制要求是相同的,这里不再分析。

2.5 三相鼠笼式电动机的变极调速控制

三相鼠笼式异步电动机的调速方法很多,常用的有变极调速和变频调压调速等方法。变频调压调速需要晶闸管变频调压装置,属于电力电子变流技术研究的内容。而变极调速是应用接触器控制的最常用的一种调速方法。

1)变极调速的控制要求

三相交流电的电源频率固定以后,电动机的同步转速与它的极对数成反比,即 $n=60\ f/p$。于是变更电动机定子绕组的接线方式,使其在不同的极对数下运行,其同步转速便会随之改变,进而改变转子转速。

绕线式异步电动机的定子绕组极对数改变后,它的转子绕组极对数也必须改变,这往往在生产现场是难以实现的,因此,绕线式异步电动机常常采用转子回路串电阻,用主令控制器或凸轮控制器控制,手动切换电阻而实现调速。鼠笼式异步电动机的转子绕组极对数是能够随着定子绕组极对数的变化而自动变化的,也就是说鼠笼式异步电动机的转子绕组本身没有固定的极对数。所以变极调速仅适用于鼠笼式异步电动机。

鼠笼式异步电动机往往采用下面的两种方法来变更绕组极对数,一种是改变每相定子绕组的连接关系,或者说变更每相定子绕组的线圈串并联关系;另一种是在定子上设置具有不同极对数的 2 套互相独立的绕组。有时同一台电动机为了获得更多的速度变化,上述两种方法往往同时采用,如三速和四速等。

图 2.21 为 4/2 极的单绕组双速电动机定子绕组接线示意图,其中图 2.21(a)将电动机定子绕组的 U1,V1,W1 三个接线端子接三相电源,而将电动机定子绕组的 U2,V2,W2 三个接线端子悬空,每相绕组的两个线圈串联,三相定子绕组为△连接,此时磁极为 4 极,同步转速为 1 500 r/min,为低速接法。

若要电动机高速工作时,可接成图 2.21(b)形式,将电动机定子绕组的 U2,V2,W2 三个接线端子接三相电源,而将另外三个接线端子 U1,V1,W1 连在一起,则原来三相定子绕组的△连接立即变为双 Y 连接,此时每相绕组的两个线圈为并联,磁极为 2 极,同步转速为 3 000 r/min。可见电动机高速运转时的转速是低速时的 2 倍。

2)控制分析

图 2.22 是调速控制线路图。合上电源开关 QS,按下低速启动按钮 SB1,低速接触器 KM1 线圈通电,其触头动作,电动机定子绕组作△连接,电动机以 1 500 r/min 低速启动。

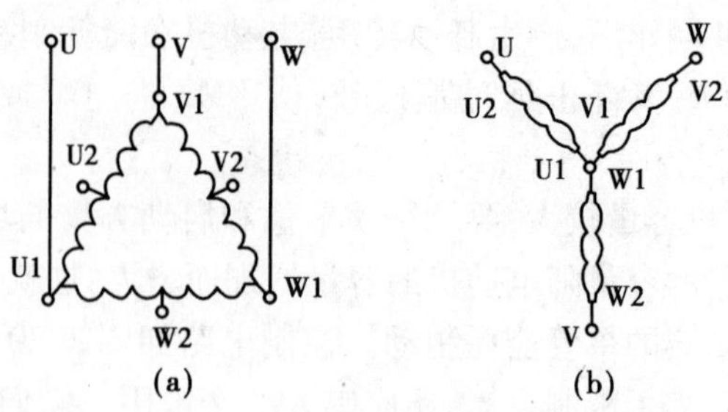

图 2.21　电动机三相定子绕组△/YY 接线图

(a)低速—△接法(4 极);(b)高速—YY 接法(2 极)

当需要换成 3 000 r/min 的高速时,可按下高速启动按钮 SB2,于是 KM1 先断电释放,高速接触器 KM2 和 KM3 的线圈同时通电,使电动机定子绕组接成双 Y 连接,电动机高速运转。电动机的高速运转是由 KM2 和 KM3 同时控制,为了保证工作可靠,采用它们的辅助常开触头串联自锁。

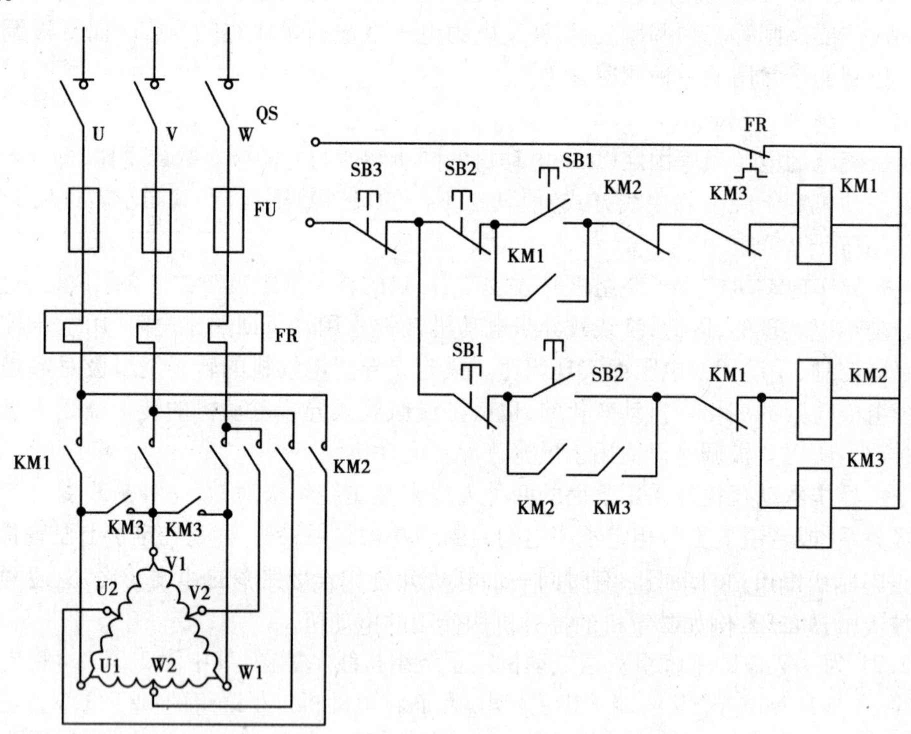

图 2.22　接触器控制双速电动机的控制线路

采用时间继电器自动控制双速电动机的控制线路如图 2.23 所示,图中 SA 是转换开关,其操作手柄有 3 挡,分为低速、高速和中间位置(停止)3 挡。其工作原理如下:

当把开关扳到"低速"挡位置时,接触器 KM1 线圈通电动作,电动机定子绕组接成△,进行低速运转。

当把开关 SA 扳到"高速"挡位置时,时间继电器 KT 线圈通电,其触头动作,瞬时动作触头 KT-1 闭合,使 KM1 线圈通电动作,电动机定子绕组接成△,以低速接法启动。经过延时后,时间继电器延时断开的常闭触头 KT-2 断开,使 KM1 线圈断电释放,同时延时闭合的常开触头

KT-3 闭合,接触器 KM2 线圈通电动作,使 KM3 接触器线圈也通电动作,电动机定子绕组由 KM2,KM3 换成双 Y 接法,电机自动进入高速运转。

当开关 SA 扳到中间位置时,电动机处于停止状态。

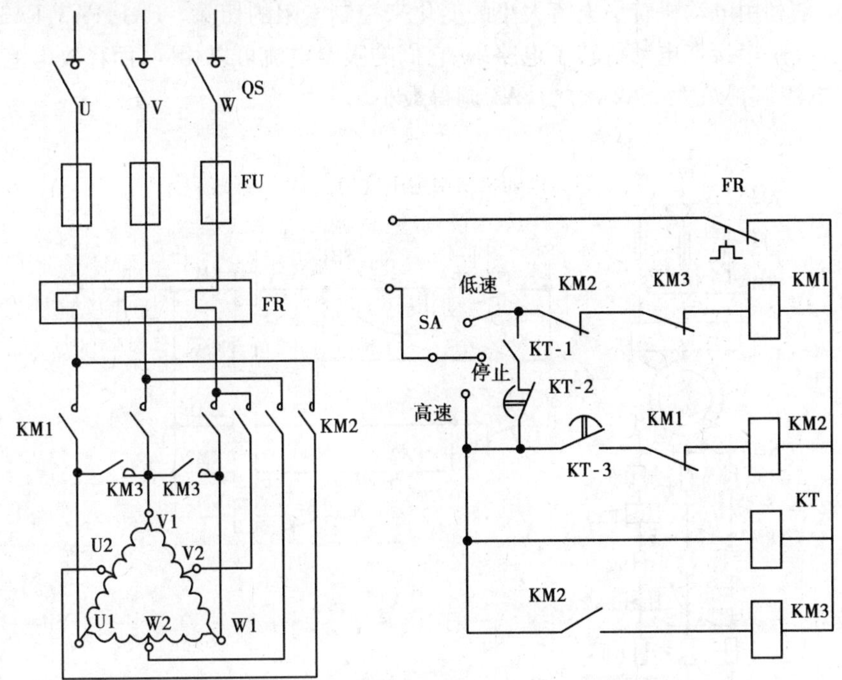

图 2.23　采用时间继电器控制双速电动机的控制线路

2.6　三相绕线式异步电动机的启动控制

三相绕线式异步电动机的优点是可以通过滑环在转子绕组中串接合适的外加电阻或频敏变阻器来限制启动电流,同时也增加了启动转矩,常常用在要求启动电流比较小,又要求启动转矩比较大的设备中,例如起重机的提升机构使用的电动机。

2.6.1　*转子回路串电阻启动控制*

1)控制要求

从电机拖动基础可知,绕线式异步电动机转子绕组串接合适的外加电阻,既可限制启动电流,同时也增加了启动转矩。随着转速的升高,其电流在减小,启动转矩也在减小,这样会使启动过程延长。为了使启动过程短和启动电流冲击小,可将启动电阻逐段切除,电阻切除的级数越多就越接近于恒转矩启动,启动过程越短,启动越平稳。但级数多,控制电器也多,所以一般设置为 3 级。

实现启动电阻逐段切除的控制方法有 3 种:其一是用主令控制器或凸轮控制器手动切换,在起重机中常常用此种控制方法,其启动电阻也同时用于调速,一举两得;其二是用按电流原则控制方式,即用电流继电器检测转子电流大小的变化来控制电阻的切除,当电流大时,电阻不切除，当电流小到某一定值时，切除一段电阻，使电流重新增大，这样就可以使启动电流控制在一定的范围内；其三是按时间原则控制，即用时间继电器控制电阻自动切除。

2）**控制电路分析**

图 2.24 是利用电动机转子电流大小的变化来控制电阻的切除。FA1，FA2，FA3 是电流继电器，电流线圈是串接在电动机转子电路中，它们的吸合电流可以相同，而释放电流不能相同，FA1 的释放电流调得最大，FA2 次之，FA3 调得最小。

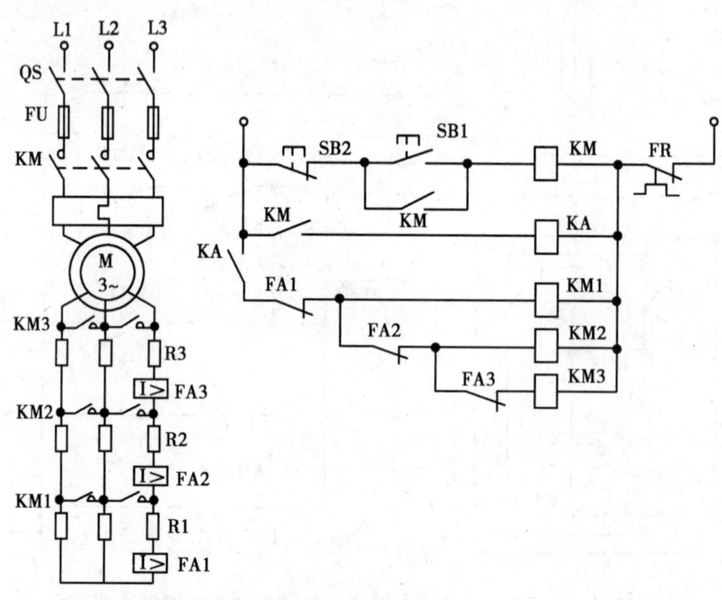

图 2.24　按电流原则控制绕线式电动机转子串电阻启动控制电路

启动时，合上开关 QS，按下启动按钮 SB1，KM 通电，电动机转子串电阻启动（也使中间继电器 KA 通电），由于此时电流最大（一般为 2 ~ 2.5I_e），故 FA1，FA2，FA3 均吸合，其触头都动作，所以电机串接的是全部电阻启动，待电机转速升高后，电流降下来，FA1 先释放，其常闭触头复位，使 KM1 通电，其主触头闭合，短接 R1，电流又增大，随着转速上升，电流又减小下来，使 FA2 释放，其常闭触头使 KM2 通电，主触头将 R2 短接，电流又增大，转速又上升，一会儿电流又下降，FA3 释放，其常闭触头使 KM3 通电，将 R3 短接，电机切除全部电阻进入稳定运行状态。

图 2.25 是依靠时间继电器自动短接启动电阻的控制线路。转子回路 3 段启动电阻的短接是依靠 KT1，KT2，KT3 三只时间继电器及 KM1，KM2，KM3 三只接触器的相互配合来实现的。

启动时，合上刀开关 QS，按下启动按钮 SB1，接触器 KM 通电，电动机串接全部电阻启动，同时时间继电器 KT1 线圈通电，经一定延时后 KT1 常开触头闭合，使 KM1 通电，KM1 主触头闭合，将 R1 短接，电机加速运行，同时 KM1 的辅助常开触头闭合，使 KT2 通电。经延时后，KT2 常开触头闭合，使 KM2 通电，KM2 的主触头闭合，将 R2 短接，电机继续加速。同时 KM2 的辅助常开触头闭合，使 KT3 通电，经 KT3 延时后，其常开触头闭合，使 KM3 通电，R3 被短接。至此，全部启动电阻被短接，于是电机进入稳定运行状态。

在线路中，KM1，KM2，KM3 三个常闭触点串联的作用是：只有 KM1，KM2，KM3 都是释放

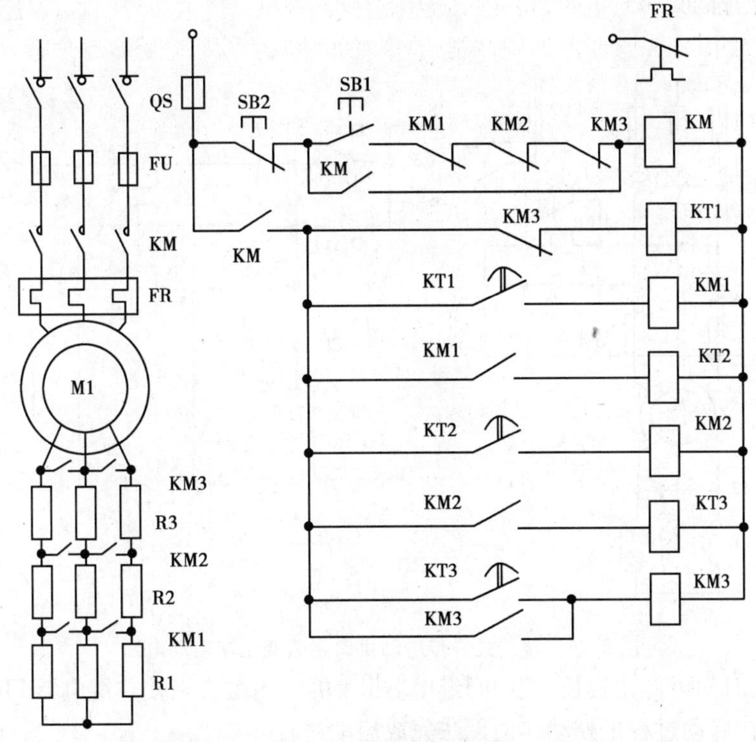

图 2.25　按时间原则控制的绕线式电动机转子串电阻启动控制电路

的,即全部电阻可靠接入时,电动机才能启动。以确保电机启动时,启动电流不会过大。

线路存在的问题是:一旦时间继电器损坏,线路将无法实现电动机的正常启动和运行,如维修不及时,电动机就有被迫停止运行的可能。

2.6.2　转子回路串频敏变阻器启动控制

1)控制要求

绕线式异步电动机采用转子串电阻的启动方法,在电动机启动过程中,逐段减小电阻时,电流及转矩都会突然增大,会产生不必要的机械冲击,而且应用的控制电器也比较多。

为了得到较理想的启动特性和减少控制电器,我国研制了频敏变阻器启动方法。频敏变阻器实际上是一个铁心损耗比较大的电抗器,因为,电动机转子的电动势频率随着电动机的启动,频率是减小的,即 $f_2 = sf_1$。频敏变阻器的阻值也随转速的变化而变化,相当于转子回路的电阻为无级切除,使电动机具有接近恒转矩的平滑无级启动性能。

仅要求限制启动电流的绕线式异步电动机,常常采用串频敏变阻器方法启动。对既有限制启动电流要求,又有串电阻调速要求的(起重机用)绕线式异步电动机常常采用转子串电阻的启动方法。

在电机启动过程中串接频敏变阻器,待电机启动结束时用手动或自动将频敏变阻器切除,能满足这一要求的线路如图 2.26 所示,只用两个接触器就可以实现其控制要求。

2)控制电路分析

电路中利用转换开关 SA 实现手动及自动控制的转换。在主电路中,由于该台电动机容

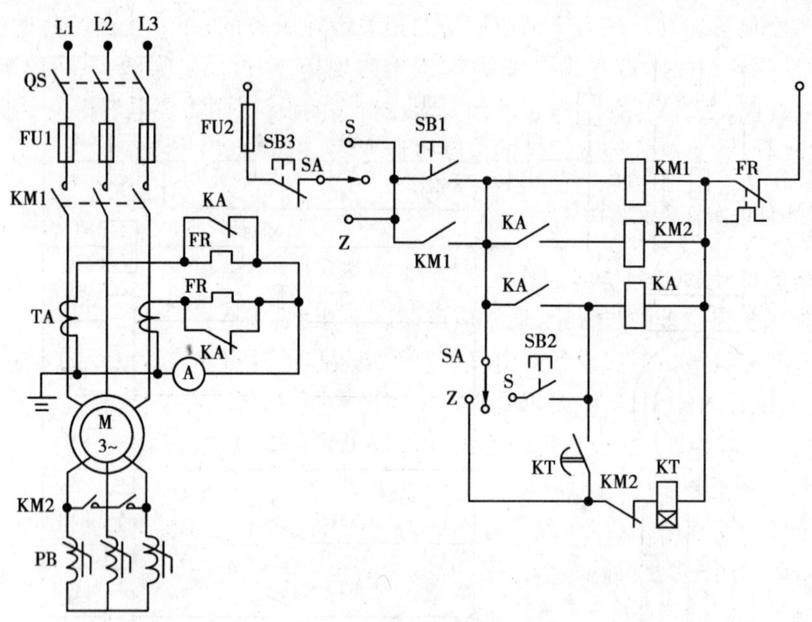

图 2.26 绕线式异步电动机串频敏变阻器启动电路

量比较大,启动时间可能比较长,用中间继电器 KA 的常闭触头短接热继电器 FR 的热元件,以防止热继电器在启动过程中就动作而无法完成启动过程。

自动控制时,将 SA 扳至“Z”位置,合上开关 QS,按下启动按钮 SB1,接触器 KM1 和时间继电器 KT 线圈通电,电动机串频敏变阻器 PB 启动,待电动机启动结束时,KT 的触头延时闭合,使中间继电器 KA 线圈通电,其常开触头闭合使接触器 KM2 通电,将 PB 短接,电动机进入稳定运行状态,同时 KA 的常闭触头打开,使热元件接入电流互感器的二次侧起过载保护作用。

手动控制时,将 SA 扳至“S”位置,按下 SB1,KM1 通电,电机串接 PB 启动,当电流表 A 中读数降到电机额定电流时,按下手动按钮 SB2,使 KA 通电,KM2 通电,PB 短接,电机进入稳定运行状态。

在绕线式异步电动机的定子回路应用电流互感器的目的是:当电动机容量比较大时,电路的电流也比较大,选择热继电器的热元件额定电流也比较大。如果应用电流互感器,因电流互感器副边的额定电流为 5 A,热继电器的热元件额定电流就可以按 5 A 及以下选择,同时也可以应用一个 5 A 的电流表来观察其启动和运行电流。

2.7 继电接触式控制系统的电路设计

电力拖动电气控制系统是根据机械、设备的相关专业提出的要求而设计的,而机械、设备的种类繁多,其运行工艺也各不相同,对电气控制的要求也不尽相同,但电气控制系统的设计原则和方法是基本相同的。作为电气工程技术人员,不仅需要掌握电气控制系统的设计原则和方法,而且还需要熟悉和了解电气控制装置(设备)的工作原理、控制要求、控制方法及其性能与主要技术指标,只有这样才能根据机械或设备的拖动要求去作好电气控制系统的设计、安装、调试及运行管理中的故障分析和技术革新等方面的技术工作。

由于电气控制系统设计是为机械或设备的相关专业服务的,而一个新产品的研发又是与时俱进的,其专业涵盖面非常宽,因此必须深入生产现场,经过反复实践,不断积累经验,才能较好的完成电气控制设计任务。对于控制要求比较高的设计,则需要电气相关专业联合设计。本节在此仅介绍继电接触式控制系统的电路设计方法。

2.7.1 电气控制设计的原则和内容

1)电气控制设计的一般原则

在电气控制系统设计的过程中,通常应遵循以下几个原则:

①最大限度的满足机械或设备对电气控制系统提出的要求。机械或设备对电气控制系统的要求,是电气设计的依据,这些要求常常以工作循环图、执行元件动作节拍表、检测元件状态表等形式提供,有调速要求的设备还应给出调速技术指标。其他如启动、转向、制动等控制要求应根据生产需要充分考虑。

②在满足控制要求的前提下,设计方案应力求简单、经济。在电气控制系统设计时,为了满足同一控制要求,往往要设计几个方案,应选择简单、经济、可靠和通用性强的方案,不要盲目追求自动化程度和高指标。

③妥善处理机械与电气的关系。机械或设备与电力拖动已经紧密结合融为一体,传动系统为了获得较大的调速比,可以采用机电结合的方法实现,但要从制造成本、技术要求和使用方便等具体条件去协调平衡。

④要有完善的保护措施,防止发生人身事故与设备损坏事故。要预防可能出现的故障,采用必要的保护措施。例如短路、过载、失压或误操作等电气方面的保护功能和使设备正常运行所需要的其他方面的保护功能。

2)电气控制设计的基本内容

根据相关专业提出的控制要求和生产工艺要求,对被控制设备和机械的工作情况作全面了解,并把已有的相近设备控制情况作为参考,然后开展下面几项内容设计:

①确定电力传动方案和选择电动机的容量、结构形式和型号。

②设计电气控制电路及相关的保护。

③选择控制电器,制定电器设备一览表。

④确定电气操作台和控制柜,绘制电器布置图和接线图。

⑤编写电气控制说明书和设计计算说明。

⑥安装、接线和调试及最终确定设计方案。

2.7.2 电气控制电路设计应注意的问题

控制电路除了完成生产机械或设备所要求的控制功能外,还应力求简单、经济、安全、可靠,因此,进行电气控制电路设计时应考虑周全。下面对一些常见的而且容易被人们忽略的问题进行讨论。

1)控制电路应力求安全、可靠

为了保证控制电路安全、可靠工作,首先要选择电气和机械使用寿命长、结构坚实、动作可靠和抗干扰性能强的电器,同时在设计控制电路时应注意以下几点:

(1)电器触头的正确连接

同一个电器的常开与常闭触头其距离相隔比较近,而在电路的连接中则分布在线路的不同位置,设计时应使同一电器的不同触头都接在同一相或同一极性上,以免由于电弧或其他原因在电器触头上造成短路。如图 2.27 所示,(b)图的接线可靠性比(a)图的高,因为(a)图中的行程开关要引入 2 根电源线,容易发生电源短路事故。

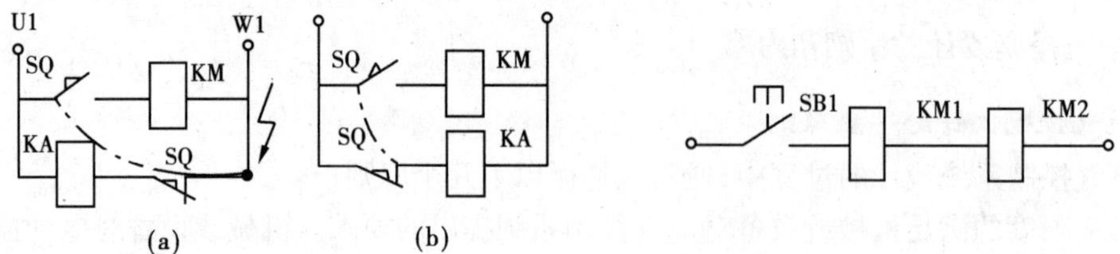

图 2.27 电器触头的正确连接　　图 2.28 电器线圈的不正确连接

(2)电器线圈的正确连接

电磁式电器的交流电压线圈不能串联使用,即使电源电压恰好为两个线圈电压之和也是不允许的。因为在交流电路中,负载串联,当电压一定时,其电流是由阻抗大小来决定的。而交流线圈阻抗大小是与磁路情况有关。两个电器线圈串联时动作总有先后,先吸合的阻抗将显著变大(约 10 倍),此时,因回路的电流小于启动电流,使没有吸合的电器线圈因电流小而不能吸合。而串联回路的实际电流还大于正常工作电流,会使温度升高而损坏线圈绝缘。因此二个电器需要同时动作时其线圈应该并联连接。如图 2.28 所示为电器线圈的不正确连接。

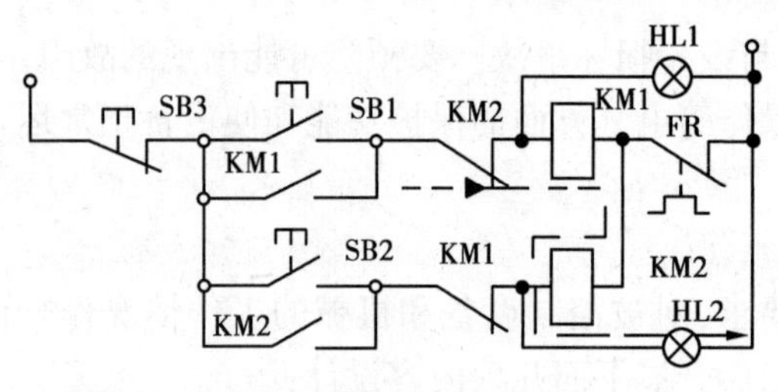

图 2.29 寄生电路

(3)防止寄生电路

在控制电路的工作过程中,那种意外接通的电路叫寄生电路(或叫假回路)。图 2.29 所示是一个具有指示灯和过载保护的正反转控制电路。在正常工作时,能完成正反向启动、停止和信号指示。例如:当电动机正转并发生过载时,热继电器 FR 动作,但由于指示灯的原因使线路出现了寄生电路,如图 2.29 中虚线所示,使正向接触器 KM1 不能释放,不能起到保护作用。

2)控制电路应力求简单、经济

(1)电器的节能

生产机械或设备在工作时,除了要安全、可靠工作外,其次是要节能运行,因此控制电路在工作时,除必要的电器必须通电外,其余的电器应尽量不通电以节约电能。如图 2.30 所示电路为定子串电阻降压启动控制电路,其工作原理与图 2.16 相同,但是电动机运行时,图 2.30 的电路减少一个接触器工作,节能效果就比图 2.16 的电路好。

(2)导线的数量

设计控制电路时,应考虑到各个元件之间的实际接线,特别要注意电器柜、设备、操作台及限位开关之间的连接线,尽量减少连接导线的数量或长度。如图 2.31 所示。图 2.31(a)与图 2.31(b)所示的电路比较,图 2.31(a)的电路实际接线是不合理的。因为行程开关安装在设备上,而接触器安装在电器柜内,设备和电器柜的安装距离可能很远,如果两者之间连接导线(柜外连线)数量多就不经济。

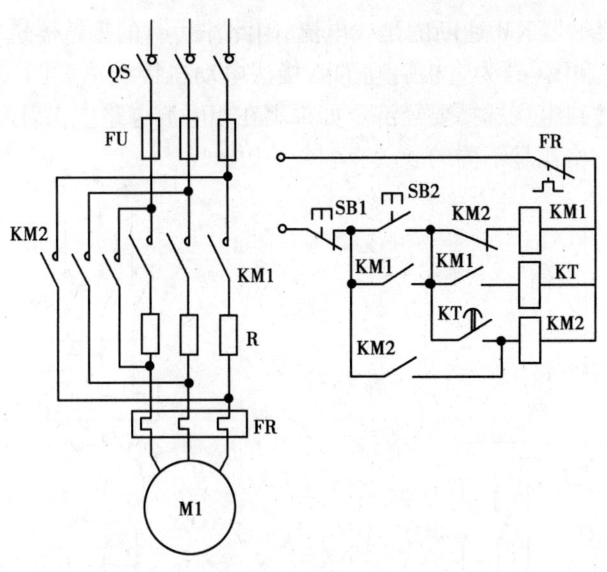

图 2.30 电器的节能

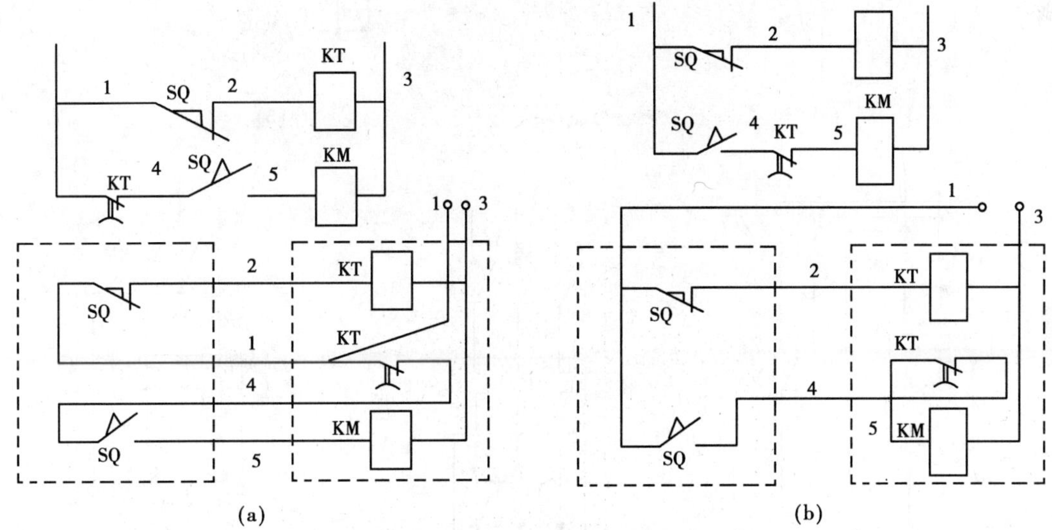

图 2.31 柜外连接导线数量比较

(3)电器的数量

在满足生产机械或设备的控制要求和安全可靠的前提下,所用的控制电器数量越少越经济。如电动机串自耦变压器降压启动电路,既可以选择 2 个接触器控制的方式,又可以选择 3 个接触器控制的方式,而选择 2 个接触器控制就要相对经济一些。其中一个可以选择 5 个主触头的接触器。

(4)电器的选择

图 2.32 为 Y-△启动的主电路的几种接线方式,图(a)的热继电器是串在线电流电路中,其热元件是按线电流选择,对缺相时的过载保护可靠性较差。图(b)的热继电器是串在相电流电路中,其热元件是按相电流选择的,对缺相时的过载保护可靠性较高,按图(b)接法选择热继电器相对要经济些。图(c)与图(a)和图(b)比较,图(c)的接触器 KM 通断的是相电流,

而图(a)和图(b)的接触器 KM 通断的是线电流,因此,图(c)的接触器选择要更经济些。

图 2.32 的图(d)和图(e)为直接启动的△接法电动机接线示意图,此时的热继电器就要串在线电流电路中,按线电流选择要经济。如果串在相电流电路中,其控制柜引向电动机的导线将是 6 根,两者的价格比是不同的。

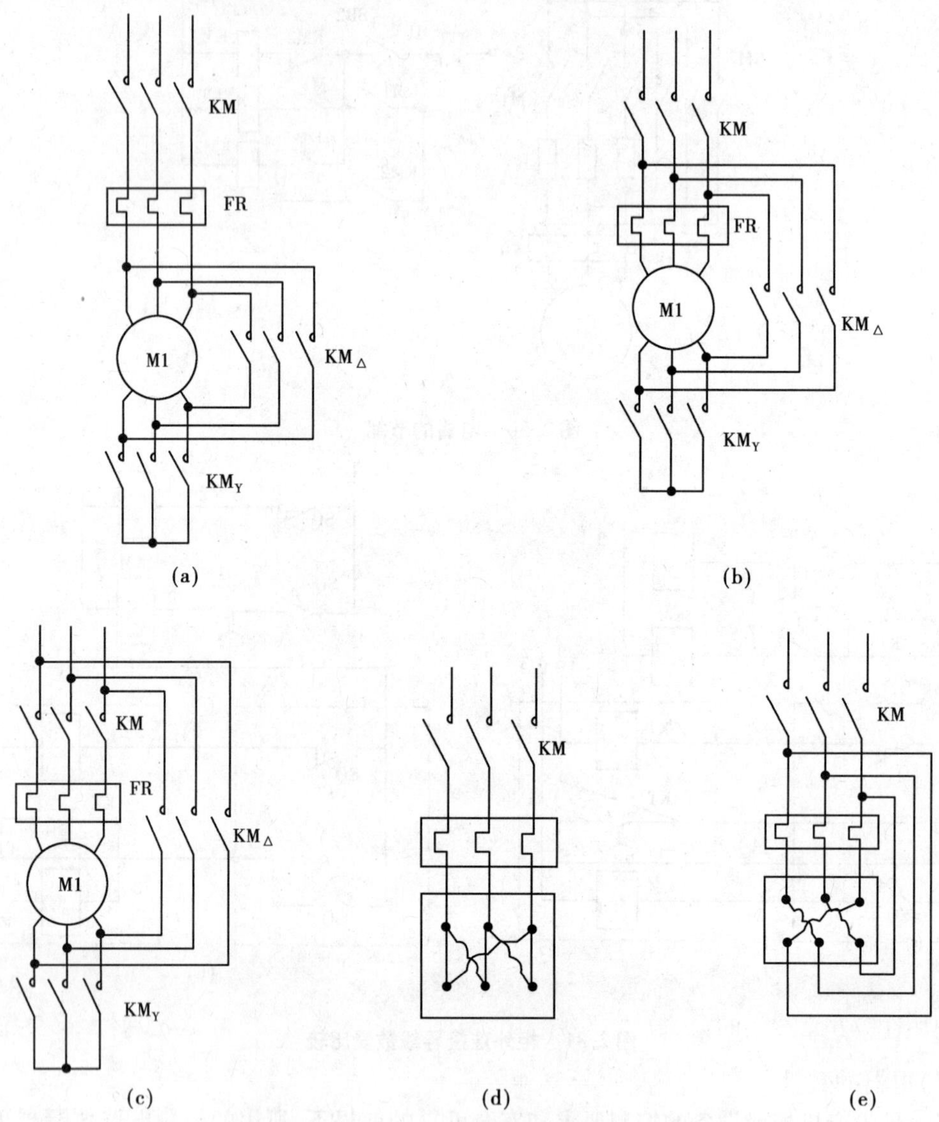

图 2.32 Y-△启动的主电路的几种接线方式

3)**控制电路的安全保护**

控制电路应具有完善的保护环节,以避免因误操作或其他原因而引起事故发生。完善的保护环节包括:短路、过载、失压、欠压、过流、欠流等。在继电接触控制电路中,短路、过载、失压保护是最基本的保护,前面已经述及,此处简单说明。

(1)短路保护

短路保护一般采用熔断器作短路保护设备,在对主电路采用三相四线制或对变压器采用中性点接地的三相三线制的供电电路中,必须采用三相短路保护。当主电机容量较小时,其控制电路不需要另外设置熔断器,主电路中的熔断器也作为控制电路的短路保护设备;若主电机容量较大时,则控制电路一般要单独设置短路保护熔断器。

如果应用自动开关作为电源开关,可以选择具有电磁脱扣和热脱扣的自动开关,电磁脱扣能实现短路保护功能。

(2)过载保护

过载保护一般由热继电器和接触器共同实现,实质上是防止绕组温度过高的保护。在生产机械或设备的工作中,过载往往是经常发生的,而且过载的原因很多,主要有:

①电动机在大的启动电流下缓慢地启动。

②电动机在反复短时工作制时的操作频率过高。

③电动机长期带负载欠电压运行。

④电动机在机械过负载下运行。

⑤周围介质温度过高。

⑥三相电动机缺相运行。

⑦电动机经常反接制动。

⑧电源频率降低。

其中②,③,④,⑥比较常见。因此,对热继电器的选择和调整非常重要。在考虑性能和价格比时,最好选择三相结构和带断相保护的三相结构。有些设备是使用特殊定制的电动机,在电动机制造时就预置了温度继电器实现过载保护。如果应用自动开关作为电源开关,可以选择具有热脱扣的自动开关来实现过载保护。

(3)失压保护

失压保护在实际应用中是非常重要的,应用了接触器和自复位按钮的控制电路本身就具有失压保护功能。在应用转换类开关控制的电路,常常用"零位保护"来完成失压保护的功能(参见第7章的有关内容)。

(4)欠电压保护

欠电压保护通常应用在控制电器比较多,并要求有一定的顺序控制关系的电路中。欠电压保护的目的是:当电压降低到一定程度时,就立即切断电源。防止出现该某个电器应吸合时,因电压过低而不能可靠吸合的情况。

例如在第6章介绍的双速电梯的控制中,当电梯要停层,电动机由高速运行转变为低速运行时,控制电路中高速接法的接触器应该释放,而低速接法的接触器应该吸合。如果此时的电压低于低速接法接触器的吸合电压($85\% U_e$ 以下),低速接法的接触器就可能出现振动状态,使电梯出现忽开忽停的情况,人就会感觉很不舒服。

为了防止发生此种现象,在控制电路中,设置一个欠电压保护的继电器(通常也将其他保护功能的电器触头串在该电路中)。当电压低于一定程度时,欠电压保护继电器释放,利用其触头切断其他电器的通路。在实际应用中,为了提高欠电压保护继电器的灵敏度,常常在其回路串一个电阻和一个常闭触头,如图2.37所示的送料小车控制电路。继电器线圈通电时为全电压吸合,吸合后其常闭触头断开,将电阻串入,使继电器在低电压下刚好维持吸合,当电源电压降低时,继电器线圈的电流减小而释放,起到了欠电压保护的功能。

(5)过电流保护

过电流保护常常应用在绕线型电动机或直流电动机的主电路中。因为这两类电动机启动时都要限制启动电流,一般为额定电流的 2 ~2.5 倍。如果启动电流超过其限制的启动电流,对线路将造成危害,为了防止发生此种情况而设置的保护称为过电流保护。

实际上就是将电流继电器的线圈串在被保护电动机的主电路中,其常闭触头串在控制接触器的线圈电路中,启动产生过电流时,电流继电器吸合,其常闭触头断开而使接触器释放,说明电路有故障而停止启动。

(6)欠电流保护

欠电流保护通常应用在直流电动机的励磁绕组电路中。例如直流电动机启动时,如果励磁绕组电流过小,其启动转矩也将过小,导致不能启动。另外,直流电动机在运行时,如果发生励磁绕组断线,磁通过小,可能产生加速飞车的危险现象,应快速切断电枢电源。

这种保护实际上就是将电流继电器的线圈串在被保护的直流电动机励磁绕组电路中,其常开触头串在控制接触器的线圈电路中。励磁电流正常时,电流继电器吸合,其常开触头闭合,电枢电源控制接触器可以工作。如果励磁电流不正常时(无或过小),电流继电器释放,控制接触器也释放,实现了欠电流保护。

4)控制电路其他方面的问题

①尽量选用标准的、常用的、或经过实际考验过的线路和环节。

②设计的线路应能适应所在电网的情况。根据电网容量的大小,电压、频率的波动范围以及允许的冲击电流数值等决定电动机的启动方式,是直接启动还是限流启动等。

③在线路中采用小容量继电器的触点来控制大容量接触器的线圈时,要校核继电器触点断开和接通容量是否满足要求。如果不够必须加中间继电器,否则工作可能不可靠。

④在线路中应尽量避免许多电器依次动作后才能接通另一个电器的控制线路,因为这种接法所串的触点数量众多,出现故障的概率也就相应较高。

5)电器控制电路的时间竞争问题

电器控制电路的时间竞争问题,用一般的控制电路动作分析方法有时很难发现,甚至通过实际控制电路的模拟检验也很难发现,但在一定的客观条件下,可能就会发生。发生时,在一定的条件下就可能将电器烧毁,而且我们还不知道什么原因烧毁的。典型的电路如图 2.33 三相交流电动机的星形、三角形降压启动控制电路,该控制电路动作分析如下:

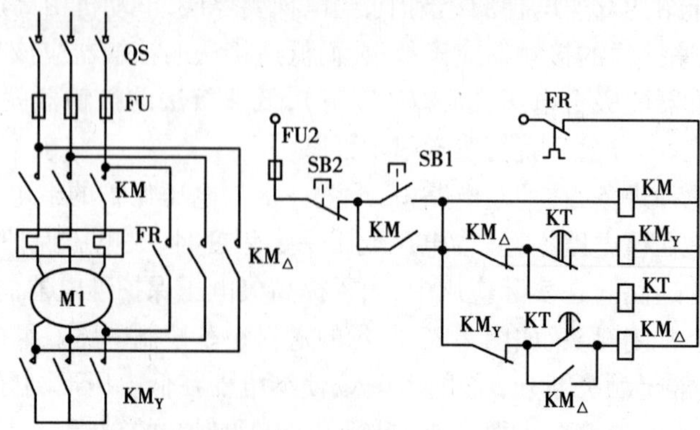

图 2.33　三相交流电动机的星形、三角形降压启动控制电路

启动:合上电源开关 QS(使主、辅电路通电)。

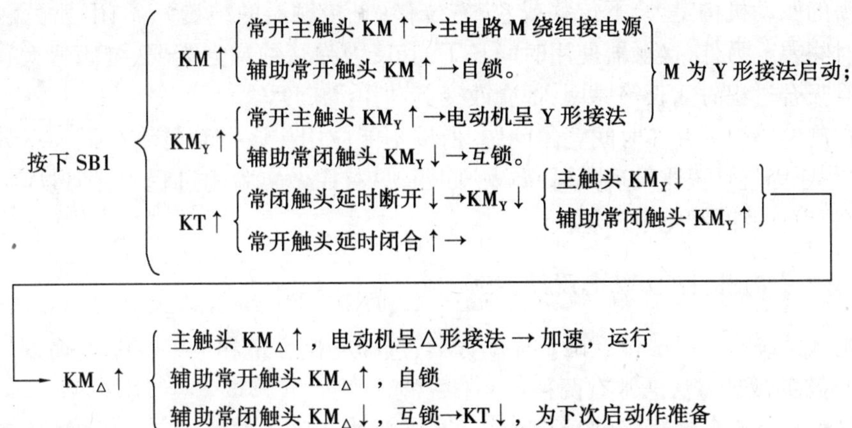

停止:按下 SB2,控制电路全部失电,各元件均恢复到不工作时的正常状态,电动机也断开电源而停止运行。

通过以上分析,该控制电路是能正常完成三相交流电动机的星形、三角形降压启动控制的,但在实际中,可能存在如下问题:

当时间继电器 KT 的动作灵敏度比接触器 $KM_\triangle$ 的动作灵敏度高时,在 KT 常开触头延时闭合后,接触器 $KM_\triangle$ 线圈通电吸合,$KM_\triangle$ 的辅助常闭触头先断开(辅助常开触头还没闭合),此时,时间继电器 KT 的线圈先断电,衔铁释放,时间继电器 KT 的常开触头瞬时释放,而接触器 $KM_\triangle$ 辅助常开触头还没有来得及闭合(进行自锁),接触器 $KM_\triangle$ 线圈就断电了,其衔铁就释放,接触器 $KM_\triangle$ 辅助常开触头没有完成自锁,电动机也就没有完成三角形接法的启动过程。

此时,$KM_\triangle$ 辅助常闭触头又闭合,KM_Y 线圈又通电,又回到了星形接法的启动过程。而时间继电器 KT 的线圈又通电,经延时后,其常闭触头延时断开,KM_Y 线圈又断电,触头复位,KT 的常开触头延时又闭合,接触器 $KM_\triangle$ 线圈通电又吸合,又回到前面的状态,也可能完成启动过程,也可能经过几次上述情况最终完成启动过程。

上述情况就是时间竞争问题,其原因就是 KT 的动作灵敏度比接触器 $KM_\triangle$ 的动作灵敏度高而引起的。该过程相当于接触器 $KM_\triangle$ 用于自锁(接于 KT 的常开触头两端)的辅助常开触头没有接好的工作情况,其不同点是接触器 $KM_\triangle$ 用于自锁的辅助常开触头没有接好时,是永远无法完成星形、三角形降压启动过程,而时间竞争问题是经过一段时间后,最终可以完成启动过程,其竞争过程可能启动过程是正常的,也可能是不正常的,存在着偶然性。

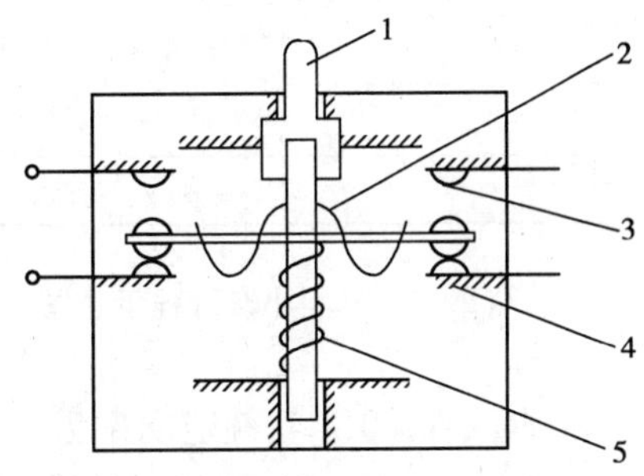

图 2.34 弯形片状弹簧式结构示意图

1—推杆;2—弯形片状弹簧;3—常开触点
4—常闭触点;5—恢复弹簧

如果特意去检验此时间竞争问题可能较难发现,这主要取决于电器的灵敏度、电器的新旧程度、电源电压的高低等情况。一般情况下,继电器的体积小,动作快,接触器的体积大,动作时间相对较长。有的小型电器触头的驱动机构是铜质弯形片状弹簧式(电磁空气阻尼式时间继电器就是弯形片状弹簧式,见图 2.34 结构示意图),常闭、常开触头转换动作非常快(瞬时的),而接触器触头的驱动机构是上、下位移或左、右位移(见接触器的结构),常闭、常开触头转换具有一定的时间差。另外,接触器使用时间长了,其反力弹簧的弹力变弱、剩磁增大、油污粘腻、电压较低时吸合过程时间长等原因,都会改变其动作灵敏度。

上述控制电路因为存在时间竞争问题,所以不能应用。该控制电路在绝大多数的教材中都在选用,其原因就是很难发现其时间竞争问题,只有在做实验的过程中,经过非常多的实验检验,才能观察到此时间竞争问题。

2.7.3 电气控制电路设计方法与设计实例

电气控制系统设计一般包括确定拖动方案、选择电机容量和电气控制电路设计等。电气控制电(线)路的设计方法通常有两种:

一种方法是分析设计法(经验设计法)。它是根据生产工艺要求,利用各种典型的控制电路环节,直接设计控制线路。这种设计方法比较简单,但要求设计人员必须熟悉大量的控制线路、掌握多种典型线路的设计资料、同时具有丰富的设计经验。在设计过程中往往还要经过多次反复地修改、试验,才能使线路符合设计的要求。即使这样,设计出来的线路也可能不是最简单的,所用的电器及触头也不一定最少,所得出的方案当然也不一定是最佳方案。

另一种方法是逻辑设计法。它是根据生产工艺的要求,利用逻辑代数来分析、设计线路。这种方法设计的线路比较合理,特别适合完成较复杂的生产工艺所要求的控制线路。但是相对而言逻辑设计法难度较大、不易掌握,因为较复杂的控制电路已经大量应用可编程序控制器进行控制了,所以本节仅介绍分析设计法。

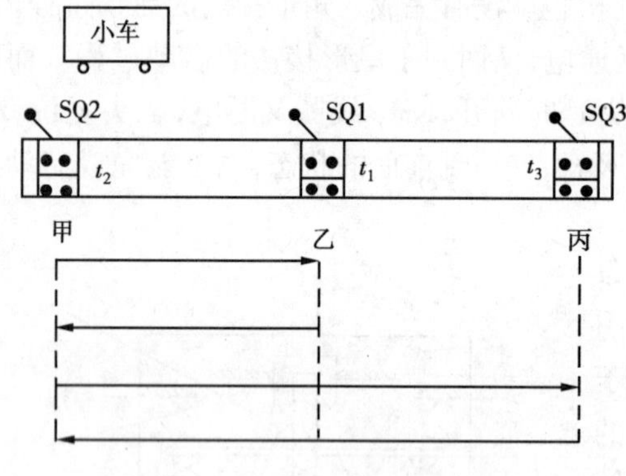

图 2.35 送料小车行程示意图

分析设计法由于是靠经验进行设计的,因而灵活性很大。初步设计出来的线路可能是几个,这就要加以比较分析,甚至要通过实验加以验证,才能确定比较合理的设计方案。这种设计方法没有固定的模式,通常先用一些典型控制环节拼凑起来实现某些基本要求,再根据生产工艺要求逐步完善其功能,并增添适当的联锁与保护环节等。下面就通过一个模拟设计实例来了解分析设计法。

1)设计实例控制要求

有一送料小车,如图 2.35 所示。电动机的技术数据为 Y180L- 4、额定功率为 7.5 kW、额定转速为 1 470 r/min、额定电压为 AC 380 V、额定电流为 13.5 A。要求动作程序如下:

①小车从甲地启动后,运行至乙地能自动停止,停留 t_1 时间装料后自动返回。

②小车返回至甲地能自动停止,停留 t_2 时间卸料后又自动启动。

③小车经过乙地不停止,运行至丙地又自动停止,停留 t_3 时间,装另一种料后自动返回。

④小车返回经过乙地不停止,返回到甲地后自动停止,完成了一个工作循环;在甲地停留 t_2 时间,卸料后又自动启动,小车运行至乙地自动停止。

以后又按上述过程自动循环下去。

2)**设计思路**

①小车需要正反转控制,小车电动机功率比较小,考虑为直接启动,需要 2 个接触器 KM1 和 KM2 控制;甲、乙、丙 3 个地方的限位控制,需要设置 3 个行程开关 SQ1,SQ2 和 SQ3;3 个停留时间的控制,需要设置 3 个时间继电器 KT1,KT2 和 KT3。

②先设计小车从甲地为正转(KM1 工作)启动后行至乙地,压下乙地行程开关 SQ1,SQ1 的常闭触头断开,使接触器 KM1 线圈断电,电动机 M 自动停止(要考虑设一个电磁抱闸,电动机通电时打开,电动机断电时,电磁抱闸也断电抱紧)。同时,SQ1 的常开触头接通时间继电器 KT1,停留 t_1 时间后,KT1 的常开触头闭合,使接触器 KM2 线圈通电,小车自动返回。SQ1 的触头不受压而复位。

③小车回到甲地,压下甲地行程开关 SQ2,SQ2 的常闭触头使接触器 KM2 线圈断电,SQ2 的常开触头接通时间继电器 KT2,停留 t_2 时间后,KT2 的常开触头闭合,使接触器 KM1 线圈通电,小车启动后又开向乙地,到了乙地又压下乙地行程开关 SQ1,但不允许小车停止,需要用一个电器将 SQ1 常闭触头锁住;考虑加一个中间继电器 KA 的常开触头实现,继电器 KA 应该在接触器 KM2 吸合时让其吸合,并能自锁,如图 2.36 所示。

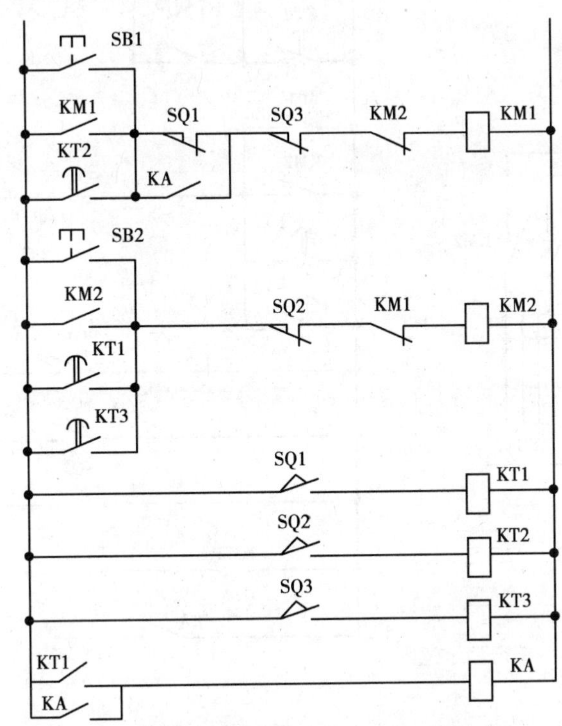

图 2.36　送料小车行程控制初步设计控制电路图

④小车经过乙地,碰撞了行程开关 SQ1,由于 KA 常开触头的作用,使接触器 KM1 继续吸合,小车到了丙地,又压下 SQ3,SQ3 的常闭触头使接触器 KM1 线圈断电,电动机停止;SQ3 的常开触头接通时间继电器 KT3,停留 t_3 时间后,KT3 的常开触头闭合,使接触器 KM2 线圈通电,小车启动后又开向乙地,到了乙地又压下乙地行程开关 SQ1,但不起作用,回到甲地,压下甲地行程开关 SQ2 而停止,完成了一个循环。

⑤当小车在甲地停留 t_2 时间后,KT2 的常开触头闭合,使接触器 KM1 线圈通电,小车启动

后又开向乙地,到了乙地又压下乙地行程开关 SQ1,此时又要求停止。因此,中间继电器 KA 在小车从丙地返回时就不能继续吸合,继电器 KA 应该在时间继电器 KT3 吸合时使其断电,将 KT3 的常闭触头串在继电器 KA 的线圈回路,当小车在丙地时,继电器 KA 已经断电释放,所以小车到了乙地又能停止了,并开始实现第二个循环。

⑥因小车的运行是自动循环的,不能合闸就开始循环,也要有按钮控制和失压保护等功能,为此,加入了启动按钮和停止按钮及电压继电器。如果在电压继电器线圈电路串入电阻和常闭触头,还可以实现欠电压保护功能,如图 2.37 所示。

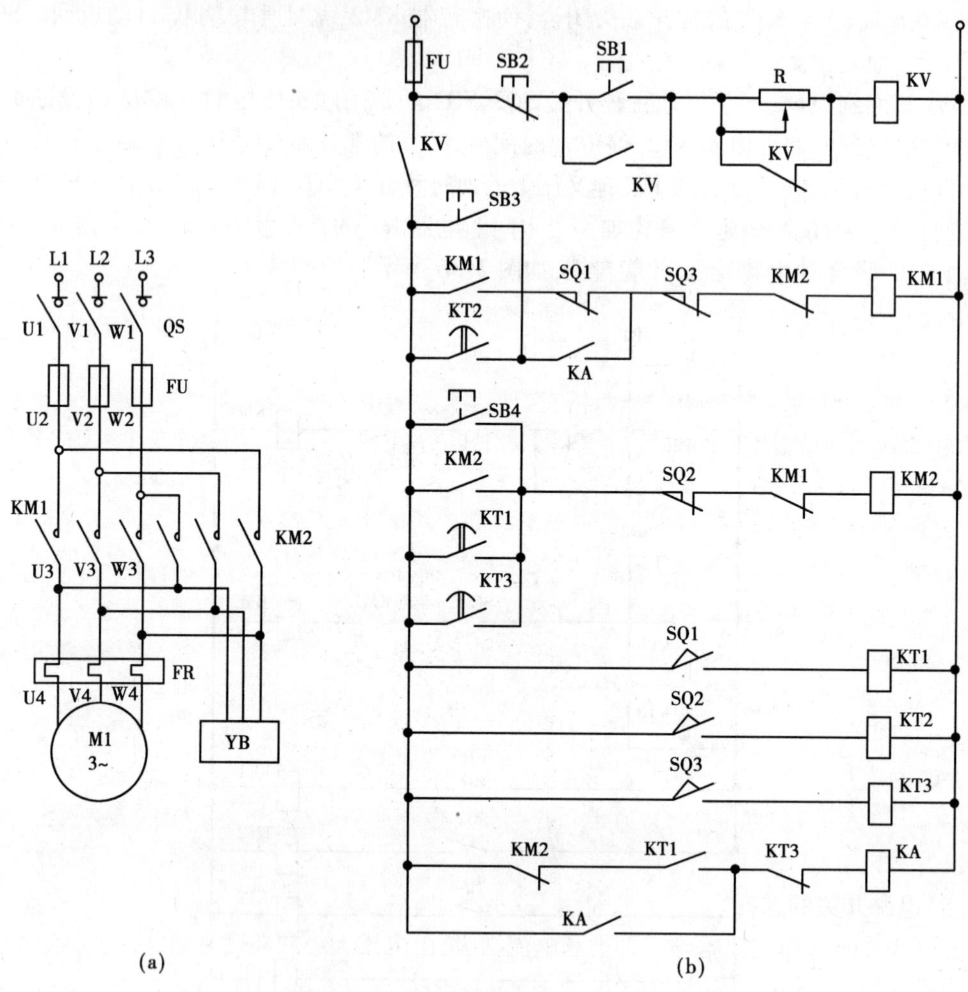

图 2.37　送料小车行程控制电路图

3)控制电器选择

根据电动机的技术数据,额定电压为 AC 380 V、额定电流为 13.5 A 就可以确定有关控制电器的型号及参数,选择如下:

(1)接触器的选择

因为接触器的额定电流挡级有 10 A 和 20 A,选择 10 A 的肯定不符合要求,应该选择额定电流为 20 A 的接触器。由于控制电器比较多,励磁线圈电压可以选择为 AC 220 V 的电压挡级,也不用增加控制变压器。

(2)热继电器的选择

因电动机的功率超过 4 kW,一般为三角形接法,直接启动时,应按线电流选择热继电器。热继电器的额定电流只有几个挡级(例如 JR16 只有 20,60,150 A3 级),如果选择 JR16 系列,可以选择 JR16-20/3D 或 JR16-20/3。而热元件的编号为 1 ~ 12,实际选择 11 号热元件,其热元件的额定电流为 16 A,调节范围有两挡:10 ~ 13 A 和 13 ~ 16 A。可以先整定在 13 A 上,若使用中发现经常提前动作,可以向上调在 16 A 挡。反之,若发现电动机温度比较高,而热继电器却滞后动作,则可调在 10 A 挡。但在实际使用中,还与电动机的型号、规格、特性及工作条件、环境等多种因素有关,要通过实践进行论证,选择的不合适要及时更换。

(3)时间继电器的选择

时间继电器的种类比较多,延时时间长短也不同,常用的是晶体管时间继电器。JS20 系列晶体管时间继电器有通电延时型和断电延时型,有不带瞬动触头的,也有带瞬动触头的,通电延时型有 1,5,10,30,60,120,180,300,600,1 800,3 600 s 11 挡供选择,本实例中,只要确定延时时间,就可以确定挡级了。电压挡级为 220 V。

(4)中间继电器的选择

中间继电器的选择主要确定触头数和吸引线圈电压挡级,触头只需要两个常开,可以选择 JZ7-44 型,吸引线圈电压为 220 V。

(5)电压继电器的选择

电压继电器的选择主要确定触头数和吸引线圈电压挡级,吸引线圈电压为 220 V,触头数最基本型就可以满足要求。

(6)行程开关的选择

行程开关的选择主要确定触头数和操作头的型式,触头数为一常开和一常闭,最基本型就可以满足要求。操作头的型式分为直动型、单滚轮型和双滚轮型。直动型的动作距离小,不适合小车的控制,应选择单滚轮型的。小车碰撞的动作距离可以大一些,小车离开后,其操作头可以自动复位。型号为 LX19-111。

(7)按钮的选择

按钮的选择主要是确定触头数和结构型式,本实例中应用的是最基本型,即触头数为一常开和一常闭,按钮可以是元件式,例如 LA19-11D(带指示灯),也可以选择 LA19-11DJ(紧急式带指示灯)。

(8)电源开关的选择

电源开关的选择主要是确定种类和电流挡级,由电流大小和环境来确定,根据环境可以选择负荷开关(铁壳开关),型号为 HH3 或 HH4 系列,如果只考虑控制一台电动机,根据电流的挡级选择 HH3-15/3 型即可。

(9)熔断器的选择

熔断器的选择主要是确定种类和电流挡级,因为铁壳开关本身已经带有熔体,所以就不用单独再选熔断器了,只要确定铁壳开关熔体电流就可以了,HH3-15/3 的熔体额定电流有 3 挡(6,10,15 A),应该确定为 15 A 挡,熔体材料为紫铜丝,熔体直径为 0.46 mm。

2.8 电气控制系统的调试与检修方法

对于产品开发商或制造商来讲,电气工程技术人员的主要任务是:控制电路设计;控制电器安装就位;连接导线;通电调试。对于建设单位,电气工程技术人员的主要任务是:设备安装就位;校线;通电调试。对于设备使用单位,电气工程技术人员的主要任务是:设备的运行管理和故障检修。无论哪一类电气工程技术人员,都要进行调试,而调试的基础主要有两点,其一是阅(识)读懂设备的控制电路,其二是熟悉一些基本的检查方法。

2.8.1 阅读生产机械或设备控制电路要点

阅读各种生产机械或设备控制电路的要点是:

①先了解设备的基本结构和工艺要求(因电气控制电路是按设备的工艺要求而设计的)。

②如电路图中存在自动切换控制电器时,应搞清它在什么条件下动作。

③观察主电路中的电器部件与控制电路中哪个控制电器有联系,并且要熟悉其工作原理。

④因电路图是按其工作顺序排列的,分析时,应由上而下或从左至右依次分析,当一个电器动作后,应逐一找出其触头位置及分别接通或断开了哪个电器和电路,跟踪追查可判明其控制目的(称为查线阅图法)。

⑤较复杂的电路,可按照"化整为零看局部,积零为整看全部"的方法,将整个控制系统按功能不同分解成若干环节,逐一进行分析。分析时应注意各环节之间的相互关系。

⑥最后再统看整个电路和保护措施。

阅读懂设备的控制电路,是本课程的重点,后续内容都是为其服务的,应重点掌握。在阅读时,遇到开关和按钮,可以假设其状态,因为开关和按钮是人来发命令而动作的。遇到行程开关,就要将其与机械或设备的关系了解清楚,因为行程开关是由机械碰撞其动作的,也可以假设其状态。遇到电子式控制电器,就要将其工作原理了解清楚,才能将控制电路继续分析下去。

2.8.2 电气控制电路的检查方法

1)电阻测量法

当设备安装就位后或控制电路接线结束或控制电路出现故障等情况下,都要对线路进行检查,最基本的检查程序是校线,即根据电路图,校对接线是否正确。常用的校线方法有:电阻测量法;电源加信号灯(电池灯)法;电源加蜂鸣器法等,这些方法的基本原理是相同的,只不过是根据线路的距离不同来选择不同的校线方法。下面介绍电阻测量法。

(1)分阶测量法

电阻的分阶测量法如图2.38所示。将万用表选择在电阻挡,一般放在kΩ挡。检测时一定不要合上控制电路的电源,然后按下SB2不放松,先测量1—7两点间的电阻,如电阻值为无穷大,说明1—7两点之间的电路有断路。然后分阶测量1—2,1—3,1—4,1—5各点间电阻值。若电路正常,则该两点间的电阻值为"0";当测量到某标号间的电阻值为无穷大时,则说明表棒刚跨过的触头或连接导线断路。1—6两点之间的电阻值也并不大,一般只有几十欧姆。

(2)分段测量法

电阻的分段测量法如图 2.39 所示。检查时,先切断控制电路的电源,按下启动按钮 SB2,然后依次逐段测量相邻两标号点 1—2,2—3,3—4,4—5,5—6,6—7 两点间的电阻。如测得某两点间的电阻为无穷大,说明这两点间的触头或连接导线断路(校线)。例如当测得 1—2 两点间电阻值为无穷大时,说明停止按钮 SB1 或连接 SB1 的导线断路。

电阻测量法的优点是安全,缺点是测得的电阻值不准确时,容易产生判断错误,为此应注意以下几点:

①用电阻测量法检查故障时一定要断开电源。

②如被测的电路与其他电路并联时,必须将该电路与其他电路断开,否则所测得的电阻值是不准确的。

③测量高电阻值的电器元件时,把万用表的选择开关旋转至适合的电阻挡。

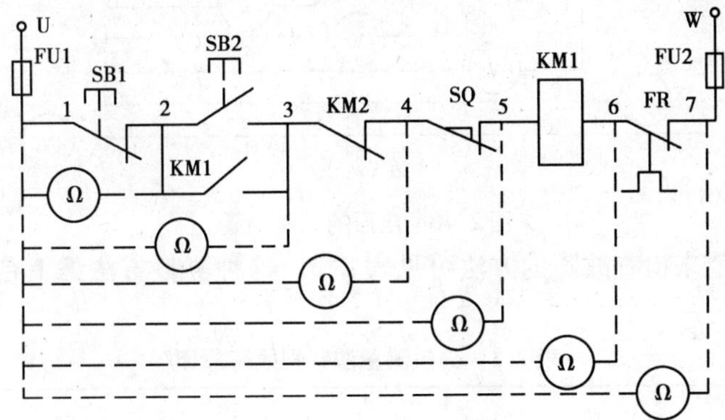

图 2.38　电阻的分阶测量法

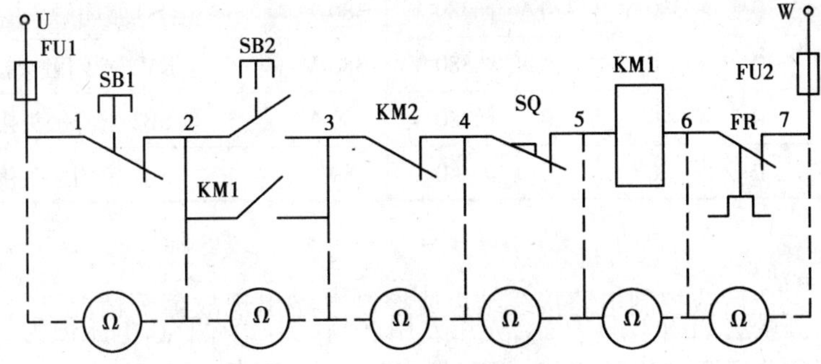

图 2.39　电阻的分段测量法

2)**电压测量法**

当电气控制电路完成校线后,可以通电调试了,通电调试的程序是:

①断开被控制设备的主电路(电动机),先通电调试控制电路。

②控制电路调试结束,再接电动机,此时最好是让电动机脱离被拖动的设备。

③最后再带设备调试。

(1)分阶测量法

检查时把万用表的选择开关旋到交流电压 500 V 挡位上。电压的分阶测量法如图 2.40

所示。检查时,首先用万用表测量1,7两点间的电压,若电路正常应为380 V。再测1,6两点间的电压,若电压仍然为380 V,说明热继电器的常闭触头是闭合的。然后按住启动按钮SB2不放,同时将黑色表棒接到6点上,红色表棒按5,4,3,2标号依次向前移动,分别测量6—5,6—4,6—3,6—2各阶之间的电压,电路正常情况下,各阶的电压值均为380 V。如测到6—5之间无电压,说明是断路故障,此时可将红色表棒向前移,当移至某点(如点2)时电压正常,说明点2以后的触头或接线有断路故障。一般是点2后第一个触头(即刚跨过的启动按钮SB2触头)或接线断路。

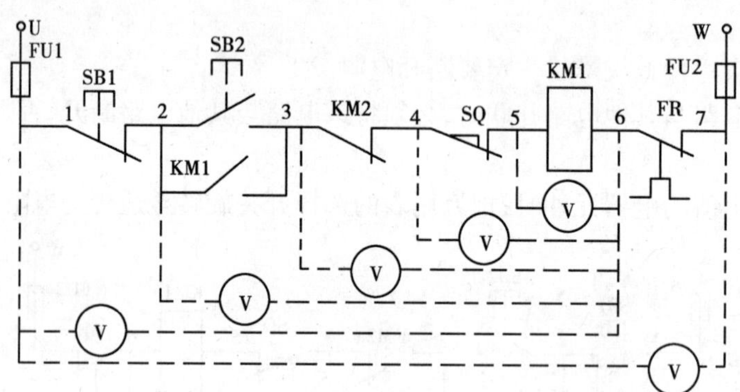

图2.40 电压的分阶测量

根据各阶电压值来检查故障的方法可见表2.3。这种测量方法像上台阶一样,所以称为分阶测量法。

表2.3 分阶测量法判别故障原因

故障现象	测试状态	6—5	6—4	6—3	6—2	6—1	故障原因
按下SB2 KM1不吸合	按下SB2不放松	0	380 V	380 V	380 V	380 V	SQ常闭触头接触不良
		0	0	380 V	380 V	380 V	KM2常闭触头接触不良
		0	0	0	380 V	380 V	SB2常开触头接触不良
		0	0	0	0	380 V	SB1常闭触头接触不良

(2)分段测量法

电压的分段测量法如图2.41所示,先用万用表测试1—7两点,电压值为380 V,说明电源电压正常。电压的分段测试法是将红、黑两根表棒逐段测量相邻两标号点1—2,2—3,3—4,4—5,6—7间的电压。

如电路正常,按SB2,接触器KM1不吸合,说明发生断路故障,此时可用电压表逐段测试各相邻两点间的电压。如测量到某相邻两点间的电压为380 V时,说明这两点间所含的触头、连接导线接触不良或有断路故障。例如标号4—5两点间的电压为380 V,说明接触器KM2的常闭触头接触不良。

根据各段电压值来检查故障的方法可见表2.4。

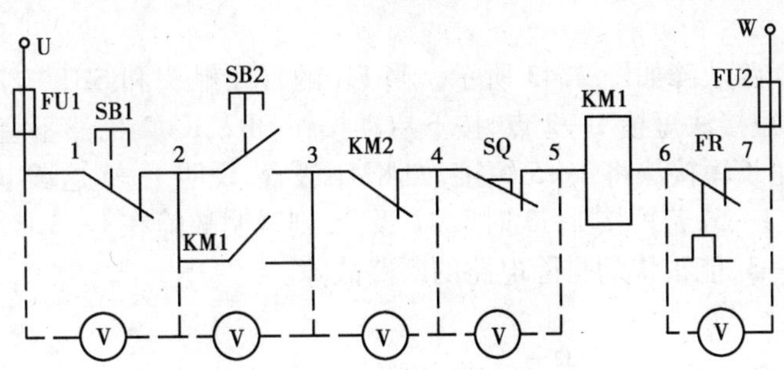

图 2.41 电压的分段测量法

表 2.4 分段测量法判别故障原因

故障现象	测试状态	1—2	2—3	3—4	4—5	6—7	故障原因
按下 SB_2 KM_1 不吸合	按下 SB_2 不放松	380 V	0	0	0	0	SB1 常闭触头接触不良
		0	380 V	0	0	0	SB2 常开触头接触不良
		0	0	380 V	0	0	KM2 常闭触头接触不良
		0	0	0	380 V	0	SQ 常闭触头接触不良
		0	0	0	0	380 V	FR 常闭触头接触不良

3)**短接法**

在没有万用表的情况下,想早一点排除故障,可以采用短接法。短接法是用一根绝缘良好的导线,把所怀疑断路的部位短接,如短接过程中,电路被接通,就说明该处断路。还可以直接判断接触器是否损坏。

(1)局部短接法

局部短接法如图 2.42 所示。按下启动按钮 SB2 时,接触器 KM1 不吸合,说明该电路有故障。若已经知道电压正常,可按下启动按钮 SB2 不放松,然后用一根绝缘良好的导线,分别短接标号相邻的两点,如短接 1—2,2—3,3—4,4—5,6—7。当短接到某两点时,接触器 KM1 吸合,说明断路故障就在这两点之间。但 5—6 两点间绝对不能短接,短接将造成短路。具体短接部位及故障原因如表 2.5 所示。

表 2.5 局部短接法短接部位及故障原因

故障现象	短接点标号	KM1 状态	故障原因
按下 SB2 KM1 不吸合	1—2	KM1 吸合	SB1 常闭触头接触不良
	2—3	KM1 吸合	SB2 常开触头接触不良
	3—4	KM1 吸合	KM2 常闭触头接触不良
	4—5	KM1 吸合	SQ 常闭触头接触不良
	6—7	KM1 吸合	FR 常闭触头接触不良

(2)长短接法

长短接法检查断路故障如图 2.43 所示。当 FR 的常闭触头和 SB1 的常闭触头同时接触不良,如用上述局部短接法短接 1—2 点,按下启动按钮 SB2,KM2 仍然不会吸合,故可能会造成判断错误。而采用长短接法将 1—5 短接,如 KM1 吸合,说明 1—5 这段电路中有断路故障,然后再短接 1—3 或 3—5,若短接 1—3 时 KM1 吸合,则说明故障在 1—3 段范围内。再用局部短接法接 1—2 和 2—3,能很快的排除电路的断路故障。

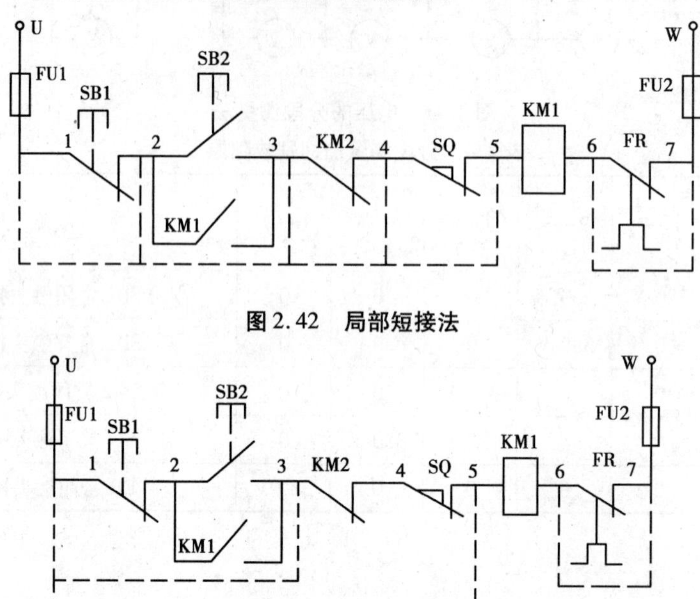

图 2.42 局部短接法

图 2.43 长短接法

短接法检查故障时应注意下述几点:

①短接法是用手拿绝缘导线带电操作的,所以一定要注意安全,避免触电事故发生。

②短接法只适用于检查压降极小的导线和触头之类的断路故障。对于压降较大的电器,如电阻、线圈、绕组等断路故障,不能采用短接法,否则会出现短路故障。

③对于机床的某些要害部位,必须保障电气设备或机械部位不会出现事故的情况下才能使用短接法。

2.8.3 控制电路的故障判断

在实际操作中,可能会遇到合上电源后,有些控制电器没有按规律动作,这就要视具体情况具体分析了,例如图 2.44 的正反转限位控制电路,合上电源开关,就分别发生如下情况:

1)没有按 SB3,KM2 就吸合

出现这种情况应先按 SB1,检查 KM2 是否释放,能释放说明可能是 SB3 及后面的问题,实际的原因如图 2.44(a)中所示,接触器 KM1 两副辅助触头 2 号和 7 号因某种原因而短路,这样当合上电源,接触器 KM2 即吸合。检查方法:

(1)通电检查

通电检查时可按下 SB1,如接触器 KM2 释放,则可确定一端短路故障在 2 号至 8 号之间;然后将 SQ2 断开,KM2 也释放,则说明短路故障可能在 2 号和 7 号之间。若拆下 6 号线,KM2 仍吸合,则可确定 2 号和 7 号之间为短路故障点。

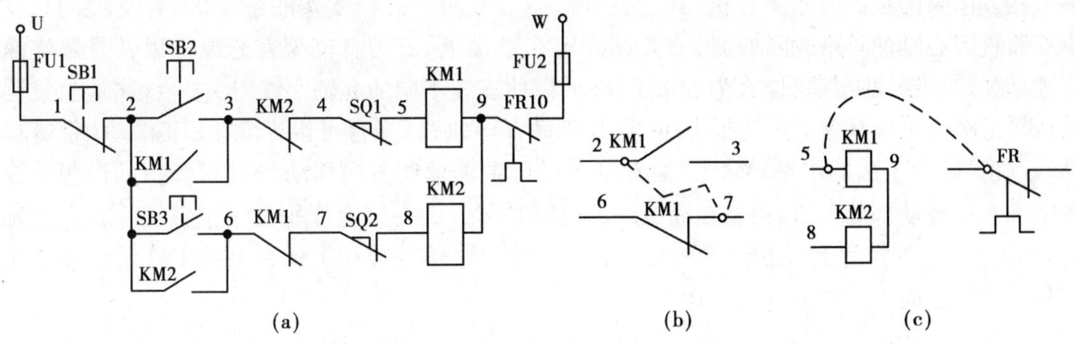

图 2.44　正反转限位控制电路

(2)断电检查

将电源开关打开,用万用表的电阻挡(或电池灯)测 1—8,若电阻为"0"(或电池灯亮)表示 1—8 之间有短路故障;然后按 SB1,若电阻为"∞"(或电池灯不亮),说明短路不在 1 号;再将 SQ2 断开,若电阻为"∞"(或电池灯不亮),则说明短路也不在 8 号;然后将 7 号断开,电阻为"∞"(或电池灯不亮),则可确定短路点为 2 号和 7 号。

2)电源间短路故障的检查

这种故障一般是通过电器的触头或连接导线将电源短路,如图 2.44 中的(c)所示。接线时,接线者没有确定 KM1 的进出线端,5 号线接好后,又将 FR 的常闭触头接在 5 号线上,使电源短路,电源合上时,熔断器 FU 就熔断。这类故障较明显,只要通过分析即可确定故障点。因为接触器的线圈是限流元件,发生电源短路事故时,肯定是线圈被短接了。

3)电器触头接错了的故障判断

①如图 2.44,设合上电源,没有按启动按钮 SB2,接触器 KM1 就吸合,按下 SB2,KM1 就释放,可以断定是 SB2 的常开触头接成了常闭触头了。

②设合上电源,KM2 就吸合、释放、吸合、释放的振动个不停止,可以断定是 KM2 的自锁触头常开接成了常闭触头。

③设合上电源,按下 SB2,KM1 就吸合、释放、吸合、释放的振动个不停止,松开 SB2 此现象就消除,可以断定是互锁触头 KM2 的常闭接成了 KM1 的常闭触头。

控制电路的调试只有在实践中锻炼,才能不断的积累经验和不断的提高。

2.9　生产机械的电气控制实例

为了了解生产机械与电气控制的关系及分析方法,本节以万能铣床的电气控制电路作为讲述实例,以帮助读者掌握阅读分析机床类电气控制电路图的方法。

2.9.1　X62W 万能铣床对电气控制的要求

1)基本结构和运动情况

X62W 万能升降台铣床主要由底座、床身、悬梁、刀杆支架、升降台、工作台等几部分组成,它的结构如图 2.45 所示。箱形的床身固定在底座上,在床身内装有主轴的传动机构和变速操纵机构。床身的顶部有水平导轨,其上装有带一个或两个刀杆支架的悬梁(刀杆支架用来支承安装铣刀心轴的一端,心轴的另一端则固定在主轴上)。刀杆支架在悬梁上以及悬梁在床身顶部的水平导轨上都可以人为的水平移动,以便安装不同的心轴。铣刀夹持在心轴上,铣刀的旋转运动称为主体运动。在床身的前面有垂直导轨,升降台可沿着它上、下移动(垂直运动)。在升降台上面的水平导轨上,装有可在平行主轴轴线方向移动(横向移动)的溜板。溜板上部有可转动部分,工作台就在溜板上部可转动部分的导轨上作垂直于主轴轴线方向移动(纵向运动)。工作台上有燕尾槽来固定加工工件。这样安装在工作台上的工件就可在3个互相垂直的方向上向铣刀作进给运动。

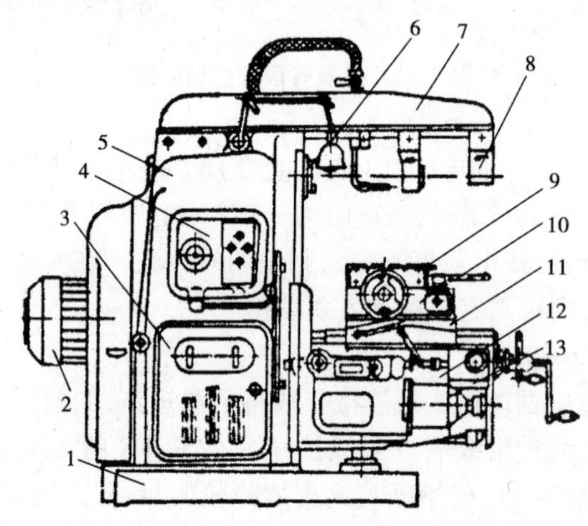

图2.45　X62W万能铣床结构图

1—底座;2—主电动机;3—电器箱;4—主轴变速操纵箱;
5—床身;6—主轴;7—悬梁;8—刀杆支架;9—纵向工作台;
10—回转台;11—横向工作台;12—升降台;13—进给变速箱

此外,由于转动部分对溜板可绕垂直轴线左右各转一个角度(通常为±45°)。因此工件在工作台水平面上除能平行于或垂直于轴线方向进给外,还能在倾斜方向进给,可以加工螺旋槽,故称万能铣床。

2)**铣床对主拖动的控制要求**

①铣削加工一般有顺铣及逆铣两种方式,分别使用顺铣刀及逆铣刀(二者刀口方向不一致),因此要求主电动机能正向或反向工作。一旦铣刀固定后,铣削方向就确定了,所以工作过程不需要变换主电机旋转方向,只要在主电动机电路内接入换相开关就能满足顺铣及逆铣对拖动电动机的正向或反向的要求。

②铣床在铣削加工时,为了充分发挥机床的潜力,以提高生产率,故在小进刀量时采用高速铣削,反之在大进刀量时,采用低速铣削。也就是说,随着加工精度、工件材料和铣刀直径的不同,要求主传动系统不仅能调速,而且在各种铣削速度下的功率恒定。铣床是用齿轮变速,齿轮变速时,在不同的切削速度下其切削功率不变。电动机的选择可以不考虑速度变化。采用鼠笼型感应电动机,功率为7.5 kW。

③铣削是多刃不连续切削,因而负载是随时间波动的,使拖动不平稳。要减轻负载波动的影响,有效的办法是增加飞轮惯量,所以铣床主轴都有飞轮。铣削加工时,主轴速度较高,飞轮内储有很大的动能,使停车时间延长,因此,主轴都采用制动方式快速停车。

④变速是采用变速盘选择不同的传动齿轮,为了使齿轮啮合容易,减小齿轮端面的冲击,要求主轴电动机在主轴变速时稍微转动一下,称为变速冲动。

3)铣床对进给拖动的要求

①铣削的进给运动是直线运动,一般是工作台的左右、前后及上下运动。但是加工过程中,同一时间只允许一种运动,所以这3种不同方向的运动之间应该联锁。3种运动可以由同一台电动机拖动,每一种运动方向都有正、反方向,所以拖动电动机要能正、反方向旋转。

②铣削加工时,根据加工工艺的不同,进给量的大小也不相同,所以要求拖动系统应有足够宽的调速范围。工作台移动时产生的摩擦力,在不同的移动速度时都是恒定的,属恒转矩负载。由于本铣床采用齿轮变速,齿轮变速属恒功率的,电动机的输出功率将随进给速度的增大而增大,在小进给速度时,电动机的功率没有得到充分利用,但基于中、小型铣床的进给功率较小,故以高速进给运动时所需的功率为准来选择电动机的容量,选用1.5 kW鼠笼型电动机。

③进给运动一定要在铣刀旋转时才能进行,铣刀停止旋转前,进给运动就应该停止,否则会碰坏刀具,损坏机床。因此,进给拖动电动机与主拖动电动机之间要有可靠的联锁。

④进给变速时,为了使传动齿轮易于啮合,故要求进给变速时亦应有"冲动"控制。

⑤为了缩短辅助时间,提高生产率,工作台3个相互垂直方向的运动应当有快速移动。X62W工作台的快速移动仍由进给电动机拖动,通过快速离合器的作用,将进给传动链换接为快速传动链来实现。

⑥X62W铣床可以增加圆工作台,它能扩大机床的加工能力。使用圆工作台时,只允许单方向旋转运行,工作台的上下、左右及前后运动都不允许进行。

2.9.2 X62W 铣床的电气控制电路

1)系统简介

X62W万能升降台铣床共有3台异步电动机,其中主轴电动机驱动主轴正反向旋转;进给电动机完成工作台的纵向、横向和垂直3个方向的进给运动和快速移动,或驱动机床附件——圆工作台运动;冷却泵电动机在切削时供应冷却液。

铣床的电路图见图2.46所示。该机床的动力电源是三相交流380伏,设有3个控制变压器:控制电源变压器TC1、整流变压器TC2和照明变压器TC3。变压器均安装有熔断器作短路保护。电动机安装熔断器作短路保护,安装热继电器作过载和缺相保护。

主轴停车时的制动,可有几种电气制动方法。由于铣床不要求频繁正反转,所以不使用接触器控制正反转,若采用电源反接制动方法,又要增加许多电器,很不经济。能耗制动是铣床过去常采用的方案,能耗制动的方法简单、维护方便,但制动力矩在速度较低时很小,制动效果不理想。现代的铣床是应用电磁离合器进行主轴制动,它的制动力矩强度始终不变,可以满足快速停车的要求,而且控制简单,但应注意离合器的磨擦片磨损,要加强维护。

进给运动电动机的控制采用的是机械(机械离合器)和电气(行程开关)相联系的手柄操作,减少了按钮数量和操作程序,使操作形象化,不会误操作。但联动机构的结构复杂,制造费时,而且易发生机械故障。

2)主轴电动机的控制

主轴电动机M1是通过接触器KM1的主触点闭合而启动的,主轴的正反转控制,是利用换向组合开关SA5换接定子电源相序而实现的。

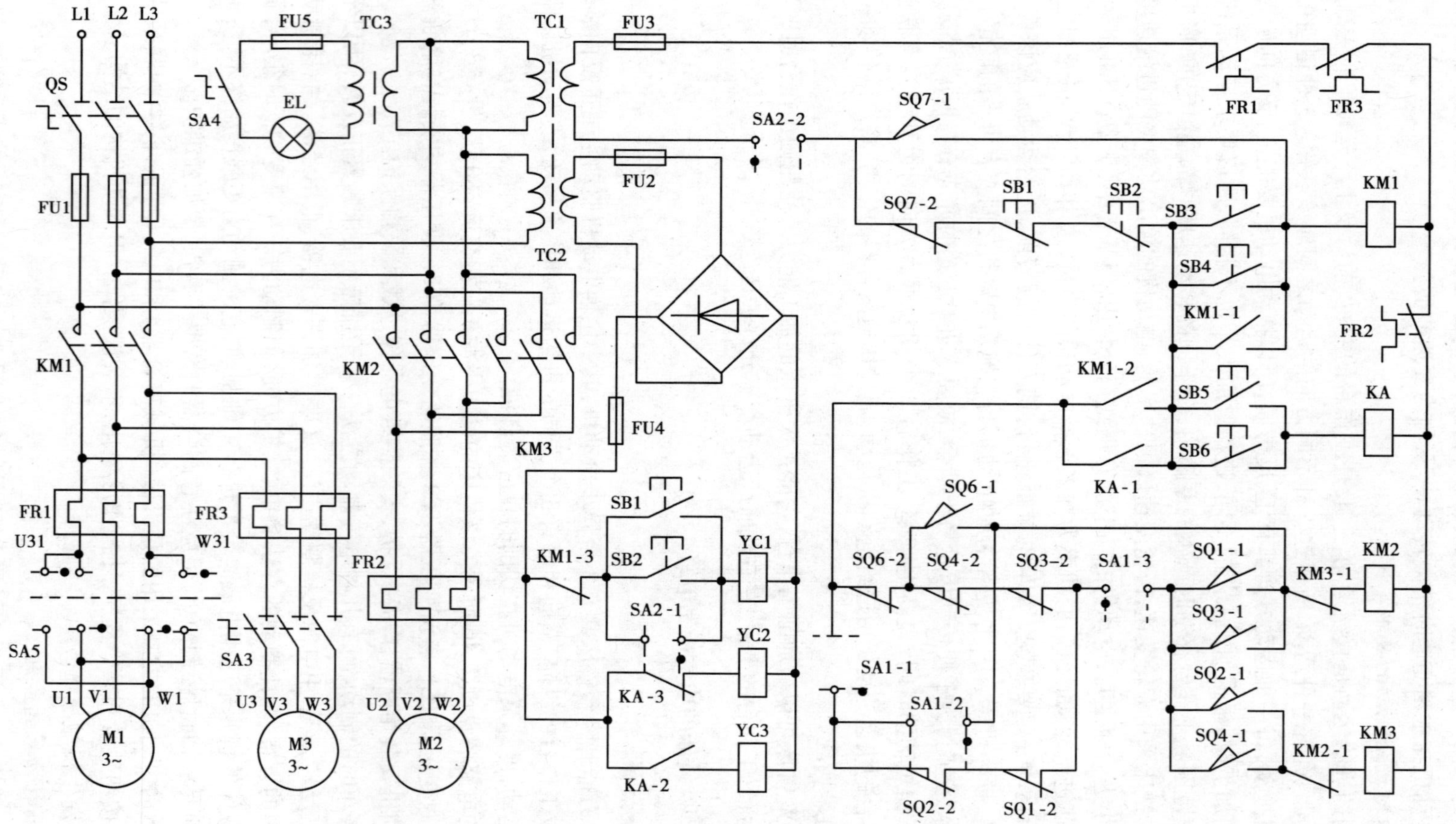

图 2.46 X62W 铣床的电气控制电路图

(1)主轴的启动

合上总开关 QS,将换向开关 SA5 旋转到主轴所要求的旋转方向,然后按启动按钮 SB3 或 SB4(在设计上为了操作方便,在两处装有启停按钮,一处设在床身立柱上,另一处设在升降工作台上),接触器 KM1 得电吸合:其主触点闭合,电动机 M1 启动,主轴旋转;其辅助触点KM1-1 闭合,自锁;KM1-2 闭合,为工作台的控制电路运行作好准备;KM1-3 断开,制动离合器 YC1 线圈不会得电。

(2)主轴的制动

主轴需要停止时,按下停止按钮 SB1 或 SB2,接触器 KM1 释放,KM1-3 闭合与 SB1 或 SB2 常开触头共同作用,接通主轴的电磁制动离合器 YC1 线圈,使主轴快速制动停止。在主轴未完全停止前,不要松开主轴停止按钮,以保持制动电磁离合器吸合。

(3)主轴变速时的瞬时冲动

机床主轴要求变速时,应在主轴电动机 M1 停止时进行。先将变速手柄拉出,再将变速盘转动到所需转速上,然后将变速手柄推回原位。在将变速手柄推回原来的位置过程中,变速手柄通过机械上的联动机构使冲动开关 SQ7 动作一次,SQ7-2 常闭触点瞬时断开,切断了KM1-1 的自锁回路;SQ7-1 常开触点瞬时闭合,接触器 KM1 也就瞬时接通,其主触头使主轴电动机 M1 瞬时转动一下,以利于变速后的齿轮啮合。当变速手柄推回原位时,冲动开关 SQ7 还原。主轴电动机 M1 仅在手柄推回的过程中,动了一下,齿轮啮合完成,SQ7 复原,主轴冲动结束。注意:手柄推回原位时要快一些,否则电动机转速过高,齿轮啮合时可能打坏齿轮。

(4)主轴换刀时的制动

当主轴换刀时,为了安全和便于工作,应使主轴停止转动。为此,在主轴换刀前,需将转换开关 SA2 扳到换刀位置,其触点 SA2-2 切断接触器 KM1 的电源,主轴电动机 M1 不能启动;触点 SA2-1 闭合,接通电磁制动器 YC1,使主轴不能转动,然后再换刀。换刀完毕后,再将转换开关 SA2 扳回工作位置,主轴就可以再次启动了。

3)工作台进给运动的控制

工作台的纵向、横向和升降运动都由进给电动机 M2 驱动,由接触器 KM2 和 KM3 控制 M2 的正反转,以改变进给运动方向。工作台进给运动的控制是由两个操作手柄实现的。工作台的左、右运动由一个操作手柄控制,手柄有 3 个位置,向左、向右和零位(称为一字型手柄)。采用操作手柄控制,比较直观又易于掌握,手柄向左(向右)面位置扳时,工作台纵向丝杠被离合器连接到进给电动机传动链上,手柄附属的联动机构同时也压动行程开关 SQ2(SQ1),触点闭合情况见表 2.6。

表 2.6　工作台纵向进给开关说明

位置 触点	向左 (正转)	停　止	向右 (反转)
SQ1-1	-	-	+
SQ1-2	+	+	-
SQ2-1	+	-	-
SQ2-2	-	+	+

工作台的前、后和上、下操纵都由另一个手柄控制，所以这个手柄有 5 个位置：向前、向后、向上、向下及零位（称为十字型手柄）。手柄在向前、向后位置时，通过离合器接通横向进给丝杠；手柄在向上、向下位置时，通过另一个离合器接通上、下进给丝杠。工作台的前、后和上、下操作手柄放在向后或向上位置时，与操作手柄联动的装置都是压动行程开关 SQ4；操作手柄在向前或向下位置时，与操作手柄联动的装置都是压动行程开关 SQ3。触点闭合情况见表 2.7。

每个操作手柄均为复式的，也就是都具有两个相同的手柄，安装在两处，实现两处控制，两个相同的手柄均有机械联系，操作方便。当手柄放在零位时，各行程开关都处于未被压下的原始状态，如图 2.46 所示。

表 2.7　工作台升降、横向进给开关说明

位置 / 触点	向前 向下	停　止	向后 向上
SQ3-1	+	–	–
SQ3-2	–	+	+
SQ4-1	–	–	+
SQ4-2	+	+	–

在机床接通电源后，将圆工作台的转换开关 SA1 扳到“断开”位置，使触点 SA1-1 和 SA1-3 闭合，而 SA1-2 断开，然后启动主轴电动机。这时接触器 KM1 吸合，其触点 KM1-2 闭合，为进给电动机启动做准备。工作台有上、下、左、右、前、后 6 个方向的运动，现将进给操作分析如下：

（1）工作台的纵向（左右）运动

工作台的纵向运动由纵向进给手柄操纵。当该手柄扳到向右位置时，一方面在机械上接通纵向离合器，同时在电气上压动行程开关 SQ1，使其常开触点 SQ1-1 接通，常闭触点 SQ1-2 断开，而其他各控制进给运动的行程开关都处于原始位置。这时控制电源经 KM1-2，SQ6-2，SQ4-2，SQ3-2，SA1-3，SQ1-1，KM3-1 使 KM2 线圈得电吸合，其主触点闭合，使进给电动机 M2 正向启动运转，工作台就向右运动。

当需要停止时，将手柄扳回中间位置（零位），行程开关 SQ1 自动复位，KM2 断电，进给停止。进给停止是采用脱开离合器的方式，大大减小了转动惯量，所以不需另加制动力矩。

同理，将纵向操作手柄扳到向左位置时，纵向运动的离合器仍然接通，但却压下了行程开关 SQ2，使 KM3 吸合，电动机 M2 反转启动，拖动工作台向左运动。

工作台左、右运动的行程限位可通过调整安装在工作台两端的挡铁来实现，当工作台纵向运动到极限位置时，挡铁撞动纵向操作手柄，使它回到中间位置，工作台停止运动，从而实现纵向运动的终端限位保护。

（2）工作台的升降（上下）和横向（前后）运动

工作台的升降运动和横向运动，由升降和横向进给手柄操纵。此手柄共有 5 个位置，向上或向下时，机械上接通升降进给离合器；向前或向后时，机械上接通横向进给离合器；手柄在中间位置时，则横向和升降离合器均脱开。

①工作台向上进给运动：当手柄扳到向上位置时，一方面机械上接通升降离合器，同时行

程开关 SQ4 被压下,其常闭触点断开,常开触点接通,在主轴已启动的前提下,控制电源经 KM1-2,SA1-1,SQ2-2,SQ1-2,SA1-3,SQ4-1,KM2-1 常闭触点接通接触器 KM3,其主触点闭合,使进给电动机 M2 接通电源,反向旋转,工作台向上运动。要停止时,手柄扳回零位,KM3 失电释放,M2 停转。

②工作台向后进给运动:当手柄扳到向后位置时,机械上接通横向进给离合器,而压下的行程开关仍是 SQ4。所以在电路上仍是接通 KM3,电动机也是反转。但在横向进给离合器的作用下,机械传动装置带动工作台向后进给运动。要停止时,手柄扳回到零位。

工作台的向下和向前进给运动压下的行程开关是 SQ3,分析方法相同,在此不再讲述。

工作台的升降运动和横向运动的终端限位保护,也是利用装在工作台上的挡铁撞动操作手柄来实现的。

(3)进给变速时的瞬时冲动

为使变速时齿轮易于啮合,进给速度的变换与主轴变速时一样,设有瞬时冲动环节,其作用原理与主轴变速冲动环节基本相同。当变速手柄推回原位时,通过内部机构压下行程开关 SQ6;其常闭触点 SQ6-2 瞬时断开,常开触点 SQ6-1 瞬时接通。此时控制电源经由 KM1-2,SA1-1,SQ2-2,SQ1-2,SQ3-2,SQ4-2,SQ6-1,KM3-1 瞬时接通接触器 KM2, KM2 主触点瞬时闭合,使进给电动机 M2 瞬时转动,得到进给变速时,瞬时冲动的控制。

由于此变速时的瞬时冲动电路要通过 SQ2,SQ1,SQ3 和 SQ4 4 个行程开关的常闭触点,因此,只有当纵向进给手柄和升降、横向操作手柄都置于中间位置时,才能实现变速时的瞬时冲动。如果发生一个进给手柄不在中间位置时,就有一个行程开关的常闭触点是断开的,将切断瞬时冲动的控制电路。这样就防止了在变速时,可能产生工作台沿进给方向移动的可能。

(4)工作台快速移动的控制

在安装工件或换刀时,为了减少辅助工时,必须使工作台能快速移动,调整刀具和工件之间的距离。工作台的纵向、横向和垂直 3 个方向的快速移动,由上述进给操纵手柄配合快速移动按钮 SB5(或 SB6)进行控制。

主轴开动后,将进给操纵手柄扳到所需移动的位置,则工作台就开始按手柄所指的方向,以选定的进给速度移动。此时如将按钮 SB5(或 SB6)按下,则继电器(或接触器)KA 吸合,其常闭触点 KA-3 切断慢速进给电磁离合器 YC2,其常开触点 KA-2 接通快速进给电磁离合器 YC3。离合器 YC2 是将齿轮系统和变速进给系统相联系,离合器 YC3 是快速进给变换用的,它的吸合,使进给传动系统跳过齿轮变速链,电动机可以直接拖动丝杠套,让工作台快速进给。进给的方向,仍由进给操纵手柄决定。当快速移动到预定位置时,松开快速按钮 SB5,KA 断电释放,YC3 也断电释放,YC2 又通电。工作台由快速移动变为原来进给的速度及方向继续移动。

在主轴未启动时,也可以进行工作台的快速移动。将操纵手柄选择到所需移动方向,然后按下快速按钮 SB5(或 SB6),继电器 KA 的常开触点 KA-1 闭合,接通进给电路,使工作台可以获得快速移动的控制。这时所接通的电路,与主轴启动后的快速移动回路完全一样,所不同的只是当放松快速移动按钮时,由于 KA 触点 KA-1 断开,进给电路断电,M2 停止,因而工作台就立即停止,不再移动。

4)圆工作台的控制

为了扩大机床的加工范围,如铣切圆弧、螺旋槽及弧形槽等,可在工作台上安装圆形工作台附件。圆形工作台的回转运动是由进给电动机 M2 经传动机构驱动的。使用圆工作台时，应先把圆工作台开关 SA1 转换到接通的位置。其触点 SA1-2 接通，而触点 SA1-1 和 SA1-3 则断开。主轴电动机 M1 启动后（KM1 吸合）。控制电源经由 KM1-2，SQ6-2，SQ4-2，SQ3-2，SQ1-2，SQ2-2，SA1-2，KM3-1 使接触器 KM2 吸合，进给电动机则带动圆工作台作回转运动，而且只能顺着一个方向作回转运动。

在圆工作台运转时，不允许工作台的其他 6 个方向有任何移动。为了防止因误操作而发生事故，在电气上设有保护措施，即当圆工作台转换开关 SA1 扳到接通位置时，其触点 SA1-1 和 SA1-3 则切断了工作台其他进给控制回路，使工作台不可能在其他方向作进给运动。圆工作台的控制回路又经过 SQ2，SQ1，SQ3 及 SQ4 四个行程开关的常闭触点，如因误操作，扳动了进给运动某一个操纵手柄时，压下一个行程开关的常闭触点，就能立即切断圆工作台的控制电路，电动机停止运转（可用扳动手柄的方法使圆工作台停止）。这样就保证了圆工作台的回转运动与机床工作台的进给运动不可能同时进行。

5）机床电路的保护、照明及冷却控制

（1）短路保护

主电路装有熔断器 FU1 作为短路保护，控制电路及照明电路由 FU2 ~ FU5 作为短路保护。

（2）过载及缺相保护

3 台电动机都属于长期工作制运行，所以采用热继电器 FR1，FR2，FR3 分别为主轴电动机 M1，进给电动机 M2 和冷却泵电动机 M3 的过载保护。应用的是三相热元件继电器，也具有缺相保护。

（3）限位保护

工作台的上、下、左、右、前、后 6 个方向的运动都具有限位保护。它们是由各自的限位挡铁来碰撞操作手柄，使其返回中间的位置而实现的。

（4）失压保护

接触器 KM1 有自锁触点，具有失压保护功能。

（5）主轴旋转与进给运动的联锁

只有在主轴启动以后，才能进行进给运动。主轴停车时，进给运动也就停止了。

（6）工作台 3 个方向的进给运动及快速运动的联锁

在同一时刻，只能选择一个方向的进给运动或快速运动。

（7）圆工作台的回转运动与进给运动的联锁

在使用圆工作台时，转换开关 SA1 扳在接通位置时，SA1-2 闭合，机床工作台不能进行其他任何方向的进给运动和快速运动。

照明电源由专用 36 伏照明变压器供电，用开关 SA4 控制。

冷却液是在铣削时才需要，所以冷却泵电动机 M3 是接在接触器 KM1 的主触点上，用转换开关 SA3 控制。需要时接通，不需要时断开。

3 个电磁离合器所需要的直流电源由专用变压器经硅整流桥整流后供给。

小结2

三相异步电动机的典型控制环节是阅读生产机械或设备的电气控制电路图的基础。阅读电路图要熟悉国家规定的《电气图用图形符号》和《电气设备常用基本文字符号》。电路图分为主电路和辅助电路(含控制电路),阅读时要清楚主电路的某些电器部件与控制电路的电器部件的连接关系。本章介绍的典型环节有:

1. 单方向旋转电路:单向连续运行控制;既能连续运行又能点动的控制;两地控制等。

2. 正反转控制电路:用接触器触头互锁;用接触器触头和按钮常闭触头双互锁;正反转行程控制等。

3. 降压启动控制:Y-△启动控制;串自耦变压器降压启动控制;延边三角形启动控制和定子串电阻启动控制及绕线式电动机的转子串电阻和频敏变阻器的控制等。

4. 制动和调速:制动有电源反接制动和能耗制动;调速主要是变极调速。

通过上述典型环节分析应掌握各典型环节工作特点并组合出有其他特点的典型环节,做到举一反三而熟能生巧。

电气控制的保护方式有:①短路保护,可用熔断器或自动开关;②过载保护,用热继电器或带硅油阻尼的过电流继电器及自动开关;③过电流保护,用电流继电器或自动开关。以上三者如在同一电路都应用时(一般不存在),其整定电流为:短路电流 > 过电流的电流 > 过载电流,短路保护和过电流保护都要求瞬时动作,而过载保护要具有反时限制性。④失压保护,由接触器和复位按钮联合实现。⑤欠电压保护,由电压继电器实现,常用在电器较多的电路中。⑥限位保护,由行程开关实现。

复习思考题2

(1)在电动机单方向旋转的控制电路中,从按钮盒中应引出几根导线,各联向何处?

(2)在电动机正反转(单互锁)控制电路中,从按钮盒中应引出几根导线,各联向何处?在双互锁(正反停)的控制电路中,从按钮盒中共引出几根导线,各联向何处?

(3)Y-△启动控制电路中,时间继电器的延时整定时间由什么因素决定?延时时间太长和太短对电动机或电路各有什么影响?

(4)试从安全、可靠、经济等几方面分析比较图2.47控制电路中的不足。

(5)试分析图2.48中各控制电路能否正常工作?并且指出存在的问题及后果。

(6)图2.49中各电路是按既能连续运行又能点动的控制方式设计的。①试分析哪几个可行。②不可行的存在什么问题?

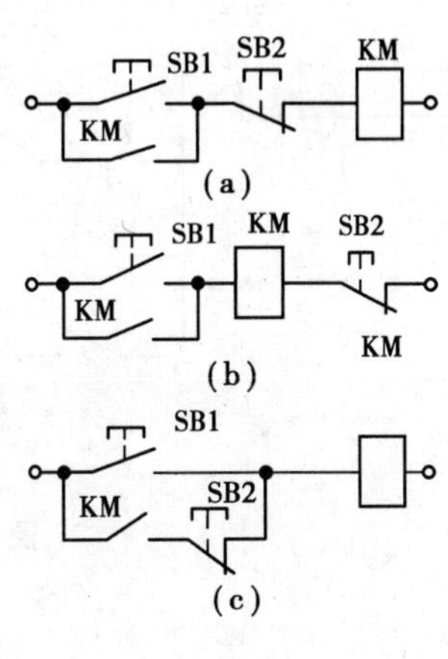

图2.47

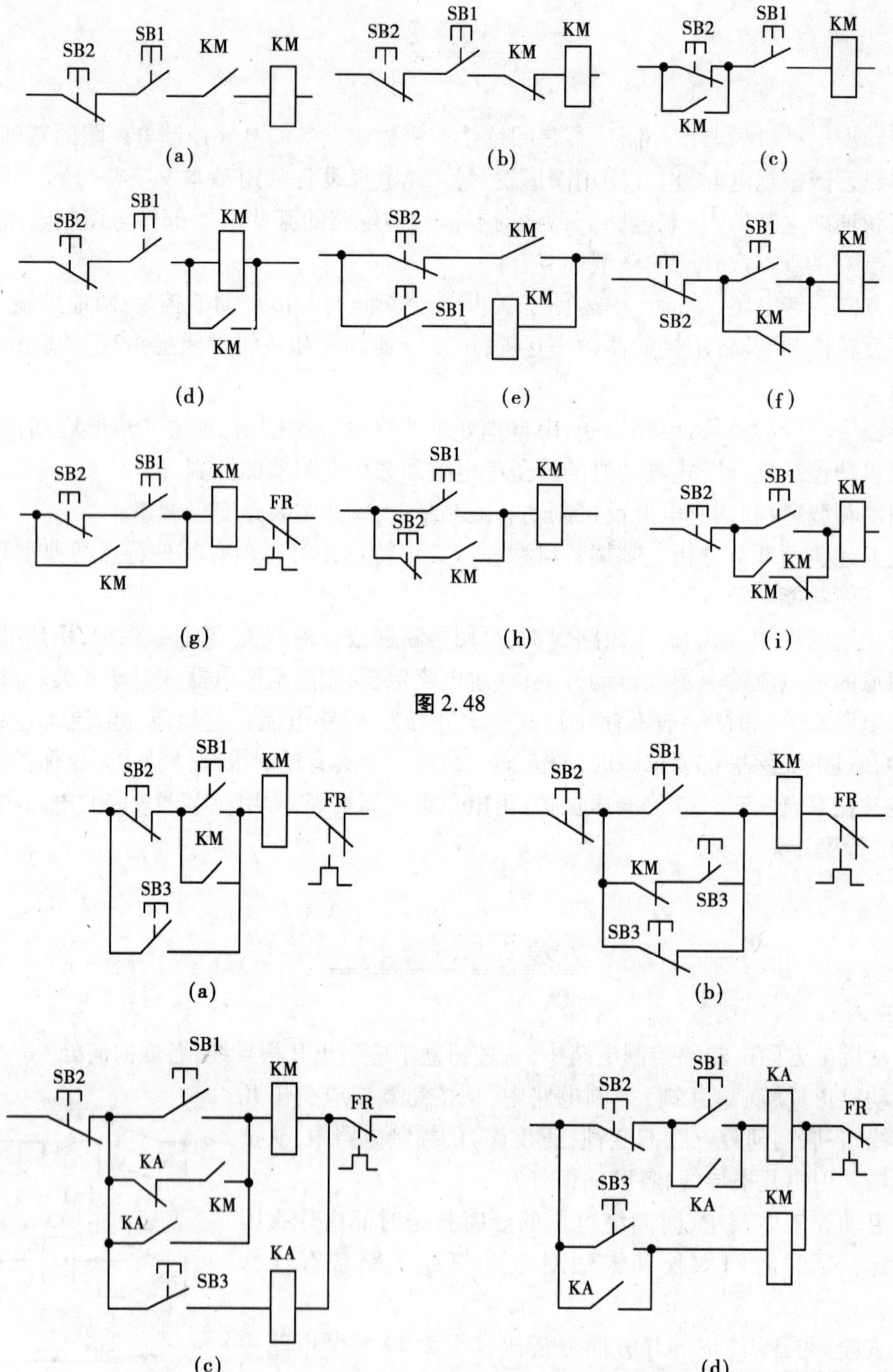

图 2.48

图 2.49 既能连续运行又能点动的控制电路设计

(7)图 2.50 为一台电动机的控制电路,试分析存在什么不足?

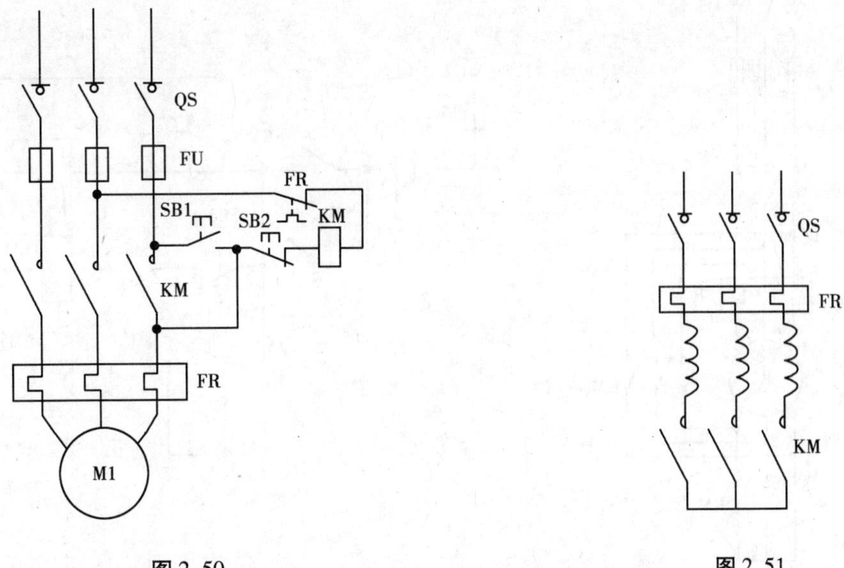

图 2.50

图 2.51

(8)图 2.51 为一台电动机的主电路的接线图,试分析存在哪些不足?

(9)读图练习:图 2.52(a)和(b)是 Y、△降压启动控制的另两种控制方式,①试分析其工作原理。②比较两者优缺点。③在(a)中的启动按钮 SB1 后面串入 $KM_{\triangle}$ 常闭触头的作用是什么?

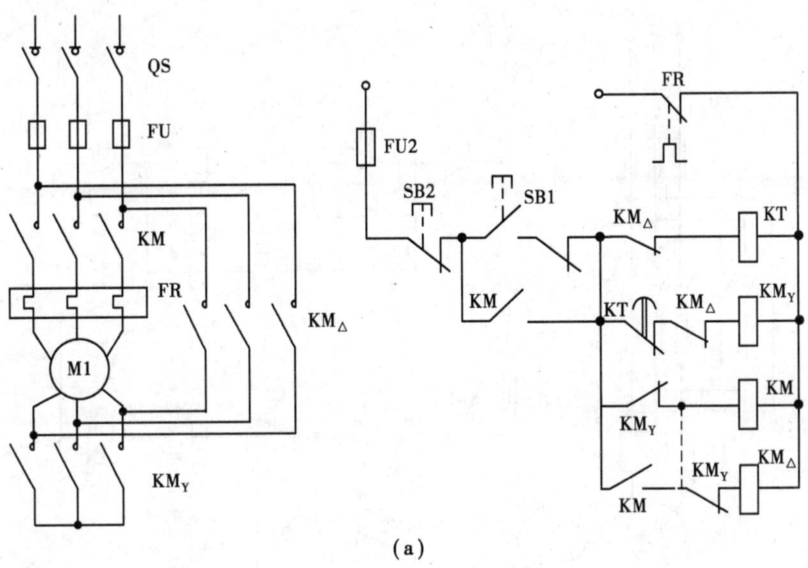

(a)

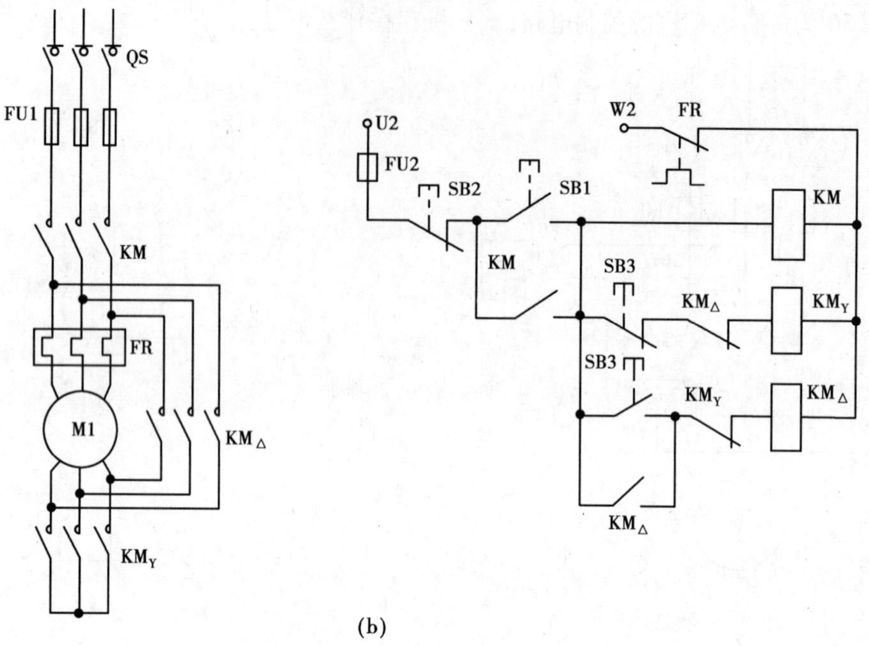

(b)

图 2.52 Y、△降压启动控制

(10)读图练习:图 2.53(a)和(b)是以速度为变化参量的定子串电阻启动控制电路,①分析其工作原理。②将(a)与(b)比较有什么不足?③速度继电器 Kn 的调整以什么为依据?

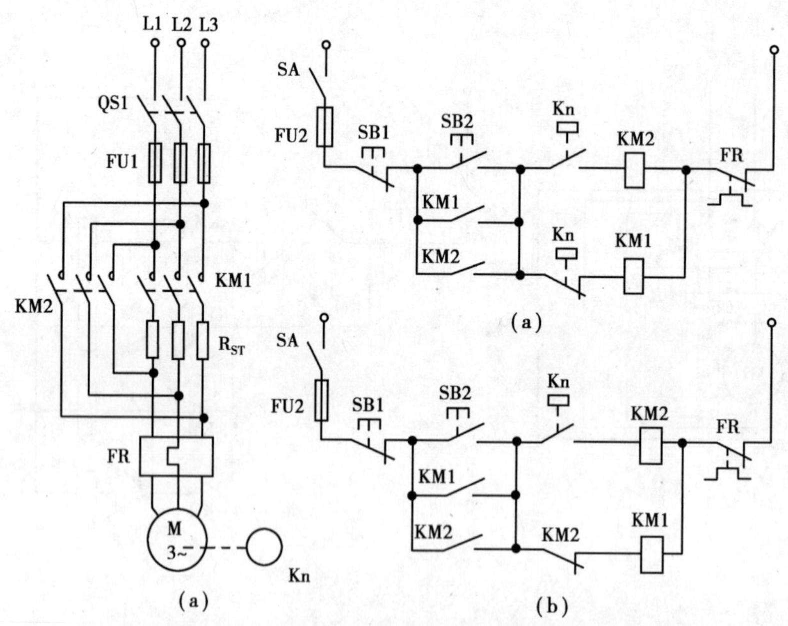

图 2.53 鼠笼电动机以转速为变化参量的启动线路

(11)读图练习:图 2.54 是能耗制动的控制电路,其中 Kn-1 为速度继电器的正转触头,Kn-2 反转触头。①分析其正转启动与停止的工作原理。②速度继电器 Kn 的调整以什么为依据?

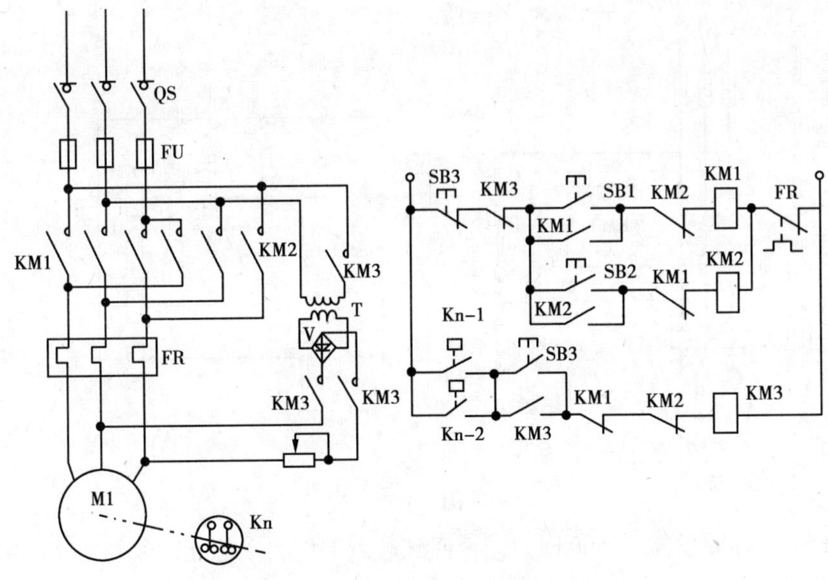

图 2.54　能耗制动的控制电路

(12)读图练习:图 2.55 是以时间为参量的能耗制动的控制电路,①分析其正转启动与停止的工作原理。②时间继电器的调整以什么为依据?

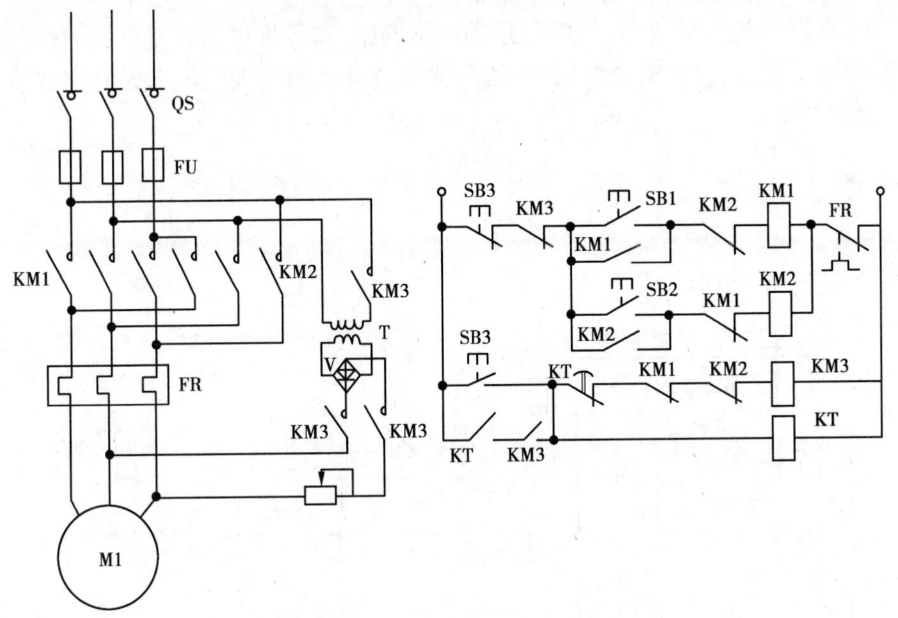

图 2.55　以时间为参量的能耗制动控制电路

(13)读图练习:分析图 2.56 的控制原理。

(14)设计一个用按钮和接触器控制电动机的启动与停止,用组合开关控制电动机实现正反转的电气控制电路。

(15)设计一个在甲地和乙地都能控制其长动和点动的控制电路。

(16)有一台电动机拖动一个运货小车沿轨道正反运行,要求:①正向运行到终端后能自动停

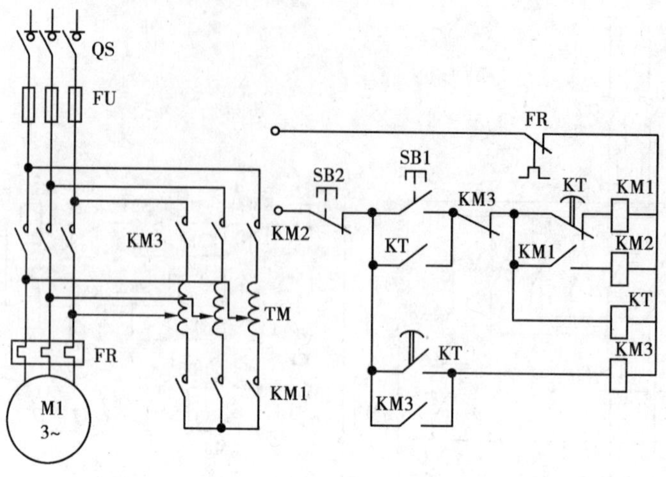

图 2.56

止。②经过 3 min 后能自动返回。③返回到起点端能自动停止。④再次运行时由人工发出运行指令,试设计其电气控制电路。

(17)某发电厂,用一台皮带运输机输送煤,该台皮带运输机由两台电动机分别拖动两条皮带,要求 M1 启动 2 分钟后,M2 自动启动,而停止时,要求 M2 停止 3 分钟后,M1 才能停止。并且有过载保护功能。试设计其控制电路。

(18)调试故障分析:图 2.57 为 Y、△降压启动控制电路,其各种电器都是好的,在接好控制电路后,合上电源开关,分别发生如下问题,试判断可能的原因。不考虑时间竞争问题,仅用于案例分析。

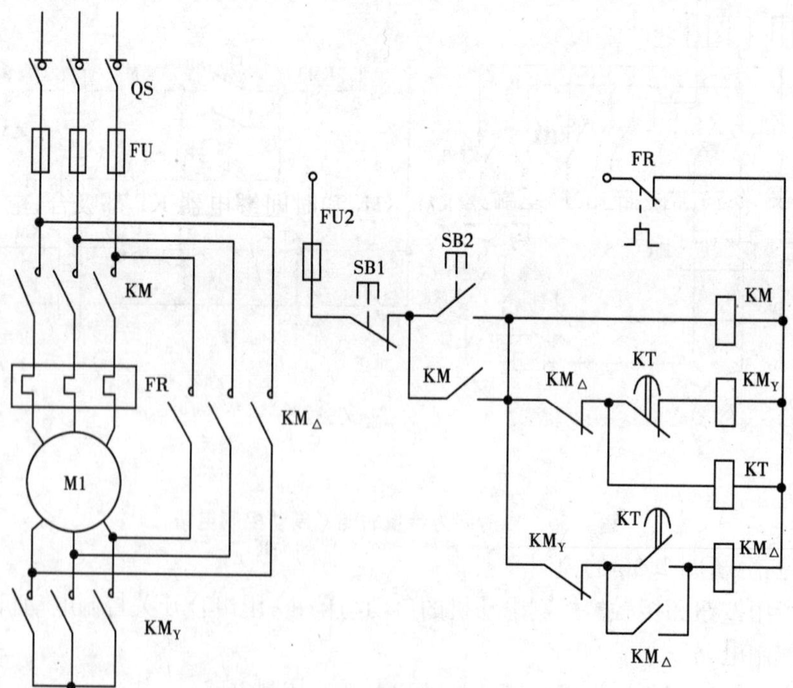

图 2.57　Y、△启动控制电路

①合上 QS,接触器 KM,KM_Y和时间继电器 KT 就吸合。

②合上 QS,接触器 KM 就吸合,而 KM_Y和 KT 没有动作。

③合上 QS,按启动按钮 SB2,接触器 KM,KM_Y和时间继电器 KT 都吸合,松开 SB2,KM,KM_Y和 KT 都释放。

④合上 QS,按启动按钮 SB2,接触器 KM,KM_Y和时间继电器 KT 都吸合,经过一段时间后,KM_Y释放,$KM_\triangle$吸合,KT 也释放;但是 $KM_\triangle$也立即释放,KM_Y和 KT 又吸合,又一会儿,KM_Y又释放,$KM_\triangle$也又吸合,KT 也再一次释放;$KM_\triangle$也又立即释放,再次出现上述情况。

⑤合上 QS,按启动按钮 SB2,KM 和 $KM_\triangle$吸合、KT 动一下就不动了。

⑥合上 QS,按启动按钮 SB2,KM 和 KT 吸合,经过一段时间后,$KM_\triangle$吸合,KT 释放。

⑦合上 QS,按启动按钮 SB2,接触器 KM,KM_Y和时间继电器 KT 都吸合,经过一段时间后,KM_Y释放。

⑧合上 QS,按启动按钮 SB2,接触器 KM,KM_Y和时间继电器 KT 都吸合,经过一段时间后,KM_Y释放,$KM_\triangle$动一下电源就跳闸。

(19)调试故障分析:图 2.57,控制电路调试好后,开始接主电路,主电路接好后,又开始调试主电路,分别发现如下问题:

①合上 QS,按启动按钮 SB2,接触器 KM,KM_Y和时间继电器 KT 都吸合,但是,电动机不启动,经过一段时间后,KM_Y释放,$KM_\triangle$吸合开始启动。

②合上 QS,按启动按钮 SB2,接触器 KM,KM_Y和时间继电器 KT 都吸合,电动机开始启动,经过一段时间后,KM_Y释放,$KM_\triangle$吸合,电动机却停止了。

③合上 QS,按启动按钮 SB2,接触器 KM,KM_Y和时间继电器 KT 都吸合,电动机开始启动,经过一段时间后,KM_Y释放,$KM_\triangle$吸合,电动机转速却变低了。

④合上 QS,按启动按钮 SB2,接触器 KM,KM_Y和时间继电器 KT 都吸合,电动机不启动;经过一段时间后,KM_Y释放,$KM_\triangle$吸合,电动机仍然不动作。要说明用电压表的检查方法。

⑤合上 QS,按启动按钮 SB2,接触器 KM,KM_Y和时间继电器 KT 都吸合,电动机开始启动,经过一段时间后,KM_Y释放,$KM_\triangle$动一下就发生跳闸事故。

⑥合上 QS,按启动按钮 SB2,KM,KM_Y动一下就发生跳闸事故。

⑦将图 2.12(a)所示电动机的 4,5,6 三根接线断开,对电动机进行带电检查其电压,对电动机是否有危险?为什么?

⑧当电动机星形接法时不旋转,对电动机进行带电检查其电压,对电动机是否有危险?为什么?

(20)图 2.58(a)Y、△降压启动的主电路,长期通电后,试说明可能会出现什么情况?图 2.58(b)又会出现什么情况?

(21)在调试图 2.22 所示的变极调速电路时,发现电动机低速旋转与高速旋转时的旋转方向相反,试分析其原因;若按图实际接线,是否会发生此现象,为什么?

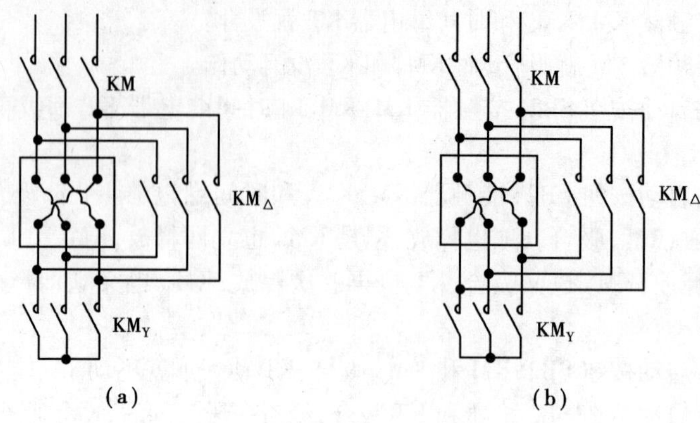

图 2.58　Y-△控制主电路

3 水泵与消防设备的控制

水泵是加压设备，高层建筑的生活用水和消防用水都需要加压，但其控制方式有所不同，可分为水位或压力控制、消防按钮控制和自动喷水灭火系统的控制等。在高层建筑中，还有用于防火分区和防排烟的设备，也需要电气控制，本章将介绍上述设备的控制方式。

3.1 生活水泵的控制

由于城区供水管网在用水高峰时压力不足或发生爆管时造成较长时间停水，各局部供水系统都设有蓄水池或高位水箱蓄水，以备生产、生活和消防用水。为了使高位水箱或供水管网有一定的水位或压力，需要安装加压水泵。水泵的控制一般要求能实现自动控制或远距离控制。根据要求不同，可分为水位控制、压力控制等，下面介绍几种常见的控制方式及电路。

3.1.1 干簧管水位控制器

水位控制一般用于高位水箱给水和污水池排水。将水位信号转换为电信号的设备称为水（液）位控制器（传感器），常用的水位控制器有干簧管开关式、浮球（磁性开关、水银开关、微动开关）式、电极式和电接点压力表式等。

1）**干簧管开关**

图3.1是干簧管开关原理结构图。在密封玻璃管2内，两端各固定一片用弹性好、导磁率高的玻莫合金制成的舌簧片1和3。舌簧片自由端相互接触处，镀以贵重金属金、铑、钯等，保证良好的接通和断开能力。玻璃管中充入氮等惰性气体，以减少触点的污染与电腐蚀。图3.1（a）和（b）分别是常开和常闭触头的干簧管开关原理结构图。

舌簧片常用永久磁铁和磁短路板两种方式驱动,图 3.1(c)所示为永久磁铁驱动,当永久磁铁"N—S"运动到它附近时,舌簧片被磁化,中间的自由端形成异极性而相互吸引(或排斥),触点接通(或断开);当永久磁铁离开时,舌簧片消磁,触点因弹性而断开(或接通)。图 3.1(d)是磁短路板驱动,干簧管与永久磁铁组装在一起,中间有缝隙,其舌簧片已经被磁化,触点已经接通(或断开)。当磁短路板(铁板)进入永久磁铁与干簧管之间的缝隙时,磁力线通过磁短路板组成闭合回路,舌簧片消磁,因弹性而恢复;当磁短路板离开后,舌簧片又被磁化而动作(接通或断开)。

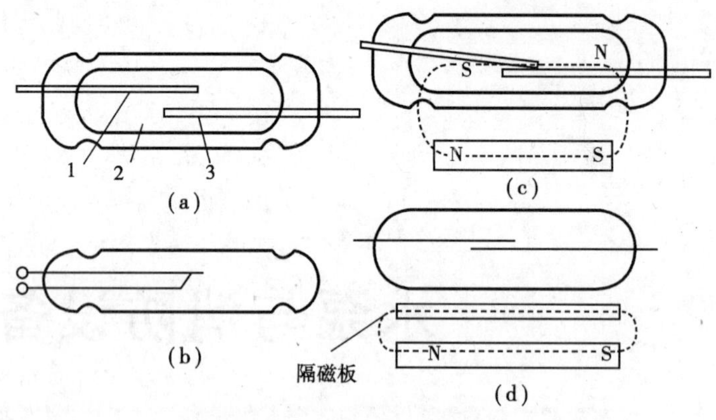

图 3.1 干簧管原理结构图

1—舌簧片;2—玻璃管;3—舌簧片

2)**干簧管水位控制器**

干簧管开关和永久磁铁组成的水位控制器适用于工业与民用建筑中的水箱、水塔及水池等开口容器的水位控制或水位报警之用。图 3.2 为干簧管水位控制器的安装和接线图。其工作原理是:在塑料管或尼龙管内固定有上、下水位干簧管开关 SL1 和 SL2,塑料管下端密封防水,连线在上端接出。塑料管外套一个能随水位移动的浮标(或浮球),浮标中固定一个永久磁环,当浮标移到上或下水位时,对应的干簧管接受到磁信号而动作,发出水位电开关信号。因为干簧管开关触点有常开和常闭两种形式,其组合方式有一常开和一常闭的水位控制器;两常开的水位控制器,如在塑料管中固定有 4 个干簧管,可有若干种组合方式,可用于水位控制及报警。

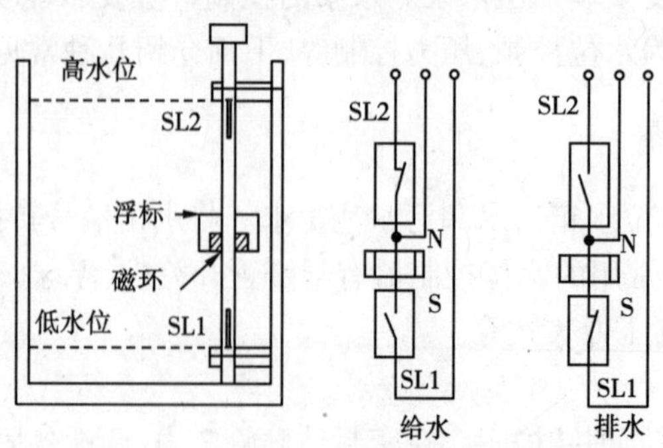

图 3.2 干簧管水位控制器的安装和接线图

3.1.2　水泵的控制电路

水泵的控制有：单台泵控制方案；两台泵互为备用，备用泵手动投入的控制方案；两台泵互为备用，备用泵自动投入的控制方案；较大的泵又有降压启动；两台泵降压启动的备用泵手动投入和备用泵自动投入的控制方案等。

1）**两台泵互为备用，备用泵手动投入控制**

图3.3为两台泵互为备用，备用泵手动投入控制的电路图。图中的SA1和SA2是万能转换开关（LW5系列），如是单台泵控制，只用一个转换开关就可以了。万能转换开关的操作手柄一般是多挡位的，触点数量也较多。其触点的闭合或断开在电路图中是采用展开图来表示，即操作手柄的位置用虚线表示，虚线上的黑圆点表示操作手柄转到此位置时，该对触点闭合；如无黑圆点，表示该对触点断开。其他多挡位的转换开关也都采用这种展开图表示法。

图中的SA1和SA2操作手柄各有两个位置，触点数量各为4对，实际用了3对，手柄向左扳时，触点①和②、③和④为闭合的，触点⑤和⑥为断开的，为自动控制位置，即由水位控制器发出的触点信号，控制水泵电动机的启动和停止。手柄向右扳（或不动）时，反之，为手动控制位置，即手动启动和停止按钮，控制水泵电动机的启动和停止。需要说明的是，大多数的设备，都离不开手动控制，目的是设备检修时用，所以，都要安装手动控制环节。

图3.3可以划分为水位控制开关接线图，水位信号电路图，两台泵的主电路，两台泵的控制电路图。水泵需要运行时，电源开关QS1，QS2，S均要合上，因为是互为备用，转换开关SA1

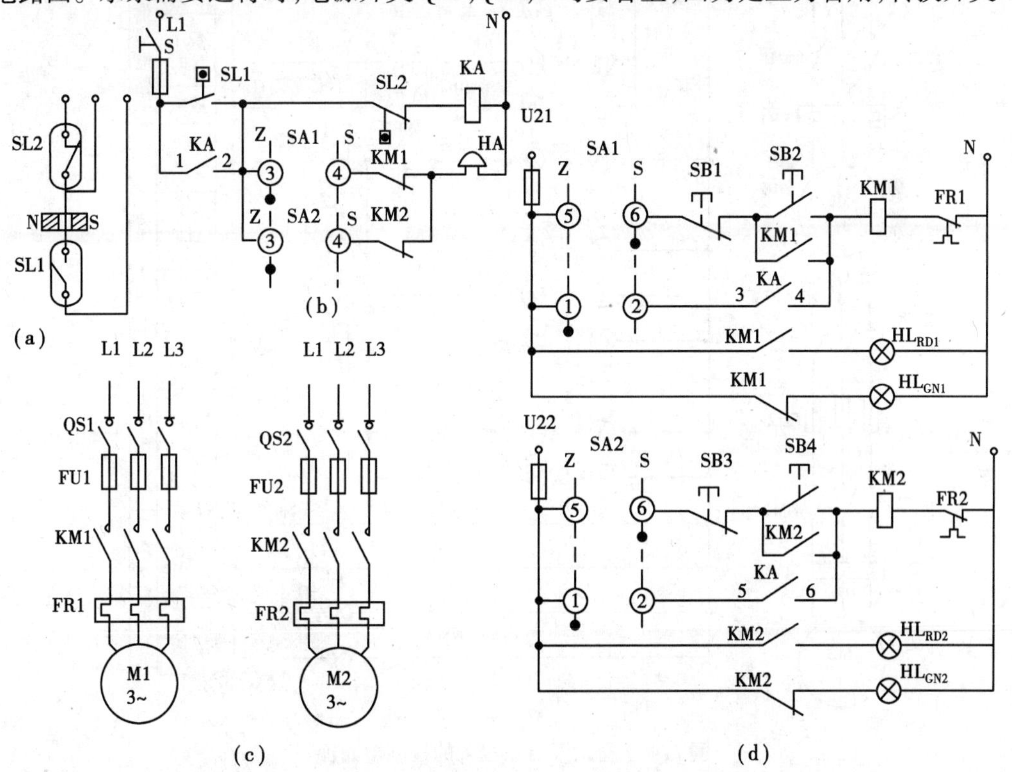

图3.3　备用泵手动投入控制电路图

（a）接线图；（b）水位信号回路；（c）主回路；（d）控制回路

和 SA2 总有一个放在自动位,另一个放在手动位。设 SA1 放在自动位(左手位),触点①和②、③和④为闭合的,触点⑤和⑥为断开的,$1^{\#}$泵为常用机组;SA2 放在手动位(不动),$2^{\#}$泵为备用机组。

工作原理分析:若高位水箱(或水池)水位在低水位时,浮标磁铁下降,对应于 SL1 处,SL1 常开触点闭合,水位信号电路的中间继电器 KA 线圈通电,其常开触点闭合,一对用于自锁,一对通过 $SA1_{1,2}$使接触器 KM1 通电,$1^{\#}$泵投入运行,加压送水,当浮标离开 SL1 时,SL1 断开。当水位到达高水位时,浮标磁铁使 SL2 常闭触点断开,继电器 KA 失电,接触器 KM1 失电、水泵电动机停止运行。

如果 $1^{\#}$泵在投入运行时发生过载或者接触器 KM1 接受信号不动作等故障,KM1 的辅助常闭触点恢复,通过 $SA1_{3,4}$使警铃 HA 响,值班人员知道后,将 SA1 放在手动位,准备检修;将 SA2 放在自动位,接受水位信号控制。警铃 HA 因 $SA1_{3,4}$断开而不响。

2)两台泵互为备用,备用泵自动投入控制

图 3.4 为两台泵互为备用,备用泵自动投入的控制电路图,其工作原理如下:

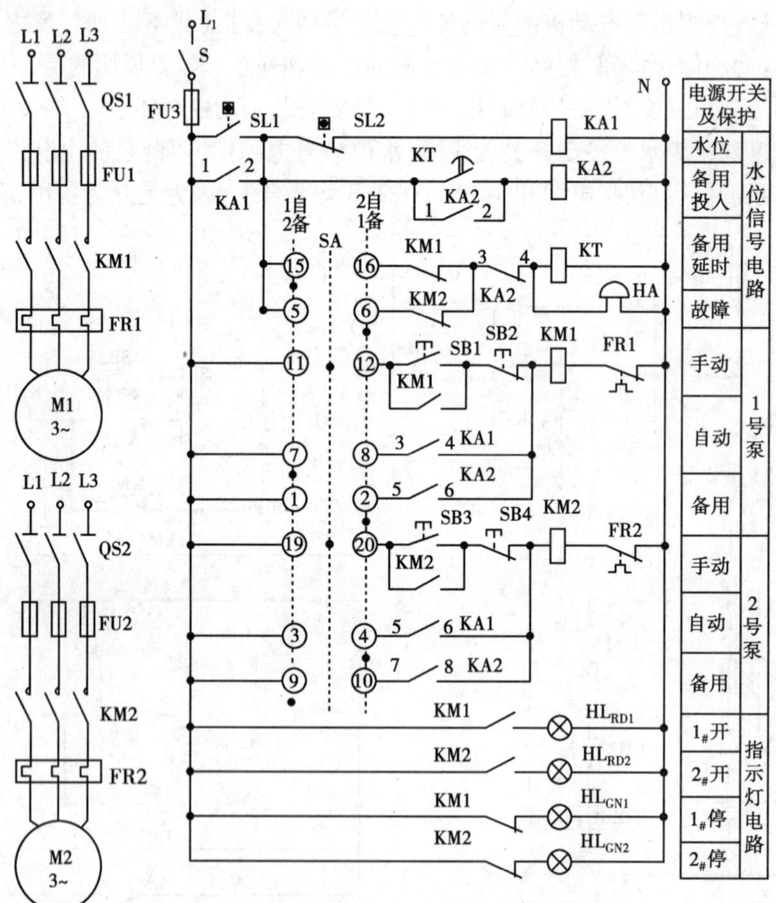

图 3.4 备用泵自动投入的控制电路图

正常工作时,电源开关 QS1,QS2,S 均合上,SA 为万能转换开关 LW5 系列,有 3 挡 10 对触头,实际用了 8 对。手柄在中间挡时,⑪和⑫、⑲和⑳两对触头闭合,为手动操作启动按钮控制,水泵不受水位控制器控制。当 SA 手柄扳向左面45°时,⑮和⑯、⑦和⑧、⑨和⑩3 对触头闭合,1#泵为常用机组,2#泵为备用机组,当水位在低水位(给水泵)时,浮标磁铁下降对应于 SL1 处,SL1 闭合,水位信号电路的中间继电器 KA1 线圈通电,其常开触点闭合,一对用于自锁,一对通过 $SA_{7,8}$使接触器 KM1 通电,1#泵投入运行,加压送水,当浮标离开 SL1 时,SL1 断开。当水位到达高水位时,浮标磁铁使 SL2 动作,KA1 失电,KM1 失电、水泵停止运行。

如果 1#泵在投入运行时发生过载或者接触器 KM1 接受信号不动作,时间继电器 KT 和警铃 HA 通过 $SA_{15,16}$长时间通电,警铃响,KT 延时 5 ~ 10 s,使中间继电器 KA2 通电,经 $SA_{9,10}$使接触器 KM2 通电,2#泵自动投入运行,同时 KT 和 HA 失电。

若 SA 手柄扳向右面 45°时,⑤和⑥、①和②、③和④3 对触头闭合,2#泵自动,1#泵为备用。其工作原理可自行分析。

3.1.3 其他水位控制器

1)浮球磁性开关液位控制器

UQK- 611,612,613,614 型浮球磁性开关液位控制器是利用浮球内藏干簧管开关动作而发出水位信号的,因外部无任何可动机构,特别适用于含有固体、半固体浮游物的液体,如生活污水、工厂废水及其他液体的液位自动报警和控制。

图 3.5 为浮球磁性开关外形结构示意图,主要由工程塑料浮球、外接导线和密封在浮球内的开关装置组成。开关装置由干簧管、磁环和动锤构成。制造时,磁环的安装位置偏离干簧管中心,其厚度小于一根簧片的长度,所以磁环几乎全部从单根簧片上通过,两簧片间无吸力,干簧管触点处于断开状态。其动锤在滑轨上随浮球的正置或倒置可以滑动,既偏离磁环和靠紧磁环,当动锤靠紧磁环时,可视为磁环厚度增加,两簧片被磁化而相互吸引,使其触点闭合。

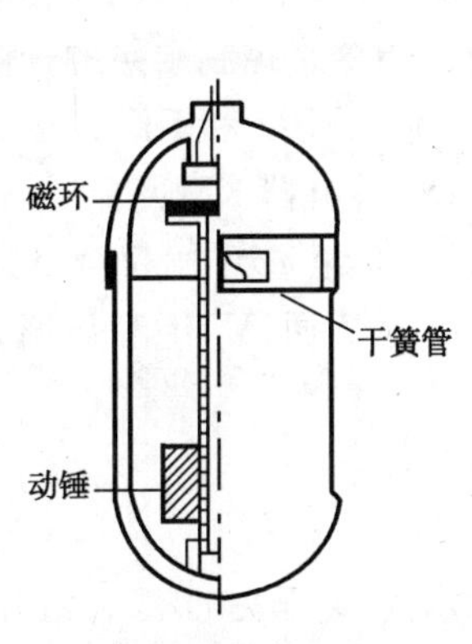

图 3.5 浮球磁性开关外形结构示意图

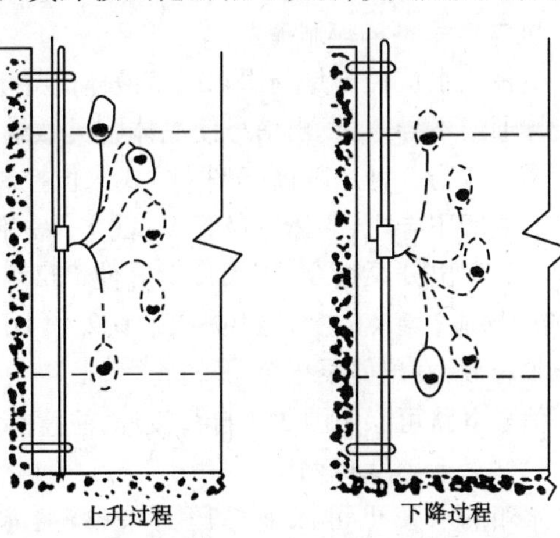

图 3.6 浮球磁性开关液位控制器安装示意图

其安装示意图如图 3.6 所示,当液位在下限时,浮球正置(如图 3.5 方向),动锤靠自重位于浮球下部,浮球因为动锤在下部,重心向下,基本保持正置状态,发出开泵信号。开泵后液位上升,当液位接近上限时,由于浮球被支持点和导线拉住,便逐渐倾斜。当浮球刚超过水平测量位置时,位于浮球内的动锤靠自重向下滑动使浮球的重心在上部,迅速翻转而倒置,使干簧管触点吸合,发出停泵信号。当液位下降到接近下限时,浮球又重新翻转回去,又发出开泵信号。在实际应用中,可用几个浮球磁性开关分别设置在不同的液位上,各自给出液位信号对液位进行控制和监视。

水泵的控制方案与前面相同，仅是水位信号取法不同，使水位信号电路略有差别。图 3.7 为单球给水水位信号电路，其他控制电路部分套用图 3.4；当水位处于低水位时，浮球正置，动锤在下部，干簧管触点断开，但需要启动水泵，通过一个中间继电器 KA 将 SL 常开转换为闭合触点，发出水泵启动信号；当水位达到高位时，浮球倒置，动锤下滑使干簧触点 SL 吸合，使 KA 通电，发出停泵信号，直到水位重新回到低水位时，浮球翻转，SL 打开又发出开泵信号。其他工作过程与图 3.4 分析相同，在此不再详述。

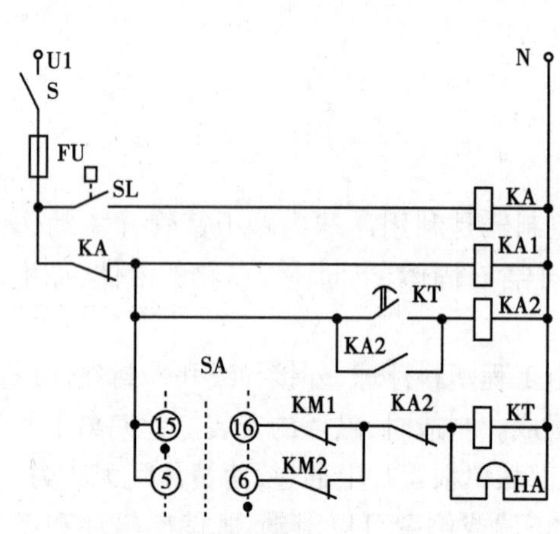

图 3.7 浮球磁性开关水位信号电路

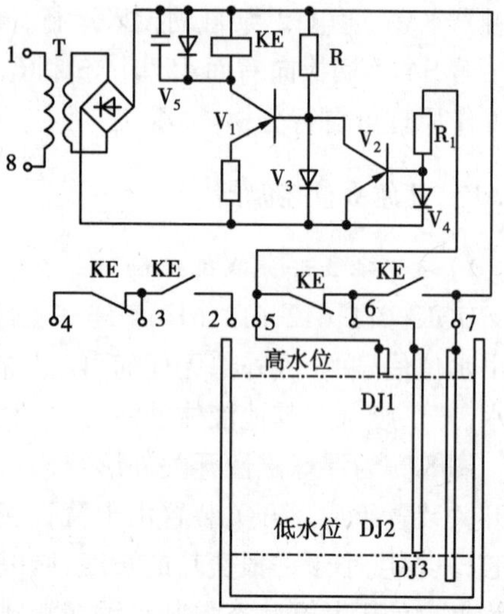

图 3.8 电极式水位控制器原理图

2）**电极式水位控制器**

电极式水位控制是利用水或者液体的导电性能，在水箱高水位或低水位时，使互相绝缘的电极导通或不导通，发出信号使晶体管灵敏继电器动作，从而发出指令来控制水泵的开停。

图 3.8 为一种三电极(8 线柱)式水位控制器原理图。当水位低于 DJ2 和 DJ3 以下时，DJ2 和 DJ3 之间不导电，晶体三极管 V_2 截止，V_1 饱合导通，灵敏(小型)继电器 KE 吸合，其触头线柱 2 至 3 发出开泵指令；当水位上升使 DJ2 和 DJ3 导通时，因线柱 5 至 7 不通，V_2 继续截止，V_1 继续导通；当水位上升到使 DJ1，DJ2 和 DJ3 均导通时，线柱 5 至 7 通，V_2 饱和导通，V_1 截止，KE 释放，发出停泵指令。

信号电路可参照图 3.3 自行设计，注意晶体管电路本身需接电源。

3）**压力式水位控制器**

水箱的水位也可以通过压力来检测，水位高压力也高，水位低压力也低。常用的是 YXC-150型电接点压力表，既可以作为压力控制又可作为就地检测之用。它由弹簧管、传动放大机构、刻度盘指针和电接点装置等构成，示意图见图 3.9。当被测介质的压力进入弹簧管时，弹簧产生位移，经传动机构放大后，使指针绕固定轴发生转动，转动的角度与弹簧管中压力成正比，并在刻度上指示出来，同时带动电接点指针动作。在低水位时，指针与下限整定值接点接通，发出低水位信号；在高水位时，指针与上限整定值接点接通；在水位处于高低水位整定值之间时，指针与上下限接点均不通。

如将电接点压力表安装在供水管网中，可以通过反应管网供水压力而发出开泵和停泵信号，可设置一台水泵对几个水箱供水，各水箱应安装浮球控制阀，水箱水位高时，浮球控制阀封闭水箱进水阀门。

水泵的控制方案与前相同，也仅是水位信号电路略有不同，图 3.10 为图 3.9 的水位信号电路部分。当水箱水位低(或管网水压低)时，电接点压力表指针与下限整定值触点接通，中间继电器 KA1 通电并自锁和发出开泵电信号；当水压升高时，压力表指针脱离下限触点，但 KA1 有自锁，泵继续运行；当水压升高到使压力表指针与上限整定值触点接通时，中间继电器 KA 通电，其常闭使 KA1 失电发出停泵指令。

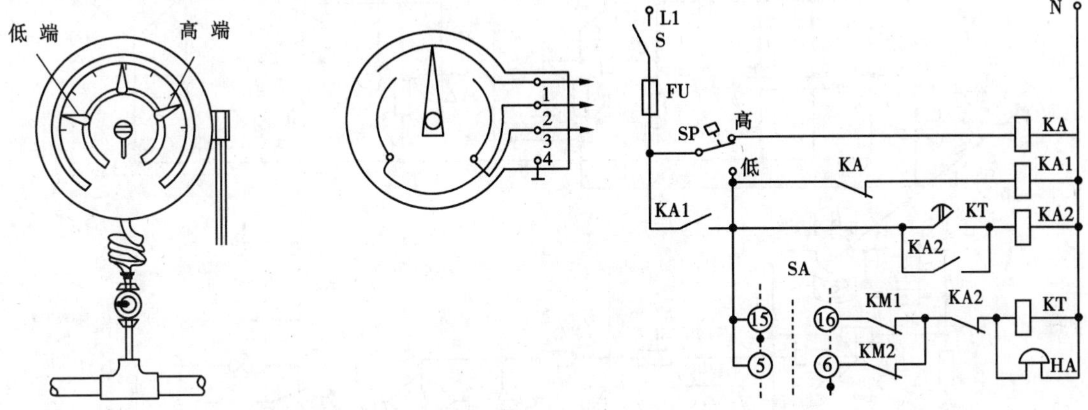

图 3.9　电接点压力表示意图　　　　图 3.10　电接点压力表水位信号电路

4)**电阻式水位传示仪**

在水位控制的实际应用中，不仅要求实现远距离的水位控制，而且希望实现远距离的(控制中心)显示水箱中的实际水位，电阻式水位传示仪就可以同时实现这两个功能。电阻式水位传示仪由一次仪表(传感器)和二次仪表(调节器)组成。

(1)传感器

一次仪表由随水位移动的浮球、传动用的钢丝绳、导轮、传动变速齿轮、可调电位器和动锤组成，水位移动时，通过传动装置使可调电位器的阻值发生变化，将电阻的阻值信号传递给二次仪表进行调节，图 3.11 为电阻式水位传感器的示意图。电位器的阻值可以在 0 ~1 kΩ 变化。

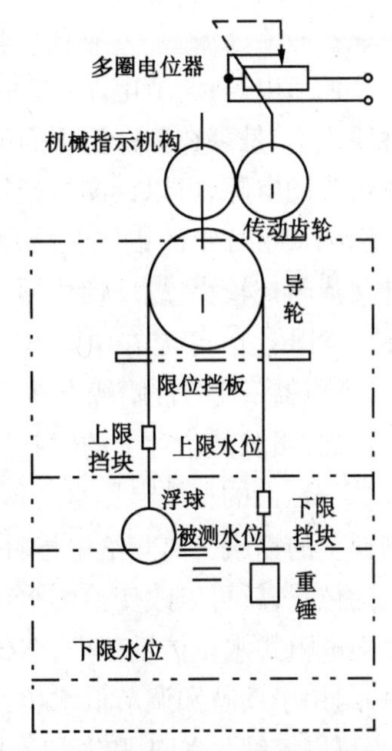

图 3.11　电阻式水位传感器的示意图

(2)调节器

二次仪表应用的是动圈式指示调节仪，动圈式指示调节仪的国内统一型号为 XCT，XCT 的意思为：显示仪表、磁电式、指示调节仪。图 3.12 为动圈式指示调节仪电路图，动圈式指示调节仪由测量电路和调节电路组成。

①测量电路(指针指示部分)：测量电路由四臂测量电桥、检流计和直流电源组成，检流计的可动线圈是放在永久磁钢的磁场中，当线圈无电流时，在张丝的作用下，线圈不动，仪表的指针指示在初始水位(初始水位可以调试在中间位)。当水位变化时，对应的电阻值发生变化，

破坏了电桥的平衡，A 和 B 两点之间产生不平衡电压，检流计的线圈产生电流，此载流线圈在永久磁场内受到电磁力矩的作用，使可动线圈转动，直到与张丝的反作用力矩相平衡时为止。仪表指针所指的刻度就是实际水位。因为该仪表指示水位时，电桥是处于不平衡状态，故称为不平衡电桥。R_T 为多圈电位器的可变电阻。

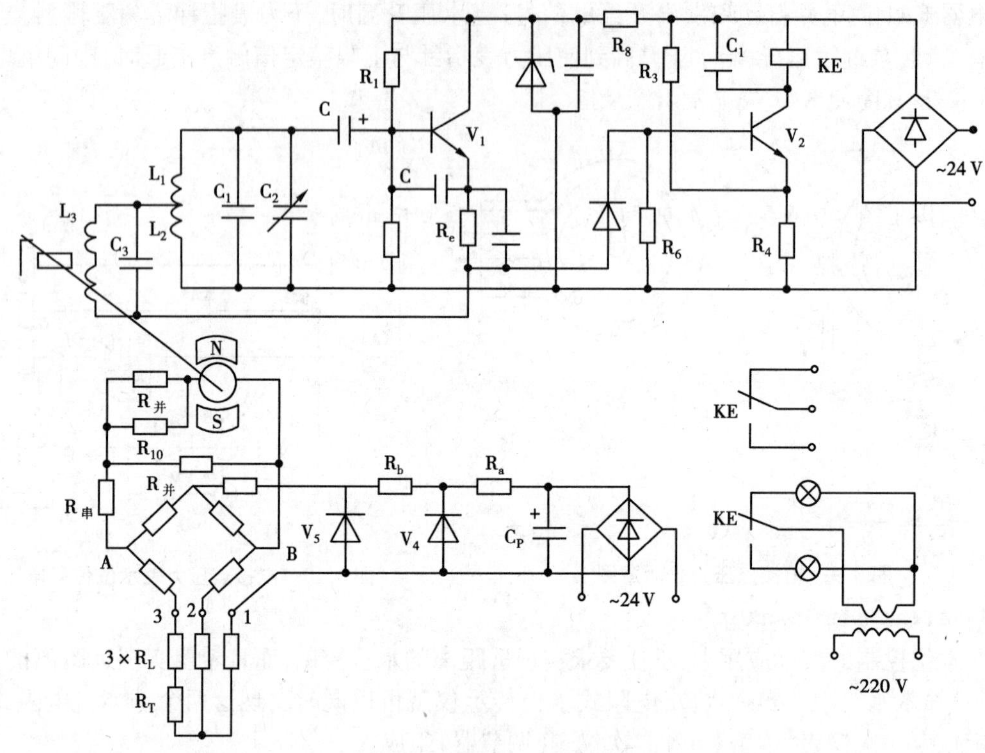

图 3.12 动圈式指示调节仪电路图

②调节电路：调节电路（控制部分）由电感三点式高频振荡器、检波和放大器等部分组成。电感线圈 L_3 是装在刻度板下面的给定指针上的两个检测线圈，两个检测线圈相对安装，中间留有适当的空隙，可以让测量指针上面所带的铝旗自由进出。

当测量指针上的铝旗在给定指针线圈 L_3 外面时，L_3 的电感量最大，L_3，C_3 电路对振荡频率的交流阻抗较小，故反馈作用较小，振荡器的振荡幅度较大，这时就有高频电压加到检波管 V_3 和电阻 R_6 上，于是在电阻 R_6 上获得较大的直流电压，使三极管 V_2 导通，从而使继电器 KE 吸合，继电器 KE 的常闭触点断开、常开触点闭合。

反之，当测量指针上的铝旗进入给定指针线圈 L_3 里面时（到达给定值位置时），振荡器停振，电阻 R_6 上的检波电压也变得很小，使三极管 V_2 截止，继电器 KE 释放，其触点恢复。当测量指针上的铝旗又离开给定指针线圈 L_3 时，继电器 KE 又吸合。因此，调节给定指针在刻度板上的位置，就可以改变给定水位。

在电阻式水位传示仪中，XCT 的调节电路共有两组，也就是说，给定指针线圈 L_3 共有两组，一组用于反映和调节低水位给定，另一组用于反映和调节高水位给定。对应的继电器也有两个，可以统编为 KE1 和 KE2。KE1 用于低水位时发出启动水泵信号，KE2 用于高水位时发出停止水泵信号，每个继电器又都有常闭和常开触点，因为是小型继电器，其触点为转换式

(非桥式触点),中间接点为常闭和常开公用的接线点。小型继电器都是转换式触点。

动圈式指示调节仪 XCT 在空气调节设备中也得到广泛的应用,只是将可变电位器换成测量温度的电阻或热电偶等。其调节电路有一组的,称为双位调节;也有两组的,称为三位调节。还有非继电器输出方式的调节规律。

电阻式水位传示仪组成的信号电路可以自行设计。

3.2 消防水泵的控制

消防灭火方式可以分为人工灭火和自动灭火。人工灭火常用的是室内消火栓,喷水灭火时需要启动加压水泵。自动喷水灭火时,也需要自动启动加压水泵,两者仅是启动信号不同。

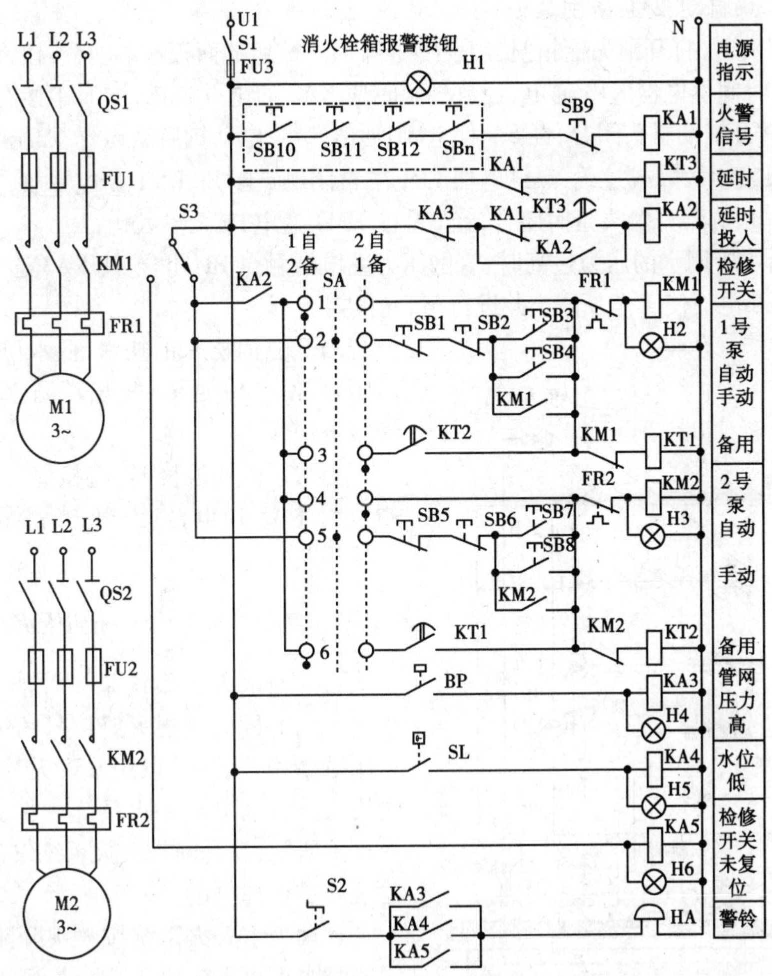

图 3.13 消火栓水泵电气控制电路图

3.2.1 室内消火栓加压水泵的电气控制

凡担负着室内消火栓灭火设备给水任务的一系列工程设施,称室内消火栓给水系统,它是建筑物内采用最广泛的一种人工灭火系统。当室外给水管网的水压不能满足室内消火栓给水系统最不利点的水量和水压时,应设置配有消防水泵和水箱的室内消火栓给水系统。

民用建筑以及水箱不能满足最不利点消火栓水压要求时,每个消火栓处应设置直接启动消防水泵的按钮,以便及时启动消防水泵,供应火场救灾用水。按钮应设有保护设施,如放在消防水带箱内,或放在有玻璃或塑料板保护的小壁龛内,以防止误操作。消防水泵一般都设置两台,互为备用。

图3.13为消火栓水泵电气控制的一种方案,两台泵互为备用,备用泵自动投入,正常运行时电源开关QS1,QS2,S1,S2均合上,S3为水泵检修双投开关,不检修时放在运行位置。SB10~SBn为各消火栓箱消防启动按钮,无火灾时,按钮被玻璃面板压住,其常开触头已经闭合,中间继电器KA1通电,消火栓泵不会启动。SA为万能转换开关,手柄放在中间时,为泵房和消防控制中心控制启动水泵,不接受消火栓内消防按钮控制指令。设SA扳向左45°时,SA_1和SA_6闭合,1#泵自动,2#泵备用。

若发生火灾时,打开消火栓箱门,用硬物击碎消防按钮的面板玻璃,其按钮常开触头恢复,使KA1断电,时间继电器KT3通电,经数秒延时使KA2通电并自锁,同时串接在KM1线圈回路中的KA2常开辅助触头闭合,经SA_1使KM1通电,1#泵电动机启动运行,加压喷水。

如果1#泵发生故障或过载,热继电器FR1的常闭触点断开,KM1断电释放,其常闭触点恢复,使KT1通电,其常开触头延时闭合,经SA_6使KM2通电,2#泵投入运行。

当消防给水管网水的压力过高时,管网压力继电器触点BP闭合,使KA3通电发出停泵指令,通过KA2断电而使工作泵停止并进行声、光报警。

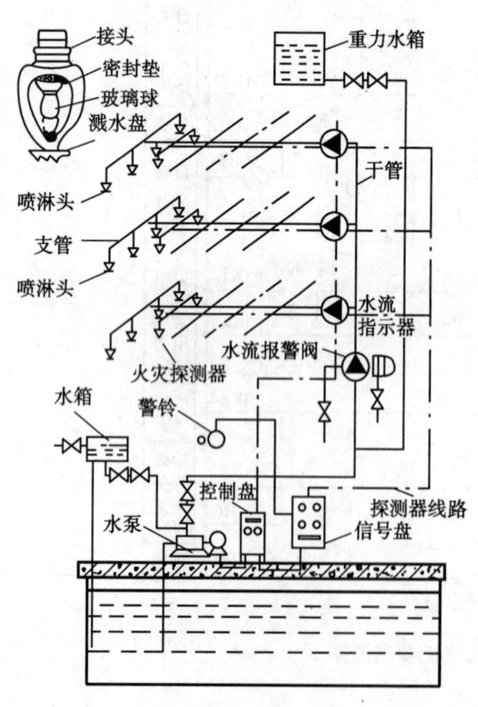

图3.14 湿式自动喷水灭火系统示意图

当低位消防水池缺水,低水位控制器SL触点闭合,使KA4通电,发出消防水池缺水的声、光报警信号。

当水泵需要检修时,将检修开关S3扳向检修位置,KA5通电,发出声、光报警信号。S2为消铃开关。

3.2.2 自动喷水灭火系统加压水泵的电气控制

自动喷水灭火系统是一种能自动动作(喷水灭火),并同时发出火警信号的灭火系统。其适用范围很广,凡可以用水灭火的建筑物、构筑物均可设自动喷水灭火系统。鉴于我国经济发展水平所限,自动喷水灭火系统仅仅要求在重点建筑和重点部位设置。

自动喷水灭火系统按喷头开闭形式可分为闭式喷水灭火系统和开式喷水灭火系统;闭式喷水灭火系统按其工作原理又可分为湿式、干式和预作用式。其中湿式喷水灭火系统应用最为广泛。

湿式喷水灭火系统是由闭式喷头、管道系统、水流指示器(水流开关)、湿式报警阀、报警装置和供水设施等组成。图3.14为湿式自动喷水灭火系统示意图。该系统管道内始终充满着压力水。当火灾发生时,高温火焰或高温气流使闭式喷头的玻璃球炸裂或易熔元件熔化而自动喷水灭火,此时,管网中的水从静止的状态变为流动的,安装在主管道各分支处对应的水流开关触点闭合,发出启动泵的电信号。根据水流开关和管网压力开关信号等,消防控制电路能自动启动消防水泵向管网加压供水,达到持续自动喷水灭火的目的。

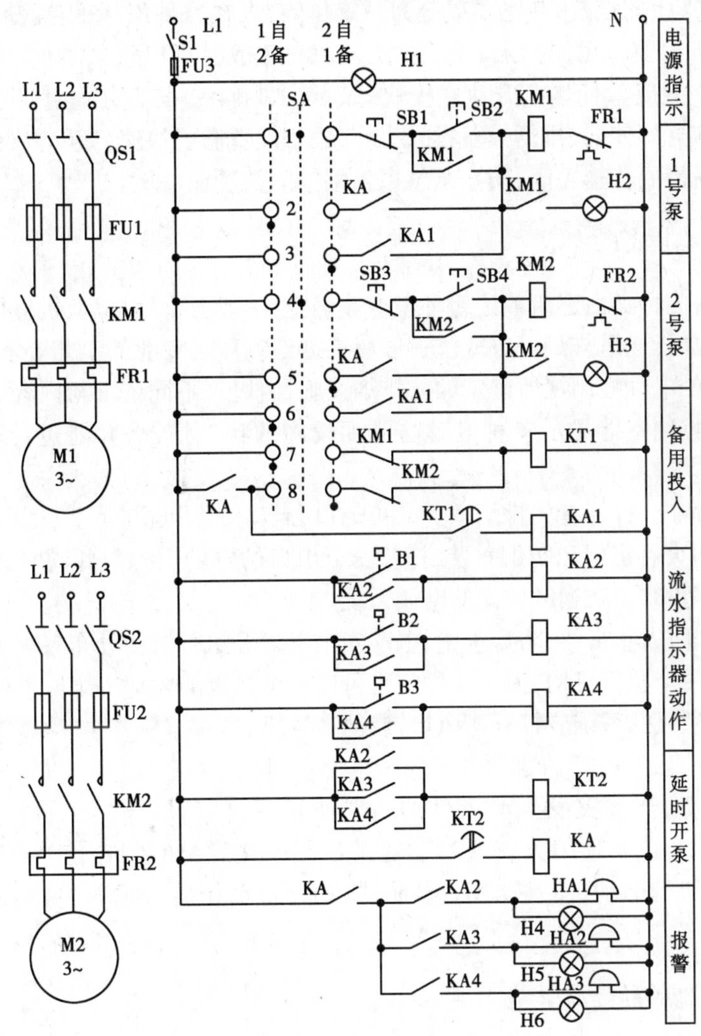

图3.15　湿式自动喷水灭火系统电路图

图3.15为湿式自动喷水灭火系统加压水泵电气控制的一种方案,为两台泵互为备用,备用泵自动投入。正常运行时,电源开关QS1,QS2,S1均合上,发生火灾时,当闭式喷头的玻璃球炸裂喷水时,水流开关B1~Bn触头有一个闭合,对应的中间继电器通电,发出启动消防水泵的指令。设B2动作,KA3通电并自锁,KT2通电,经延时使KA通电,声、光报警,如SA手柄扳向右45°,对应的SA_3,SA_5和SA_8触点闭合,KM2经SA_5触点通电吸合,使2[#]泵电动机M2投入运行。若2[#]泵发生故障或过载,FR2的常闭断开,KM2断电释放,其辅助触点常闭的闭合,

经 SA_8触点使 KT1 通电，经延时使 KA1 通电，KA1 触点经 SA_3触点使 KM1 得电，备用1#泵自动投入运行。

3.3 防、排烟设备的控制

火灾发生时产生的烟气，其主要成分为一氧化碳，人在这种气体的窒息作用下，死亡率很高，为50% ~70%。烟气也遮挡人的视线，使人们在疏散时难以辨别方向，尤其是高层建筑，因其自身的"烟囱效应"，使烟上升速率极快，如不及时排除，很快会垂直扩散到各处。因此，当火灾发生时，应立即使防、排烟设备投入工作，排烟设备需要快速打开，将火灾烟气迅速地排向室外，防烟设备需要快速关闭，防止烟气窜入楼梯间及其他区域。

3.3.1 对防、排烟设备的要求

防、排烟设备的种类由建筑或建筑环境专业确定，一般有自然排烟、机械排烟、自然与机械排烟并用或机械加压送风排烟等方式。一般应根据建筑环境专业的工艺要求进行电气控制设计。防排烟系统的电气控制视所确定的防排烟设施，由以下不同要求与内容组成：

①消防中心控制室能显示各种电动防排烟设施的状态情况，并能进行联动遥控和就地手控。

②根据火灾情况，打开有关排烟道上的排烟口，启动排烟风机（有正压送风机时应同时启动）和降下有关防火卷帘门和防烟垂壁，打开安全出口的电动门。与此同时，关闭有关的防烟阀门及防火口，停止有关防烟区域内的空调系统。

③在排烟口、防火卷帘门、防烟垂壁、电动安全出口等执行机构处布置火灾探测器，通常为一个探测器联动一个执行机构，但大的厅室也可以几个探测器联动一组同类机构。

④设有正压送风的系统应打开送风口，启动送风机。

防排烟设施一般要有 3 种驱动方式：一是手动，即由人来操纵；二是自身动作，其设备本身装有易熔合金，当火灾发生时产生的高温使其熔化，利用阀门的自重而动作；三是电动，由消防控制中心或本地的火灾探测器通过控制模块发出的动作信号（接通电源），由电磁铁或电动执行机构驱动，使其动作。各防、排烟设施动作后，通过本身的常开触点闭合而发出动作信号。

3.3.2 防排烟设施的种类及原理

1）排烟口或送风口

排烟口、送风口外形示意图及电路图如图 3.16 所示。排烟口安装示意如图 3.17 所示。图中所表示的是排烟风道系统在室内的排烟口或正压送风风道系统的室内送风口。它们的内部为阀门，可通过感烟信号联动、手动或温度熔断器使之瞬时开启；外部为百叶窗，感烟信号联动是由 DC 24 V，0.3 A 电磁铁执行，联动信号也可来自消防控制室的联动控制盘。手动操作为就地手动拉绳使阀门开启。阀门打开后其联动开关接通信号回路，可向控制室返回阀门已开启的信号或联锁控制其他装置。当温度熔断器更换后，阀门可手动复位。

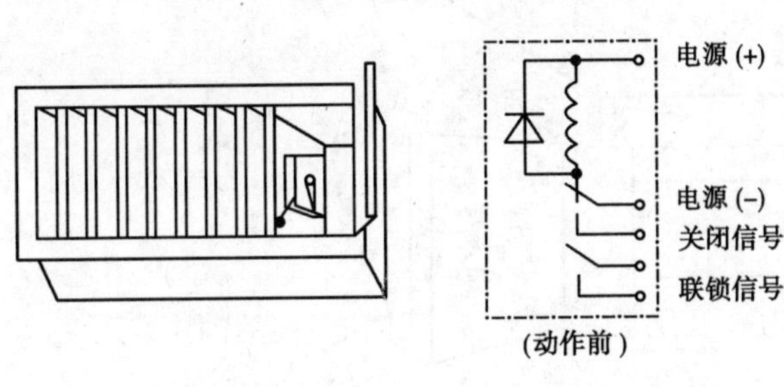

图3.16 排烟口、送风口外形示意图及电路图

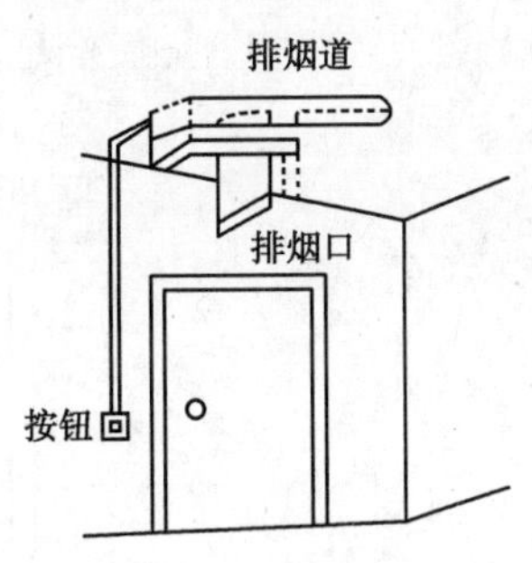

图3.17 排烟口安装示意图

2)防烟防火调节阀

如图3.18所示,防烟防火调节阀有方形和圆形两种,一般用于空调系统的风道中。其阀门可通过感烟信号联动、手动或温度熔断器使之瞬时关闭。感烟信号联动是由DC 24 V,0.3 A电磁铁执行。联动信号也可来自消防控制室的联动控制盘。手动操作是就地拉动拉绳使阀门关闭。温度熔断器动作温度为70 ℃ ±2 ℃,熔断后阀门关闭。阀门可通过手柄调节开启程度,以调节风量。阀门关闭后其联动触点闭合,接通信号电路,可向控制室返回阀门已关闭的信号或对其他装置进行联锁控制。执行机构的装置中,熔断器更换后,阀门可手动复位。

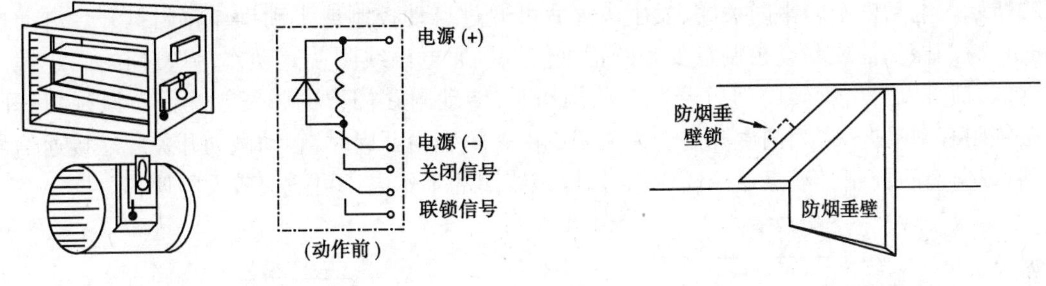

图3.18 防烟防火调节阀

图3.19 防烟垂壁示意图

3)防烟垂壁

图3.19为防烟垂壁示意图,它由DC 24 V,0.9 A的电磁线圈及弹簧锁等组成的防烟垂壁,火灾发生时可通过自动控制或手柄操作使垂壁降下。自动控制时,从感烟探测器或联动控制盘发来指令信号,电磁线圈通电把弹簧锁的销子拉出,开锁后,防烟垂壁由于重力的作用靠滚珠的滑动而落下。手动控制时,操作手动杆也可使弹簧锁的销子拉出而开锁,防烟垂壁落下。当防烟垂壁提升回原来的位置时,弹簧锁的销子即可复原,将防烟垂壁固定住。

4)防火门

防火门如图3.20所示。按防火门的固定方式可分为两种:一种是防火门被永久磁铁吸住处于开启状态,火灾时通过自动控制或手动关闭防火门,自动控制时由感烟探测器或联动控制盘发来指令信号,使DC 24 V,0.6 A电磁线圈的吸力克服永久磁铁的吸力,从而靠弹簧将门关闭;手动操作时只要把防火门或永久磁铁的吸着板拉开,门即关闭。另一种是防火门被电磁锁的固定销子扣住呈开启状态,火灾时由感烟探测器或联动控制盘发出指令信号使电磁锁动作,或用手拉防火门使固定销掉下,门被关闭。

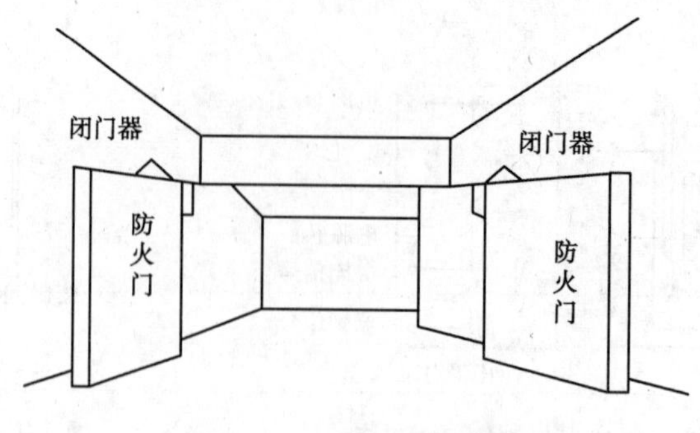

图 3.20　防火门示意图

5）**排烟窗**

排烟窗如图 3.21 所示，平时关闭，并用排烟窗锁（也可用于排烟门）锁住，在火灾时可通过自动控制或手动操作将窗打开。自动控制时，从感烟探测器或控制盘发来指令信号接通电磁线圈，弹簧锁的锁头偏移，利用排烟窗的重力（或排烟门的回转力）打开排烟窗（或排烟门）。手动操作是把手动操作柄扳倒，弹簧锁的锁头偏移而打开排烟窗（或排烟口）。

6）**电动安全门**

电动安全门的执行机构是由旋转弹簧锁及 DC 24 V，0.3 A 电磁线圈等组成，电路如图 3.22所示。电动安全门平时关闭，发生火灾后可通过自动控制或手动操作将门打开。自动控制时从感烟探测器或联动控制盘发来的指令信号接通电磁线圈使其动作，弹簧锁的固定锁离开，弹簧锁可以自由旋转将门打开。手动操作时，转动附在门上的弹簧锁按钮，可将门打开。电磁锁附有微动开关，当门由开启变为关闭或由关闭变为开启时，触动微动开关使之接通信号回路，以向消防控制联动盘返回动作信号，电磁线圈的工作电压可适应较大的偏移。

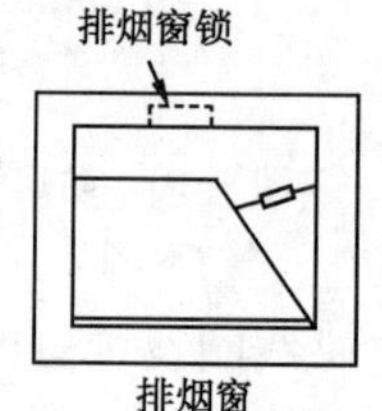

图 3.21　排烟窗示意图

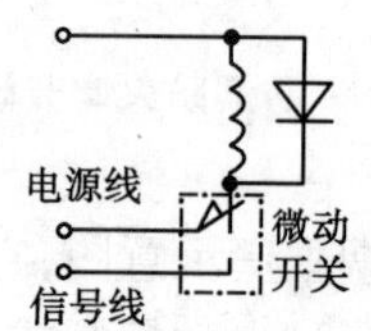

图 3.22　电动安全门锁电路

7）**防火卷帘门**

防火卷帘门设置于建筑物中防火分区通道口处，当火灾发生时可根据消防控制室、探测器的指令或就地手动操作，使卷帘门下降至一定高度，以达到人员紧急疏散、灾区隔火、隔烟、控制火灾蔓延的目的。卷帘门电动机的规格一般为三相 380 V，0.55 ~ 1.5 kW，视门体大小而定。控制电路为 DC 24 V。防火卷帘门的电气控制线路如图 3.23 所示。

当火灾发生时，卷帘门分两步关闭：

(1)第一步下放

当火灾产生烟时，来自消防中心的控制信号（或直接由控制模块转换的感烟探测器控制信号）使触点 1KA 闭合，中间继电器 KA1 线圈通电动作：

①使信号灯 HL 亮，发出报警信号。

②电警笛 HA 响，发出报警信号。

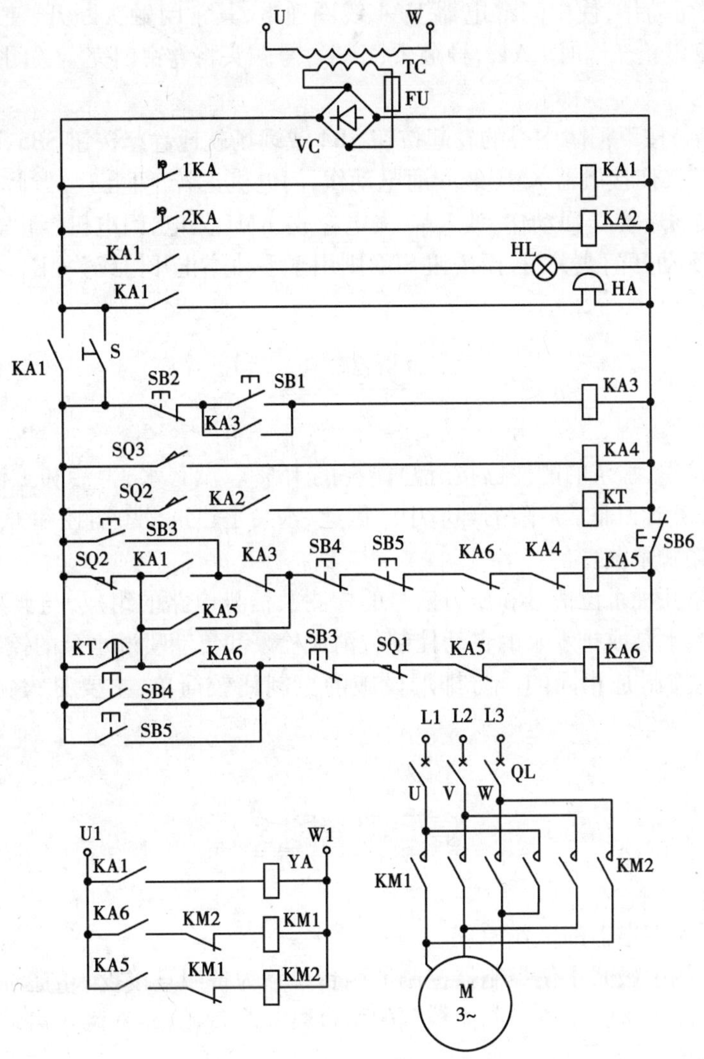

图 3.23 防火卷帘门的电气控制线路

③$KA1_{11,12}$号触头闭合,给消防中心一个卷帘启动的信号(即 $KA1_{11,12}$号触头与消防中心信号灯相接,图中没有画出)。

④将开关 S 的常开触头短接,全部电路通以直流电。

⑤电磁铁 YA 线圈通电,打开锁头,为卷帘门下降作准备。

⑥中间继电器 KA5 线圈通电,将接触器 KM2 接通,KM2 触头动作,门电机反转下降,当门降到 1.2 ~ 1.8 m 定点时,位置开关 SQ2 受碰撞而动作,使 KA5 失电释放,KM2 失电,门电机停止。

这样即可隔断火灾初期的烟,也有利于人员灭火和疏散。

(2)第二步下放

当火灾较大,温度较高时,消防中心的联锁信号(或直接与感温探测器联锁)接点 2 KA 闭合,中间继电器 KA2 线圈通电,其触头动作,使时间继电器 KT 线圈通电。经延时后(30 s)其触点闭合,使 KA5 通电,KM2 又重新通电,门电机又反转,门继续下降,下降到完全关闭时,限位开关 SQ3 受压而动作,使中间继电器 KA4 线圈通电,其常闭触头断开,使 KA5 失电释放,KM2 失电,门电机停止。同时 $KA4_{3,4}$ 号触头、$KA4_{5,6}$ 号触头将卷帘门完全关闭信号反馈给消防中心。

当火灾扑灭后,按下消防中心的卷起按钮 SB4 或现场就地卷起按钮 SB5,均可使中间继电器 KA6 线圈通电,又使接触器 KM1 线圈通电动作,门电机正转,门上升,当上升到设定的上限限位时,限位开关 SQ1 受压而动作,使 KA6 失电释放,KM1 失电,门电机停止。

开关 S 用于手动开门或关门,而按钮 SB6 则用于手动停止开门或关门。

小结 3

在智能化建筑中,水泵的能耗已接近总能耗的 15%。没有水,生活和工作在高层建筑中的人们,将处于不清洁和非常危险的环境中。因此,水泵是建筑设备监控和管理系统(BAS)中的一个非常重要的子系统。

本章主要介绍几种水位信号和压力信号的检测及信号电路的组成,与典型控制环节电路组合就可以实现给水泵或排水泵的自动控制。消火栓泵和自动喷淋水泵的控制仅是控制信号的来源不同,其他控制是相同的。防排烟设施的控制比较简单,主要是火灾信号的检测和传递。

复习思考题 3

(1)试说明干簧继电器的工作原理。

(2)设计一个用电极式水位控制器控制的两台泵互为备用直接投入的控制电路。

(3)设计一个用电极式水位控制器控制的两台泵互为备用,Y-△降压启动,备用泵直接投入的控制电路。

(4)设计一个用电阻式水位控制器控制的两台泵互为备用直接投入的信号电路。

(5)消火栓泵的启动信号一般来自哪里?

(6)消火栓泵的消防启动按钮串联与并联各有什么优点?

(7)自动喷淋水泵的控制信号来自哪里?

(8)防、排烟调节阀一般要求有哪几种驱动方式?

4 空调与制冷系统的电气控制

空气调节是一门维持室内良好热环境的技术。良好的热环境是指能满足实际需要的室内空气温度、相对湿度、流动速度、洁净度等。空气调节(简称空调)系统的任务就是根据使用对象的具体要求,使上述参数部分或全部达到规定的指标。空气调节离不开冷、热源,因此,制冷装置是空调系统中的主要设备。

空气调节是一门专门的学科,有着极为丰富的专业内容。由于篇幅所限,本章仅以部分实例,介绍空调与制冷系统电气控制的基本内容和系统分析。

4.1 空调系统的分类与设备组成

4.1.1 空调系统的分类

空调系统的分类方法并不完全统一,这里仅介绍按空气处理设备的设置情况进行分类。

1)**集中式系统**

将空气处理设备(过滤、冷却、加热、加湿设备和风机等)集中设置在空调机房内,将空气处理后,由风管送入各房间的系统。这种空调系统应设置集中控制室。图 4.1 为其中的一种类型,广泛应用于需要空调的车间、科研所、影剧院、火车站、百货大楼等不需要单独调节的公共建筑中。

2)**分散式系统(也称局部系统)**

将整体组装的空调器(带冷冻机的空调机组、热泵机组等)直接放在空调房间内或放在空调房间附近,每个机组只供一个或几个房间使用。这种系统广泛应用于医院、宾馆等需要局部调节空气的房间及民用住宅。

3)半集中式系统

集中处理部分或全部风量,然后送往各房间(或各区),在各房间(或各区)再进行处理的系统。这种系统广泛应用于医院、宾馆等大范围需要空调,但又需局部调节的建筑中。在高层建筑工程中,常将集中式系统和半集中式系统统称为中央空调系统。根据建筑物的用途、规模和使用特点,中央空调可以是单一的集中式系统或单一的风机盘管加新风系统,或既有集中式系统,又有风机盘管加新风系统。

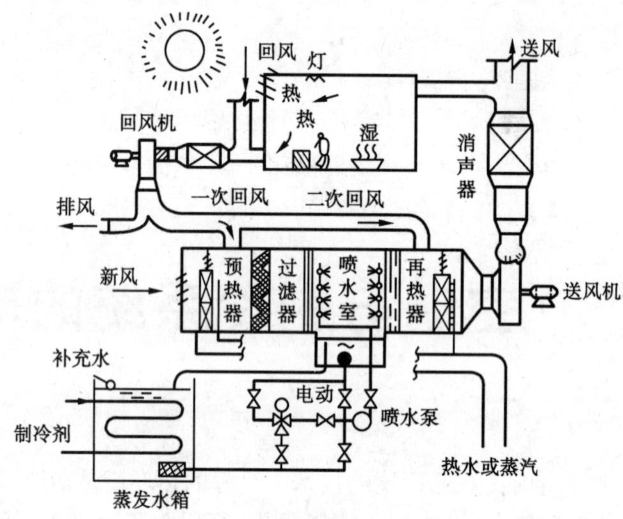

图4.1 集中式空调系统示意图

4.1.2 空调系统的设备组成

典型的空调方法是将经过空调设备处理而得到一定参数的空气送入室内(送风),同时从室内排除相应量的空气(排风)。在送、排风的同时作用下,就能使室内空气保持要求状态。以图4.1为例,空调系统一般由以下几个部分组成:

1)空气处理设备

其作用是将送风处理到一定的状态。它主要由空气过滤器、表面式冷却器(或喷水冷却器)、加热器、加湿器等设备组成。

2)冷源和热源

这是空气处理过程中所必须的。热源是提供用来加热送风空气所需要的"热能"的装置。常用的热源有提供蒸汽(或热水)的锅炉或直接加热空气的电热设备。一般向空调建筑物(或建筑群)供热的锅炉房,同时也向生产设备和生活设施供热,所以它不是专为空调配套的。冷源则是提供冷却送风空气所需的"冷能"的装置,目前用得较多的是蒸汽压缩式制冷装置,而这些制冷装置往往是专为空调的需要而设置的,所以空调与制冷常常是不可分的。

3)空调风系统

其作用是将新风从空气处理设备通过风管送到空调房间内,同时将相应量的排风从室内通过另一风管送至空气处理设备再重复使用,或者排至室外。输送空气的动力设备是通风机。

4）空调水系统

它包括将冷水（冷冻水）从制冷装置输送至空气处理设备的水管系统和制冷装置的冷却水系统（包括冷却塔和冷却水水管系统）。输送水的动力设备是水泵。因此，系统设置有冷水泵、冷却水泵及冷却塔的风机。

5）控制、调节装置

由于空调、制冷系统的工作状况是随室外空气状态和室内情况的变化而变化，所以要经常对它们的有关装置进行调节。这一调节过程可以是人工进行的，也可以是自动控制的，不论是哪一种方式，都要配备一定的调节设备和装置。

只有通过正确的设计、制造、安装和调试上述5个部分的装置，并对它们进行科学的运行管理，这一空调、制冷系统才能取得满意的工作效果。

4.2 空调系统常用的调节装置

空调系统运行的控制和调节，一般是由自动调节装置来完成。自动调节装置由敏感元件、调节器、执行调节机构等组成。但各种器件种类很多，本节仅介绍与电气控制实例有联系的几种。

4.2.1 敏感元件

用来检测被调节参数大小并输出信号的部件叫做敏感元件，也称为检测元件、传感器或一次仪表。敏感元件装在被调房间内，它可以把感受到的房间温度（或相对湿度）信号经导线输送给调节器，由调节器与给定信号比较发出是否调节的指令，该指令由执行调节机构执行，从而达到调节房间温度、湿度的目的。

1）电接点水银温度计（干球温度计）

电接点水银温度计有两种类型：固定接点式，其接点温度值是固定的，结构简单；可调接点式，其接点位置可通过给定机构在表的量限内调整。

可调接点式水银温度计外形见图4.2，它和一般水银温度计不同处在于毛细管上部有扁形玻璃管，玻璃管内装一根螺丝杆，丝杆顶端固定着一块扁铁，丝杆上装有一个扁形螺母，螺母上焊有一根细钨丝通到毛细管里，温度计顶端装有永久磁铁调节帽，有两根导线从顶端引出，一根导线与水银相连，另一根导线与钨丝相连。它的刻度分上下两段，上段用作调整给定值，由扁形螺母指示；下段为水银柱的实际读数。进行调整时，可转动调节帽，则固定扁铁被吸引而旋转，丝杆也随着转动，扁形螺母因为受到扁形玻璃管的约束不能转动，只能沿着丝杆上下移动。扁形螺母在上段刻度指示的位置即是所需整定的温度值，此时钨丝下端在毛细管中的位置刚好与扁形螺母指示位置对应。当温包受热时，水银柱上升，与钨丝接触后，即电接点接通。

电接点若通过稍大电流时，不仅水银柱本身发热影响到测温、调温的准确性，而且在接点断开时所产生的电弧，将烧坏水银柱面和玻璃管内壁。因此，为了降低水银柱的电流负荷，将其电接点接在晶体三极管的基极回路，利用晶体三极管的电流放大作用来解决上述问题。

2)湿球温度计

将电接点水银温度计的温包包上细纱布,纱布的末端浸在水里,由于毛细管的作用,纱布将水吸上来,使温包周围经常处于湿润状态,此种温度计称为湿球温度计。

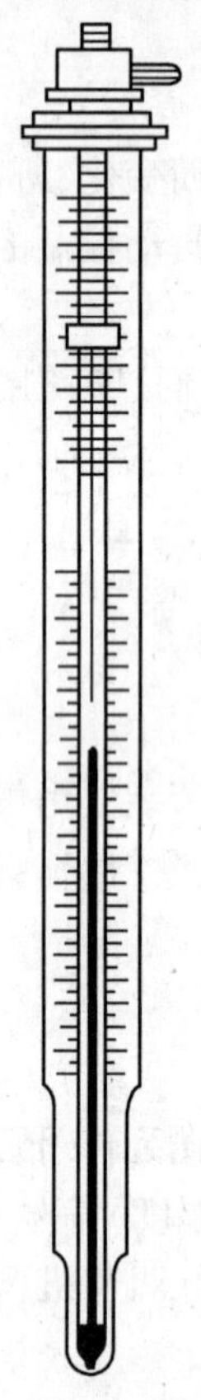

图4.2 电接点水银温度计

当使用干、湿球温度计同时去检测空调房间空气状态时,在两温度计的指示值稳定以后,同时读出干球温度计和湿球温度计的读数。由于湿球上水分蒸发吸收热量,湿球表面空气层的温度下降,因此,湿球温度一般总是低于干球温度。干球温度与湿球温度之差叫做干、湿球温度差,它的大小与被测空气的相对湿度有关,空气越干燥,其温度差就越大。若处于饱和空气中,则干、湿球温度差等于零。所以,在某一温度下,干、湿球温度差也就对应了被检测房间的相对湿度。

3)热敏电阻

半导体热敏电阻是由某些金属(如镁、镍、铜、钴等)氧化物的混合物烧结而成的。它具有很高的负电阻温度系数,即当温度升高时,其阻值急剧减小。其优点是温度系数比铂、铜等电阻大10~15倍。一个热敏电阻元件的阻值也较大,达数千欧,故可产生较大的信号。

热敏电阻具有体积小、热惯性小、坚固等优点。目前RC-4型热敏电阻较稳定,广泛应用于室温的测定。

4)湿敏电阻

湿敏电阻从机理上可分为两类:第一类是随着吸湿、放湿的过程,其本身的离子发生变化而使其阻值发生变化,属于这类的有吸湿性盐(如氯化锂)、半导体等;第二类是依靠吸附在物质表面的水分子改变其表面的能量状态,从而使内部电子的传导状态发生变化,最终也反映在电阻阻值变化上,属于这一类的有镍铁以及高分子化合物等。

氯化锂湿敏电阻是目前应用较多的一种高灵敏的感湿元件,具有很强的吸湿性能,而且吸湿后的导电性与空气湿度之间存在着一定的函数关系。

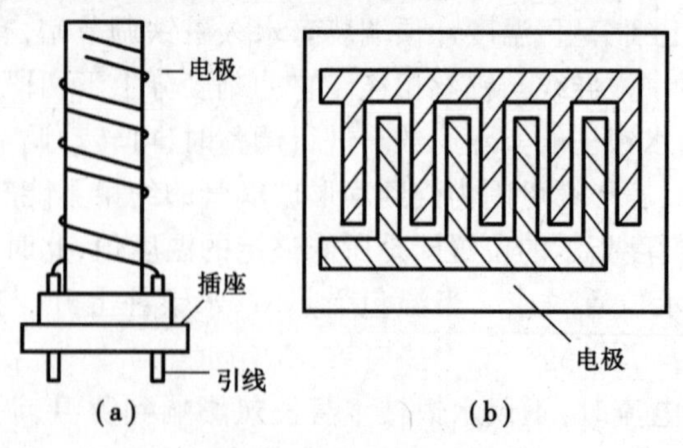

图4.3 湿敏电阻外形

(a)柱状;(b)梳状

湿敏电阻可制成柱状和梳状(板状),见图 4.3 所示。柱状是利用两根直径 0.1 mm 的铂丝,平行绕在玻璃骨架上形成的。梳状是用印刷电路板制成两个梳状电路,将吸湿剂氯化锂均匀地混合在水溶性黏合剂中,组成感湿物质,并把它均匀地涂敷在柱状(或梳状)电极体的骨架(或基板)上,做成一个氯化锂湿敏电阻测头。

将测头置于被测空气中,当空气的相对湿度发生变化时,柱状电极体上的平行铂丝(或梳状电极)间氯化锂电阻随之发生改变。用测量电阻的调节器测出其变化值就可以反映其湿度值。

4.2.2　执行调节机构

凡是接受调节器输出信号而动作,再控制风门或阀门的部件称为执行机构,如接触器、电动阀门的电动机等部件。而对于管道上的阀门、风道上的风门等称为调节机构。执行机构与调节机构组装在一起,成为一个设备,这种设备可称为执行调节机构,如电磁阀、电动阀等。

1)**电动执行机构**

电动执行机构是接受调节器送来的信号,去改变调节机构的位置。电动执行机构不但可实现远距离操纵,还可以利用反馈电位器实现比例调节和位置(开度)指示。

电动执行机构的型号虽有数种,但其结构大同小异。现仅以 SM 型为例做介绍,它是由电容式单相异步电动机、减速箱、终端开关和反馈电位器组成。电路见图 4.4,图中 1,2,3 接点接反馈电位器,将 1,2,3 接点再接到调节器的输入端,可以实现按比例调节规律调节。如采用双位调节时,则可不用此电位器。4,5,6 与调节器的输出触点相接,当 4,5 两端点间加220 V 交流电时,电动机正转,当 5,6 两端点加 220 V 交流电时,电动机反转。电动机转动后,由减速箱减速并带动调节机构(如电动风门、电动调节阀等),另外还能带动反馈电位器中间臂移动,将调节机构移动的角度用阻值反馈回去。同时,在减速箱的输出轴上装有两个凸轮用来操纵终端开关(位置可调),限制输出轴转动的角度。即在达到要求的转角时,凸轮拨动终端开关,使电动机自动停下来,这样,既可保护电动机,又可以在风门转动的范围内,任意确定风门的终端位置。

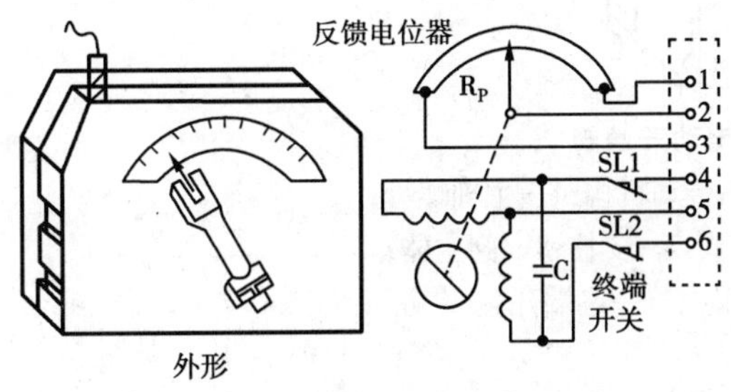

图 4.4　电动执行机构

2)**电动调节阀**

电动调节阀分为电动两通阀和电动三通阀两种,三通阀结构见图 4.5。与电动执行机构不同点是本身具有阀门部分,相同点是都有电容式单相异步电动机、减速器和终端开关等。

当接通电源后,电动机通过减速机构、传动机构将电动机的转动变成阀芯的直线运动,随着电动机转向的改变,使阀门向开启或关闭方向运动。当阀芯处于全开或全闭位置时,通过终端开关自动切断执行电动机的电源,同时接通指示灯以显示阀门的终端位置。若和上述电动执行机构组合,可以实现按比例调节规律调节。

电动调节阀也有只能实现全开和全关两种状态的电动两通阀或电动三通阀,当阀芯全部打开时,电动机为堵转运行,是应用了特制的磁滞电动机拖动的,其堵转电流为工作电流。当电动机断电时,利用弹簧的反弹力而旋转关闭,此类电动调节阀只能实现按双位调节规律调节。

3)**电磁阀**

电磁阀分为两通阀、三通阀和四通阀,两通电磁阀应用最广泛,两通电磁阀的结构见图4.6,其工作原理是利用电磁线圈通电产生的电磁吸力将阀芯提起,而当电磁线圈断电时,阀芯在其本身的自重作用下自行关闭。因此,两通电磁阀只能垂直安装。电磁阀与多数电动调节阀不同点是,它的阀门只有全开和全关两种状态,没有中间状态,只能实现按双位调节规律调节。一般应用在制冷系统和蒸汽加湿系统。电磁导阀与其他主阀组合,也可实现比例调节。

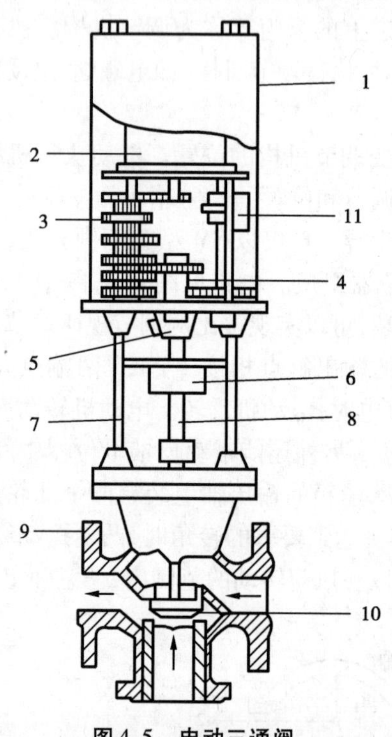

图4.5　电动三通阀

1—机壳;2—电动机;3—传动机构;4—主轴螺母;
5—主轴;6—弹簧联轴节;7—支柱;8—阀主体;
9—阀体;10—阀芯;11—终端开关

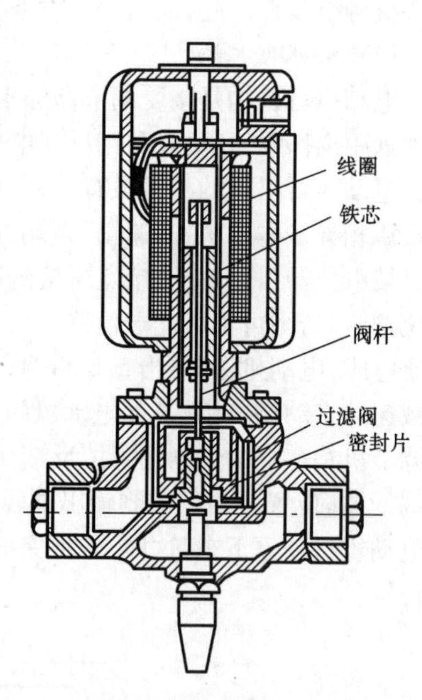

图4.6　电磁两通阀

4.2.3　调节器

接受敏感元件的输出信号并与给定值比较,然后将测出的偏差变为输出信号,指挥执行调节机构,对调节对象起调节作用,并保持调节参数不变或在给定范围内变化的这种装置称为调节器,又称二次仪表或调节仪表。

1)SY **型调节器**

SY 型调节器由两组电子电路和继电器组成,由同一电源变压器供电,其电路见图 4.7。上部为第一组,电接点水银温度计接在 1,2 两点上。当被测温度等于或超过给定温度时,敏感元件的电接点水银温度计接通 1,2 两点,V_1 处于饱和导通状态,使集电极电位提高,故 V_2 管处于截止状态,小型灵敏继电器 KE1 释放(不吸合);而当温度低于给定值时,1,2 两点处于断开状态,V_1 管处于截止状态,V_2 管基极电位较低,V_2 管工作在导通状态,继电器 KE1 吸合,利用继电器 KE1 的触点去控制执行调节机构(电动阀或电磁阀),就可实现温度的自动调节。实际上就是一个将只能通过小电流的电接点水银温度计触点放大,转换成一个稍大点的电流触点调节器,此调节器只能实现双位调节。

图中下面部分为第二组,8,9 两点接电接点湿球温度计,其工作原理与上面相同。两组配合,可在恒温恒湿机组中实现恒温恒湿的控制。

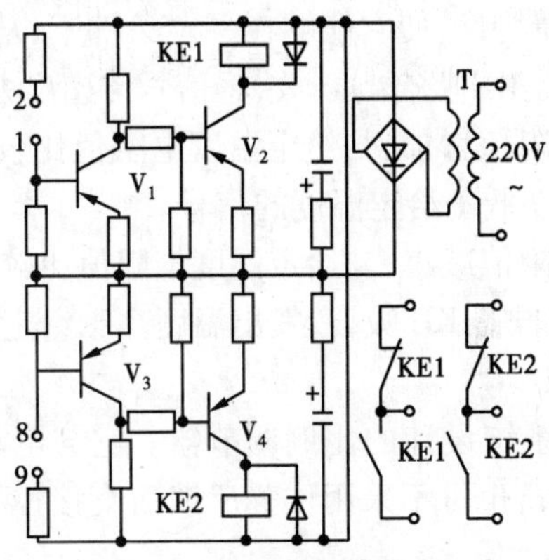

图 4.7　SY 型位式调节器

2) RS **型室温调节器**

RS 型室温调节器可用于控制风机盘管等空调末端装置,按双位调节规律控制恒温。调节器电路见图 4.8。由晶体三极管 V_1 构成测量放大电路,V_2,V_3 组成典型的双稳态触发电路,通过继电器 KE 的触点转换而实现输出。实际上就是一个将电阻阻值变化转换成触点输出的调节器。

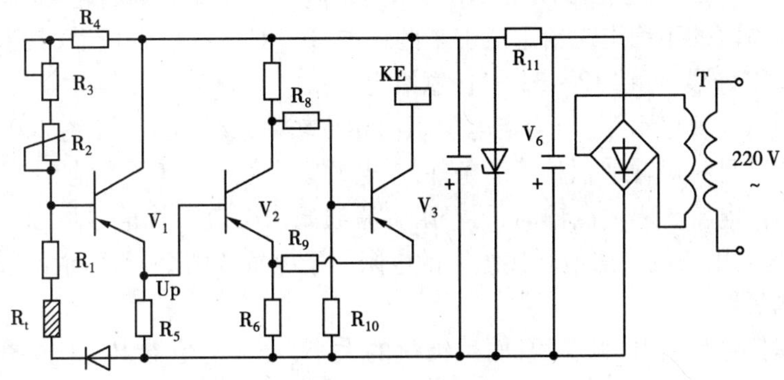

图 4.8　RS 型调节器

(1)测量放大电路

敏感元件是热敏电阻 R_T,它与电阻 R_1,R_2,R_3,R_4 组成 V_1 的分压式偏置电路。当室温变化时,R_T阻值就发生变化,因而可改变 V_1 基极电位,进而使 V_1 发射极电位 U_P发生变化,U_P用来控制下面的双稳态触发器。R_2是改变温度给定值的电位器,改变其阻值可使调节器的动作温度改变。R_3是安装时的调校电阻。

当 R_T处的温度降低时,R_T阻值增加,V_1 管基极电流 I_{b1} 增加,使 V_1 管发射极电流增加,则

电阻 R_5电压降增加,发射极电位 U_P降低。反之,当 R_T处的温度增加时,R_T阻值减小,V_1 基极电流小,发射极电流也减小,使 U_P上升。

(2)双稳态触发电路

V_2 管的集电极电位通过 R_8,R_{10}分压支路耦合到 V_3 管的基极,而 V_3 管的发射极经 R_9和共用发射极电阻 R_6耦合到 V_2 管的发射极,由于是这样一种耦合方式,故称为发射极耦合的双稳态触发器。

触发电路是由两级放大器组成,放大系数大于 1,R_6 具有正反馈作用。电路具有两个稳定状态:即 V_2 截止、V_3 饱和导通;或者 V_2 饱和导通、V_3 截止。由于反馈回路有一定的放大系数,所以此电路有强烈的正反馈特性,使它能够在一定条件下,从一个稳定状态迅速地转换到另一个稳定状态,并通过继电器 KE 吸合与释放,将信号传递出去。

当 R_T处的温度降低时,R_T阻值增加,与给定温度电阻值比较,使 U_P降低,V_2 饱和导通、V_3 截止,继电器 KE 释放,发出温度低于给定温度的信号。

当 R_T处的温度增加时,R_T阻值减小,与给定温度电阻值比较,使 U_P上升,当 U_P上升到一定值时,V_2 截止、V_3 饱和导通,继电器 KE 吸合,发出温度高于给定温度的信号。

3)P 系列调节器

P 系列调节器是专为空调系统设计的比例调节器。它与电动调节阀配套使用,在取得位置反馈时,可构成连续比例调节,也可不采用位置反馈而直接控制接触器或电磁阀等,实现三位式输出。

该系列调节器有若干种型号,适合用于不同要求的场合。如 P-4A 是温度调节器,P-4B 是温差调节器,可作为相对湿度调节;P-5A 是带温度补偿的调节器。P 系列各型调节器除测量电桥稍有不同外,其他大体相同,故下面仅对图 4.9 所示的 P-4A 型调节器电路进行分析。

(1)直流测量电桥

电桥 1,2 两点的电源是由整流器供给的直流电,电桥的作用是:

①通过电位器 R_{V3}调节温度给定值,由于采用了同时改变两相邻臂电阻的方法,所以可减少因滑动点接触电阻的不稳定对给定值带来的误差,R_{V3}安装在仪表板上,其上刻有给定的温度,比如 12 ~32 ℃量限,可在 12 ~32 ℃任意给定。

②通过电阻 R_T(敏感元件)与给定电阻阻值相比较测量偏差信号(约 200 μV/0.07 ℃)。这是由于当不能满足相对臂乘积相等的条件,使电桥成为不平衡工作状态时,就会输出一个偏差信号。此信号由电桥 3,4 两点输出,再经阻容滤波滤去交流干扰信号后送入运算放大电路放大。电阻 R_T是采用三线接法使联接线路的电阻属于电桥的两个臂,以消除线路电阻随温度变化而造成的测量误差。

③位置反馈信号是由 R_P实现的,而反馈量的大小,可由电位器 R_{V1}来调整。R_P与执行机构联动,因此两者位置相对应,当电桥不平衡时,执行机构动作,对被测量的温度进行调节,同时带动 R_P,使电桥处于新的平衡状态,执行机构的电动机就停止转动,不至于调节过度。

④R_{V2}是安装时的调校电位器。

(2)运算放大电路

运算放大电路采用集成电路,该放大电路利用 R_{11}和 R_{V4}构成负反馈式比例放大器,放大倍数虽然降低了,但却增大了调节器的稳定性,同时通过改变放大倍数可以改变调节器的灵敏度,电容 C_6 反馈到输入端,最大限度地降低了干扰。电位器 R_V为放大器的校零电位器。

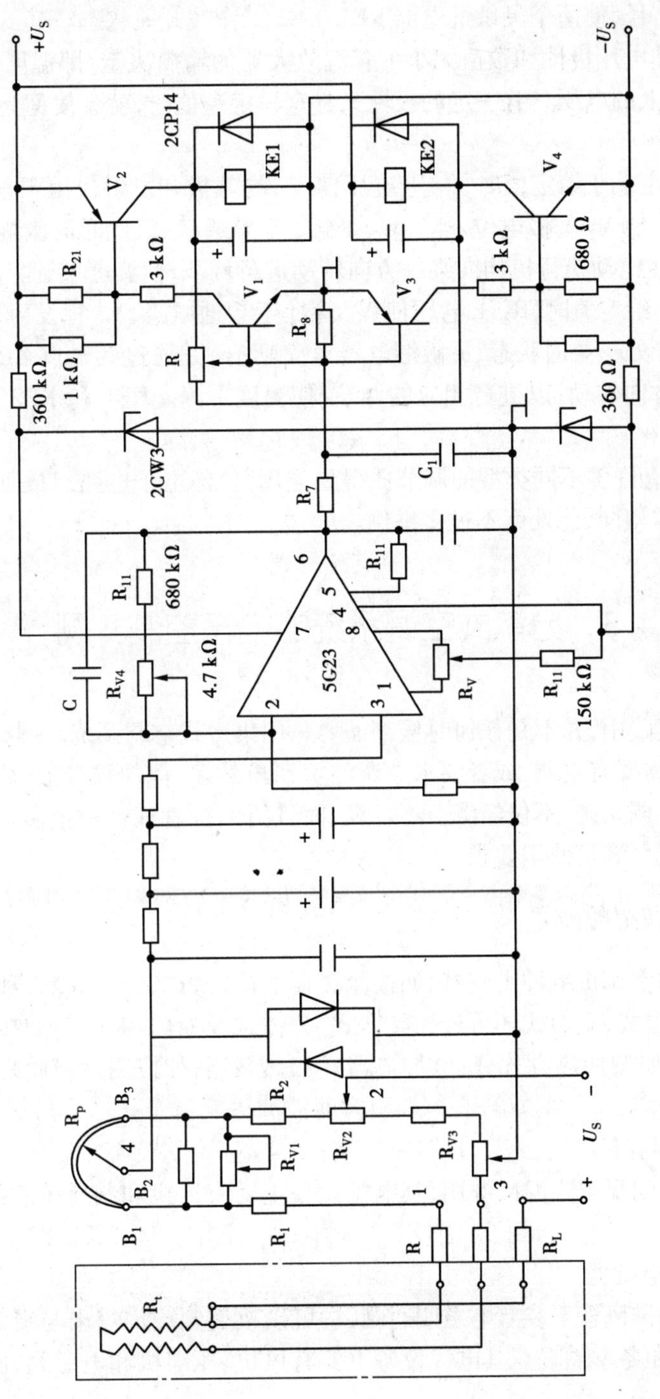

图 4.9 P-4A型调节器电路

(3)输出电路

输出电路由晶体三极管 V_1,V_2,V_3,V_4 组成,它将直流放大器输出渐变的电压信号,转变为一个跳变的电压信号,使两个灵敏继电器 KE1,KE2 工作在开关状态。其工作过程是前级输出电压加在 R_8 上,其电压极性和数值大小由直流放大器的输出决定,即温度偏差的方向和大小来决定的。当 R_8 上的电压具有一定的极性又具有一定数值时,就会使 V_1 或 V_3 处于导通状态。

例如,当被测温度低于给定值时,R_8 上电压使 V_1 的基极和发射极处于正向导通状态,V_1 管导通,通过电阻 R_{21} 使 V_2 基极电位下降,V_2 管也处于导通状态,此时灵敏继电器 KE1 吸合,并通过其触点 KE1 使电动执行机构向某一方向转动进行调节,使温度上升。

当被测温度高于给定值时,R_8 上电压使 V_3 管处于导通状态,V_3 管发射极与集电极间的电压降减少,使 V_4 管处于导通状态,灵敏继电器 KE2 吸合,并通过其触点 KE2 使电动执行机构向与前述相反的方向转动,以进行相应的调节,使温度下降。KE1 和 KE2 两个继电器可组合成三位式输出。

在实际工程中,有许多不同类型的调节器得到应用,虽然电子电路组成不同(多数为集成电路),但其功能基本相同,此处就不过多举例。

4.3 分散式空调系统的电气控制实例

在空调工程的实践中,并不是任何时候都需要采用集中式空调系统。例如,在一个大建筑物中,只有少数房间需要有空调,或者要求空调的房间虽然多,但却很分散,彼此相距较远,如果仍然采用集中式空调系统,不仅经济上不合算,而且给运行管理带来很多不方便,这时若采用分散式空调系统就可满足使用要求。

4.3.1 分散式空调机组的种类

目前我国生产的空调机组种类较多,如按冷凝器的冷却方式分:水冷式和风冷式;如按外型结构分:立柜式和窗式,立柜式还可分为整体式、分体式及专门用途等;如按电源相数分:单相电源和三相电源;如按加热方式分:电加热器式和热泵型;如按用途不同来分,大体有以下几种:

(1)冷风专用空调器

作为一般空调房间夏季降温减湿用,其电气设备主要有风机和制冷压缩机。其电动机电源有单相和三相的。

(2)热泵冷风型空调器

其特点是压缩机排风管上装有电磁四通阀,它可以改变制冷剂流出与吸入的管路连接状态,以实现夏季降温和冬季供暖。其电气设备主要有风机、压缩机和电磁阀,电动机电源有单相和三相。

(3)恒温恒湿机组

这种机组能自动调节空气的温度和相对湿度,以满足房间在不同季节的恒温恒湿要求,其电气设备除了风机和压缩机之外,还设置有电加热器、电加湿器和自动控制设备等。

4.3.2 恒温恒湿机组的电气控制实例

冷风专用空调器和热泵冷风空调器在室温和相对湿度自动调节方面一般没有特殊要求，通常采用开停机组的方法来实现对室温的调节，所以控制电路较简单。而恒温恒湿机组对温度和相对湿度控制要求却较高，种类也很多，此处仅以KD10型空调机组为例，介绍系统中的主要设备及控制方法。

1）**系统组成及主要设备**

空调机组控制系统如图4.10所示。按其功能，主要设备由制冷、空气处理和电气控制三部分组成。

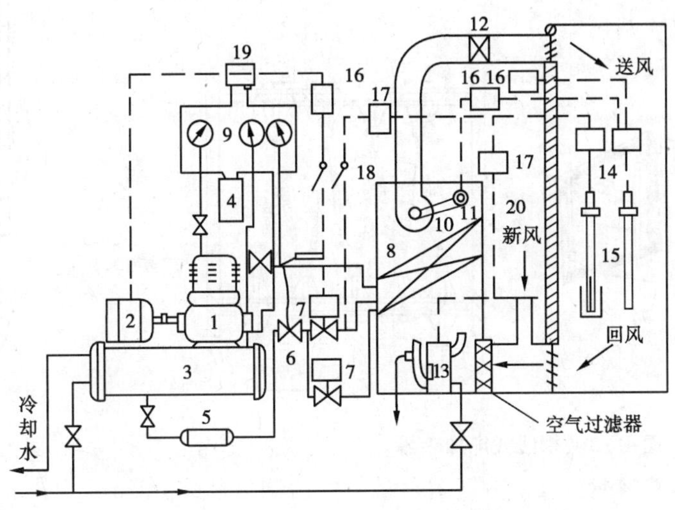

图4.10 空调机组控制系统

1—压缩机；2—电动机；3—冷凝器；4—分油器；5—滤污器；6—膨胀阀；7—电磁阀；8—蒸发器；9—压力表；10—风机；11—风机电动机；12—电加热器；13—电加湿器；14—调节器；15—电接点干湿球温度计；16—接触器触点；17—继电器触点；18—选择开关；19—压力继电器触点；20—开关

（1）制冷部分

制冷部分是机组的冷源，主要由压缩机、冷凝器、膨胀阀和蒸发器等组成（其制冷原理将在4.6节中介绍）。该系统应用的蒸发器是风冷式表面冷却器，为了调节系统所需的冷负荷，将蒸发器制冷剂管路分成两条，利用两个电磁阀分别控制两条管路的通和断，使蒸发器的蒸发面积全部或部分用上，以调节系统所需的冷负荷量。分油器、滤污器为辅助设备。

（2）空气处理部分

空气处理部分主要由新风采集口、回风口、空气过滤器、电加热器、电加湿器和通风机等设备组成。空气处理设备的主要任务是，将新风和回风经过空气过滤器过滤，处理成所需要的温度和相对湿度，以满足房间空调要求。

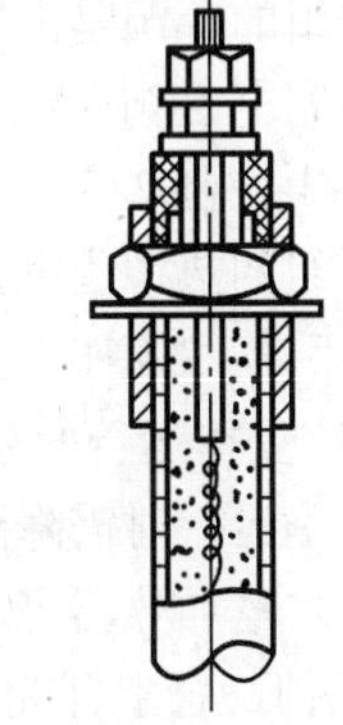

图4.11 管式电加热器

①电加热器按其构造不同可分为管式电加热器和裸线式电加热器。管式电加热器如图4.11，具有加热均匀、热量稳定、耐用和安全等优点，但其加热惰性大，结构复杂。裸线式电加热器如图4.12，它

具有热惰性小、加热迅速、结构简单等优点，但其安全性差。

②电加湿器是用电能直接加热水以产生蒸汽。用短管将蒸汽喷入空气中或将电加湿装置直接装在风道内，使蒸汽直接混入流过的空气。产生蒸汽所用的加热设备有电极式加湿器和管状加湿器，电极式加湿器如图4.13，是利用电极使水导电而加热，产生蒸汽喷出。管状加湿器相当于将管式电加热器经过防水绝缘处理后直接安放在水中进行加热产生蒸汽。

(3)电气控制部分

电气控制部分的主要作用是实现恒温恒湿的自动调节，主要有电接点式干、湿球水银温度计及SY调节器、接触器、继电器等。

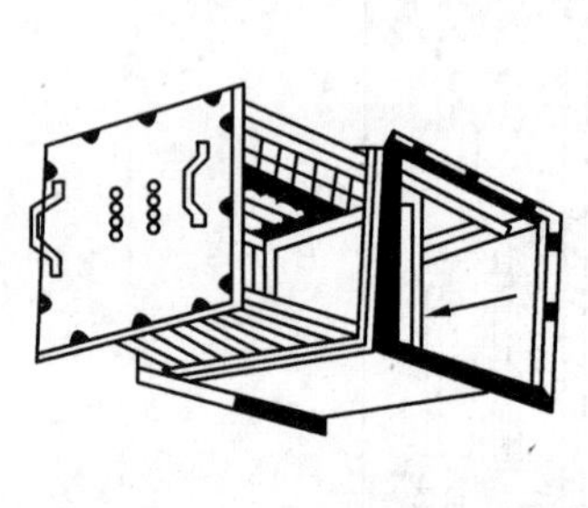

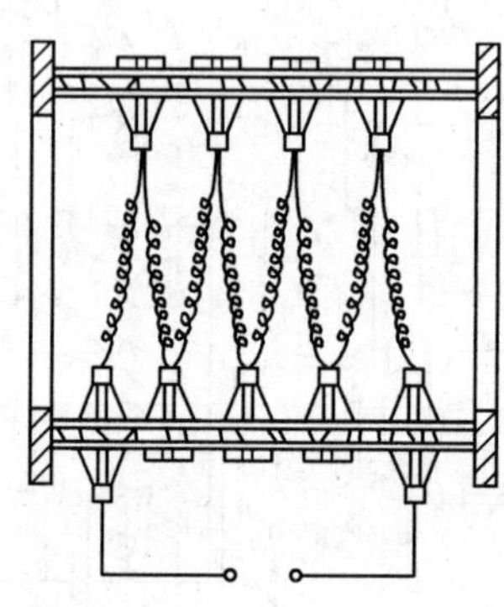

图4.12　裸线式电加热器

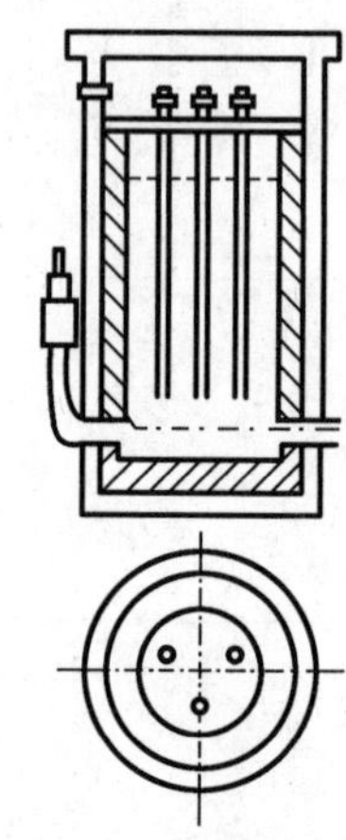

图4.13　电加湿器

2)电气控制电路分析

该空调机组电气控制电路见图4.14。它分为主电路、控制电路和信号灯与电磁阀控制电路三部分。

当空调机组需要投入运行时，合上电源总开关QS，所有接触器的上接线端子、控制电路U，V两相电源和控制变压器TC均有电。合上开关S1，接触器KM1得电吸合，其主触点闭合，使通风机电动机M1启动运行；辅助触点$KM1_{1,2}$闭合，指示灯HL1亮；$KM1_{3,4}$闭合，为温、湿度自动调节作好准备，此触点称为联锁保护触点，即通风机未启动前，电加热器、电加湿器等都不能投入运行，起到安全保护作用，避免发生事故。

机组的冷源是由制冷压缩机供给。压缩机电动机M2的启动由开关S2控制，其制冷量是利用控制电磁阀YV1，YV2来调节蒸发器的蒸发面积实现，由转换开关SA控制是否全部投入。YV1控制2/3的蒸发器蒸发面积，YV2控制1/3的蒸发器蒸发面积。

机组的热源由电加热器供给。电加热器分成3组，分别由开关S3，S4，S5控制。S3，S4，S5都有“手动”、“停止”、“自动”3个位置。当扳到“自动”位置时，可以实现自动调节。

(1)夏季运行的温、湿度调节

夏季运行时需降温和减湿，压缩机需投入运行，设开关SA扳在Ⅱ挡，电磁阀YV1，YV2全部受控。电加热器可有一组投入运行，作为精加热用，设S3，S4扳至中间“停止”挡，S5扳至“自动”挡。合上开关S2，接触器KM2得电吸合，其主触点闭合，制冷压缩机电动机M2启动运行，其辅助触点$KM2_{1,2}$闭合，指示灯HL2亮；$KM2_{3,4}$闭合，电磁阀YV1通电打开，蒸发器有2/3面积投入运行(另1/3面积受电磁阀YV2和继电器KA的控制)。由于刚开机时，室内的温度较高，敏感元件干球温度计 T 和湿球温度计 TW 接点都是接通的(T 的整定值比 TW 整定值稍高)，与其相接的调节器 SY 中的继电器 KE1 和 KE2 均不吸合，KE2 的常闭触点使继电器 KA 得电吸合，其触点 $KA_{1,2}$ 闭合，使电磁阀 YV2 得电打开，蒸发器全部面积投入运行，空调机组向室内送入冷风，实现对新空气进行降温和冷却减湿。

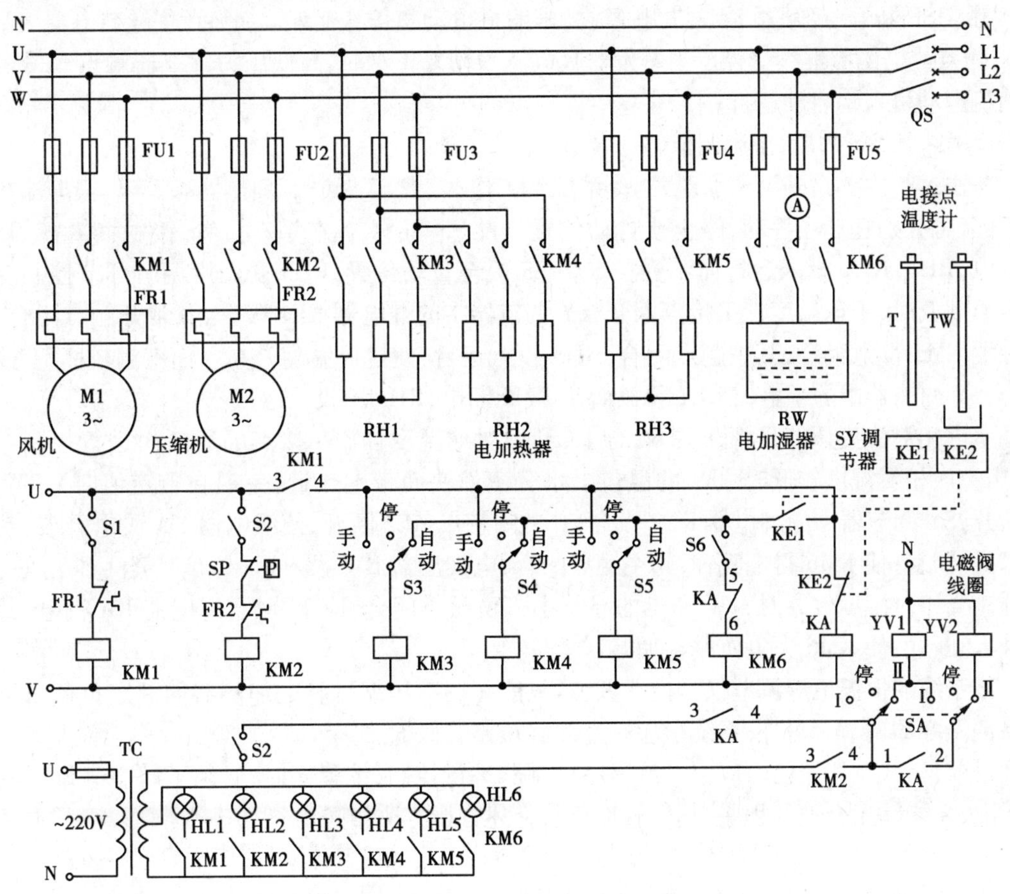

图 4.14　空调机组电气控制电路图

当室内温度或相对湿度下降，低到 T 和 TW 的整定值以下时，其电接点断开使调节器中的继电器 KE1 或 KE2 得电吸合，利用其触点动作可进行自动调节。例如，室温下降到 T 的整定值以下，T 接点断开，SY 调节器中的继电器 KE1 得电吸合，其常开触点闭合，使接触器 KM5 得电吸合，其主触点使电加热器 RH3 通电，对风道中被降温和减湿后的冷风进行精加热，其温度相对提高。

如室内温度一定，而相对湿度低于 T 和 TW 整定的温度差时，TW 上的水分蒸发快而带走热量，使 TW 接点断开，调节器 SY 中的继电器 KE2 得电吸合，其常闭触点 KE2 断开，使继电器 KA 失电，其常开触点 $KA_{1,2}$ 恢复，电磁阀 YV2 失电而关闭。蒸发器只有 2/3 面积投入运行，制冷量减少而使相对湿度升高。

从上述分析可知，当房间内干、湿球温度一定时，其相对湿度也就确定了。这里，每一个干、湿球温度差就对应一个湿度差，若干球温度保持不变，则湿球温度的变化就表示了房间内相对湿度的变化，只要能控制住湿球温度不变就能维持房间内的相对湿度恒定。

如果选择开关 SA 扳到“I”位置时，只有电磁阀 YV1 受调节，而电磁阀 YV2 不投入运行。此种状态可在春、夏交界和夏、秋交界制冷量需要较少的季节用，其原理与上述相同。

为了防止制冷系统压缩机吸气压力过高运行不安全和压力过低运行不经济，可利用高低压力继电器触点 SP 来控制压缩机的运行和停止。当发生高压超压或低压过低时，高低压力继电器触点 SP 断开，接触器 KM2 失电释放，压缩机电动机停止运转。此时，通过继电器 KA 的 $KA_{3,4}$触点使电磁阀继续受控。当蒸发器吸气压力恢复正常时，高低压力继电器触点 SP 恢复，压缩机电动机自动启动运行。

(2)冬季运行的温、湿度调节

冬季运行主要是升温和加湿，制冷系统不工作，需将 S2 断开。加热器有 3 组，根据加热量的不同，可分别选择在手动、停止或自动位置。设 S3 和 S4 扳在手动位置，接触器 KM3，KM4 均得电，RH1，RH2 投入运行而不受控。将 S5 扳至自动位置，RH3 受温度调节环节控制。当室内温度低时，干球温度计 T 接点断开，SY 调节器中的继电器 KE1 吸合，其常开触点闭合，使接触器 KM5 得电吸合，其主触点闭合，RH3 投入运行，使送风温度升高。如室温较高，T 接点闭合，SY 调节器中的继电器 KE1 释放而使 KM5 断电，RH3 不投入运行。

室内相对湿度调节是将开关 S6 合上，利用湿球温度计 TW 接点的通断而进行控制。例如，当室内相对湿度较低时，TW 的温包上水分蒸发快而带走热量(室温在整定值时)，TW 接点断开，SY 调节器中的继电器 KE2 吸合，其常闭触点 KE2 断开，使继电器 KA 失电释放，其触点 $KA_{5,6}$恢复，使 KM6 得电吸合，其主触点闭合，电加湿器 RW 投入运行，产生蒸汽对送风进行加湿。当相对湿度较高时，TW 和 T 的温差小，TW 接点闭合，KE2 释放，继电器 KA 得电，其触点 $KA_{5,6}$断开，使 KM6 失电而停止加湿。

该系统的恒温恒湿调节仅是位式调节，只能在制冷压缩机和电加热器的额定负荷以下才能保证温度的调节。另外，系统中还有过载和短路等保护。

目前，柜式空调器已经应用可编程序控制器进行控制，编程序时，必须了解空气调节的运行工况，才能编出合理的程序，其运行工况与上述分析方法相同。

4.4　半集中式空调系统的电气控制实例

半集中式系统是将各种非独立式的空调机分散设置，而将生产冷、热水的冷水机组或热水器和输送冷、热水的水泵等设备集中设置在中央机房内。风机盘管加独立新风系统是典型的半集中式系统，这种系统的风机盘管分散设置在各个空调房间内，而新风机可集中设置，也可分区设置，但都是要通过新风管道向各个房间输送经新风机作了预处理的新风。因此，独立新风系统又兼有集中式系统的特点。

4.4.1　风机盘管和新风系统的组成

1)空气处理设备

空气处理设备采用风机盘管和新风机，它们都是非独立式空调器，主要由风机、盘管式换热器和接水盘等组成。新风机还设有粗效过滤器。

(1)风机盘管

风机盘管分散设置在各个空调房间中,小房间设一台,大房间可设多台。它有明装和暗装两种。明装的多为立式,暗装的多为卧式,便于和建筑结构配合。暗装的风机盘管通常吊装在房间顶棚上方。风机盘管机组的风压一般很小,通常出风口不接风管。

(2)新风机

新风机相对集中设置,新风机是一种较大型的风机加盘管机组,专门用于处理和向各房间输送新风。新风是经管道送到各房间去的,因此要求新风机的风机有较高的压头。系统规模较大时,为了调节控制、管道布置和安装及管理维修方便,可将整个系统分区处理。例如按楼层水平分区或按朝向垂直分区等。有分区时,新风机宜分区设置。新风机有落地式和吊装式两种,宜设置在专用的新风机房内。也有吊装在走廊尽头顶棚的上方等。

(3)新风供给方式

房间新风的供给方式有两种:一种是通过新风送风干管和支管将新风机处理后的新风直接送入空调房间内,风机盘管只承担处理和送出回风,让两种风在空调房间内混合,称为新风直入式。另一种是新风支管将新风送入风机盘管尾箱,让新风与回风先在尾箱中混合,再经风机盘管处理送入房间,称为新风串接式,示意图见4.15。串接式方式要求风机盘管具有较大的送风量。各新风支管都应设置防火调节阀。

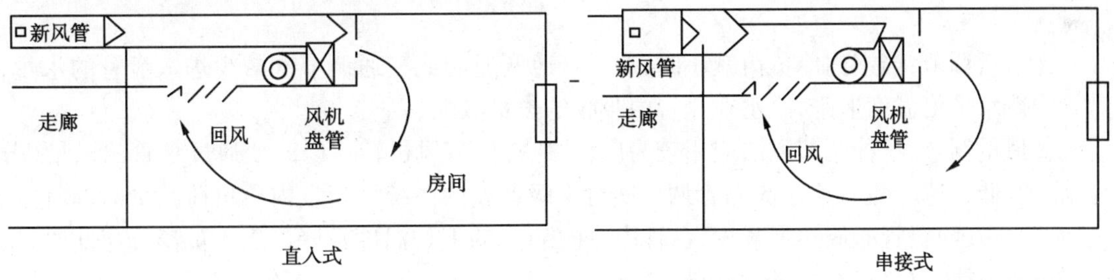

图4.15　新风直入式与串接式

(4)排风设施

客房一般设有卫生间,可在卫生间装顶棚式排风扇,用排风支管连接排风干管,对不设卫生间的房间,在房间适当的位置开设排风口和排风管连通,用排风机向室外排风,各排风支管也应设置防火调节阀。

2)冷、热媒供给方式

(1)双管制和四管制系统

风机盘管空调系统所用的冷媒、热媒是集中供应的。供水系统分为双管制系统和四管制系统。

①双管制系统:双管制系统由一根供水管和一根回水管组成,这种系统冬季供热水、夏季供冷水都在同一管路中进行。优点是系统简单,投资省;缺点是在过渡季节出现朝阳房间需要冷却,而背阳房间则需要加热时不能全部满足要求。一般可采取按房间朝向分区控制。

②四管制系统:四管制系统是冷、热水各用一根供水管和回水管,其机组一般有冷、热两组盘管,若采用建筑物内部热源的热泵提供热量时,运行也很经济。四管制系统初次投资较高,仅在舒适性要求很高的建筑物中采用。

(2)定水量和变水量系统

①定水量系统:这种系统各空调末端装置(盘管)采用受感温器控制的电动三通阀调节,

当室温没有达到设定值时,三通阀旁通孔关闭,直通孔开启,冷(热)水全部流经换热器盘管;当室温达到或低(高)于设定值时,三通阀直通孔关闭,旁通孔开启,冷(热)水全部流经旁通管直接流回回水管。因此,对总的系统来说水流量是不变。在负荷减少时,供、回水的温差会减少。

②变水量系统:这种系统各空调末端装置(盘管)采用受感温器控制的电动两通阀调节,当室温没有达到设定值时,两通阀开启,冷(热)水全部流经换热器盘管;当室温达到或低(高)于设定值时,两通阀关闭,换热器盘管中无冷(热)水流动。目前,新风机和冷暖风柜则采用按比例调节(开启度变化)的电动两通阀。

变水量系统为了在负荷减少时的供、回水能够平衡,应在中央机房的供、回水集管之间设置旁通管,在旁通管上装置压差电动两通阀。变水量系统宜设两台以上的冷水机组,目前采用变水量调节方式的较多。

4.4.2 风机盘管空调系统电气控制实例

1)室温调节方式

为了适应空调房间负荷的瞬变,风机盘管空调系统常用两种调节方式,即调节水量和调节风量。

①水量调节:当室内冷负荷减小时,通过直通两通阀或三通调节阀减少进入盘管的水量,盘管中冷水平均温度上升,冷水在盘管内吸收的热量减少。

②风量调节:这种调节方法应用较为广泛,通常调节风机转速以改变通过盘管的风量(分为高、中、低三速),也有应用晶闸管调压实行无级调速的系统。当室内冷负荷减少时,降低风机转速,空气向盘管的放热量减少,盘管内冷(热)水的平均温度下降。当人员离开房间时,还可将风机关掉,以节省冷、热量及电耗。

2)风机盘管空调的电气控制

(1)电子温控器控制电路

风机盘管空调的电气控制一般比较简单,只有风量调节的系统,其控制电路与电风扇的控制方式基本相同。此处仅以北京空调器厂生产的FP-5型机组为例,介绍电气控制的基本内容。电路图见图4.16。

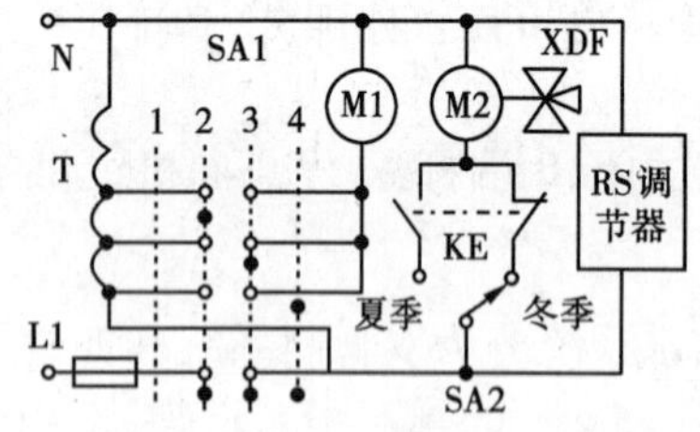

图4.16 风机盘管电路图

①风量调节:风机电动机M1为单相电容式异步电机,采用自耦变压器调压调速(也有三速电动机产品)。风机电动机的速度选择由转换开关SA1实现(也可用推键式开关)。SA1有4挡,1挡为停,2挡为低速,3挡为中速,4挡为高速。

②水量调节:供水调节由电动三通阀实现,M2为电动三通阀电动机,型号为XDF。由单相AC 220 V磁滞电动机带动的双位动作的三通阀,外形见图4.17。其工作原理是:电动机通电后,立即按规定方向转动,经减速齿轮带动输出轴,输出轴齿轮带一扇形齿轮,从而带动阀杆、阀芯动作。阀芯由A端向B端旋转时,使B端被堵住,而C至A的水路接通,水路系统向机组供水。此时,电动机处于带电停转状态,只有磁滞电动机才能满足这一要求。

当需要停止供水时,调节器使电机断电,此时由复位弹簧使扇形齿轮连同阀杆、阀芯及电动机同时反向转动,直至堵住A端为止。这时C至B变成通路,水经旁通管流至回水管,利于

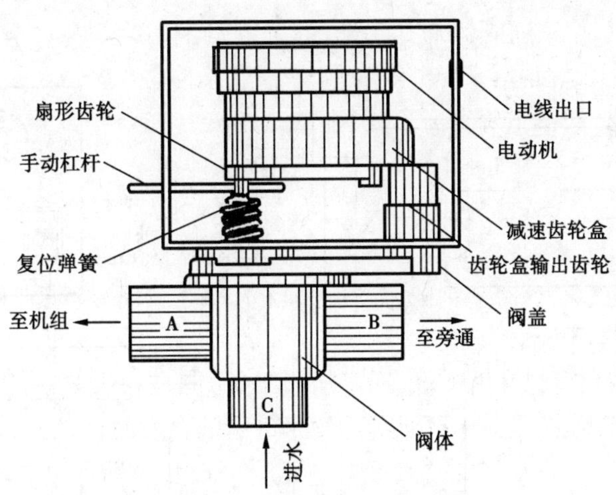

图 4.17 电动三通阀外形图

整个管路系统的压力平衡。

这种三通阀的开闭水路与电磁阀作用一样,不同点是电磁阀开闭时,阀芯有冲击,机械磨损快,而三通阀芯是靠转动开闭的,故冲击小,机械磨损小,使用寿命长。

该系统应用的调节器是 RS 型,KE 为 RS 型调节器中的灵敏继电器触头,由 4.2 节分析可知,当室内温度高于给定值时,热敏电阻阻值减小,继电器 KE 吸合,其触头动作。当室内温度低于给定值时,继电器 KE 释放,其触头复位。

为了适应季节变化,设置了季节转换开关 SA2,随季节的改变,在机组改变冷、热水的同时,必须相应改变季节转换开关的位置,否则系统将失调。

夏季运行时,SA2 扳至“夏”位置,水系统供冷水。当室内温度超过整定值时,RS 调节器中的继电器 KE 吸合,其常开触头闭合,三通阀电动机 M2 通电转动,打开 A 端,关掉 B 端,向机组供冷水。当室内温度下降低于给定值时,KE 释放,M2 失电,三通阀复位弹簧使 A 端关闭,B 端打开,停止向机组供冷水。

冬季运行时,SA2 扳至“冬”位置,水系统供热水。当室内温度低于给定值时,KE 不得电,其常闭触头使三通阀电动机 M2 通电转动,打开 A 端,关掉 B 端,向机组供热水。当室温上升超过给定值时,KE 吸合,其常闭触头断开而使 M2 失电,A 端关闭,B 端打开,停止向机组供给热水。

3)波纹管温控器控制电路

风机盘管温控开关由开关和波纹管(机械式)温控器组合而成。电路如图 4.18 所示,(a)为实际接线示意图,图中的 S1 为推键式电源和冷、热源转换开关,推键现推在热源挡的位置。S2 为风机高、中、低推键式三速开关,现推在中速挡的位置。ST 为温控开关的转换簧片的动、静触点;(b)为开关的外形图;(c)为双水管的接线图;(d)为四水管(两个盘管)时的接线图。

温控开关装于空调房间墙上,位置应选择在能准确感测室内的回风温度及方便操作处(可与灯开关并排安装)。外盖上的窗下装有双极充气波纹管(包)做感温元件。波纹管内充注的气体为感温剂,其压力随室温的波动而变化,压力使波纹管膨胀或收缩,膨胀时的压力驱动温控器的簧片 ST 动触点动作,簧片为转换式动触点,使两对静触点处于接通或断开状态。对盘管的电动阀实现接通或断开的控制,进而实现对温度的自动调节。收缩时,簧片利用弹性而复位。

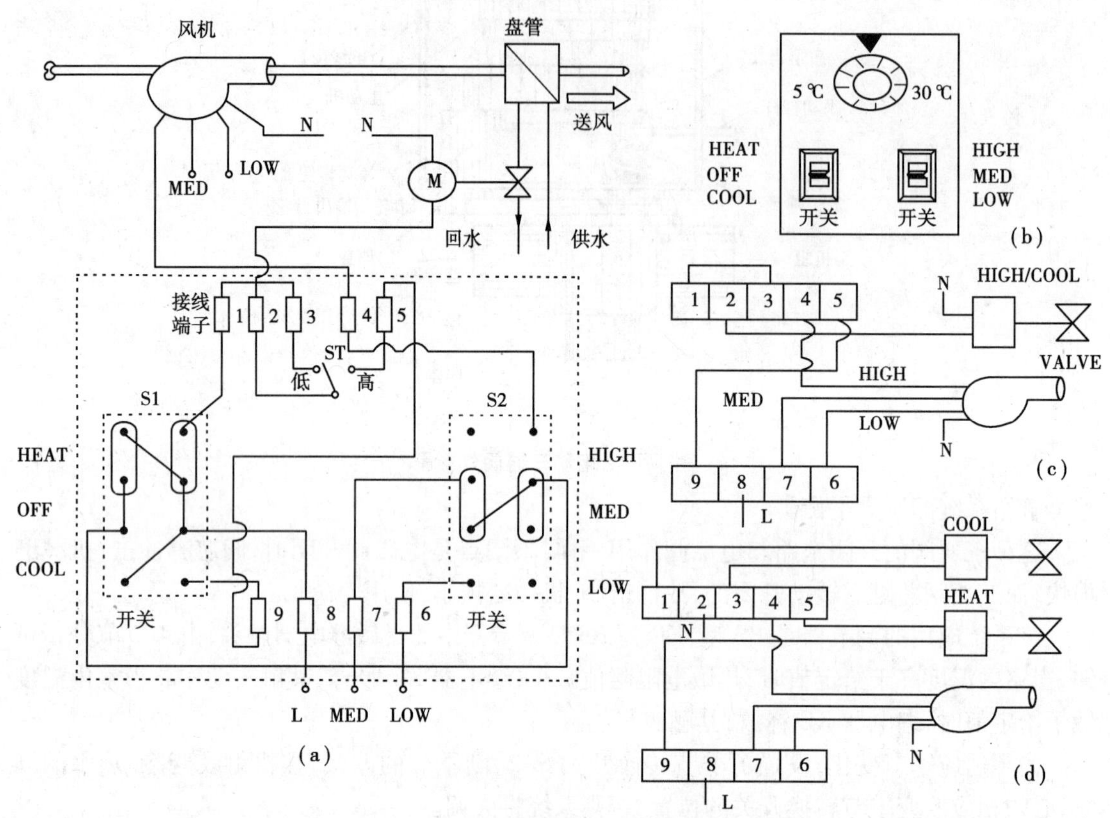

图 4.18　波纹管温控器控制电路

温控器的上方装有温度设定旋钮,在 5 ~30 ℃范围内可调,偏差约 0.5 ~0.8 ℃。下部左面装有季节转换和停止用的 S1 开关,S1 为 HEAT-OFF-COOL(热-停止-冷)三挡推键式开关,右面装有风机调速用的 S2 开关,S2 为 HIGH-MED-LOW(高-中-低)三挡推键式开关。当 S1 推到 HEAT 或 COOL 挡时,不论风机调速开关 S2 置于哪一挡,风机都将运转;盘管的电动阀是否开启,于温控器的触点状态及季节有关。

例如冬季,系统供热水,S1 置于 HEAT 挡,当温度低于温度旋钮设定值时,温控器的触点使 2 线和 3 线接通,盘管的电动阀开启,供热水升温;当温度高于温度旋钮设定值时,温控器的触点使 2 线和 3 线断开,盘管的电动阀关闭。同时,温控器的触点使 2 线和 5 线接通,但 S1 的 COOL 挡没有接通而无用。夏季,系统供冷水,S1 将置于 COOL 挡,系统工作状态可自行分析。

4.4.3　新风机控制

1)冷水盘管新风机控制

这种新风机仅用于夏季空调时处理新风,图 4.19 是它的控制示意图,图中 TE-1 为温度传感器,TC-1 为温度控制器,TV-1 为两通电动调节阀,PSD-1 为压差开关,DA-1 为风闸操纵杆。

(1)送风温度控制

装设在新风机送风管道内的温度传感器 TE-1 将检测的温度转化为电信号,并经连接导线传送至温控器 TC-1;TC-1 是一种比例加积分的温控器,它将其设定点温度与 TE-1 检测的温度相比较,并根据比较的结果输出相应的电压信号,送至按比例调节的电动二通阀,控制阀门开度,按需要改变盘管冷水流量,从而使新风送风温度保持在所需要的范围内。但要注意,电动调节阀应与送风机启动器联锁,当切断送风机电路时,电动阀应同时关闭。

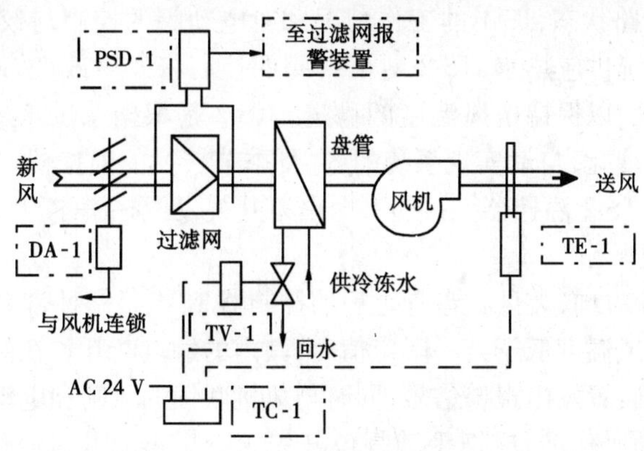

图 4.19　冷水盘管新风机控制示意图

(2)风量调节

新风进风管道设风闸,通过风闸操纵杆可手动改变风闸开度,以按需要调节新风量。若新风量不需要调节,只需要控制新风进风管道的通与闭,则可在新风入口处设置双位控制的风闸 DA-1,并令其与送风机联锁,当送风机启动时,风闸全开。

(3)空气过滤网透气度检测

空气过滤网透气度是用压差开关 PSD-1 检测的,当过滤网积尘过多,其两侧压差超过压差开关设定值时,其内部触点接通报警装置(指示灯或蜂鸣器)电路报警,提示需更换或清洗过滤网。

2)冷、热水两用盘管新风机的控制

这种新风机用于全年处理新风,其盘管夏季通冷水,冬季通热水。图 4.20 是它的控制示意图。其中,TS-1 为带手动复位开关的降温断路温控器;TS-2 是能实现冬、夏季节转换的箍型安装的温控器,其余与图 4.19 基本相同。

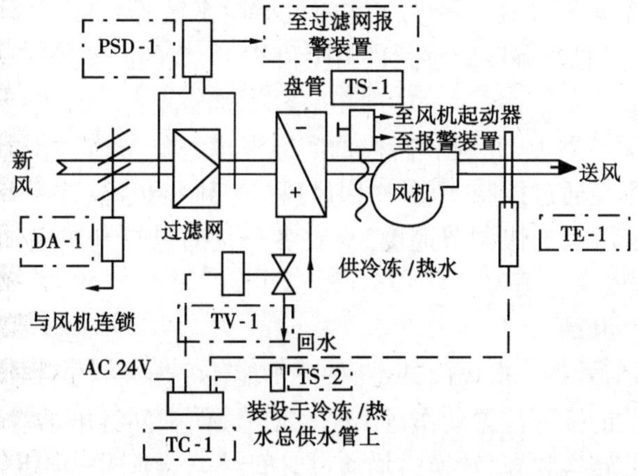

图 4.20　冷、热水两用盘管新风机的控制示意图

(1)冬夏季节转换控制

在新风送风温控器TC-1的某两个指定的接线柱上,外接一个单刀双掷型温控器TS-2,其温度传感器装设于冷、热水总供水管上,即可对系统进行冬季/夏季的季节转换。在夏季,系统供应冷水,TS-2处于断路状态,TS-1的工作情况和对电动阀的控制与仅在夏季通冷水时的盘管控制相同;在冬季系统供应热水,TS-2对电动阀的控制将发生改变,即当送风温度下降时,令电动阀阀门开度增大,以保持送风温度的稳定。TS-2是根据总供水(由夏季的冷水改变为冬季的热水时)水温的变化,自动实现系统的冬、夏季节转换的温控器。冬夏的季节转换也可以用手动控制,只需将TS-2温控器换接为一个单刀开关,夏季令其断开,冬季令其闭合即可。

(2)降温断路控制

图4.20中,顺气流方向,装设在盘管之后的控制器TS-1是一种带有手动复位开关的降温断路温控器,在新风送风温度低于某一限定值时,其内的触点断开。切断风机电路使风机停止运转,并使相应的报警装置发出报警信号,同时与风机联锁的风闸和电动调节阀也关闭。降温断路温控器在系统重新工作前,应把手动复位杆先压下后再松开,使已断开的触点复位而闭合。这种温控器设置直读式度盘,温度设定点可通过调整螺丝进行调整,调整范围为2~7℃。温控器的感温包置于盘管表面。

4.5 集中式空调系统的电气控制实例

集中式空调系统的电气控制分为系列化设备和非系列化设备2种,本节仅以某单位的非系列化的集中式空调的电气控制作为实例,了解其运行工况及分析方法。

4.5.1 集中式空调系统电气控制特点

该系统能自动地调节温、湿度和自动地进行季节工况的自动转换,做到全年自动化。开机时,只需按一下风机启动按钮,整个空调系统就能自动投入正常运行(包括各设备之间的程序控制、调节和季节的转换);停机时,只要按一下空调风机停止按钮,就可以按一定程序停机。

空调系统自控原理见图4.21。系统在室内放有两个敏感元件,其一是温度敏感元件RT(室内型镍电阻);其二是相对湿度敏感元件RH和RT组成的温差发送器。

1)**温度自动控制**

RT接至P-4A型调节器上,此调节器根据实际温度与给定值的偏差,对执行机构按比例规律进行控制。在夏季是通过控制一、二次回风风门来维持恒温(当一次风门关小时,二次风门开大,既防止风门振动,又加快调节速度)。在冬季是通过控制二次加热器(表面式蒸汽加热器)的电动两通阀开度实现恒温。

2)**温度控制的季节转换**

夏转冬:当按室温信号将二次风门开足时,还不能使空气温度达到给定值,则利用风门电动执行机构的终端开关的极限位置动作送出一个信号,使中间继电器动作,以实现工况转换。但为了避免干扰信号使转换频繁,转换时均通过时间继电器延时。如果在整定的时间内恢复了原工作制(终端开关复原),该转换继电器还未动作,则不进行转换。

冬转夏:由冬季转入夏季是利用加热器的电动两通阀关足时的终端开关送出一个信号,经

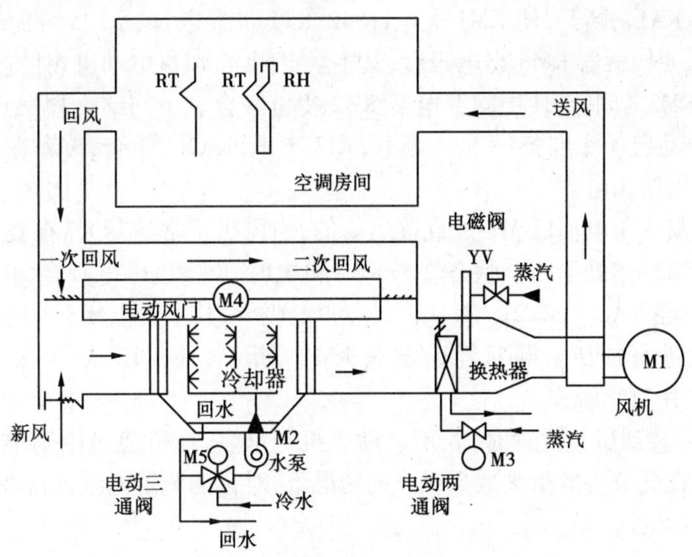

图 4.21　集中式空调系统自控原理示意图

延时后自动转换。

3) **相对湿度控制**

相对湿度控制是通过 RH 和 RT 组成的温差发送器，反映房间内相对湿度的变化，将此信号送至冬、夏共用的 P-4B 型温差调节器。此调节器根据实际情况按比例规律控制执行调节机构。在夏季，是利用控制喷淋水的（或者控制表面式冷却器的冷冻水）温度实现降湿的，其相对湿度较高，需应用冷却减湿，通过调节电动三通阀而改变冷冻水与循环水的比例，使空气在进行冷却减湿的过程中满足相对湿度的要求（温度用二次风门再调节）。

冬季是利用表面式蒸汽加热器加热升温的，相对湿度较低，需采用喷蒸汽加湿。系统是按双位规律控制，通过高温电磁阀控制蒸汽加湿器达到湿度控制。

4) **湿度控制的季节转换**

夏转冬：当相对湿度较低时，利用电动三通阀的冷水端全关足时送出一电信号，经延时后，使转换继电器动作，以使系统转入到冬季工况。

冬转夏：当相对湿度较高时，利用 P-4B 型调节器的上限电接点送出一电信号，经延时后，进行转换。

4.5.2　集中式空调系统的电气控制分析

1) **风机、水泵电机的控制**

空调系统的电气控制电路图见图 4.22 所示。在运行前，进行必要的检查后，合上电源开关 QS，并将其他选择开关置于自动位置。

风机的启动：风机电动机 M1 是利用自耦变压器降压启动的。按下风机启动按钮 SB1 或 SB2，接触器 KM1 得电吸合，其主触点闭合，将自耦变压器三相绕组的零点接到一起，同时辅助触点 $KM1_{1,2}$闭合，自锁；$KM1_{5,6}$断开，互锁。$KM1_{3,4}$闭合又使接触器 KM2 得电吸合，其主触点闭合，使自耦变压器接通电源，风机电动机 M1 接自耦变压器降压启动。同时，时间继电器 KT1 也得电吸合，其触点 $KT1_{1,2}$ 延时闭合，使中间继电器 KA1 得电吸合。中间继电器触点

$KA1_{1,2}$闭合，自锁；$KA1_{3,4}$断开，使 KM1 失电，KM2，KT1 也失电，风机电动机 M1 切除自耦变压器。$KA1_{5,6}$闭合又使接触器 KM3 得电吸合，其主触点闭合，风机电动机 M1 全压运行。同时接触器的辅助触点 $KM3_{1,2}$闭合，使中间继电器 KA2 得电吸合。中间继电器触点 $KA2_{1,2}$闭合，为水泵电动机 M2 自动启动作准备；$KA2_{3,4}$断开；L32 无电；$KA2_{5,6}$闭合，SA1 在运行位置时，L31 有电，为自动调节电路送电。

水泵的启动：喷水泵电动机 M2 是直接启动的，当风机正常运行时，在夏季需冷冻水的情况下，中间继电器 $KA6_{1,2}$处于闭合状态。当 KA2 得电时，KT2 也得电吸合，其触点 $KT2_{1,2}$延时闭合，接触器 KM4 经 $KA2_{1,2}$，$KT2_{1,2}$，$KA6_{1,2}$触点得电吸合，其主触点闭合使水泵电动机 M2 直接启动，对冷冻水进行加压。同时辅助触点 $KM4_{1,2}$ 断开，使 KT2 失电；$KM4_{3,4}$ 闭合，自锁。$KM4_{5,6}$为按钮启动用自锁触头。

转换开关 SA1 转到试验位置时，若不启动风机与水泵，也可通过中间继电器 $KA2_{3,4}$为自动调节电路送电，在既节省能量又减少噪声的情况下，对自动调节电路进行调试。在正常运行时，SA1 应转到运行位置。

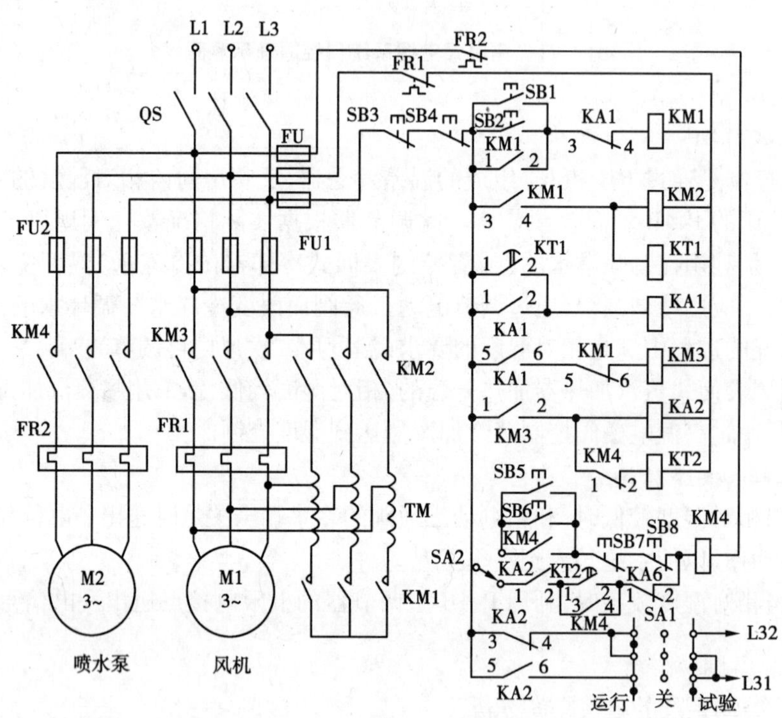

图 4.22 集中式空调系统的电气控制电路图

空调系统需要停止运行时，可通过停止按钮 SB3 或 SB4 使风机及系统停止运行，并通过 $KA2_{3,4}$触头为 L32 送电，整个空调系统处于自动回零状态。

2）**温度自动调节及季节自动转换**

温度自动调节及季节自动转换电路见图 4.23。敏感元件 RT 接在 P-4A 调节器端子板 XT1，XT2，XT3 上，P-4A 调节器上另外 3 个端子 XT4，XT5，XT6 接二次风门电动执行机构电机 M4 的位置反馈电位器 RM4 和电动两通阀 M3 的位置反馈电位器 RM3 上。KE1，KE2 触点为 P- 4A 调节器中继电器的对应触点。

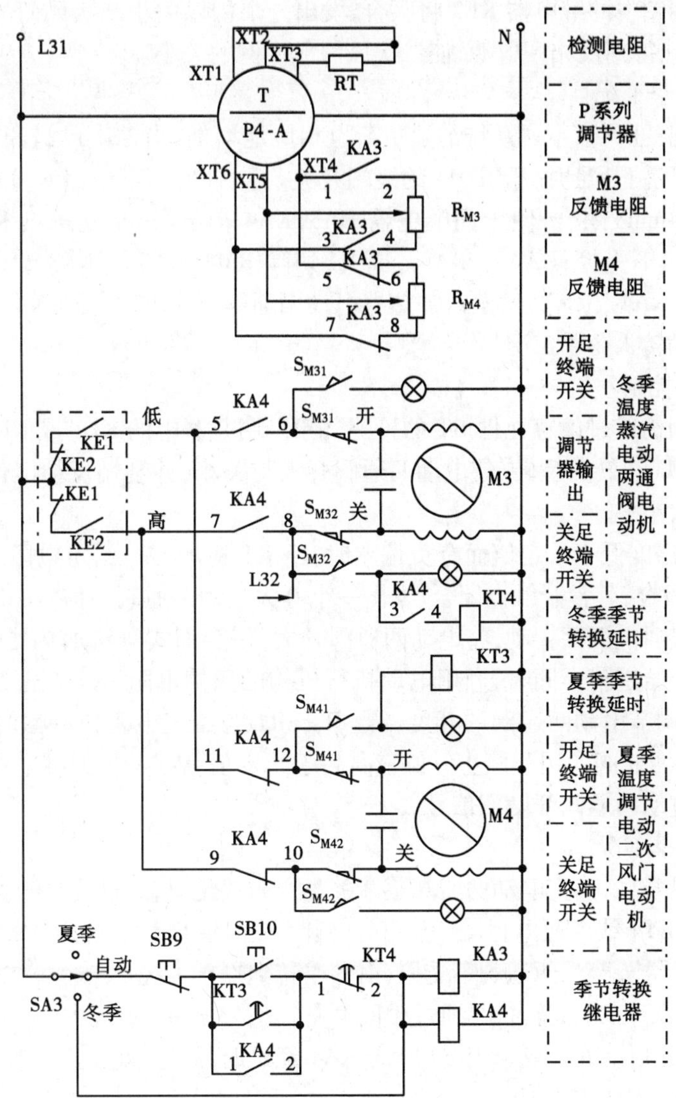

图4.23　温度自动调节电路图

(1)夏季温度调节

将转换开关SA3置于自控位置。若正处于夏季,二次风门一般不处于开足状态。时间继电器KT3线圈不会得电,中间继电器KA3,KA4线圈也不会得电。这时,一、二次风门的执行机构电机M4通过$KA4_{9,10}$和$KA4_{11,12}$常闭触头处于受控状态。通过敏感元件RT检测室温,传递给P-4A调节器进行自动调节一、二次风门的开度。

例如,当实际温度低于给定值而有负偏差时,经RT检测并与给定电阻值比较,使调节器中的继电器KE1吸合,其常开触点闭合,发出一个用以开大二次风门和关小一次风门的信号。M4经KE1常开触点和$KA4_{11,12}$触点接通电源而转动,将二次风门开大,一次风门关小。利用二次回风量的增加来提高被冷却后的新风温度,使室温上升到接近于给定值。同时,利用电动执行机构的反馈电阻RM4与温度检测电阻的变化相比较,成比例的调节一、二次风门开度。当RM4,RT与给定电阻值平衡时,P-4A中的继电器KE1失电,一、二次风门调节停止。如室温高于给定值，P-4A 中的继电器 KE2 将吸合，发出一个用以关小二次风门的信号，M4 经 KE2 常开触点和 $KA4_{9,10}$得到反相序电源，使二次风门成比例的关小。

(2)夏季转冬季工况

随着室外气温的降低，空调系统的热负荷也相应地增加，当二次风门开足时，仍不能满足要求时，通过二次风门开足时，压下 M4 的终端开关 S_{M41}，使时间继电器 KT3 线圈通电吸合，其触点 $KT3_{1,2}$延时(4min)闭合，使中间继电器 KA3，KA4 得电吸合，其触点 $KA4_{9,10}$，$KA4_{11,12}$断开，使一、二次风门不受控；$KA3_{5,6}$，$KA3_{7,8}$断开，切除 RM4；$KA3_{1,2}$，$KA3_{3,4}$闭合，将 RM3 接入 P-4A回路；$KA4_{5,6}$，$KA4_{7,8}$闭合，使蒸汽加热器电动两通阀电机 M3 受控；$KA4_{1,2}$闭合，自锁。系统由夏季工况自动转入冬季工况。

(3)冬季温度控制

冬季温度控制仍通过敏感元件 RT 的检测，P-4A 调节器中的 KE1 或 KE2 触点的通断，使电动两通阀电机 M3 正转与反转，使电动两通阀开大与关小，并利用反馈电位器 R_{M3}按比例规律调整蒸汽量的大小。

例如，当实际温度低于给定值而有负偏差时，经 RT 检测并与给定电阻值比较，使调节器中的继电器 KE1 吸合，其常开触点闭合，发出一个开大电动两通阀的信号。M3 经 KE1 常开触点和 $KA4_{5,6}$触点接通电源而转动，将电动两通阀开大，使表面式蒸汽加热器的蒸汽量加大，使室温上升到接近于给定值。同时，利用电动执行机构的反馈电阻 R_{M3}与温度检测电阻的变化相比较，成比例的调节电动两通阀的开度。当 R_{M3}，RT 与给定电阻值平衡时，P-4A 中的继电器 KE1 失电，电动两通阀的调节停止。如室温高于给定值，P-4A 中的继电器 KE2 将吸合，发出一个用以关小电动两通阀开度的信号。

(4)冬季转夏季工况

随着室外气温升高，蒸汽电动两通阀逐渐关小。当关足时，通过终端开关 S_{M32}送出一个信号，使时间继电器 KT4 线圈通电，其触点 $KT4_{1,2}$延时(约 1 ~ 1.5 h)断开，KA3，KA4 线圈失电，此时一、二次风门受控，蒸汽两通阀不受控，由冬季转到夏季工况。

从上述分析可知，工况的转换是通过中间继电器 KA3，KA4 实现的。当系统开机时，不管实际季节如何，系统则是处于夏季工况(KA3，KA4 经延时后才通电)。如当时正是冬季，可通过 SB10 按钮强迫转入冬季工况。

3)湿度控制环节及季节的自动转换

相对湿度检测的敏感元件是由 RT 和 RH 组成温差发送器，该温差发送器接在 P-4B 调节器 XT1，XT2，XT3 端子上，通过 P-4B 调节器中的继电器 KE3，KE4 触点(为了与 P-4A 调节器区别，将 P 系列调节器中的继电器 KE1，KE2 编为 KE3，KE4)的通断，在夏季，通过控制冷冻水温度的电动三通阀电机 M5，并引入位置反馈 R_{M5}电位器，构成比例调节；在冬季则通过控制喷蒸汽用的电磁阀或电动两通阀实现。控制电磁阀只能构成双位调节，控制线路简单，控制效果不如控制电动两通阀好。湿度自动调节及季节转换电路见图 4.24。

(1)夏季相对湿度的控制

夏季相对湿度控制是通过电动三通阀来改变冷水与循环水的比例，实现增冷减湿的。如室内相对湿度较高时，由敏感元件发送一个温差信号，通过 P-4B 调节器放大，使继电器 KE4 吸合，使控制三通阀的电机 M5 得电，将电动三通阀的冷水端开大，循环水关小。表面式冷却器中的冷冻水温度降低，进行冷却减湿，接入反馈电阻 R_{M5}，实现比例调节。室内相对湿度较低时，通过敏感元件检测和 P-4B 中的继电器 KE3 吸合，将电动三通阀的冷水端关小，循环水开大，冷冻水温度相对提高，相对湿度也提高。

(2)夏季转冬季工况

当室外气温变冷，相对湿度也较低，则自动调节系统就会使表面式冷却器的电动三通阀中的冷水端关足。利用电动三通阀关足时，M5 终端开关 S_{M52} 的动作，使时间继电器 KT5 得电吸合，其触点 $KT5_{1,2}$ 延时(4 min)闭合，中间继电器 KA6，KA7 线圈得电，其触点 $KA6_{1,2}$ 断开，KM4 失电，水泵电机 M2 停止运行；$KA6_{3,4}$ 闭合，自锁；$KA6_{5,6}$ 断开，向制冷装置发出不需冷源的信号；$KA7_{1,2}$，$KA7_{3,4}$ 闭合，切除 R_{M5}；$KA7_{5,6}$，$KA7_{7,8}$ 断开，使电动三通阀电机 M5 不受控；$KA7_{9,10}$ 闭合，喷蒸汽加湿用的电磁阀受控；$KA7_{11,12}$ 闭合，时间继电器 KT6 受控，进入冬季工况。

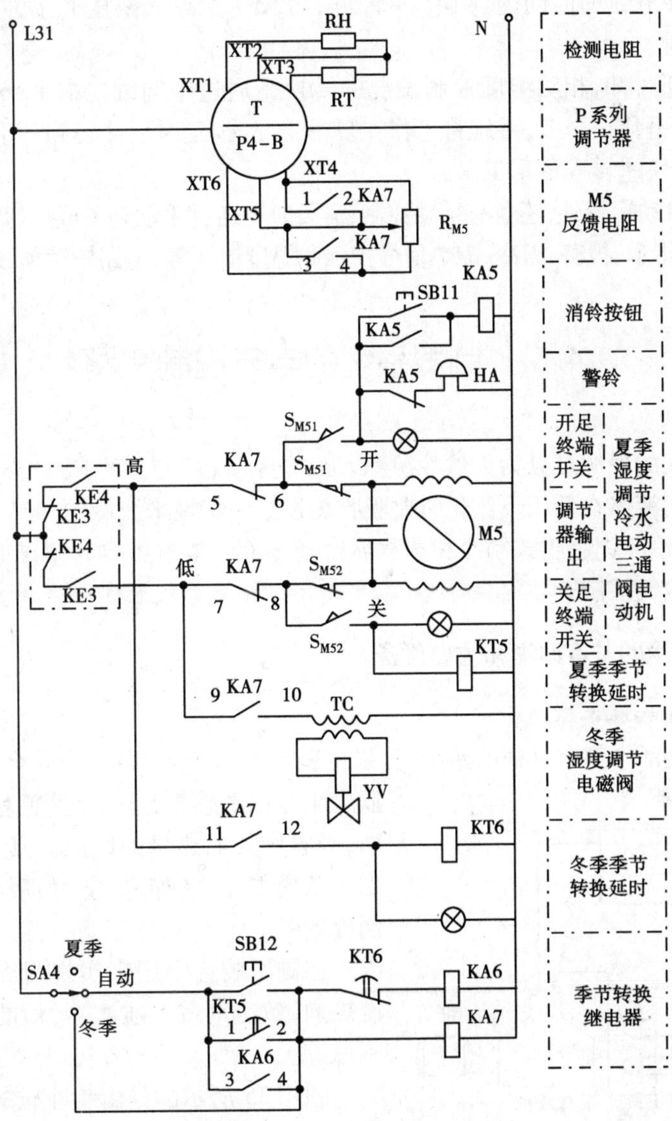

图 4.24　湿度自动调节电路图

(3)冬季相对湿度控制

在冬季,加湿与不加湿的工作是由调节器P-4B中的继电器KE3触点实现的。当室内相对湿度较低时,调节器KE3线圈得电,其常开触点闭合,降压变压器TC通电(220/36 V),使高温电磁阀YV通电,打开阀门喷射蒸汽进行加湿。此为双位调节,湿度上升后,调节器KE3失电,其触点恢复,停止加湿。

(4)冬季转夏季工况

随着室外空气温度升高,新风与一次回风混合的空气相对湿度也较高,不加湿也出现高湿信号,调节器中的继电器KE4线圈得电吸合,使时间继电器KT6线圈得电,其触点$KT6_{1,2}$经延时(1.5 h)断开,使中间继电器KA6,KA7失电,证明长期存在高湿信号,应使自动调节系统转到夏季工况。如果在延时时间内,$KT6_{1,2}$未断开,而KE4触点又恢复了,说明高湿信号消除,则不能转入夏季工况。

通过上述分析可知,相对湿度控制工况的转换是通过中间继电器KA6,KA7实现的。当系统开机时,不论是什么季节,系统将工作在夏季工况,经延时后才转到冬季工况。按下SB12按钮,可强迫系统快速转入冬季工况。

系统除保证自动运行外,还备有手动控制,需要时可通过手动开关或按钮实现手动控制。另外,系统还有若干指示、报警、需冷、需热信号指示和温度遥测等,电路较简单,此处从略不叙。

4.6 制冷系统的电气控制实例

空调工程所用的冷源可分为天然冷源和人工冷源两种。人工制冷的方法有许多种,目前广泛使用的是利用液体在低压下汽化时要吸收热量这一特性来制冷的。属于这一类制冷装置的有压缩式制冷、溴化锂吸收式制冷和蒸汽喷射制冷等。本节主要介绍压缩式制冷的基本原理和制冷系统的电气控制。

4.6.1 压缩式制冷的基本原理和主要设备

1)压缩式制冷的基本原理

在我们日常生活中都有这样的感受,如果皮肤上涂上一点酒精,它就会很快挥发,并给皮肤带来凉快的感觉,这是因为酒精由液态变为气态时,吸收皮肤上热量的缘故。其实,凡是液体汽化都要从周围介质(如水、空气)吸收热量,从而得到制冷效果。

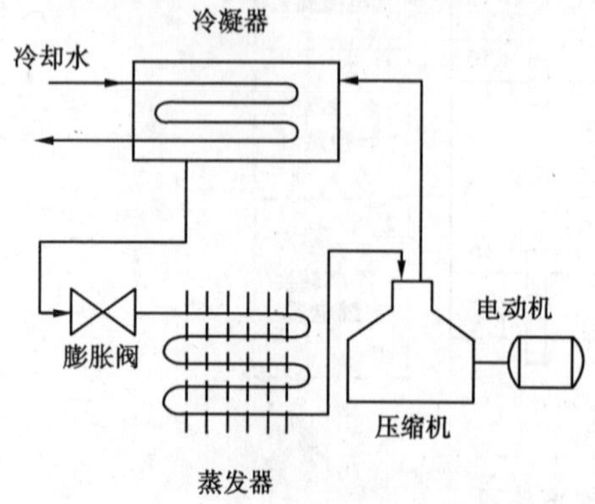

图4.25 压缩式制冷循环图

在制冷装置中用来实现制冷的工作物质称为制冷剂(致冷剂或工质)。常用的制冷剂有氨和氟利昂等。

图4.25所示的是由制冷压缩机、冷凝器、膨胀阀(节流阀或毛细管)和蒸发器4个主件以及管路等构成的最简单的蒸汽压缩式制冷装置,装置内充有一定质量的制冷剂。

工作原理:当压缩机在电动机驱动下运行时就能从蒸发器中将温度较低的低压制冷剂气体吸入气缸内,经过压缩后成为压力、温度较高的气体被排入冷凝器;在冷凝器内,高压高温的制冷剂气体与常温条件的水(或空气)进行热交换,把热量传给冷却水(或空气),而使本身由气体凝结为液体;当冷凝后的液态制冷剂流经膨胀阀时,由于该阀的孔径极小,使液态制冷剂在阀中由高压节流至低压进入蒸发器;在蒸发器内,低压低温的制冷剂液体的状态是很不稳定的,立即进行汽化(蒸发)并吸收蒸发器水箱中水的热量,从而使喷水室回水重新得到冷却又成为冷水(冷冻水),蒸发器所产生的制冷剂气体又被压缩机吸走。这样制冷剂在系统中要经过压缩、冷凝、节流和蒸发等过程才完成一个制冷循环。

由上述制冷剂的流动过程可知,只要制冷装置正常运行,在蒸发器周围就能获得连续和稳定的冷量,而这些冷量的取得必须以消耗能量(例如电动机耗电)作为补偿。

2)压缩式制冷系统的主要设备

制冷压缩机通过消耗由电动机转换来的机械能,一方面压缩蒸发器排除的低压制冷剂蒸汽,使之升压到在常温下冷凝所需的冷凝压力,同时也提供了制冷剂在系统中循环流动所需的动力。可以说,它是蒸汽压缩式制冷系统的心脏。

按工作原理分制冷压缩机有容积式和离心式。容积式压缩机是通过改变工作腔的容积来完成吸气、压缩、排气的循环工作过程,常用的压缩机有螺杆式和活塞式。离心式压缩机则是靠离心力的作用来压缩制冷剂蒸汽的,常用于大型中央空调制冷设备中。

制冷系统除具有压缩机、冷凝器、膨胀阀和蒸发器4个主要部件以外,为保证系统的正常运行,尚需配备一些辅助设备,包括油分离器(分离压缩后的制冷剂蒸汽所夹带的润滑油)、储液器(存放冷凝后的制冷剂液体,并调节和稳定液体的循环量)、过滤器和自动控制器件等。此外,氨制冷系统还配有集油器和紧急泄氨器等;氟里昂制冷系统还配有热交换器和干燥器等。

4.6.2　螺杆式冷水机组的电气控制

不同型号的冷水机组其控制电路是不同的,而且差别也比较大,如果不了解其运行工况,识读控制电路图的难度是比较大的。首先,冷水机组的保护环节比较多,而且保护环节大多数是非电量的检测,比如吸、排气的压力、温度,润滑油的压力、温度,冷(冻)水与冷却水的压力、温度和流量,以及压缩机本身的能量调节等。其次是冷水机组的控制器件多数已经是电子化了,电子器件与电磁器件的工作原理是不相同的,如果不了解电子器件的工作原理,就不知道其输出量与输入量的变化关系。所以必须先解读其电子器件的工作原理,目前,冷水机组已广泛应用直接数字控制(DDC),为了了解冷水机组的运行工况,下面介绍RCU日立螺杆式冷水机组的控制电路,见图4.26,为识读其他冷水机组的控制电路奠定基础。

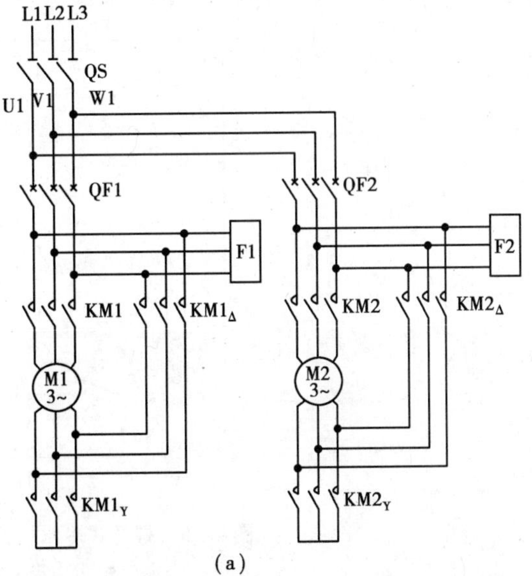

(a)

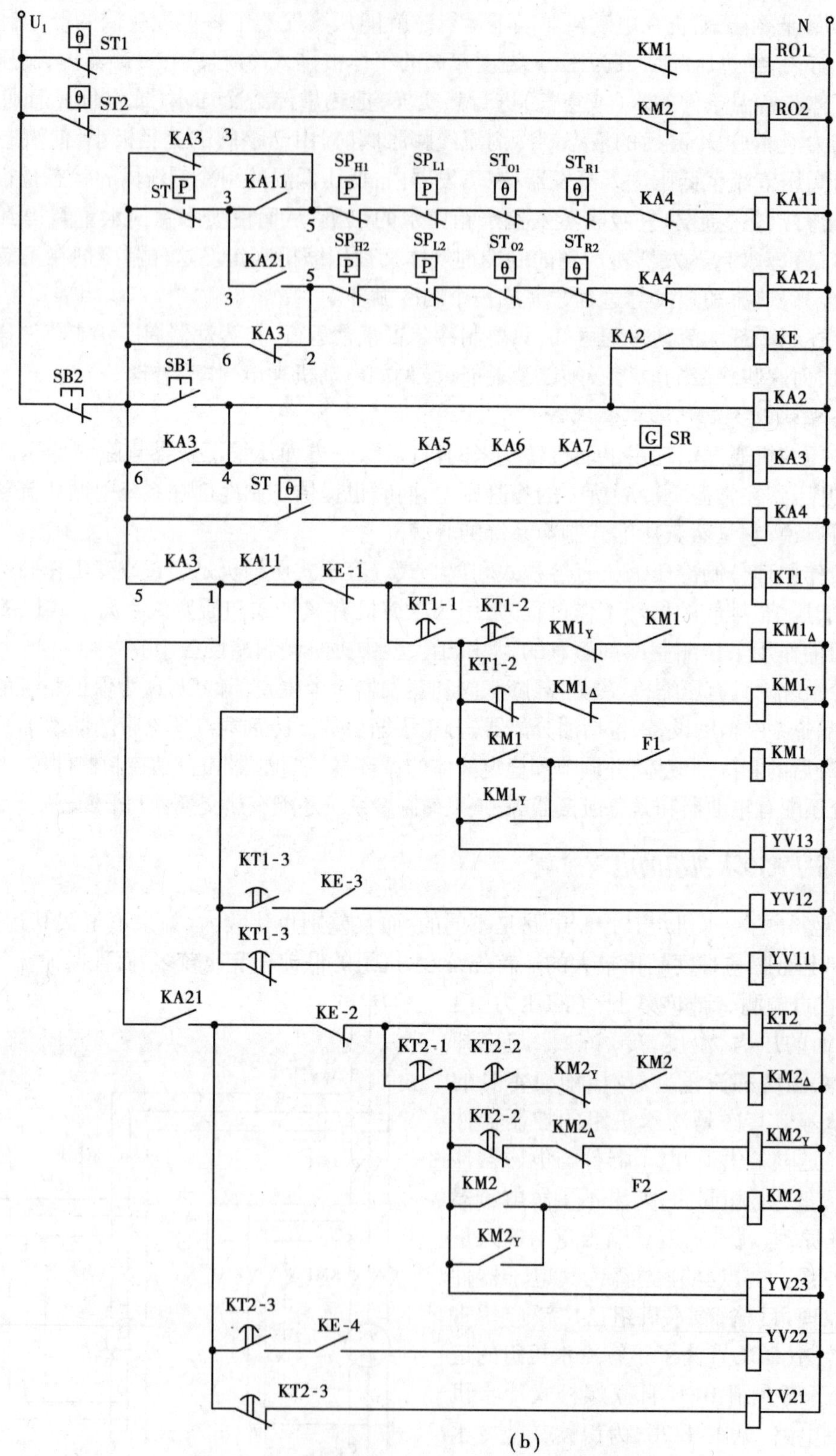

(b)

图4.26　螺杆式冷水机组的主电路和控制电路图

(a)螺杆式冷水机组主电路;(b)螺杆式冷水机组控制电路

1)**电路控制特点**

(1)主电路

RCU 螺杆式冷水机组有两台压缩机,电动机为 M1 和 M2,每台电动机的额定功率为 29 kW,采用 Y-△降压启动,要求两台电动机启动有先后顺序,M1 启动结束后,M2 才能启动,以减轻启动电流对电网的冲击。

每台电动机分别由自动开关 QF1 和 QF2 实现过载和过电流保护。还装有防止相序接错而造成反转的相序保护电器 F1 和 F2, F1 或 F2 通电时,相序接对,F1 或 F2 的常开触点才能闭合,控制电路才能工作。同时也兼有缺相保护,缺相时,其常开触点也不能闭合。

(2)冷水机组的非电量保护

①压缩机排气压力过高保护:由高压压力继电器 SP_{H1} 和 SP_{H2} 实现,当压缩机出口排气压力超过设定值时,其常闭触点断开,使对应的电动机停止运行,阻断压力为 2.2 MPa,接通压力为 1.6 MPa,主要目的是防止压缩机在过负载下运行而损坏设备。

②压缩机吸气压力过低保护:由低压压力继电器 SP_{L1} 和 SP_{L2} 实现,当压缩机进口吸气压力低于设定值时,其常闭触点断开,使对应的电动机停止运行,阻断压力为 0.25 MPa,接通压力为 0.5 MPa,主要目的是防止压缩机在低负载下运行而浪费能源。

③润滑油低温保护:当润滑油温度低于 110 ℃时,油的粘度太大,会使压缩机难以启动,为此,在压缩机的油箱里分别设置有油加热器 RO1 和 RO2,在压缩机启动前,使润滑油温度加热高于 110 ℃,油加热器的容量为 150 W,当油温加热高于 140 ℃时,通过油箱里分别设置的温度继电器而断开油加热器 RO1 或 RO2;当油温加热高于 110 ℃时,温度继电器 ST_{O1} 或 ST_{O2} 的触点闭合,压缩机电动机才能启动。

④电动机绕组高温保护:每台电动机定子内设置有温度继电器 ST_{R1} 和 ST_{R2},当电动机绕组温度高于 115 ℃以上时,其常闭触点断开,使对应的电动机停止运行。

⑤冷水低温保护:在冷水管道上设置有温度传感器 ST,其触点有两对,常开和常闭触点。当冷水温度下降到 2.5 ℃时,温度传感器 ST 触点动作,其常开触点闭合,接通继电器 KA4,使事故继电器线圈断电,进而断开接触器 KM1 和 KM2,防止水温太低而结冰;当冷水温度回升到 5.5 ℃时,其触点才能恢复。

⑥冷水流量保护:在冷水管道上还设置有靶式流量计 SR,当冷水管道里有水流动时,SR 的常开触点才能闭合,冷水机组才能开始启动。

⑦水循环系统的联锁保护:与冷水机组配套工作的还应该有冷却水塔(冷却风机)、冷却水泵和冷水泵。其开机的顺序为:先冷却风机开、冷却水泵开、冷水泵开,延时一分钟后,再启动冷水机组。而停止的顺序为:先冷水机组停,延时一分钟后,冷水泵停、冷却风机停,然后为冷却水泵停。

由于冷却风机、冷却水泵、冷水泵等的电动机控制电路比较简单,此处不分析。如果电动机容量较大时,增加降压启动环节。图中的继电器 KA5,KA6,KA7 分别为各台电动机启动信号用继电器,只有 3 个继电器都工作,冷水机组才能开始启动。

(3)电子控制器件

①温度控制调节器 KE 的功能是:当冷水机组需要工作时,按下 SB1 使 KA2 和 KA3 线圈通电,KA2 使 KE 整流变压器接通工作电源,其输入信号为安装在冷水回水管道上的热敏电阻传感器,调节器 KE 接有温度给定电位器,其输出有 4 对触点,可以设置 4 组温度,分别对应 4

对触点 KE-1，KE-2，KE-3 和 KE-4，其中 KE-1 和 KE-2 用的是常闭触点，KE-3 和 KE-4 用的是常开触点。

冷水回水温度一般为 12 ℃以上，当回水温度下降了 4 ℃（为 8 ℃）时，KE-4 动作；当回水温度又下降了 1 ℃（为 7 ℃）时，KE-3 动作；当回水温度再下降了 1 ℃（为 6 ℃）时，KE-2 动作；当回水温度下降到 5 ℃（共下降了 7 ℃）时，KE-1 动作。用温度控制方式对冷水机组实现能量调节。温度控制调节器 KE 可以看成由 4 组 RS 调节器组合而成。

②电子时间继电器 KT1 和 KT2 分别有 3 组延时输出，分别对应有 3 组触点，如 KT1 有 KT1-1，KT1-2 和 KT1-3，其中 KT1-1 只用了一对常开触点。时间继电器的延时主要是用于冷水机组电动机的启动顺序控制，启动过程中的 Y-△转换的控制，启动过程中的吸气能量控制等。

KT1-1 的延时可调节为 60 s，KT1-2 延时为 65 s，KT1-3 延时为 90 s。而 KT2-1 延时可调节为 120 s，KT2-2 延时为 125 s，KT2-3 延时为 150 s。以上延时也可以根据实际需要，重新调节。电子时间继电器 KT 可以看成为分别由 3 组时间继电器组合而成，其线圈实际上就是整流变压器的工作电源。

2）冷水机组的控制电路分析

（1）冷水机组电动机的启动

冷水机组需要工作时，合上电源开关 QS，QF1 和 QF2，系统已经启动了冷却风机、冷却水泵、冷水泵等的电动机，对应的 KA5，KA6，KA7 常开触点闭合，各保护环节正常时，事故保护继电器 KA11 和 KA21 通电吸合，并且自锁，按下 SB1，使 KA2，KA3 线圈通电而吸合，KA2 触点闭合使温度控制调节器 KE 接通工作电源，此时冷水温度较高，KE 的状态不变；而 KA3 的 6，4 触点闭合，自锁；KA3 的 5，1 触点闭合，KT1，KT2 接通工作电源，开始延时，KT1 延时 60 s 时，KT1-1 的常开触点闭合，使 $KM1_Y$线圈通电，其主触点闭合，使 M1 定子绕组接成星形接法；其辅助常闭触点断开，互锁；常开触点闭合（相序正确，F1 常开触点闭合），接触器 KM1 线圈通电，其主触点闭合，使 M1 定子绕组接电源，星形接法启动。同时，KM1 的辅助触点闭合，自锁及准备接通 $KM1_\triangle$。

当 KT1 延时 65 s 时，KT1-2 的常闭触点断开，使 $KM1_Y$线圈断电，其触点恢复；KT1-2 的常开触点闭合，使 $KM1_\triangle$线圈通电，其主触点闭合，使 M1 定子绕组接成三角形，启动加速及运行。$KM1_\triangle$的辅助触点断开而互锁。

在 M1 启动前，KT1-3 的常闭触点接通了启动电磁阀 YV11 线圈，其电磁阀推动能量控制滑块打开了螺杆式压缩机的吸气回流通道，使 M1 传动的压缩机能够轻载启动。

当 KT1 延时 90 s 时，KT1-3 的常闭触点断开，YV11 线圈断电，电磁阀关闭了吸气回流通道，使 M1 开始带负载运行，进行吸气、压缩、排气，开始制冷。而 KT1-3 的常开触点闭合，因为冷水回水温度较高，KE-3 没有动作，电磁阀 YV12 没有得电。电磁阀 YV13 是安装在制冷剂通道的阀门，其作用是在电动机启动前才打开，制冷剂才流动，可以使压缩机启动时的吸气压力不会过高而难于启动，电磁阀 YV23 的作用也是相同的。

当 KT2 延时 120 s 时，KT2-1 的常开触点闭合，使 $KM2_Y$线圈通电，其主触点闭合，使 M2 定子绕组接成星形接法；也准备降压启动，分析方法与 M1 启动过程相同，也是空载启动。当 KT2 延时 125 s 时，M2 启动结束；当 KT2 延时 150 s 时，电磁阀 YV21 断电，M2 也满负载运行。

（2）能量调节

当系统所需冷负荷减少时，其冷水的回水温度变低，低到 8 ℃时，经温度传感器检测，送到

KE 调节器,与给定温度电阻比较,使 KE-4 触点动作,其常开触点闭合,使能量控制电磁阀 YV22 线圈通电,M2 传动的压缩机能量调节卸载滑阀动作,使压缩机的吸气回流口打开一半(50%),此时 M2 只有 50% 的负载,两台电动机的总负载为 75%,制冷量下降,回水温度将上升。

如果回水温度上升到 12 ℃时,使 KE- 4 触点又断开,电磁阀 YV22 线圈断电,能量调节的卸载滑阀恢复,使压缩机的吸气回流口关闭,两台电动机的总负载可带 100%。一般不会满负荷运行。

当系统所需冷负荷又减少时,其冷水的回水温度降低到 7 ℃时,使 KE-3 常开触点闭合,使能量控制电磁阀 YV12 线圈通电,M1 传动的压缩机能量调节卸载滑阀动作,使压缩机的吸气回流口打开一半(50%),M1 也只有 50% 的负载运行,两台电动机的总负载也为 50%。

当系统回水温度降低到 6 ℃时,使 KE-2 的常闭触点断开,KM2,$KM2_{\triangle}$,KT2 的线圈都断电,使电动机 M2 断电停止,总负载能力为 25%。如果回水温度又回升到 10 ℃时,又可能重新启动电动机 M2。

当系统回水温度降低到 5 ℃时,使 KE-1 的常闭触点断开,KM1,$KM1_{\triangle}$,KT1 的线圈都断电,使电动机 M1 也断电停止。由分析可知,此压缩机的能量控制可在 100%,75%,50%,25% 和零的挡次调节。

图中的油加热器 RO1 和 RO2 在合电源时就开始对润滑油加热,油温超过 110 ℃时,电动机才能启动,启动后,利用 KM1,KM2 的常闭触点使其断电。如果长时间没有启动,当油温加热高于 140 ℃时,利用其内部设置的 ST1 或 ST2 的常闭触点动作使其断电。

4.6.3 活塞式制冷机组的电气控制

活塞式制冷机组的应用也比较广泛,其能量调节常用压力控制方式来实现,下面以与本章 4.5 节所述集中式空调系统配套的制冷机组为例进行分析。图 4.27 为其控制电路图。

1)**电路控制特点**

该制冷机组应用的是 6AW12.5 型氨制冷压缩机,有 6 个气缸,由于电动机的容量较大,为了限制其启动电流,又能带一定的负载启动,选择绕线式电动机拖动。控制电路可以分为启动控制环节、能量调节控制环节和保护环节。

(1)启动控制环节

该绕线式电动机是串频敏变阻器 RF 来限制启动电流的,启动结束后要切除 RF。由接触器 KM1,KM2 和时间继电器 KT2 等实现控制。

(2)能量调节控制环节

能量调节是由压力继电器、电磁阀和卸载机构等组成。该压缩机有 6 个气缸,分成 3 组,每组 2 个气缸,压缩机工作时,1,2 缸直接投入工作,而 3,4 缸与 5,6 缸组成的两组各配一个压力继电器和一个电磁阀(分别为 SP3 和 YV1,SP4 和 YV2)。每一个压力继电器有高端和低端两对电触点,其对应压力都是预先整定的。如当负荷降低,吸气压力下降到某一压力继电器的低端整定值时,其低端触点即闭合,接通相对应的电磁阀线圈,使这个电磁阀打开,从而使它所控制的卸载机构中的油经过电磁阀回流入曲轴箱,卸载机构的油压下降,气缸组即行卸载。

当系统中吸气压力逐渐升高到压力继电器高端整定值时,其高端触点接通,而低端触点断开,电磁阀失电关闭,此时卸载机构油压上升,气缸组转入工作状态。表 4.1 是氨压缩机的吸气压力与工作缸数的关系表,各压力继电器整定值见表中说明,其中注脚 1 是压力继电器低端整定值,注脚 2 是压力继电器高端整定值。

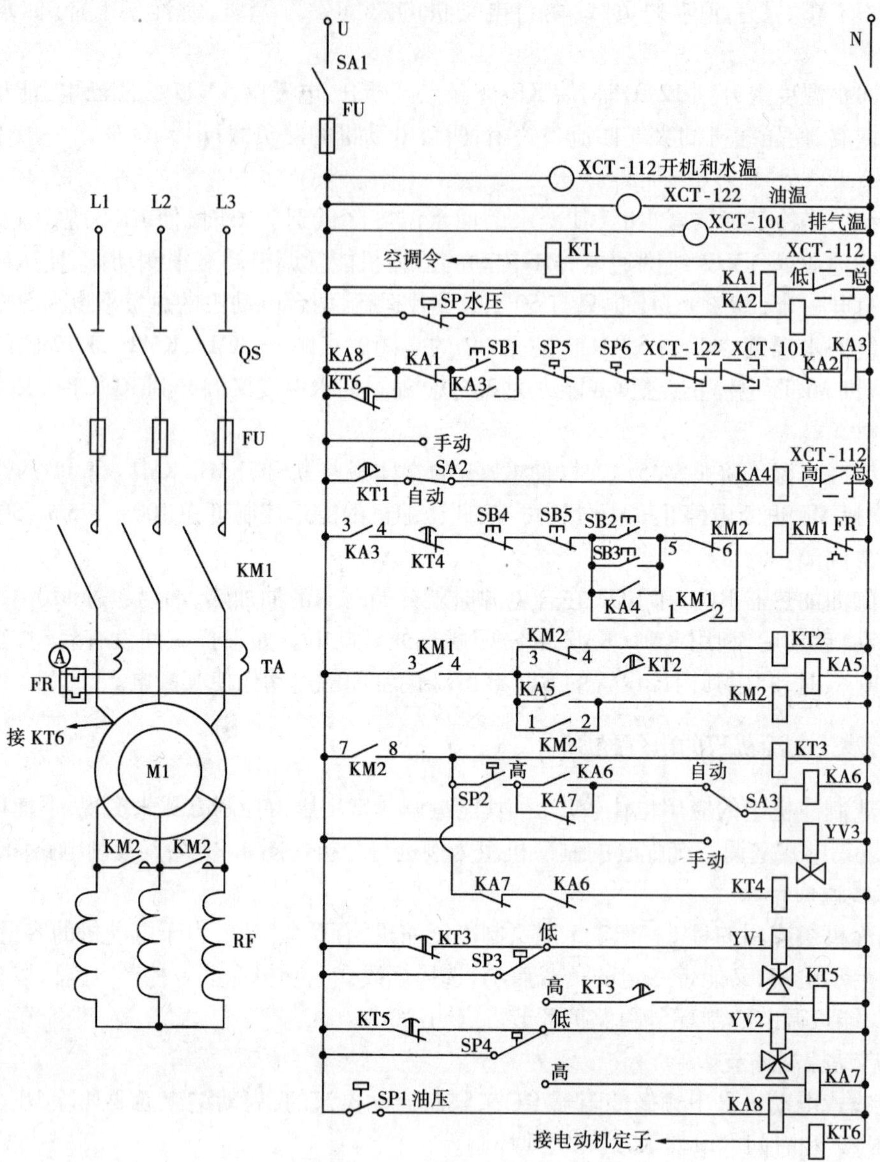

图 4.27　活塞式制冷系统的电气控制电路图

表 4.1　压缩机的吸气压力与工作缸数的关系表

压力继电器	$P6_1$	$P2_1$	$P3_1$	$P2_2$	$P4_1$	$P3_2$	$P4_2$	$P5_2$	$P6_2$
压力(MPa)	0.28	0.3	0.32	0.33	0.34	0.35	0.37	1.2	1.4

(3)保护环节

①冷冻水温度过低、润滑油温度过低和排气温度过高的保护:该系统应用了 3 块 XCT 系列仪表,作为冷冻水温度、压缩机的润滑油温度过低和排气温度过高的指示与保护用仪表。

XCT 系列动圈式指示调节仪表是一种简易式调节仪表,它与热电偶、热电阻等相配合,用来指示和调节被控制对象的温度或压力等参数。由于该仪表结构简单,使用方便,因此得到了广泛的应用。该仪表主要由测量电路、动圈测量机构、调节电路等组成,输出有直流 0 ~ 10 mA 电流或断续输出两类形式。该系列仪表的型号为 XCT-□□□,其中:XCT 是分别指显示仪表、磁电式、指示调节仪;第一个方块的数字是指设计序号;第二个方块数字表示调节规律:0 为双位调节,1 为三位调节(窄中间带),2 为三位调节(宽中间带),3 为时间比例调节等;第三个方块数字表示输入信号:1 为热电偶毫伏数,2 为热敏电阻阻值,3 为霍尔变换器毫伏数,4 为压力传感器阻值。

冷冻水温度是由 XCT-112 指示与调节的,该仪表为三位调节,当冷冻水温度低于 1 ℃时,其低—总触点闭合, KA1 吸合使 KA3 动作而切断控制电路。当冷冻水温度高于 8 ℃时,其高—总触点闭合, KA4 吸合,准备启动机组。

XCT-122 的低—总触点和 XCT-101 的高—总触点直接串在 KA3 线圈回路,当压缩机的润滑油温度过低或排气温度过高时,其常闭触点都可以使 KA3 动作而切断控制电路。

②冷却水压力过低保护:由压力继电器 SP 和继电器 KA2 实现。冷却水压力正常时,压力继电器 SP 的常闭触点是断开的,继电器 KA2 没吸合。当冷却水压力过低时,SP 的常闭触点恢复,KA2 吸合使 KA3 动作而切断控制电路。

③压缩机吸气压力过高的保护:当压缩机吸气压力过高时, SP5 常闭触点断开使 KA3 动作而切断控制电路。而 SP6 为第二道防线。

④润滑油压力过低保护:当压缩机启动开始时,时间继电器 KT6 线圈得电就开始计时,在整定的 18 s 内,其常闭触点 KT6 就断开,如果此时润滑系统油压差未能上升到油压差继电器整定值 P1(润滑油由与压缩机同轴的机械泵供油),则压差继电器触点 SP1 不闭合,中间继电器 KA8 线圈不通电,事故继电器 KA3 失电,压缩机启动失败,处于事故状态,需仔细检查供油系统。若润滑系统正常,则在 18 s 内,油压差继电器 SP1 触点闭合,KA8 通电,其触点 KA8 闭合代替 KT6 触点,使压缩机正常工作。

2)**电气控制电路分析**

(1)投入前的准备

合上电源开关 QS 和控制电路开关 SA1,将 SA2 和 SA3 放在自动位。在准备阶段应仔细检查上述仪表及系统的其他仪表工作是否正常,并观察各手动阀门的位置是否符合运行需要等,检查完毕后,按下启动按钮 SB1,系统正常时,继电器 KA3 得电吸合,为机组启动做准备。

(2)开机阶段

当空调系统送来交流 220 V 启动机组命令时,时间继电器 KT1 得电,其常开触头 KT1 经延时闭合。如此时蒸发器水箱中冷冻水温度高于 8 ℃时,XCT-112 仪表的总-高触点闭合,使继电器 KA4 得电吸合,其触点使 KM1 线圈通电吸合,其主触点闭合,制冷压缩机电动机定子绕组接电源、转子绕组串频敏变阻器限流启动;同时,其辅助触点 $KM1_{1,2}$闭合,自锁;$KM1_{3,4}$闭合,时间继电器 KT2 得电,其常开触点 KT2 经延时闭合,使中间继电器 KA5 得电,KA5 的触点使接触器 KM2 线圈得电吸合,其主触点闭合,短接频敏变阻器;同时辅助触点 $KM2_{1,2}$闭合,自锁;$KM2_{3,4}$断开,使时间继电器 KT2 失电,为下次启动作准备;$KM2_{5,6}$断开,为下次启动作准备;$KM2_{7,8}$闭合,使时间继电器 KT3 得电,其常闭触点 KT3 延时 4 min 断开,为 YV1 断电作准备;KT3 的常开触点延时 4 min 闭合,为 KT5 通电作准备。

$KM2_{7,8}$闭合,也使时间继电器 KT4 得电,其常闭触点延时 4 min 断开,使接触器 KM1 失电,压缩机停止,说明冷负荷较轻,不需压缩机工作。如在 4 min 之内,压缩机的吸气压力超过压力继电器 SP2 的高端整定值时,SP2 高端触点接通,使电磁导阀 YV3 线圈得电,打开制冷剂管路的电磁阀 YV3 及主阀,由储氨筒向膨胀阀供氨液。同时,中间继电器 KA6 得电,其常闭触点断开,使时间继电器 KT4 失电;KA6 的常开触点闭合,自锁,压缩机正常运行。

压缩机启动后,润滑油系统正常时,油压上升,则在 18 s 内,油压差继电器 SP1 触点闭合,KA8 通电,其触点 KA8 闭合代替 KT6 触点,使压缩机正常工作。同时, 1,2 气缸自动投入运行,有利于压缩机启动初始时为轻载启动,此时的负载能力为 33% 。

(3)能量调节

当空调冷负荷增加,压缩机吸气压力超过压力继电器 SP3 的高端整定值时,SP3 低端触点断开,若此时 KT3 的常闭触点已断开,电磁阀 YV1 失电关闭,其卸载机构的 3,4 缸油压上升,使 3,4 缸投入工作状态,压缩机的负载增加,此时的负载能力为 66% 。同时 SP3 高端触点闭合,使时间继电器 KT5 得电,其常闭触点 KT5 延时 4 min 断开,为 YV2 失电作准备。

当压缩机吸气压力继续上升达到压力继电器 SP4 的高端整定值时,SP4 低端触点断开,限制 5,6 缸投入的电磁阀 YV2 失电,5,6 缸投入运行,压缩机的负载又增加,此时的负载能力为 100% 。同时,SP4 高端触点闭合,中间继电器 KA7 得电吸合,其触点断开,但暂时不起作用。

当吸气压力减小时,可以自动调缸卸载。例如,吸气压力降到压力继电器 SP4 的低端整定值时,SP4 高端触点断开,而 SP4 低端触点接通,使电磁阀 YV2 线圈得电而打开,使它所控制的卸载机构中的油经过电磁阀回流入曲轴箱,卸载机构油压下降,5,6 缸即行卸载。卸载与加载有一定的压差,可避免调缸过于频繁。3,4 缸卸载也基本相同。

(4)停机阶段

停机分长期停机、周期停机和事故停机 3 种情况。

长期停机是指因空调停止供冷后引起的停机。当空调停止喷淋水后,蒸发器水箱水温下降,进而使吸气压力下降。当吸气压力下降到等于或小于压力继电器 SP2 整定的低端值时,SP2 高端触点断开,导阀 YV3 失电,使主阀关闭,停止向膨胀阀供氨液。与此同时,中间继电器 KA6 失电,其触点 KA6 恢复(KA7 已恢复),使时间继电器 KT4 得电,其触点 KT4 延时 4 min 后断开,接触器 KM1 失电,压缩机停止运行。延时的目的是为了在主阀关闭后,使蒸发器的氨液面继续下降到一定高度,以避免下次开车启动时产生冲缸现象。

周期停机是指存在空调需冷信号的情况下为适应负载要求而停机。这种停机与长期停机相似,通过 SP2 触点和 KT3 实现。但由于空调系统仍送来需冷信号,蒸发器压力和冷冻水温度将随冷负荷的增加而上升,一般水温上升较慢,在水温没上升到 8 ℃以上时,XCT-112 仪表中的高-总触点未闭合,继电器 KA4 没得电,压缩机不启动。但吸气压力上升较快,当吸气压力上升到压力继电器 SP4 的整定的高端值时,SP4 高端触点接通,使继电器 KA7 得电,其触点 KA7 断开,使导阀 YV3 不会在压缩机启动结束就打开;另一对触点 KA7 断开,使时间继电器 KT4 不会在压缩机启动结束就得电,防止冷负荷较轻而频繁启动压缩机。

当水温上升到 8 ℃时,XCT-112 仪表中的高—总触点闭合,KA4 得电,压缩机重新启动,只要吸气压力高于压力继电器 SP4 整定的高端值时,导阀 YV3 就不会得电打开而供应氨液,只有在吸气压力下降到的低端值时,SP4 高端触点断开,使 KA7 失电,导阀 YV3 和继电器 KA6 才得电,并通过 KA6 闭合自锁。压缩机气缸的投入仍按时间原则和压力原则分期投入,以防止压缩机重载启动。

事故停机是指由于运行中出现的各种事故通过事故继电器 KA3 的常开触点切断接触器 KM1 而导致的停机。例如 SP5 因吸气压力超过 P5 整定的高端值时的高压停机,SP6 因吸气压力超过 P6 整定的高端值时的超高压停机(两道防线)等。事故停机时,必须经检查后重新按事故联锁按钮 SB1,KA3 得电后,系统才能再次投入运行。

小结 4

在具有中央空调的高层建筑中,近 50% 的电能是消耗在冷、热源与空调设备上,因此,降低空调系统的能耗是建筑设备监控和管理系统(BAS)的主要管理目标,但空调系统本身的自动控制水平必须提高,否则是难以实现 BAS 的。空调系统的自动控制是电气专业与建筑环境专业的交叉学科,电气专业只有在先了解空调系统的基本运行工况和设备的工作原理的基础上,才能设计出自动化水平较高的控制装置。

本章所分析的空调系统电气控制是最基本的控制方式,目的是了解各类空调系统的运行工况,为分析和设计空调系统自动化奠定理论基础。目前,柜式空调、中央空调及制冷机组的控制已广泛应用可编程序控制器,实现微过程直接数字控制(DDC),作为电气专业技术人员只有牢固掌握了最基本的控制理论知识后,才可能去阅读懂较高程度的控制理论。

空调系统的节能控制主要是制冷机组的能量调节和水循环系统的流量控制,最优化的节能控制就是电动机的速度调节,因此,调频变压调速是空调系统控制的发展方向。

复习思考题 4

(1)良好的热环境是指什么?

(2)空调系统有哪几类?

(3)什么是敏感元件、执行调节机构和调节器?

(4)用什么方法可确定室内相对湿度?

(5)电动阀、电磁阀的主要驱动器各是什么?

(6)SY 型调节器,当室温低于给定值时通过哪个器件发出动作指令?

(7)RS 型调节器,当室温高于给定值时,继电器 KE 是否吸合?

(8)P 系列调节器的敏感元件为什么用三线接法?当室温超过给定值时,是继电器 KE1 吸合还是 KE2 吸合?

(9)在恒温恒湿机组实例中,应用的传感器是什么?它采用的哪种调节器?夏季运行应投入哪些电气设备?相对湿度调节是由哪种设备来完成的?冬季运行应投入哪些电气设备?其相对湿度调节是由哪种设备来完成的?

(10)在电子温控器的风机盘管空调实例中,应用的敏感元件、调节器、执行调节机构各是哪种?风量调节是通过什么器件控制的?水量调节是怎样控制的?如不改变季节转换开关位置,为什么会出现失调?如果风机和盘管装在顶棚上,温控器开关装在门边,其垂直配线需要几根线?

(11)在机械式温控器控制的风机盘管空调实例中,如果风机和盘管装在顶棚上,温控器开关装在门边,其垂直配线需要几根线?若是双盘管,其垂直配线需要几根线?

(12)在集中式空调系统中应用的敏感元件、调节器、执行调节机构各是哪种?冬季恒温调节什么?夏季恒温调节什么?冬季恒湿调节什么?夏季恒湿调节什么?当冬季室温超过给定值时,是哪个调节器中的什么元件动作?又通过哪个执行调节机构调节的?当夏季室内相对湿度超过给定值时,是哪个调节器中的什么元件动作,又通过哪个执行调节机构调节的?温度控制是怎样实现夏转冬的?湿度控制是怎样实现夏季转冬季的?

(13)试述制冷装置4个主件的名称及制冷原理?螺杆式制冷压缩机控制电路有哪几种保护?压缩机开机时,电动机应用什么方法启动?其能量调节用什么方式控制的?

5 锅炉房设备的电气控制

锅炉及锅炉房设备的任务是安全可靠、经济有效地把燃料的化学能转化为热能,进而将热能传递给水,以生产热水或蒸汽。蒸汽不仅用作将热能转变成机械能的介质以产生动力,还广泛地作为工业生产和采暖等方面所需热量的载热体。通常把用于动力、发电方面的锅炉叫做动力锅炉;把用于工业及采暖方面的锅炉称为供热锅炉,又称为工业锅炉。本章仅以工业锅炉及锅炉房设备为例,介绍锅炉房设备的组成、自动控制任务和实例控制分析。

5.1 锅炉房设备的组成

锅炉本体和它的辅助设备,总称为锅炉房设备(简称锅炉),根据使用的燃料不同,又可分为燃煤锅炉、燃气锅炉等。它们的区别只是燃料供给方式不同,其他结构大致相同。图 5.1 为 SHL 型(即双锅筒横置式链条炉)燃煤锅炉及锅炉房设备简图。本节将对锅炉房设备作一简要介绍。

5.1.1 锅炉本体

锅炉本体一般由汽锅、炉子、蒸汽过热器、省煤器和空气预热器 5 个部分组成。

1)**汽锅(汽包)**

汽锅由上、下锅筒和三簇沸水管组成。水在管内受管外烟气加热,因而管簇内发生自然的循环流动,并逐渐汽化,产生的饱和蒸汽集聚在上锅筒里面。为了得到干度比较大的饱和蒸汽,在上锅筒中还应装设汽水分离设备。下锅筒系作为连接沸水管之用,同时储存水和水垢。

2)**炉子**

炉子是使燃料充分燃烧并放出热能的设备。燃料(煤)由煤斗落在转动的链条炉篦上,进入炉内燃烧。所需空气由炉箆下面的风箱送入，燃尽的灰渣被炉箆带到除灰口，落入灰斗中。得到的高温烟气依次经过各个受热面，将热量传递给水以后，由烟窗排至大气。

3）**过热器**

过热器是将汽锅所产生的饱和蒸汽继续加热为过热蒸汽的换热器，由联箱和蛇形管所组成，一般布置在烟气温度较高的地方。动力锅炉和较大的工业锅炉才有过热器。

4）**省煤器**

省煤器是利用烟气余热加热锅炉给水，以降低排出烟气温度的换热器。省煤器由蛇形管组成。小型锅炉中采用具有肋片的铸铁管式省煤器或不装省煤器。

5）**空气预热器**

空气预热器是继续利用离开省煤器后的烟气余热，加热燃料燃烧所需要的空气的换热器。热空气可以强化炉内燃烧过程，提高锅炉燃烧的经济性。小型锅炉为力求结构简单，一般不设空气预热器。

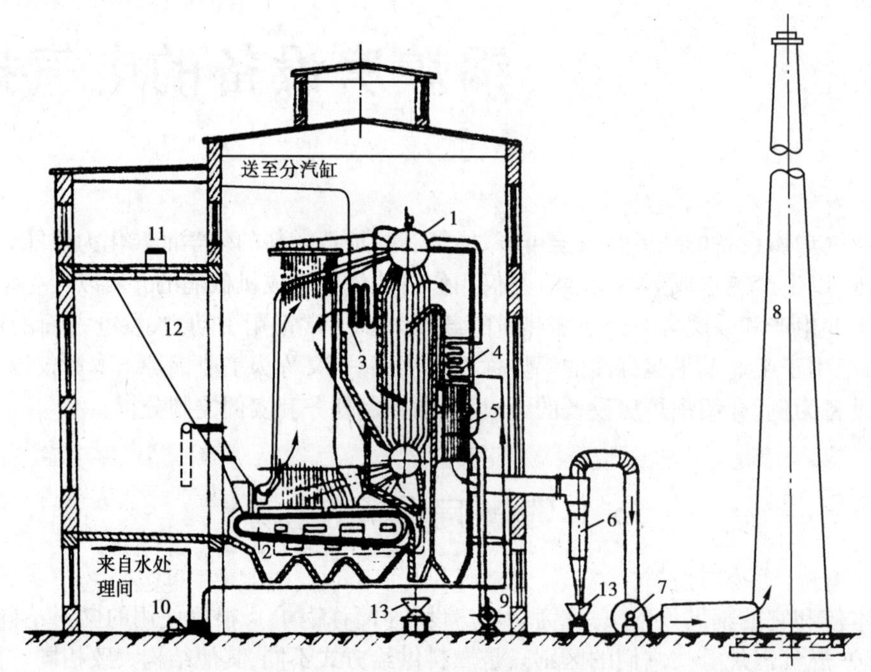

图 5.1　燃煤锅炉及锅炉房设备简图

1—锅筒；2—链条炉排；3—蒸汽过热器；4—省煤器；5—空气预热器；6—除尘器；7—引风机
8—烟囱；9—送风机；10—给水泵；11—运煤皮带运输机；12—煤仓；13—灰车

5.1.2　锅炉房的辅助设备

锅炉房的辅助设备，按其功能有以下几个系统：

1）**运煤、除灰系统**

其作用是保证为锅炉运入燃料和送出灰渣，煤是由胶带运输机送入煤仓，借自重下落，再通过炉前小煤斗而落于炉排上。燃料燃尽后的灰渣，则由灰斗放入灰车送出。

2）**送、引风系统**

为了给炉子送入燃烧所需空气和从锅炉引出燃烧产物——烟气，以保证燃烧正常进行，并使烟气以必要的流速冲刷受热面。锅炉的通风设备有送风机、引风机和烟窗。为了改善环境卫生和减少烟尘污染,锅炉还常设有除尘器,为此也要求烟囱必须保持一定的高度。

3)水、汽系统(包括排污系统)

汽锅内具有一定的压力,因而给水需借给水泵提高压力后送入。此外,为了保证给水质量,避免汽锅内壁结垢或受腐蚀,锅炉房通常还设有水处理设备(包括软化、除氧);为了储存给水,也得设有一定容量的水箱等等。锅炉生产的蒸汽,一般先送至锅炉房内的分汽缸,由此再接出分送至各用户的管道。锅炉的排污水因具有相当高的温度和压力,因此需排入排污减温池或专设的扩容器,进行膨胀减温和减压。

4)仪表及控制系统

除了锅炉本体上装有仪表外,为监督锅炉设备安全和经济运行,还常设有一系列的仪表和控制设备,如蒸汽流量计、水量表、烟温计、风压计、排烟含氧量指示等常用仪表。需要自动调节的锅炉还设置有给水自动调节装置,烟、风闸门远距离操纵或遥控装置,以至更现代化的自动控制系统,以便更科学地监督锅炉运行。

5.2 锅炉的自动控制任务

锅炉是工业生产或生活采暖的供热源。锅炉的生产任务是根据负荷设备的要求,生产具有一定参数(压力和温度)的蒸汽。为了满足负荷设备的要求,并保证锅炉的安全、经济运行,锅炉房内必须装设一定数量和类型的自动检测和控制仪表(通常称热工检测和控制)。

5.2.1 锅炉的自动控制概况

目前,工业锅炉产品以链条炉排锅炉使用得最为广泛,表5.1为原机电部电工总局批准的"链条炉排工业锅炉仪器仪表自控装备表"。从表中,可以了解到锅炉的自动控制概况。随着节能和环境保护工作日益被人们重视,仪表的装设将日趋完善。由于热工检测和控制仪表是一门专门的学科,有着极为丰富的专业内容,因此,这里仅对控制部分进行介绍。

工业锅炉房中需要进行自动控制的项目主要有:锅炉给水系统的自动调节、锅炉燃烧系统的自动调节、过热蒸汽锅炉过热温度的自动调节等。

5.2.2 锅炉给水系统的自动调节

锅炉汽包水位的高度,关系着汽水分离的速度和生产蒸汽的质量,也是确保安全生产的重要参数。因此,汽包水位是一个十分重要的被调参数,锅炉的自动控制都是从给水自动调节开始的。

1)汽包水位自动调节的任务

随着科学技术的进步,现代的锅炉向着蒸发量大、汽包容积相对减小的方向发展。这就要求使锅炉的蒸发量能随时适应负荷设备的需要量的变化,汽包水位的变化速度必然很快,稍不注意就容易造成汽包满水,影响汽包的汽水分离效果,产生蒸汽带水的现象,轻者影响动力负荷的正常工作,重者造成干锅、烧坏锅壁或管壁,甚至发生爆炸事故。即使是在现代锅炉操作中,发生缺水事故,也是非常危险的,这是因为水位过低,就会影响自然循环的正常进行,严重时会使个别上水管形成自由水面，产生流动停滞，致使金属管壁局部过热而爆管。无论满水或缺水都会造成事故。因此，必须对汽包水位进行自动调节，使给水量跟踪锅炉的蒸发量并维持汽包水位在工艺允许的范围内。

表 5.1　链条炉排工业锅炉仪表自控装备表

蒸发量/(t·h^{-1})	检　测	调　节	报警和保护	其　他
1 ~4	A:1. 锅筒水位;2. 蒸汽压力;3. 给水压力;4. 排烟温度;5. 炉膛负压;6. 省煤器进出口水温 B:7. 煤量积算;8. 排烟含氧量测定;9. 蒸汽流量指示和积算;10. 给水流量积算	A:位式或连续给水自控;其他辅机配开关控制 B:鼓风、引风风门挡板遥控;炉排位式或无级调速	A:水位过低、过高指示报警和极限水位过低保护;蒸汽超压指示报警和保护	A:鼓风、引风风机和炉排起、停顺序控制和联锁 B:如调节用推荐栏，应设鼓风、引风风门开度指示
6 ~10	A:1,2,3,4,5,6 同上，并增加 B 中的 9,10 及除尘器进出口负压。对过热锅炉增加，过热蒸汽温度指示 B:7,8、同上，并增加炉膛出口烟温	A:连续给水自控;鼓风、引风风门挡板遥控;炉排无级调速;过热锅炉增加减温水调节 B:燃烧自控	A:同上。增加炉排事故停转指示和报警;过热锅炉增加过热蒸汽温度过高、过低指示	A:同上。 B:过热锅炉增加减温水阀位开度指示

注:A 为必备，B 为推荐选用。

2)**给水系统自动调节类型**

工业锅炉房常用的给水自动调节有位式调节和连续调节两种方式。

位式调节是指调节系统对锅筒水位的高水位和低水位两个位置进行控制，即低水位时，调节系统接通水泵电源，向锅炉上水，达到高水位时，调节系统切断水泵电源，停止上水。随着水的蒸发，锅筒水位逐渐下降，当水位降至低水位时重复上述工作。常用的位式调节有电极式和浮子式等，一般是随锅炉配套供应(可参考第 3 章)。位式调节仅应用在小型锅炉中。

连续调节是指调节系统连续调节锅炉的上水量，以保持锅筒水位始终在正常水位的位置。调节装置动作的冲量(反馈信号)可以是锅筒水位、蒸汽流量和给水流量，根据取用的冲量不同，可分为单冲量、双冲量和三冲量调节 3 种类型。简述如下：

(1)单冲量给水调节

单冲量给水调节原理图见图 5.2，是以汽包水位为唯一的反馈信号。系统由汽包水位变送器(水位检测信号)、调节器和电动给水调节阀组成。当汽包水位发生变化时，水位变送器发出信号并输入给调节器，调节器根据水位信号与给定信号比较的偏差，经过放大后输出调节信号，去控制电动给水调节阀的开度，改变给水量来保持汽包水位在允许的范围内。

单冲量给水调节的优点:系统结构简单。常用在汽包容量相对较大，蒸汽负荷变化较小的锅炉中。

单冲量给水调节的缺点，一是不能克服“虚假水位”现象。“虚假水位”产生的原因主要是由于蒸汽流量增加，汽包内的汽压下降，炉水的沸点降低，使炉管和汽包内的汽水混合物中的汽容积增加,体积膨大,引起汽包水位上升。如果调节器仅根据这个水位信号作为调节依据,就去关小阀门,减少给水量,实际上将对锅炉流量平衡造成不利的影响,因它在调节过程一开始就扩大了蒸汽流量和给水流量的波动幅度,扩大了进出流量的不平衡;二是不能及时地反应给水母管方面的扰动。当给水母管压力变化大时,将影响给水量的变化,调节器要等到汽包水位变化后才开始动作,而在调节器动作后,又要经过一段滞后时间才能对汽包水位发生影响,将导致汽包水位波动幅度大,调节时间长。

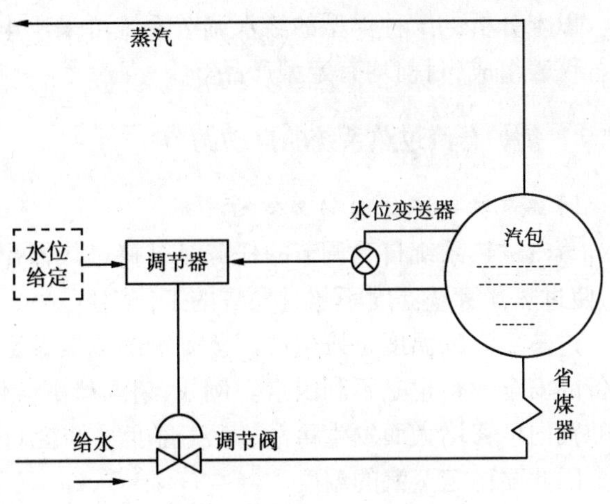

图 5.2　单冲量给水调节原理图

(2)双冲量给水调节

双冲量给水调节原理图见图 5.3,它是以锅炉汽包水位信号作为主反馈信号,以蒸汽流量信号作为前馈信号,组成锅炉汽包水位双冲量给水调节。

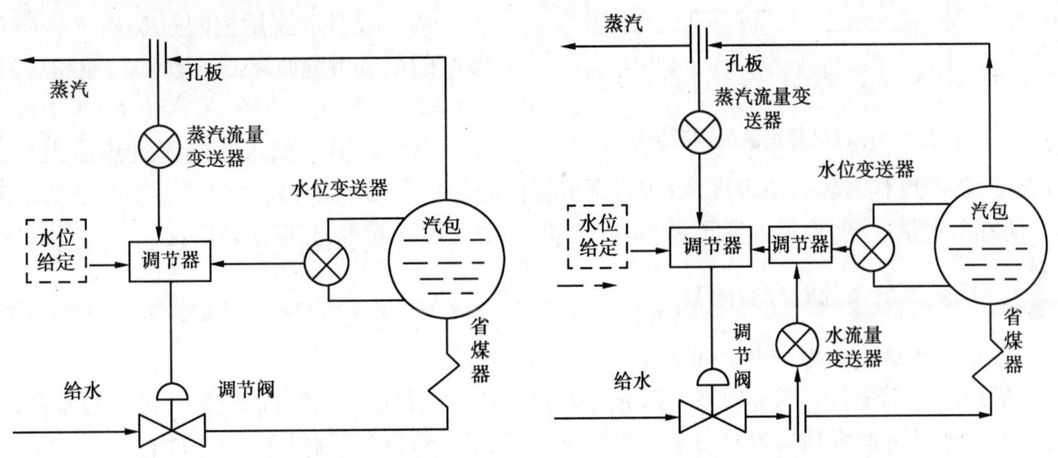

图 5.3　双冲量给水调节　　图 5.4　三冲量给水调节原理

它的优点是,引入蒸汽流量作为前馈信号,可以消除因"虚假水位"现象引起的水位波动。例如,当蒸汽流量变化时,就有一个给水量与蒸汽量同方向变化的信号,可以减少或抵消由于"虚假水位"现象而使给水量向相反方向变化的错误动作,使调节阀一开始就向正确的方向动作,减小了水位的波动,缩短了过渡过程的时间。

它的缺点是不能及时反应给水母管方面的扰动。因此,当给水母管压力经常有波动,给水调节阀前后压差不能保持正常时,不宜采用双冲量调节系统。

(3)三冲量给水调节

三冲量给水自动调节原理图见图 5.4。系统是以汽包水位为主反馈信号,蒸汽流量为调节器的前馈信号,给水流量为调节器的副反馈信号组成的调节系统。系统抗干扰能力强,改善了调节系统的调节品质,因此,在要求较高的锅炉给水调节系统中得到广泛的应用。

以上分析的3种类型的给水调节系统可采用电动单元组合仪表组成,也可采用气动单元组合仪表组成,目前均有定型产品。

5.2.3 锅炉蒸汽过热系统的自动调节

1)蒸汽过热系统自动调节的任务

蒸汽过热系统自动调节的任务是维持过热器出口蒸汽温度在允许范围之内,并保护过热器,使过热器管壁温度不超过允许的工作温度。

过热蒸汽的温度是按生产工艺确定的重要参数,蒸汽温度过高会烧坏过热器水管,对负荷设备的安全运行也是不利因素。例如,超温严重会使汽轮机或其他负荷设备膨胀过大,使汽轮机的轴向位移增大而发生事故;蒸汽温度过低会直接影响负荷设备的使用,影响汽轮机的效率。因此要稳定蒸汽的温度。

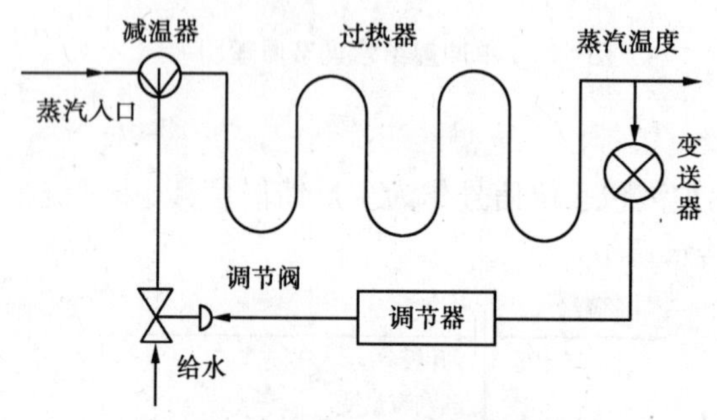

图5.5 过热蒸汽温度调节原理

2)过热蒸汽温度调节类型

过热蒸汽温度调节类型主要有两种,一种是改变烟气量(或烟气温度)的调节;另一种是改变减温水量的调节。其中,改变减温水量的调节应用较多,现介绍如下:

调节减温水流量控制过热器出口蒸汽温度的调节系统原理图见图5.5。减温器有表面式和喷水式两种,安装在过热器管道中。系统由温度变送器检测过热器出口蒸汽温度,将温度信号输入给温度调节器,调节器经与给定信号比较,去调节减温水调节阀的开度,使减温水量改变,也就改变了过热蒸汽温度。由于设备简单,其应用较广泛。

5.2.4 锅炉燃烧系统的自动调节

1)锅炉燃烧系统自动调节的任务

锅炉燃烧系统自动调节的基本任务,是使燃料燃烧所产生的热量适应蒸汽负荷的需要,同时还要保证经济燃烧和锅炉的安全运行。具体调节任务可概括为以下3个方面:

(1)维持蒸汽母管额定压力不变

维持蒸汽母管额定压力不变,这是燃烧过程自动调节的主要任务。如果蒸汽压力变了,就表示锅炉的蒸汽生产量与负荷设备的蒸汽消耗量不相一致,因此,必须改变燃料的供应量,以改变锅炉的燃烧发热量,从而改变锅炉的蒸发量,恢复蒸汽母管压力为额定值。此外,保持蒸汽压力在一定范围内,也是保证锅炉和各个负荷设备正常工作的必要条件。

(2)保持锅炉燃烧的经济性

据统计,工业锅炉的平均热效率仅为70%左右,所以人们都把锅炉称做“煤老虎”。因此,锅炉燃烧的经济性问题应予高度重视。

锅炉燃烧的经济性指标难于直接测量,常用烟气中的含氧量或者燃烧量与送风量的比值来表示。图5.6是过剩空气损失和不完全燃烧损失示意图。如果能够恰当地保持燃料量与空气量的正确比值,就能达到最小的热量损失和最大的燃烧效率。反之,如果比值不当,空气不足,结果导致燃料的不完全燃烧,当大部分燃料不能完全燃烧时,热量损失将直线上升;如果空气过多,就会使大量的热量损失在烟气之中,使燃烧效率降低。

(3)维持炉膛负压在一定范围内

炉膛负压的变化,反映了引风量与送风量相不相适应。通常要求炉膛负压保持在一定的范围内,这时燃烧工况,锅炉房的工作条件,炉子的维护及安全运行都最有利。如果炉膛负压小,炉膛容易向外喷火,既影响环境卫生,又可能危及设备与操作人员的安全。负压太大,炉膛漏风量增大,增加引风机的电耗和烟气带走的热量损失。因此,需要维持炉膛负压在一定的范围内。

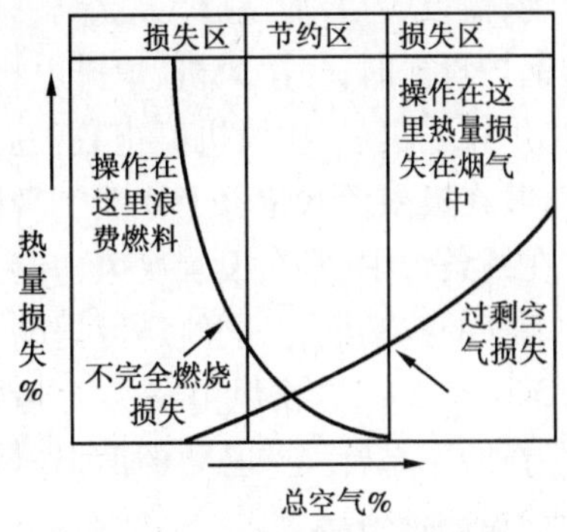

图 5.6　过剩空气损失和不完全燃烧损失

2)**燃煤锅炉燃烧过程的自动调节**

以上 3 项调节任务是相互关联的,它们可以通过调节燃料量、送风量和引风量来实现。对于燃烧过程自动调节系统的要求是:在负荷稳定时,应使燃烧量、送风量和引风量各自保持不变,及时地补偿系统的内部扰动。这些内部扰动包括燃烧质量的变化以及由于电网电源频率变化、电压变化而引起的燃料量、送风量和引风量的变化等。在负荷变化引起的外扰作用时,则应使燃料量、送风量和引风量成比例地变化,既要适应负荷的要求,又要使蒸汽压力、炉膛负压和燃烧经济性这 3 个被调量指标保持在允许范围内。

燃煤锅炉自动调节的关键问题是燃料量的测量,在目前条件下,要实现准确测量进入炉膛的燃料量(质量、水分、数量等)还很困难,为此,目前常采用按"燃料—空气"比值信号的自动调节、氧量信号的自动调节、热量信号的自动调节等类型。

燃烧过程的自动调节一般在大、中型锅炉中应用,目前,已经广泛应用计算机技术控制。在中、小型锅炉中,常根据检测仪表的指示值,由司炉工通过操作器件分别调节燃料炉排的进给速度和送风风门挡板、引风风门挡板的开度等,通常称为遥控。

5.3　锅炉的电气控制实例

为了了解锅炉电气控制内容,下面我们以某锅炉厂制造的型号为 SHL10-2.45/400 ℃-AⅢ锅炉为例,对电气控制电路及仪表控制情况进行分析。图 5.7 是该锅炉的动力设备电气控制电路图,图 5.8 是该锅炉仪表控制方框图。此处省略了一些简单的环节。

5.3.1　系统简介

1)**型号意义**

SHL10-2.45/400 ℃-AⅢ表示:双锅筒、横置式、链条炉排,蒸发量为 10 t/h,出口蒸汽压力为 2.45 MPa,出口过热蒸汽温度为 400 ℃,适用三类烟煤。

2)**动力电路电气控制特点**

动力控制系统中,水泵电动机功率为 45 kW,引风机电动机功率为 45 kW,一次风机电动机功率为 30 kW,功率较大,根据锅炉房设计规范,需设置降压启动设备。因 3 台电动机不需要同时启动,所以可共用一台自耦变压器作为降压启动设备。为了避免3台或2台电动机同时启动,需设置启动互锁环节。

锅炉点火时,一次风机、炉排电机、二次风机必须在引风机启动后才能启动;停炉时,一次风机、炉排电机、二次风机停止数秒后,引风机才能停止。系统应用了按顺序规律实现控制的环节,并在极限低水位以上才能实现顺序控制。

在链条炉中,常布设二次风,其目的是二次风能将高温烟气引向炉前,帮助新燃料着火,加强对烟气的扰动混合,同时还可提高炉膛内火焰的充满度等优点。二次风量一般控制在总风量的5% ~15%,二次风由二次风机供给。

另外,还需要一些必要的声、光报警及保护装置。

3)**自动调节特点**

汽包水位调节为双冲量给水调节系统。通过调节仪表自动调节给水电动阀门的开度,实现汽包水位的调节。水位超过高水位时,应使给水泵停止运行。

过热蒸汽温度调节是通过调节仪表自动调节减温水电动阀门的开度,调节减温水的流量,实现控制过热器出口蒸汽温度。

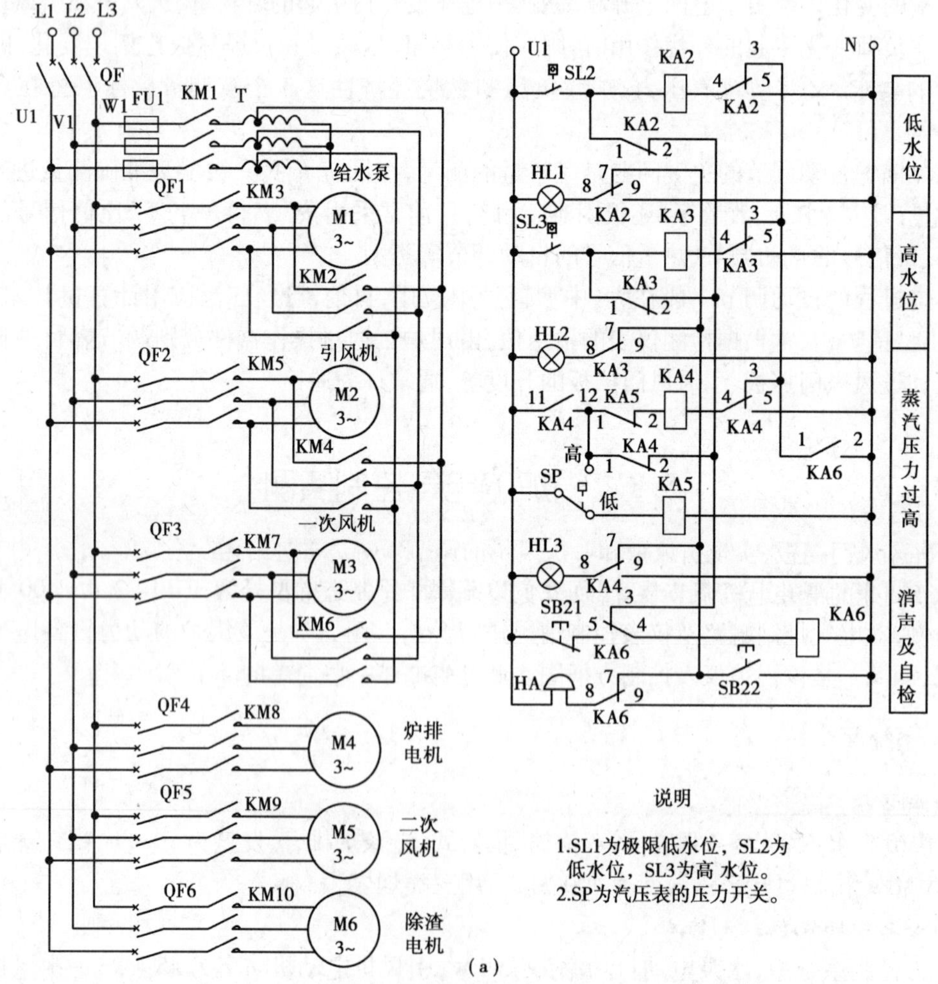

(a)

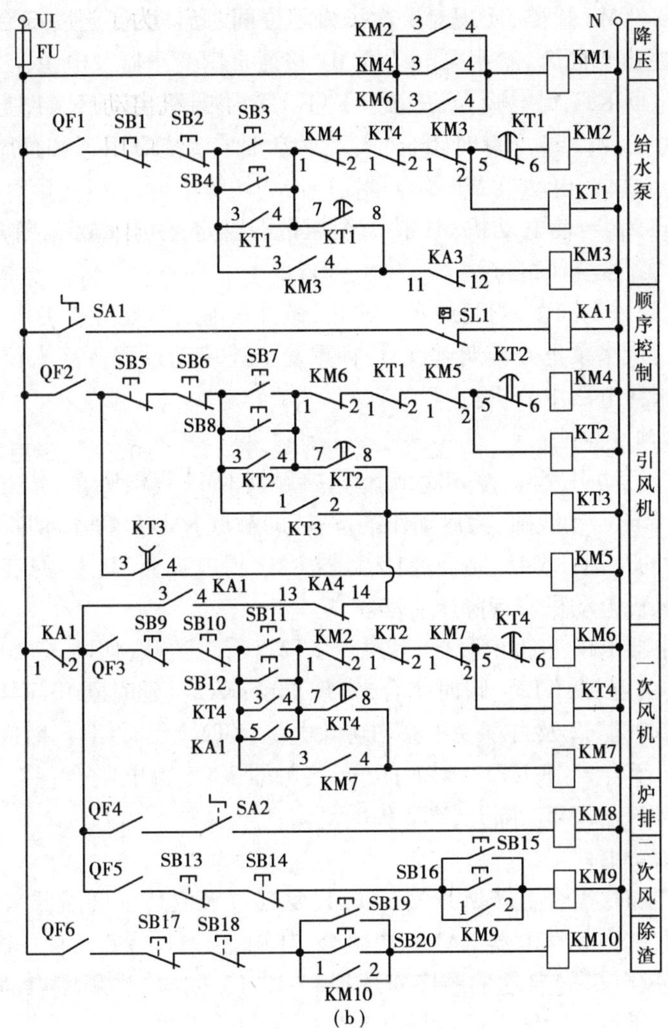

图 5.7　锅炉动力控制电路图

燃烧过程的调节是通过司炉工观察各显示仪表的指示值，操作调节装置，遥控引风风门挡板和一次风风门挡板，实现引风量和一次风量的调节。对炉排进给速度的调节，是通过操作能实现无级调速的滑差电机调节装置，以改变链条炉排的进给速度。

系统还装有一些必要的显示仪表和观察仪表。

5.3.2　动力电路电气控制分析

锅炉的运行与管理，国家有关部门制定了若干条例，如锅炉升火前的检查；升火前的准备；升火与升压等。锅炉操作人员应按规定严格执行，这里仅分析电路的工作原理。

当锅炉需要运行时，首先要进行运行前的检查，一切正常后，将各电源自动开关 QF，QF1 ~ QF6 合上，其主触点和辅助触点均闭合，为主电路和控制电路通电作准备。

1）给水泵的控制

锅炉经检查符合运行要求后，才能进行上水工作。上水时，按 SB3 或 SB4 按钮，接触器 KM2 得电吸合；其主触点闭合，使给水泵电动机 M1 接通降压启动线路，为启动作准备；辅助触

点 $KM2_{1,2}$断开，切断 KM6 通路，实现对一次风机不许同时启动的互锁；$KM2_{3,4}$闭合，使接触器 KM1 得电吸合；其主触点闭合，给水泵电动机 M1 接通自耦变压器及电源，实现降压启动。

同时，时间继电器 KT1 得电吸合，其触点 $KT1_{1,2}$瞬时断开，切断 KM4 通路，实现对引风电机不许同时启动的互锁；$KT1_{3,4}$瞬时闭合，实现启动时自锁；$KT1_{5,6}$延时断开，使 KM2 失电，KM1 也失电，其触点复位，电动机 M1 及自耦变压器均切除电源；$KT1_{7,8}$延时闭合，接触器 KM3 得电吸合；其主触点闭合，使电动机 M1 接上全压电源稳定运行；$KM3_{1,2}$断开，KT1 失电，触点复位；$KM3_{3,4}$闭合，实现运行时自锁。

当汽包水位达到一定高度，需将给水泵停止，做升火前的其他准备工作。

如锅炉正常运行，水泵也需长期运行时，将重复上述启动过程。高水位停泵触点 $KA3_{11,12}$的作用，将在声光报警电路中分析。

2）**引风机的控制**

锅炉升火时，需启动引风机，按 SB7 或 SB8，接触器 KM4 得电吸合，其主触点闭合，使引风机电动机 M2 接通降压启动线路，为启动作准备；辅助触点 $KM4_{1,2}$断开，切断 KM2，实现对水泵电机不许同时启动的互锁；$KM4_{3,4}$闭合，使接触器 KM1 得电吸合，其主触点闭合，M2 接通自耦变压器及电源，引风机电动机实现降压启动。

同时，时间继电器 KT2 也得电吸合，其触点 $KT2_{1,2}$瞬时断开，切断 KM6 通路，实现对一次风机不许同时启动的互锁；$KT2_{3,4}$瞬时闭合，实现自锁；$KT2_{5,6}$延时断开，KM4 失电，KM1 也失电，其触点复位，电动机 M2 及自耦变压器均切除电源；$KT2_{7,8}$延时闭合，时间继电器 KT3 得电吸合，其触点 $KT3_{1,2}$闭合自锁；$KT3_{3,4}$瞬时闭合，接触器 KM5 得电吸合；其主触点闭合，使 M2 接上全压电源稳定运行；$KM5_{1,2}$断开，KT2 失电复位。

3）**一次风机的控制**

系统按顺序控制时，需合上转换开关 SA1，只要汽包水位高于极限低水位，水位表中极限低水位接点 SL1 闭合，中间继电器 KA1 得电吸合，其触点 $KA1_{1,2}$断开，使一次风机，炉排电机、二次风机必须按引风电机先启动的顺序实现控制；$KA1_{3,4}$闭合，为顺序启动作准备；$KA1_{5,6}$闭合，使一次风机在引风机启动结束后自行启动。

触点 $KA4_{13,14}$为锅炉出现高压时，自动停止一次风机、炉排风机、二次风机的继电器 KA4 触点，正常时不动作，其原理在声光报警电路中分析。

当引风电机 M2 降压启动结束时，$KT3_{1,2}$闭合，只要 $KA4_{13,14}$闭合、$KA1_{3,4}$闭合、$KA1_{5,6}$闭合，接触器 KM6 得电吸合，其主触点闭合，使一次风机电动机 M3 接通降压启动线路，为启动作准备；辅助触点 $KM6_{1,2}$断开，实现对引风电机不许同时启动的互锁；$KM6_{3,4}$闭合，接触器 KM1 得电吸合，其主触点闭合，M3 接通自耦变压器及电源，一次风机实现降压启动。

同时，时间继电器 KT4 也得电吸合，其触点 $KT4_{1,2}$瞬时断开，实现对水泵电机不许同时启动的互锁；$KT4_{3,4}$瞬时闭合，实现自锁（按钮启动时用）；$KT4_{5,6}$延时断开，KM6 失电，KM1 也失电，其触点复位，电动机 M3 及自耦变压器切除电源；$KT4_{7,8}$延时闭合，接触器 KM7 得电吸合，其主触点闭合，M3 接全压电源稳定运行；辅助触点 $KM7_{1,2}$断开，KT4 失电，触点复位；$KM7_{3,4}$闭合，实现自锁。

4）**炉排电机和二次风机的控制**

引风机启动结束后，就可启动炉排电机和二次风机。

炉排电机功率为 1.1 kW，可直接启动。用转换开关 SA2 直接控制接触器 KM8 线圈通电吸合,其主触点闭合,使炉排电机 M4 接通电源,直接启动。

二次风机电机功率为 7.5 kW,可直接启动。启动时,按 SB15 或 SB16 按钮,使接触器 KM9 得电吸合,其主触点闭合,二次风机电机 M5 接通电源,直接启动;辅助触点 $KM9_{1,2}$闭合,实现自锁。

5)**锅炉停炉的控制**

锅炉停炉有 3 种情况:暂时停炉、正常停炉和紧急停炉(事故停炉)。暂时停炉为负荷短时间停止用汽时,炉排用压火的方式停止运行,同时停止送风机和引风机,重新运行时可免去升火的准备工作;正常停炉为负荷停止用汽及检修时有计划停炉,需熄火和放水;紧急停炉为锅炉运行中发生事故,如不立即停炉,就有扩大事故的可能,需停止供煤、送风,减少引风,其具体工艺操作按规定执行。

正常停炉和暂时停炉的控制:按下 SB5 或 SB6 按钮,时间继电器 KT3 失电,其触点 $KT3_{1,2}$瞬时复位,使接触器 KM7,KM8,KM9 线圈都失电,其触点复位,一次风机 M3、炉排电机 M4、二次风机 M5 都断电停止运行;$KT3_{3,4}$延时恢复,接触器 KM5 失电,其主触点复位,引风机电机 M2 断电停止。实现了停止时,一次风机、炉排电机、二次风机先停数秒后,再停引风机电机的顺序控制要求。

6)**声光报警及保护**

系统装设有汽包水位的低水位报警和高水位报警及保护,蒸汽压力超高压报警及保护等环节,见图 5.7(a)声光报警电路,图中 KA2 ~ KA6 均为灵敏继电器。

(1)水位报警

汽包水位的显示为电接点水位表,该水位表有极限低水位电接点 SL1、低水位电接点 SL2、高水位电接点 SL3、极限高水位电接点 SL4。当汽包水位正常时,SL1 为闭合的,SL2、SL3 为打开的,SL4 在系统中没有使用。

当汽包水位低于低水位时,电接点 SL2 闭合,继电器 KA6 得电吸合,其触点 $KA6_{4,5}$闭合并自锁;$KA6_{8,9}$闭合,蜂鸣器 HA 响,声报警;$KA6_{1,2}$闭合,使 KA2 得电吸合,$KA2_{4,5}$闭合并自锁;$KA2_{8,9}$闭合,指示灯 HL1 亮,光报警。$KA2_{1,2}$断开,为消声作准备。当值班人员听到声响后,观察指示灯,知道发生低水位时,可按 SB21 按钮,使 KA6 失电,其触点复位,HA 失电不再响,实现消声,并去排除故障。水位上升后,SL2 复位,KA2 失电,HL1 不亮。

如汽包水位下降低于极限低水位时,电接点 SL1 断开,KA1 失电,一次风机、二次风机均失电停止。

当汽包水位上升超过高水位时,电接点 SL3 闭合,KA6 得电吸合,其触点 $KA6_{4,5}$闭合并自锁;$KA6_{8,9}$闭合,HA 响,声报警;$KA6_{1,2}$闭合,使 KA3 得电吸合,其触点 $KA3_{4,5}$闭合自锁;$KA3_{8,9}$闭合,HL2 亮,光报警;$KA3_{1,2}$断开,准备消声;$KA3_{11,12}$断开,使接触器 KM3 失电,其触点恢复,给水泵电动机 M1 停止运行。消声与前同。

(2)超高压报警

当蒸汽压力超过设计整定值时,其蒸汽压力表中的压力开关 SP 高压端接通,使继电器 KA6 得电吸合,其触点 $KA6_{4,5}$闭合自锁;$KA6_{8,9}$闭合,HA 响,声报警;$KA6_{1,2}$闭合,使 KA4 得电吸合,$KA4_{11,12}$,$KA4_{4,5}$均闭合自锁;$KA4_{8,9}$闭合,HL3 亮,光报警;$KA4_{13,14}$断开,使一次风机、二次风机和炉排电机均停止运行。

当值班人员知道并处理后,蒸汽压力下降,当蒸汽压力表中的压力 SP 低压端接通时,使继电器 KA5 得电吸合,其触点 $KA5_{1,2}$ 断开,使继电器 KA4 失电,$KA4_{13,14}$ 复位,一次风机和炉排电机将自行启动,二次风机需用按钮操作。

按钮 SB22 为自检按钮,自检的目的是检查声、光器件是否能正常工作。自检时,HA 及各光器件均应能发出声、光信号。

(3)过载保护

各台电动机的电源开关都用自动开关控制,自动开关一般具有过载自动跳闸功能,也可有欠压保护和过流保护等功能。

锅炉要正常运行,锅炉房还需要有其他设备,如水处理设备、除渣设备、运煤设备、燃料粉碎设备等,各设备中均以电动机为动力,但其控制电路一般较简单,此处不再进行分析。

5.3.3 自动调节环节分析

图 5.8 为该型号锅炉的自控方框图。此处只画出与自动调节有关的环节,其它各种检测及指示等环节没有画出。由于自动调节过程采用的仪表种类较多,此处仅作简单的定性分析。

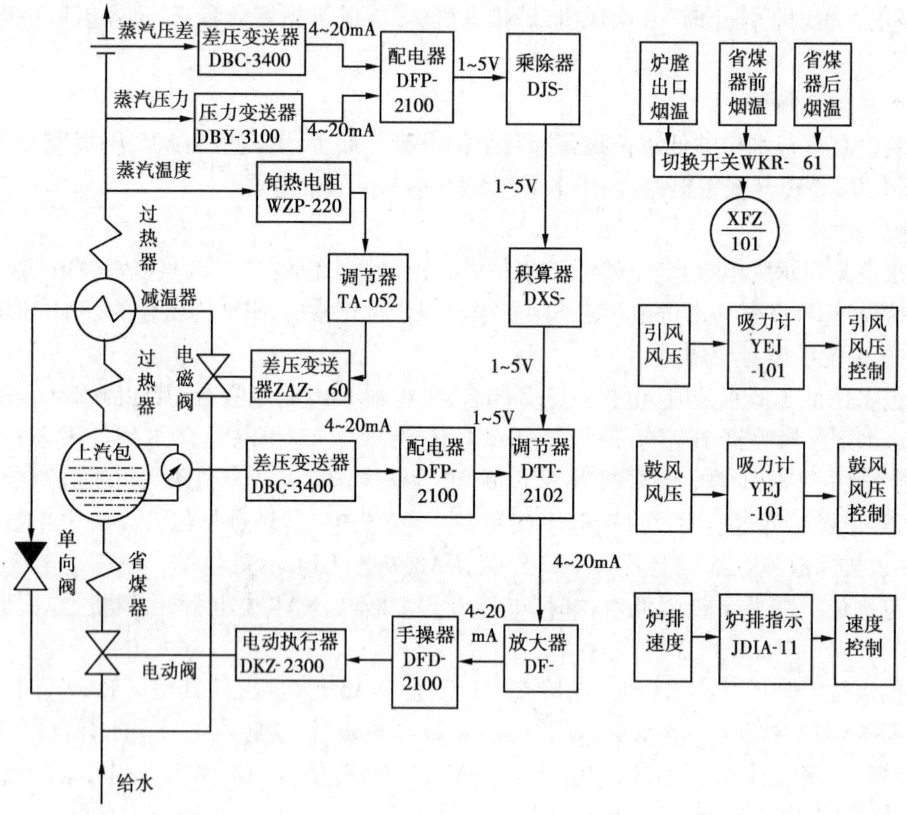

图 5.8 锅炉仪表控制方框图

1)汽包水位的自动调节

(1)调节类型

根据方框图可知,该型锅炉汽包水位的自动调节为双冲量给水调节系统,见简画图 5.9。系统以汽包水位信号作为主调节信号,以蒸汽流量信号作为前馈信号,可克服因负荷变化频繁而引起的"虚假水位"现象,减小水位波动的幅度。

(2)蒸汽流量信号的检测

系统是通过蒸汽差压信号与蒸汽压力信号的合成。气体的流量不仅与差压有关,还与温度和压力有关。

该系统的蒸汽温度由减温器自动调节,可视为不变。因此蒸汽流量是以差压为主信号,压力为补偿信号,经乘除器合成,作为蒸汽流量输出信号。

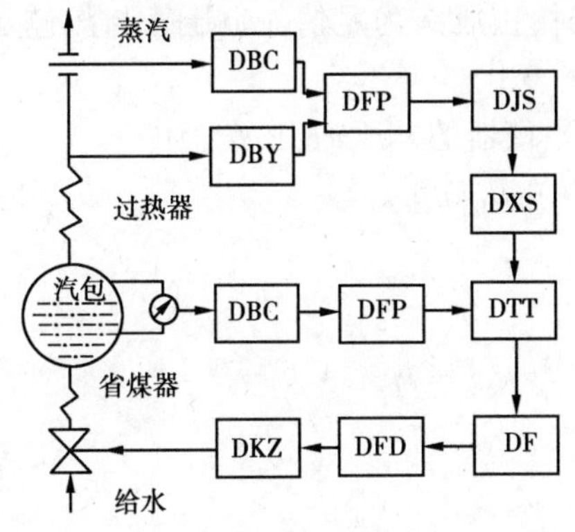

图5.9 双冲量给水调节系统方框图

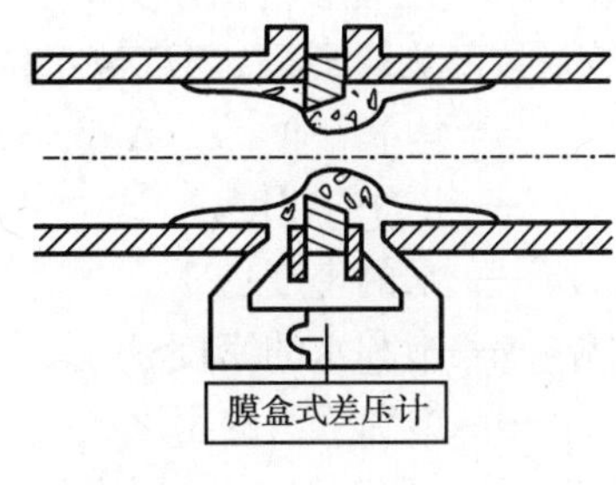

图5.10 差压式流量计

①差压的检测:工程中常应用差压式流量计检测差压。差压式流量计主要由节流装置、引压管和差压计三部分组成,图5.10为其示意图。

流体通过节流装置(孔板)时,在节流装置的上、下游之间产生压差,从而由差压计测出差压。流量愈大,差压也愈大。流量和差压之间存在一定的关系,这就是差压流量计的工作原理。该系统用差压变送器代替差压计,将差压量转换为直流4~20 mA电流信号送出。

②压力的检测:压力检测常用的压力传感器有电阻式压力变送器、霍尔压力变送器。电阻压力变送器见图5.11,在弹簧管压力表中装了一个滑线电阻,当被测压力变化时,压力表中指针轴的转动带动滑线电阻的可动触点移动,改变滑线电阻两端的电阻比。这样就把压力的变化转换为电阻值的变化,再通过检测电阻的阻值转换为直流4~20 mA电流信号输出。

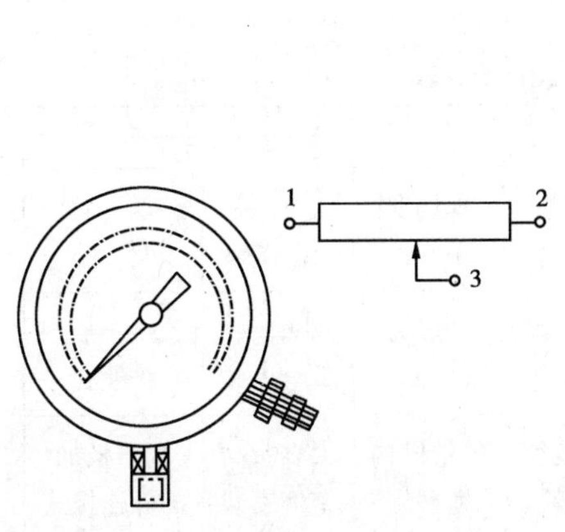

图5.11 弹簧管电阻式压力变送器

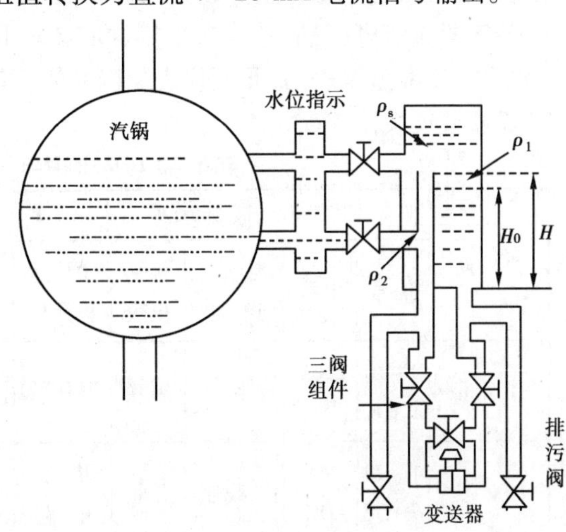

图5.12 差压式水位平衡器

③汽包水位信号的检测

水位信号的检测是用差压式水位变送器实现的,如图5.12所示。其作用原理是把液位高度的变化转换成差压信号,水位与差压之间的转换是通过平衡器(平衡缸)实现的。图示为双室平衡器,正压头从平衡器外室引出,负压头从平衡器内室(汽包水侧连通管)中取得。平衡器外室中水面高度是一定的,当水面要增高时,水便通过汽侧连通管溢流入汽包;水要降低时,由蒸汽凝结水来补充。因此当平衡器中水的密度一定时,正压头为定值。负压管与汽包是相连的,因此,负压管中输出压头的变化反映了汽包水位的变化。

按流体静力学原理,当汽包水位在正常水位 H_0 时,平衡器的差压输出 ΔP_0 为:

$$\Delta P_0 = H\rho_1 g - H_0\rho_2 g - (H - H_0)\rho_s g \tag{5.1}$$

式中 g——重力加速度;

ρ_1——水的密度;

ρ_2——饱和水的密度;

ρ_s——饱和蒸汽的密度;

H_0——正常给定水位高度;

H——外室水面高度。

$$\Delta H = H - H_0$$

当汽包水位偏离正常水位 H_0 而变化 ΔH 时,平衡器的差压输出 ΔP 为:

$$\Delta P = \Delta P_0 - \Delta H(\rho_2 g - \rho_s g) \tag{5.2}$$

H,H_0 为确定值,ρ_1,ρ_2 和 ρ_s 均为已知值,故正常水位时的差压输出 ΔP_0 就是常数,也就是说差压式水位计的基准水位差压是稳定的,而平衡器的输出差压 ΔP 则是汽包水位变化 ΔH 的单值函数,汽包水位增高时,输出差压减小。

图中的三阀组件是为了调校差压变送器而配用的。

(4)系统中应用的仪表简介

汽包水位自动调节系统,主要采用DDZ-Ⅲ型仪表。DDZ为电动单元组合型仪表,Ⅲ型仪表是用线性集成电路作为主要放大元件,现场传输信号为4~20 mA直流电流;控制室联络信号为1~5 V直流电压;信号传递采用并联传输方式;各单元统一由电源箱供给24 V直流电源。也有应用Ⅱ型仪表的,Ⅱ型仪表是以晶体管作为主要放大元件。表5.2为DDZ-Ⅲ型仪表与DDZ-Ⅱ型仪表比较 。

表5.2 DDZ-Ⅲ型与DDZ-Ⅱ型仪表比较

系 列	信号、电源与联接方式				主要元件		结构特点		
	信号	电源	现场变送器	接受仪表	主要运算元件	主要测量膜盒	现场变送器	盘装仪表	盘后架装
DDZ-Ⅱ	0~10 mADC	220V AC	四线制	串联	晶体管	四氟环型保护膜盒	一般力平衡	小表头单台安装	端子板接线式
DDZ-Ⅲ	4~20 mADC	24V DC	二线制	并联	集成电路	基座波纹保护膜盒	矢量机构力平衡	大表头高密度安装	端子板加插件连接式

DDZ-Ⅲ型仪表可分为现场安装仪表和控制室安装仪表两大部分,共有8个大类。按仪表

在系统中所起的不同作用，现场安装仪表可分为变送单元类和执行单元类。控制室内安装仪表又可分为调节单元类、转换单元类、运算单元类、显示单元类、给定单元类和辅助单元类等。每一类又有若干种，该系统采用的仪表主要有：

①变送器(变送单元)：有差压变送器 DBC 和压力变送器 DBY。主要用在自动调节系统中作为测量部分，将液体、汽体等工艺参数，转换成 4 ~ 20 mA 的直流电流，作为指示、运算和调节单元的输入信号，以实现生产过程的连续检测和调节。

②配电器 DFP(辅助单元)：也称为分电盘，主要作用是对来自现场变送器的 4 ~ 20 mA 电流信号进行隔离，将其转换成 1 ~ 5 V 直流电压信号，传递给运算器或调节器，并对设置在现场的二线制变送器供电。

③乘除器 DJS(运算单元)：主要用于气体流量测量时的温度和压力补偿。可对 3 个 1 ~ 5 V 直流信号进行乘除运算或对两个 1 ~ 5 V 直流信号进行乘后开方运算。运算结果以 1 ~ 5 V 直流电压或 4 ~ 20 mA 直流电流输出。在该系统对差压 ΔP 和压力 P 实现乘后开方运算。

④积算器 DXS(显示单元)：与开方器配合，可累计管道中流体的流量，并用数字显示出被测流体的总量。

⑤前馈调节器 DTT(调节单元)：实现前馈—反馈控制的调节器。系统将蒸汽流量信号比例运算；对汽包水位信号进行比例积分运算，其总的输出为前馈作用与反馈作用之和。

⑥电动执行器 DKZ(执行单元)：执行器由伺服电机、减速器和位置发送器三部分组成。它接受伺服放大器或手动操作器的信号，使两相伺服电机按正、反方向运转。通过减速器减速后，变成输出力矩带动阀门。与此同时，位置发送器又根据阀门的位置，发出相应数值的直流电流信号反馈到前置(伺服)放大器，与来自调节器的输出电流相平衡。

⑦伺服放大器 DF(辅助单元)：将调节器的输出信号与位置反馈信号比较，得一偏差信号，此偏差信号经功率放大后，驱动二相伺服电动机运转。当反馈信号与输入信号相等时，两相伺服电动机停止转动，输出轴就稳定在与输入信号相对应的位置上。

⑧手动操作器 DFD(辅助单元)：主要功能是以手动方式向电动执行器提供 4 ~ 20 mA 的直流电流，对其进行手动遥控，是带有反馈指示可以观察到操作端进行手动调节效果的仪表。

2)过热蒸汽温度的自动调节

过热蒸汽温度的调节是通过控制减温器中的减温水流量，实现降温调节的。

过热蒸汽温度是用安装在过热器出口管路中的测温探头检测的，该探头用铂热电阻制成感温元件，外加保护套管和接线端子，通过导线接在电子调节器 TA 的输入端。

TA 系列基地式仪表是一种简易的电子式自动检测、调节仪表，适用于生产过程中单参数自动调节，其放大元件采用了集成电路与分立元件兼用的组合方式，主要由输入回路、放大回路和调节部件三部分组成。其输出为 0 ~ 10 mA 直流电流信号。根据型号不同，有不同的输入信号和输出规律。例如 TA-052 为偏差指示、三位 PI(D)输出，输入信号为铂热电阻阻值。

当过热蒸汽温度超过要求值时，测温探头中的铂热电阻阻值增大，与给定电阻阻值比较后，转换为直流偏差信号，该偏差信号经放大器放大后送至调节部件中，调节部件输出相应的信号给电动执行器，电动执行器将减温水阀门打开，向减温器提供减温水，使过热蒸汽降温。

当过热蒸汽温度降到整定值时，铂热电阻阻值减小，经调节器比较放大后，发出关闭减温水调节阀的信号，电动执行器将调节阀关闭。

3）**锅炉燃烧系统的自动调节**

随着用户热负荷的变化，必须调整燃煤量，否则，蒸汽锅炉锅筒压力就要波动。只要维持锅筒压力稳定，就能满足用户热量的需要。工业锅炉燃烧系统的自动调节是以维持锅筒压力稳定为依据，调节燃煤供给量，以适应热负荷的变化。为了保证锅炉的经济和安全运行，随着燃煤量的变化，必须调整锅炉的送风量，保持一定的风、煤比例，即保持一定的过剩空气系数，同时还要保持一定的炉膛负压。因此，燃烧系统调节参数有锅筒压力、燃煤供给量、送风量、烟气含氧量和炉膛负压等。

装设完整的燃烧自动调节系统的锅炉，其热效率约可提高15%左右，但需花费一定的投资，自动调节系统越完善，花费的投资也越高。对于蒸发量为6～10 t/h的蒸汽锅炉，一般不设计燃烧自动调节系统，司炉工可根据热负荷的变化、炉膛负压指示、过剩空气系数等参数，人工调节给煤量和送、引风风量，以保持一定的风煤比和炉膛负压。

该系统的炉排电机是采用滑差电动机调速，根据蒸汽压力仪表指示的压力值，由司炉工通过手动操作给定装置，人工遥控炉排电动机转速，调节给煤量。并配有炉排进给速度指示仪表。

该系统的一次风机进口和引风机进口均安装有电动执行机构驱动的风门挡板，根据炉膛负压指示值和测氧指示值，由司炉工通过手动操作给定装置遥控送、引风风门挡板开度，实现风量调节，并配有各风门挡板开度指示仪表。

系统中因需要检测的测温点较多，为了节省指示仪表，在测温仪表前配有切换装置，扳动切换开关，可观察各测温点的温度。如果用温度巡回检测仪，则不仅能自动切换检测显示，且能指出并记忆故障点的位置，发出报警信号。

小结5

锅炉的动力控制电路多数比较简单，一般要求有顺序控制和降压启动控制。本章实例中的引风机M2与一次风机M3、炉排电机M4、二次风机M5就有启动和停止的先后顺序控制要求，是分别通过KA1和KT3实现的。实例中的M1，M2，M3需要降压启动，是采用串自耦变压器降压启动的，因为可以不同时启动，所以共用一台自耦变压器，为了防止同时用，在启动过程中增加了相互之间的联锁。识读图时应注意上述两个特点，并把它们的实现过程及环节理解清楚。

锅炉的控制难点是自动调节环节，实例中的自动调节应用的是自动化仪表，属于无触点控制，只能用方框图的方法分析其组成情况和调节原理。通过实例可以了解锅炉自动调节环节的基本情况，如水位的检测、压力的检测、温度的检测以及所应用的自动化仪表等。较大型的锅炉已经应用计算机技术进行自动控制和调节，其分析方法与实例基本相同，难点是计算机的编程语言。

复习思考题5

(1)锅炉本体和锅炉房辅助设备各由哪些设备组成?

(2)锅炉给水系统自动调节任务是什么?自动调节有哪几种类型?

(3)蒸汽过热系统自动调节任务是什么?自动调节有哪几种类型?

(4)锅炉燃烧过程自动调节的任务是什么?燃煤锅炉自动调节有哪几种类型?

(5)什么是水位位式调节?什么是遥控?

(6)SHL10-2.45/400 ℃-AⅢ型号意义是什么?

(7)该型号锅炉动力电路控制特点?

(8)该型号锅炉自动调节特点?

(9)该型号锅炉是怎样实现按顺序启动和停止的?

(10)该型号锅炉有哪几项声光报警?由哪几个触点动作实现?

(11)自动开关可有哪几项保护?并画出示意图。

(12)该型号锅炉的蒸汽流量信号是通过什么方法检测的?

(13)该型号锅炉的汽包水位信号是通过什么方法检测的?

(14)DDZ-Ⅲ型仪表有哪8大类?系统中应用了哪几类中的哪些仪表?

(15)过热蒸汽温度自动调节是怎样实现的?

电梯的电气控制

电梯是随着高层建筑的兴建而发展起来的一种垂直运输工具。在现代社会，电梯已像汽车、轮船一样，成为人类不可缺少的交通运输工具。电梯是机、电合一的大型复杂技术产品。本章对电梯的机械部分仅作简单介绍，重点是通过实例，介绍电梯电气控制的基本环节和系统分析。

6.1 电梯的分类和基本结构

6.1.1 电梯的分类

国产电梯一般按电梯用途、拖动方式、提升速度、控制方式等进行分类。

1）按用途分类

(1)乘客电梯

为运送乘客而设计的电梯，主要用于宾馆、饭店、办公楼等客流量大的场合。这类电梯为了提高运送效率，其运行速度比较快，自动化程度比较高，轿厢的尺寸和结构形式多为宽度大于深度，使乘客能畅通地进出，而且安全设施齐全，装饰美观，乘坐舒适。

(2)载货电梯

为运送货物而设计，通常有人伴随的电梯，主要用于两层楼以上的车间和各类仓库等场合。这类电梯的自动化程度和运行速度一般比较低，其装饰和舒适感不太讲究，而载质量和轿厢尺寸的变化则较大。

(3)客货两用电梯

主要用于运送乘客,但也可运送货物,它与乘客电梯的区别在于轿厢内部装饰结构不同。

(4)病床电梯

为运送病人、医疗器械等而设计的电梯。轿厢窄而深,有专职司机操纵,运行比较平稳。

(5)杂物电梯(服务电梯)

供图书馆、办公楼、饭店运送图书、文件、食品等。此类电梯的安全设施不齐全,禁止乘人,由门外按钮操纵。

除上述几种外,还有轿厢壁透明、装饰豪华,供乘客观光的电梯,专门用作运送车辆的车辆电梯,用于船舶的电梯等。

2)按速度分类

低速梯:速度 $V \leqslant 1$ m/s 的电梯。

快速梯:速度 1 m/s $< V < 2$ m/s 的电梯。

高速梯:速度 $V \geqslant 2$ m/s 的电梯。

3)按拖动方式分类

(1)交流电梯

交流电梯是用交流电机驱动的电梯。用单速交流电动机驱动时,称为交流单速电梯,其速度不高于 0.5 m/s。用双速交流电动机驱动时,称为交流双速电梯,其速度一般不高于 1 m/s。用交流电机配有调压调速装置时,称为交流调压调速电梯,其速度一般不高于 1.75 m/s。用交流电机配有变频变压调速装置时,称为变频变压调速电梯(即 VVVF 电梯),一般为快速或高速电梯。

(2)直流电梯

直流电梯是用直流电机驱动的电梯,一般为快速梯或高速梯。

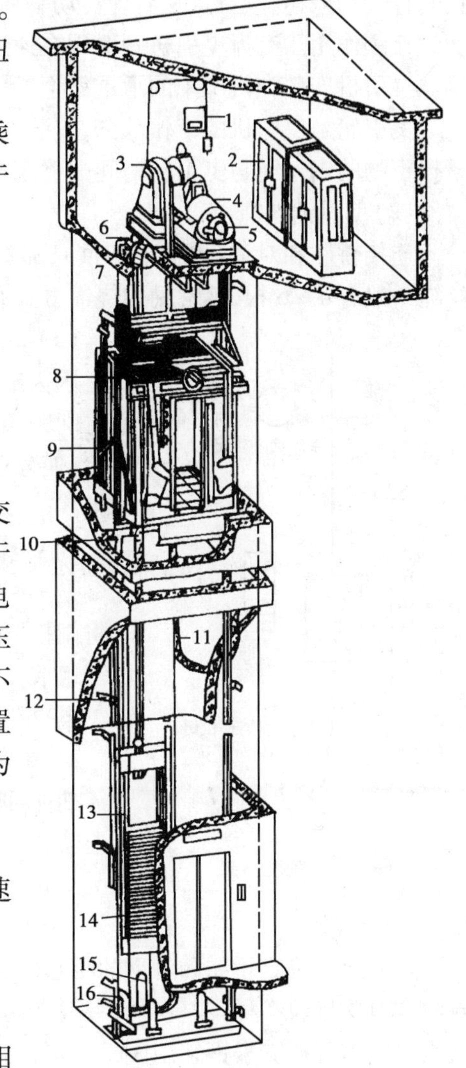

图 6.1 电梯的基本结构

1—极限开关;2—控制屏;3—曳引轮;4—电动机;5—手轮;6—限速器;7—导向轮;8—开门机;9—轿厢;10—安全钳;11—控制电缆;12—导轨架;13—导轨;14—对重;15—缓冲器;16—钢绳张紧轮

6.1.2 电梯的基本结构

电梯是机、电合一的大型复杂产品,机械部分相当于人的躯体,电气部分相当于人的神经,机与电的高度合一,使电梯成为现代科学技术的综合产品。下面简单介绍机械部分,见电梯结构图 6.1。

1)曳引系统

功能:输出与传递动力,使电梯运行。

组成:主要由曳引机、曳引钢丝绳、导向轮、电磁制动器等组成。

(1)曳引机

它是电梯的动力源,由电动机、曳引轮等组成。以电动机与曳引轮之间有无减速箱又可分为无齿曳引机和有齿曳引机。无齿曳引机由电动机直接驱动曳引轮,一般以直流电动机为动力。由于没有减速箱为中间传动环节,它具有传动效率高、噪音小、传动平稳等优点。但存在体积大、造价高等缺点,一般用于2 m/s以上的高速电梯。

有齿曳引机的减速箱具有降低电动机输出转速,提高输出力矩的作用。减速箱多采用蜗轮蜗杆传动减速,其特点是启动传动平稳、噪音小,运行停止时根据蜗杆头数不同起到不同程度的自锁作用。有齿曳引机一般用在速度不大于2 m/s的电梯上。配用的电动机多数为交流机。曳引机安装在机房中的承重梁上。

曳引轮是曳引机的工作部分,安装在曳引机的主轴上,轮缘上开有若干条绳槽,利用两端悬挂重物的钢丝绳与曳引轮槽间的静摩擦力,提高电梯上升、下降的牵引力。

(2)曳引钢丝绳

连接轿厢和对重(也称平衡重),靠与曳引轮间的摩擦力来传递动力,驱动轿厢升降。钢丝绳一般有4~6根,其常见的绕绳方式有半绕式和全绕式,见图6.2。

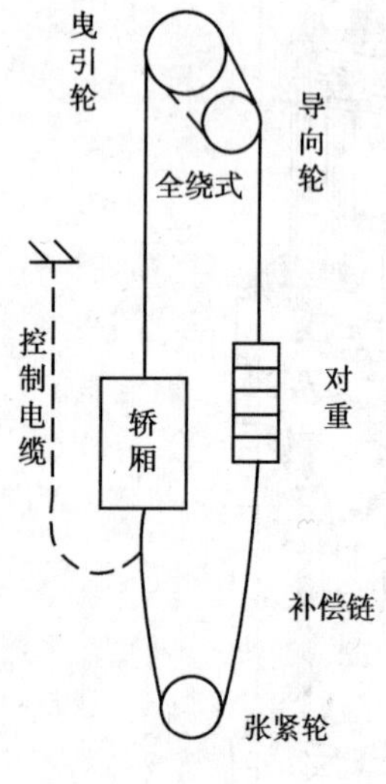

图6.2 绕绳方式

(3)导向轮

因为电梯轿厢尺寸一般比较大,轿厢悬挂中心和对重悬挂中心之间距离往往大于设计上所允许的曳引轮直径,所以要设置导向轮,使轿厢和对重相对运行时不互相碰撞。安装在承重梁下部。

(4)电磁制动器

是曳引机的制动用抱闸,当电动机通电时松闸,电动机断电时将闸抱紧,使曳引机制动停止,由制动电磁铁、制动臂、制动瓦块等组成。制动电磁铁一般采用结构简单、噪音小的直流电磁铁。电磁制动器安装在电动机轴与减速器相连的制动轮处。

2)导向系统

功能:限制轿厢和对重的活动自由度,使轿厢和对重只能沿着导轨作升降运动。

组成:由导轨、导靴和导轨架组成。

(1)导轨

在井道中确定轿厢和对重的相互位置,并对它们的运动起导向作用的组件。导轨分轿厢导轨和对重导轨2种,对重导轨一般采用75 mm×75 mm×(8~10)mm的角钢制成,而轿厢导轨则多采用普通碳素钢轧制成T字形截面的专用导轨。每根导轨的长度一般为3~5 m,其两端分别加工成凹凸形状榫槽,安装时将凹凸榫槽互相对接好后,再用连接板将两根导轨紧固成一体。

(2)导靴

装在轿厢和对重架上,与导轨配合,是强制轿厢和对重的运动服从于导轨的部件。导靴分滑动导靴和滚动导靴。滚动导靴主要由两个侧面导轮和一个端面导轮构成。3个滚轮从3个方面卡住导轨,使轿厢沿着导轨上下运行,并能提高乘坐舒适感,多用在高速电梯中。

(3)导轨架

导轨架是支承导轨的组件,固定在井壁上。导轨在导轨架上的固定有螺栓固定法和压板固定法两种。

3）轿厢

功能:用以运送乘客或货物的电梯组件,是电梯的工作部分。

组成:由轿厢和轿厢体组成。

(1)轿厢架

轿厢架是固定轿厢体的承重构架。由上梁、立柱、底梁等组成。底梁和上梁多采用16~30号槽钢制成,也可用3~8 mm厚的钢板压制而成。立柱用槽钢或角钢制成。

(2)轿厢体

轿厢体是轿厢的工作容体,具有与载质量和服务对象相适应的空间,由轿底、轿壁、轿顶等组成。

轿底用6~10号槽钢和角钢按设计要求尺寸焊接成框架,然后在框架上铺设一层3~4 mm厚的钢板或木板而成。轿壁多采用厚度为1.2~1.5 mm的薄钢板制成槽钢形,壁板的两头分别焊一根角钢作头。轿壁间以及轿壁与轿顶、轿底间多采用螺钉紧固成一体。轿顶的结构与轿壁相同。轿顶装有照明灯、电风扇等。除杂物电梯外,电梯的轿顶均设置安全窗,以便在发生事故或故障时,司机或检修人员上轿顶检修井道内的设备。必要时,乘用人员还可以通过安全窗撤离轿厢。

轿厢是乘用人员直接接触的电梯部件,各电梯制造厂对轿厢的装饰是比较重视的,一般均在轿壁上贴各种类别的装饰材料,在轿顶下面加装各样的吊顶等,给人以豪华舒适的感觉。

4）门系统

功能:封住层站入口和轿厢入口。

组成:由轿厢门、层门、门锁装置、自动门拖动装置等组成。

(1)轿门

设在轿厢入口的门,由门、门导轨架、轿厢地坎等组成。轿门按结构形式可分为封闭式轿门和栅栏式轿门两种。如按开门方向分,栅栏式轿门可分为左开门和右开门两种。封闭式轿门可分为左开门、右开门和中开门3种。除一般的货梯门采用栅栏门外,多数电梯均采用封闭式轿门。

(2)层门

层门也称厅门,设在各层停靠站通向井道入口处的门。由门、门导轨架、层门地坎、层门联动机构等组成。门扇的结构和运动方式与轿门相对应。

(3)门锁装置

设置在层门内侧,门关闭后,将门锁紧,同时接通门电联锁电路,使电梯方能启动运行的机电联锁安全装置。轿门应能在轿内及轿外手动打开,而层门只能在井道内人为解脱门锁后打开,厅外只能用专用钥匙打开。

(4)开关门机

这是使轿门、层门开启或关闭的装置。开、关门电动机多采用直流分激式电动机作原动力,并利用改变电枢回路电阻的方法,来调节开、关门过程中的不同速度要求。轿门的启闭均由开关门机直接驱动,而厅门的启闭则由轿门间接带动。为此厅门与轿门之间需有系合装置。

为了防止电梯在关门过程中将人夹住,带有自动门的电梯常设有关门安全装置,在关门过程中只要受到人和物的阻挡,便能自动退回,常见的是安全触板和光电开关。

5)质量平衡系统

功能:相对平衡轿厢质量,在电梯工作中能使轿厢与对重间的质量差保持在某一个限额之内,保证电梯的曳引传动正常。

组成:由对重和质量补偿装置组成。

(1)对重

由对重架和对重块组成,其质量与轿厢满载时的质量成一定比例,与轿厢间的质量差具有一个恒定的最大值,又称平衡重。

为了使对重装置能对轿厢起最佳平衡作用,必须正确计算对重装置的总质量。对重装置的总质量与电梯轿厢本身的净质量和轿厢的额定载质量有关,它们之间的关系常用下式来决定:

$$P = G + QK \tag{6.1}$$

式中 P——对重装置的总质量,kg;

G——轿厢净质量,kg;

Q——电梯额定载质量,kg;

K——平衡系数,一般取0.45~0.5。

(2)质量补偿装置

在高层电梯中,补偿轿厢侧与对重侧曳引钢丝绳长度变化对电梯平衡设计影响的装置,分为补偿链和补偿钢丝绳两种形式。补偿装置的链条(或钢丝绳)一端悬挂在轿厢下面,另一端挂在对重下面,并安装有张紧轮及张紧行程开关。当轿厢蹾底时,张紧轮被提升,使行程开关动作,切断控制电源,使电梯停驶。

6)安全保护系统

功能:保证电梯安全使用,防止一切危及人身事故发生。

组成:分为机械安全保护系统和机电联锁安全保护系统两大类。机械部分主要有限速装置、缓冲器等。机电联锁部分主要有终端保护装置和各种联锁开关等。

(1)限速装置

限速装置由安全钳和限速器组成。其主要作用是限制电梯轿厢运行速度。当轿厢超过设计的额定速度运行而处于危险状态时,限速器就会立即动作,并通过其传动机构的钢丝绳、拉杆等,促使(提起)安全钳动作而抱住(卡住)导轨,使轿厢停止运行,同时切断电气控制回路,及时停车,保证乘客的安全。

①限速器:限速器安装在电梯机房楼板上,其位置在曳引机的一侧。限速器的绳轮垂直于轿厢的侧面,绳轮上的钢丝绳引下井道与轿厢连接后再通过井道底坑的张紧绳轮返回到限速器绳轮上,这样限速器的绳轮就随轿厢运行而转动。

限速器有甩球限速器和甩块限速器两种。甩球限速器的球轴突出在限速器的顶部,并与拉杆弹簧连接,随轿厢运行而转动,利用离心力甩起球体控制限速器的动作,结构图见图6.3。甩块限速器的块体装在心轴转盘上,原理与甩球相同。如果轿厢向下超速行驶时,超过了额定速度的15%,限速器的甩球或甩块的离心力就会加大,通过拉杆和弹簧装置卡住钢丝绳,制止钢丝绳移动。但若轿厢仍向下移动,这时,钢丝绳就会通过传动装置把轿厢两侧的安全钳提起,将轿厢制停在导轨上。

②安全钳:安全钳安装在轿厢架的底梁上,即底梁两端各装一副,其位置和导靴相似,随轿

厢沿导轨运行,见图6.4。安全钳楔块由拉杆、弹簧等传动机构与轿厢侧限速器钢丝绳连接,组成一套限速装置。

当电梯轿厢超速,限速器钢丝绳被卡住时,轿厢再运行,安全钳将被提起。安全钳是有角度的斜形楔块,并受斜形外套限制,所以向上提起时必然要向导轨夹靠而卡住导靴,制止轿厢向下滑动,同时安全钳开关动作,切断电梯的控制电路。

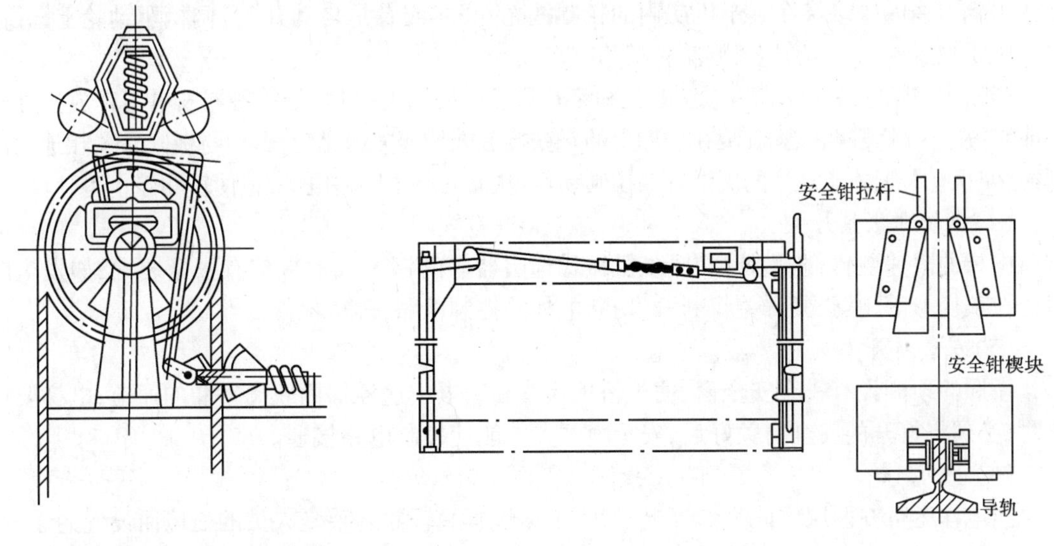

图6.3 甩球式限速器

图6.4 安全钳

(2)缓冲器

缓冲器安装在井道底坑的地面上。若由于某种原因,当轿厢或对重装置超越极限位置发生蹾底时,它是用来吸收轿厢或对重装置动能的制停装置。

缓冲器按结构分,有弹簧缓冲器和油压缓冲器两种。弹簧缓冲器是依靠弹簧的变形来吸收轿厢或对重装置的动能,多用在低速梯中。油压缓冲器是以油作为介质来吸收轿厢或对重的动能,多用在快速梯和高速梯中。

(3)端站保护装置

这是一组防止电梯超越上、下端站的开关,能在轿厢或对重碰到缓冲器前,切断控制电路或总电源,使电梯被曳引机上电磁制动器所制动。常设有强迫减速开关、终端限位开关和极限开关,见图6.5所示。

①强迫减速开关:是防止电梯失控造成冲顶或蹾底的第一道防线,由上、下两个限位开关组成,一般安装在井道的顶端和底部。当电梯失控,轿厢行至顶层或底层而又不能换速停止时,轿厢首先要经过强迫减速开关,这时,装在轿厢上的碰块与强迫减速开关碰

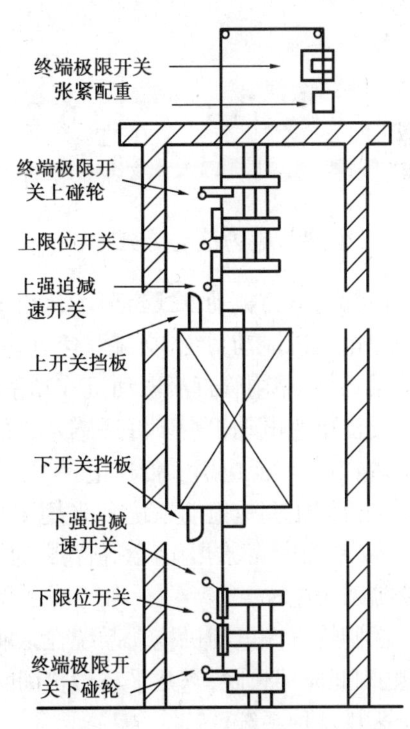

图6.5 端站保护装置

轮相碰,使强迫减速开关动作,迫使轿厢减速。

②终端限位开关:是防止电梯失控造成冲顶和蹾底的第二道防线,由上、下两个限位开关组成,分别安装在井道的顶端和底部。当电梯失控后,经过减速开关而又未能使轿厢减速行驶,轿厢上的碰铁与终端限位开关相碰,使电梯的控制电路断电,轿厢停驶。

③极限开关:极限开关由特制的铁壳开关(或者是自动开关)和上、下碰轮及传动钢丝绳组成。钢丝绳的一端绕在装于机房内的特制铁壳开关(或者是自动开关)闸柄驱动轮上,并由张紧配重拉紧。另一端与上、下碰轮架相接。

当轿厢超越端站碰撞强迫减速开关和终端限位开关仍失控时(如接触器断电不释放),在轿厢或对重未接触缓冲器之前,装在轿厢上的碰铁接触极限开关的碰轮,牵动与极限开关相连的钢丝绳,使只有人工才能复位的极限开关拉闸动作,从而切断主回路电源,迫使轿厢停止运行。

(4)钢丝绳张紧开关

电梯的限速装置、质量补偿装置、机械式选层器等的钢绳或钢带都有张紧装置,如发生断绳或拉长变形等,其张紧开关将断开,切断电梯的控制电路,等待检修。

(5)安全窗开关

轿厢的顶棚设有一个安全窗,便于轿顶检修和断电中途停梯而脱离轿厢的通道,电梯要运行时,必须将打开的安全窗关好后,安全窗开关才能使控制电路接通。

(6)手动盘轮

当电梯运行在两层中间突然停电时,为了尽快解脱轿厢内乘坐人员的处境而设置的装置。手动盘轮安装在机房曳引电动机轴的端部,停电时,用人力打开电磁抱闸,用手转动盘轮,使轿厢移动。

6.2 电梯的电力拖动

6.2.1 电梯的电力拖动方式

电梯的电力拖动方式经历了从简单到复杂的过程。目前,用于电梯的拖动系统主要有,交流单速电动机拖动系统;交流双速电动机拖动系统;交流调压调速拖动系统;交流变频变压调速拖动系统;晶闸管直流电动机拖动系统等。

交流单速电动机由于舒适感差,仅用在杂物电梯上。交流双速电动机具有结构紧凑,维护简单的特点,广泛应用于低速电梯中。

交流调压调速拖动系统多采用闭环系统,加上能耗制动或涡流制动等方式,具有舒适感好、平层准确度高、结构简单等优点,使它所控制的电梯能在快、低速范围内大量取代直流快速和交流双速电梯。

晶闸管直流电动机拖动系统在工业上早有应用,但用于电梯上却要解决低速时的舒适感问题,因此应用较晚,它几乎与微机同时应用在电梯上,目前世界上最高速度的(13 m/s)电梯就是采用这种系统。

交流变频变压拖动系统可以包括上述各种拖动系统的所有优点,已成为世界上最新的电梯拖动系统,目前速度已达6 m/s。

6.2.2　交流双速电动机拖动系统的主电路

1）**电梯用交流电动机**

电梯能准确地停止于楼层平面上，就需要使停车前的速度愈低愈好。这就要求电动机有多种转速。交流双速电动机的变速是利用变极的方法实现的，变极调速只应用在鼠笼式电动机上。为了提高电动机的启动转矩，降低启动电流，其转子要有较大的电阻，这就出现了专用于电梯的 JTD 和 YTD 系列交流电动机。

交流双速电动机分为双绕组双速和单绕组双速两种。双绕组双速（JTD 系列）电动机是在定子内安放两套独立绕组，极数一般为 6 极和 24 极，单绕组双速（YTD 系列）电动机是通过改变定子绕组的接线来改变极数进行调速。根据电机学原理，变速时要注意相序的配合。

电梯用双速电动机的高速绕组是用于启动、运行。为了限制启动电流，通常还在定子回路中串入电抗或电阻来得到启动速度的变化；低速绕组用于电梯减速、平层过程和检修时的慢速运行。电梯减速时，由高速绕组切换成低速绕组，转换初始时，电动机转速高于低速绕组的同步转速，电动机处于再生发电制动状态，转速将迅速下降，为了避免过大的减速度，在切换时应串入电抗或电阻并分级切除，直至以慢速绕组速度进行低速稳定运行到平层停车。

2）**交流双速电动机的主电路**

图 6.6 是常见的低速电梯拖动电动机主电路，电动机为单绕组双速鼠笼式异步电机，与双绕组双速电动机的主要区别是增加了辅助接触器 KM_{FA}。

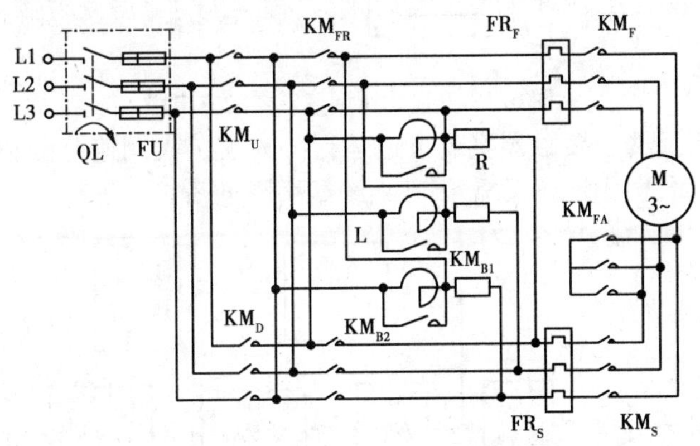

图 6.6　交流双速电动机的主电路

电路中的接触器 KM_U 或 KM_D 分别控制电动机的正、反转。接触器 KM_F 和 KM_S 分别控制电动机的快速和慢速接法。快速接法的启动电抗 L 由快速运行接触器 KM_{FR} 控制切除。慢速接法的启、制动电抗 L 和启、制动电阻 R 由接触器 KM_{B1} 和 KM_{B2} 分两次切除，均按时间原则控制。

电动机正常工作的工艺过程是：接触器 KM_U 或 KM_D 通电吸合，选择好方向；快速接触器 KM_F 和快速辅助接触器 KM_{FA} 通电吸合，电动机定子绕组接成 6 极接法，串入电抗 L 启动，经过延时，快速运行接触器 KM_{FR} 通电吸合，短接电抗 L，电动机稳速运行，电梯运行到需要停止的层楼区时，由停层装置控制使 KM_F，KM_{FA} 和 KM_{FR} 失电，又使慢速接触器 KM_S 通电吸合，电动机接成 24 极接法，串入电抗 L 和电阻 R 进入再生发电制动状态，电梯减速，经过延时，制动接触器 KM_{B1} 通电吸合，切除电抗 L，电梯继续减速；又经延时，制动接触器 KM_{B2} 通电吸合，切除电阻 R，电动机进入稳定的慢速运行；当电梯运行到平层时，由停层装置控制使 KM_S，KM_{B1}，KM_{B2} 失电，电动机由电磁制动器制动停车。

6.2.3 交流调压调速电梯的主电路

交流调压调速电梯在快速梯中已广泛应用，但其主电路的控制方式差别较大，此处仅以天津澳梯斯快速梯为例进行简单介绍。

1）**系统组成特点**

该系统采用双绕组双速鼠笼式电动机。高速绕组由三相对称反并联的晶闸管交流调压装置供电，以使电动机启动、稳速运行。低速绕组由单相半控桥式晶闸管整流电路供电，以使电梯停层时处于能耗制动状态，系统能按实际情况实现自动控制。主电路见图6.7所示。

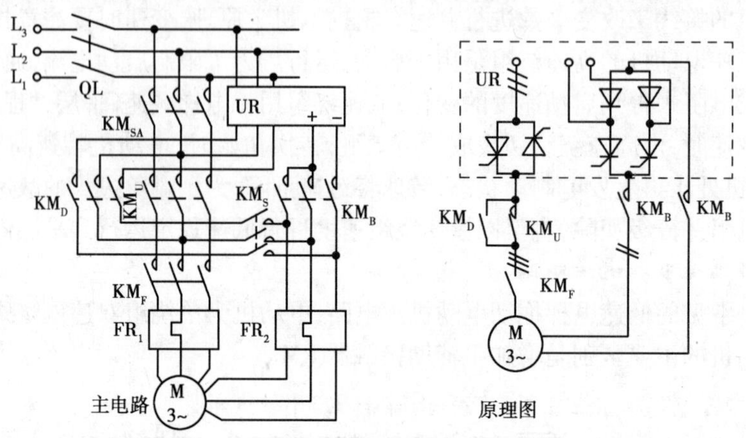

图6.7 交流调压调速电梯的主电路

该系统采用了正反两个接触器实现可逆运行。为了扩大调速范围和获得较好的机械特性，采用了速度负反馈，构成闭环系统，闭环系统结构图见图6.8所示。

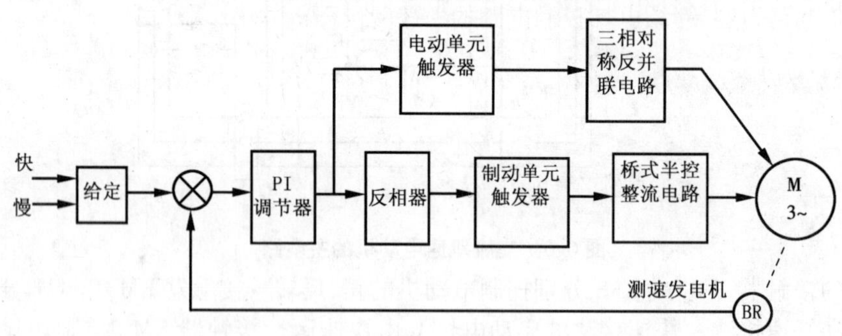

图6.8 交流调压调速电梯闭环系统结构图

此速度负反馈是按给定与速度比较信号的正负差值来控制调节器输出的极性，或通过电动单元触发器控制三相反并联的晶闸管去调节三相电动机定子上的高速绕组电压以获得电动工作状态；或经反相器通过制动单元触发器控制单相半控桥式整流器去调节该电动机定子上低速绕组的直流电压以获得制动工作状态。无需逻辑开关，也无需两组调节器，便可以依照轿厢内乘客多寡以及电梯的运行方向使电梯电动机工作在不同状态。

2）**运行状态分析**

以轿厢满载上升为例，此时电机负载最大，启动和稳定运行时，给定信号大于速度负反馈信号,极性为正,调节器输出为正,使电动单元触发器工作,而使反相器封锁制动单元触发器,于是电动机工作在电动状态。当需要停层时,由停层装置发出减速信号,其给定信号减小(慢速),但电动机速度来不及降低,调节器输出为负,将电动单元触发器关闭,经过反相器将制动单元触发器开启,电动机又进入能耗制动进行减速。当速度降到平层给定速度时,给定信号大于速度反馈信号,电动机又进入电动状态。平层时,为了防止电磁制动器抱住电动机轴上的制动轮引起的不舒适感,电机还需要按给定曲线减速,直至速度为零,电磁制动器释放为止。速度给定电压曲线见图 6.9 所示。该系统无论交流调压电路,还是整流电路都受速度反馈系统控制和自动调节,如电梯满载向上运行时,系统处于电动状态,其负荷比半载时大,电动机速度要降低,速度反馈与给定的差值增大,调节器输出增大,脉冲前移,三相反并联的晶闸管的导通角变大,加在电动机高速绕组上的交流电压增加,电动机转速也相应增加,故可使电动机速度不因负荷的变化而变化。

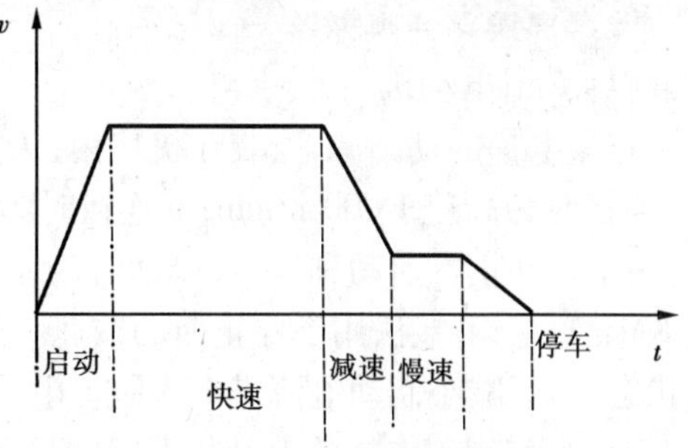

图 6.9　速度给定电压曲线

电梯检修运行时,该系统的慢速绕组通过接触器 KM_S 和慢速辅助接触器 KM_{SA} 直接接通三相交流电源实现慢速运行,方向由上升接触器 KM_U 或下降接触器 KM_D 控制实现。

6.3　电梯的控制电路实例

由于电梯的速度不同,对控制装置的要求也是不同的,其控制方式也比较多,现代的电梯已经比较多的应用晶闸管变频装置和可编程序控制器进行控制了,但其分析方法类似,本节以某型电梯控制电路为例,介绍电梯控制电路的一般阅读分析方法。

6.3.1　系统主要设备及部件

图 6.11 为某型电梯的控制电路图。该电路相对较复杂,但也是由一些基本环节的电路组成,为了便于分析,我们将电路图分成 9 个环节:

①总电源及主拖动区。

②主拖动控制区。

③电梯运行过程控制区。

④自动门控制区。

⑤各层呼梯、记忆及消号控制区。

⑥轿内自动定向、轿外截车控制区。

⑦轿内选层、记忆信号消除控制区。

⑧各种信号及指示控制区。

⑨轿内照明控制区。

每个环节既有它独立的控制关系又有相互联系,为了更快的查找到各电气元件及触点在图中位置,当讲到某元件及触点时,将标明它在哪个环节内,如 KM_F②,KA_R③分别表示 KM_F 在

第二个环节主拖动控制区内,KA_R在第三个环节电梯运行过程控制区内。

为了顺利阅读电路图,我们先将系统中和机、电有联系的主要设备及部件按其所在电路的顺序作简单介绍。

1)**总电源及主拖动区**

(1)曳引电动机

它是电梯的动力源,安装在机房内,为交流单绕组双速鼠笼式电动机,通常为YY/Y接法,YY连接时为高速1 000 r/min;Y连接时为低速250 r/min。YY接法通过接触器KM_F,KM_{FA}实现,用于电梯正常启动和运行,启动时为了限制启动电流,串入启动电阻R_F,启动结束由接触器KM_{FR}短接;Y接法用于停止前的减速和检修运行,由接触器KM_S接入,因停止前的减速为制动状态,为了减小制动电流需串入制动电阻R_S,通过接触器KM_{B1},KM_{B2},KM_{SR}3次切除。接触器KM_U,KM_D用于电梯的上升与下降的控制。

(2)极限开关Q_L

它是端站保护装置的第三道防线。由特制的铁壳开关(或者自动开关)和上、下碰轮及传动绳组成,原理见图6.5。

2)**主拖动控制区**

(1)强迫减速开关

这是端站保护装置的第一道防线,由上、下限位开关S_{UV},S_{DV}组成,安装在井道的顶端和底部,当电梯失控行至顶层或底层而不换速停止时,轿厢首先要碰撞强迫减速开关使接触器KM_F,KM_{FA}断电而改接成慢速。

(2)终端限位开关

这是端站保护装置的第二道防线,由上、下终端限位开关S_{UL},S_{DL}组成,分别安装在井道的顶部或底部,当电梯失控后,经过减速开关而又未能使轿厢减速停止时,轿厢上的碰铁与终端限位开关相碰,使方向接触器KM_U或KM_D断电而迫使轿厢停止运行。

(3)钥匙开关S_{BK}

这是电梯操作人员上、下班开、关门的电开关,必须用钥匙开启。安装在基站厅门旁。

3)**电梯运行过程控制区**

(1)钥匙开关S_{EK}

这是电梯操作人员上、下班或临时离开轿厢而停梯的电开关,必须用钥匙开启,安装在轿厢内电控盘上。

(2)电磁制动器YB

这是曳引机的制动用抱闸线圈,当曳引机电动机通电时,YB也同时通电松闸,电动机断电时,YB也同时断电将闸抱紧,使曳引机制动停止。由制动电磁铁、制动臂、制动瓦块等组成、安装在机房内电动机轴与减速器相连的制动轮处。YB为直流电磁线圈,在与电动机同时通电时,其过渡过程时间长,为了使其快速打开抱闸,系统中应用了强激。抱闸打开后,为了使其经济运行,串入经济电阻R_{YB1}。当抱闸线圈YB断电时,为了使其不陡然抱紧,使人产生不舒适感,串入电阻R_{YB2}放电,抱闸逐渐抱紧,同时也保护了电器触头。

(3)平层感应器KR_U,KR_D

这是轿厢平层的反馈装置。由干簧管和永久磁钢组成,安装在轿厢顶部支架上,分为上升和下降平层感应器KR_U,KR_D。在井道中每层楼的平层区适当位置安装有平层感应铁板,长度为600 mm,当永久磁钢的磁场被铁板短路,干簧管中的干簧片利用弹性而恢复成闭合触点(图中就是按此状态画的);当轿厢离开平层区时,平层铁板脱离平层感应器,干簧管中的干簧片常闭触点被永久磁钢磁场磁化,相互排斥而断开。因为平层感应器每经过一层就动作一次,为了使电梯到预选层停止,就分别配一个平层继电器 KA_{UP},KA_{DP},并设计成只有电梯进入慢速,接触器 KM_{B1} 通电后才能实现平层停梯的控制。

(4)安全窗开关 S_{SW}

轿厢的顶棚设有一个安全窗,便于轿顶检修和中途断电停梯而脱离轿厢的通道,电梯要运行时,必须将安全窗关好,安全窗开关 S_{SW} 受压才能使控制电路接通。

(5)安全钳开关 S_{ST}

轿厢是利用钢绳牵引的,如果发生钢绳折断,轿厢就会加速坠落。为了预防这种事故,在轿厢底部安装有安全钳楔块,其传动机构与轿厢侧限速器钢绳相连,当电梯轿厢超速,限速器钢绳被卡住,而提起安全钳楔块,制止轿厢下滑,同时安全钳开关 S_{ST} 受压而切断控制电路,使电动机停止。

(6)其他保护开关

电梯的限速装置、机械选层器等的钢绳或钢带都有张紧装置,如发生断绳或拉长变形时,其对应的张紧开关将断开,切断电梯的控制电路。图中 S_{SR} 为限速器钢绳张紧开关,S_{SE} 为选层器钢带张紧开关,S_{BE} 为底抗检修开关,SB_E 为轿内急停按钮,SB_{ET} 为轿顶急停按钮,S_M 为轿内检修开关,S_{MT} 为轿顶检修开关(不检修时均需合上)。S_{G1} 至 S_{G5} 为各层厅门位置开关,S_G 为轿厢门位置开关,各层厅门和轿厢门关好后,对应的位置开关受压才能开动电梯,而按钮 SB_{GL} 的作用就是防止某层厅门被强行打开而进入检修状态运行时的门联锁按钮。

4)自动门控制区

(1)开关门电动机

现代的电梯一般都要求能自动开、关门。开、关门电动机多采用直流它激式电动机作动力,并利用改变电枢回路电阻的方法来调节开关门过程中的不同速度要求。轿门的开闭由开关门电动机直接驱动,而厅门的开闭则由轿门间接带动。图中 M_G 为电枢绕组,M_{GW} 为激磁绕组。

为了使轿厢门能开闭迅速而又不产生撞击。开门过程中应快速开门,最后阶段应减速,门开到位后,门电机应自动断电。图中 S_{01},S_{02} 分别为开门减速和开门到位行程开关,在关门的初始阶段应快速,最后阶段分两次减速,直到轿门全部关闭,门电机自动断电,S_{C1},S_{C2},S_{C3} 分别为关门减速和关门到位行程开关。各行程开关均安装在轿厢外侧门轨道处。

(2)安全触板开关 S_{S1},S_{S2}

为了防止电梯在关门过程中夹人或物,带有自动门的电梯常设有关门安全装置。在关门过程中只要受到人或物的阻挡便能自动退回。常用的是安全触板,通过安全触板开关实现停止关门并进行开门。图中 S_{S1},S_{S2} 为安全触板碰撞行程开关,安装在轿门外侧。

5)机械选层器

机械选层器实质上是按一定比例(如60:1)缩小了的电梯井道,见图6.10。由定滑板、动滑板、钢架、传动齿轮等组成。动滑板由轿厢侧的选层器钢绳通过传动变速齿轮带动,电梯运行时,动滑板和轿厢作同步运动。在选层器中,对应每层楼有一个定滑板,定滑板上安装有多组静触点和微动开关。在动滑板上安装有多组动触点和碰块。当动滑板运行到对应楼层时,

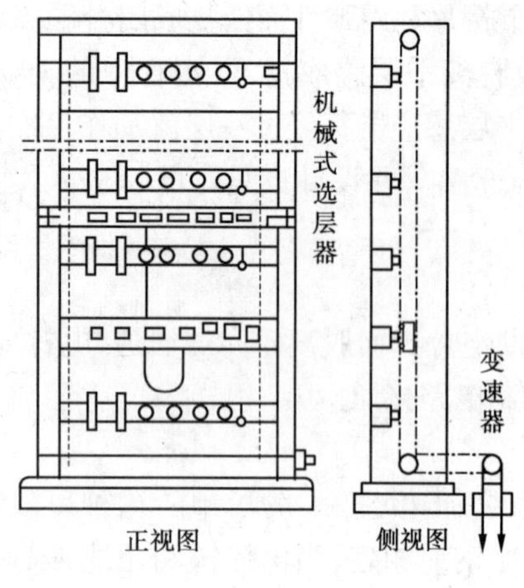

图 6.10　机械选层器

该层的定滑板上的静触点与动滑板上的动触点相接而导通,其微动开关也因碰块的碰撞发生相应的变化。当动滑板离开对应的楼层时其触点和微动开关又恢复原状态。

利用选层器中的多组触点可实现定向、选层、消号、位置显示和发出减速信号等,功能越多,触点组越多,可使继电线路简化,可靠性提高。选层器的静触点、动触点、微动开关及与电路有关的碰块分布在图中⑤,⑥,⑦,⑧4 个区,如静触点有 $S1_V$ 至 $S5_V$,S_{H1} 至 S_{H5};动触点有 S_{VU},S_{VD} 和 S_H;微动开关有 $S1_U$ 至 $S4_U$,$S2_D$ 至 $S5_D$,$S1_A$ 至 $S5_A$,$S1_B$ 至 $S5_B$,S1 至 S5 等;碰块有 S_U,S_D,S_A,S_B 和 S 等。在分析电路时要结合轿厢的运行位置来理解。

电梯的选层定向电路分析难度较大,因为选层器的种类较多,目前应用的有机械式、干簧继电器式、双稳态磁性开关式、光电开关式、接近开关式等若干种,选层器实质上就是楼层检测传感器。其检测传感方式不同,电梯的选层定向电路组成方式也就不同。关键是要先了解选层器的工作原理。机械式选层器的优点是:分析直观;本身可以安装多组微动开关,不需要较多的继电器与其配合;可以将井道中的有关电器集中安装在选层器中,检修调试方便。缺点是:建筑越高,比例越大,其机械安装的精度要求越高;微动开关为有触点的开关,容易损坏,检修量大。

随着可编程序控制器或计算机控制技术在电梯控制中的应用,对选层器的控制要求也随之降低,选层器的主要作用就是准确传递楼层信号,其他的楼层指示、定向、换速及消号等信号均由程序控制器或计算机来完成,所以,后几种主要应用在程序控制器或计算机控制的电梯中。随着科学技术和经济的发展,还将有新的检测楼层信号的传感器出现,此部分内容可参看电梯控制的专业书籍。

6.3.2　电梯运行控制分析

图 6.11 电路图是以 5 层 5 站为例。机房中的极限开关 Q_L 平时为合闸状态,设电梯轿厢在基站(底层),轿门、厅门关闭,按电梯操作人员上班前的工作顺序进行分析。

1)电梯运行准备

司机上班开门。司机在基站用钥匙扭动钥匙开关 S_{BK}②,厅外开门继电器 KA_{GO}②通电吸合:

$KA_{GO}\uparrow$
- $KA_{GO1,2}$④↓→切断关门继电器 KA_C④
- $KA_{GO3,4}$②↑→使控制电源接触器 KM_E②通电
- $KA_{GO5,6}$③↑→使 03 号线和停梯延时继电器 KT_S③待通电

KM_E②通电吸合:

$KM_E\uparrow$
- $KM_{E1\sim6}$③↑→使直流控制电路接通电源
- $KM_{E7\sim10}$③↑→使交流控制信号电路接通电源

当直流控制电路接通电源后,经变压器变压、整流,输出 110V 直流电。01,05,03 号线有

电，KT_S③↑，其触点 $KT_{S3,4}$②↑→为停梯时关门延时停电作准备；同时，开门继电器 KA_O④通电吸合：

KA_O↑
- $KA_{O5,6}$↓→切断关门继电器 KA_C 通路，互锁
- $KA_{O7,8}$↑→使门电机激磁绕组 M_{GW} 通电，激磁
- $KA_{O1,2}$↑、$KA_{O3,4}$↑→门电机电枢绕组通电，启动开门
- $KA_{O9,10}$↓→切除电阻 R_C 通路

当轿厢门开到85%左右时，开门行程开关 S_{02} 受压短接一段 R_0 电阻，使电枢绕组电压降低而开门减速，门开到位时，压下开门到位行程开关 S_{01}，开门继电器 KA_O 断电，其触点复位而使门电机自动断电。

司机进入轿厢，合上轿内照明开关 S_{EL}⑨，照明灯 EL 亮。用钥匙扭动电源钥匙开关 S_{EK}③，02 号线有电，在各安全开关（轿内急停按钮 SB_E、轿顶急停按钮 SB_{ET}、安全窗开关 S_{SW}、安全钳开关 S_{ST}、底坑检修急停开关 S_{BE}、限速器钢绳张紧开关 S_{SR}、过载保护热继电器 FR_F 和 FR_S、缺相保护电器 KA_P、机械选层器钢绳张紧开关 S_{SE}）均为正常时，电压继电器 KA_V③通电吸合：

KA_V↑
- $KA_{V1,2}$③↑→使 04 号线有电
- $KA_{V3,4}$②↑→使 10 号线有电
- $KA_{V5,6}$④↑→使 M_{GW} 长期有电

04 号线通电后，快速加速时间继电器 KT_F③、第一制动时间继电器 KT1③、第二制动时间继电器 KT2③、第三制动时间继电器 KT3③，均通电吸合，其触点（在②区）均瞬时断开，为电动机启动、制动减速过程中延时切除电阻作准备。

当电梯准备投入正常运行时，将轿内检修开关 S_M③、轿顶检修开关 S_{MT}③均合上（不检修位置），09 号线有电，检修继电器 KA_M③通电吸合：

KA_M③↑
- $KA_{M1,2}$②↑→为接通 KM_F②，KM_{FA}②作准备
- $KA_{M3,4}$②↓→正常运行时，不先接通 KM_S②
- $KA_{M5,6}$②↓→将终端限位开关串入方向接触器电路
- $KA_{M7,8}$②↓→不关门不能接通方向接触器
- $KA_{M9,10}$③↓→06 号线不能通电
- $KA_{M11,12}$⑧↑→信号指示电路可以工作

2）**电梯运行**

该电梯具有轿内指令登记和顺向截停功能，但每次运行时，必须按一次启动关门按钮。因此，它的启动运行由关门按钮和选层按钮共同控制，可以是先选层，后启动关门，也可反之，两者互不影响，下面分别分析。

（1）选层、定向

乘用人员进入轿厢后，司机问明乘用人员需要到达的楼层并逐一点按选层按钮进行登记。当第一个选层按钮被按下后，电梯就自动定好方向，直到同一方向执行完毕后再执行相反的方向。设选择 4，5 楼，分别按轿内按钮 SB4⑦，SB5⑦，对应的层楼继电器通电吸合，并通过定向电路使方向继电器通电，选择好电梯的运行方向。下面以电气元件动作程序图来表示，见图 6.12。

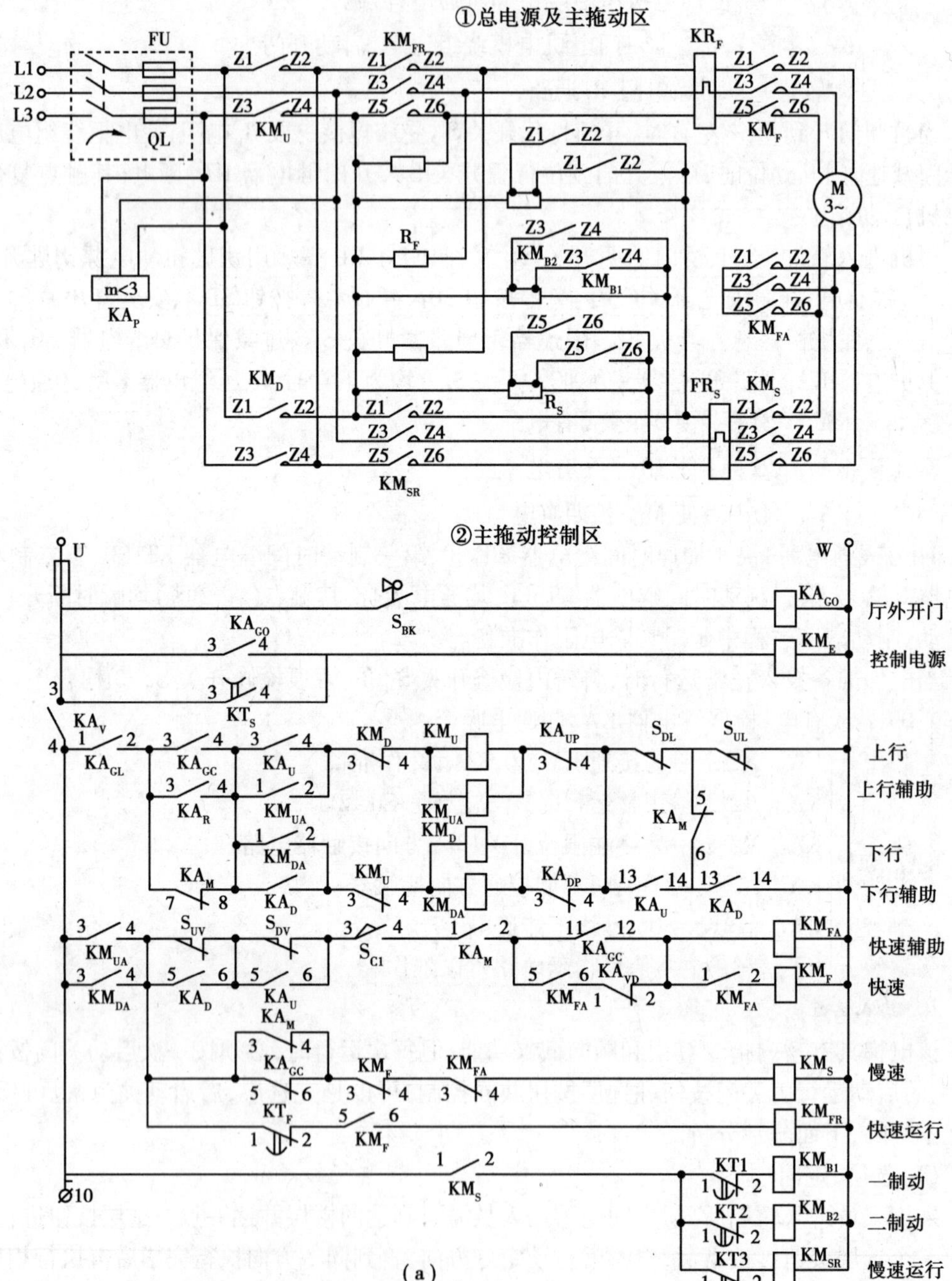

①总电源及主拖动区
FU
L1
L2
L3
QL
m<3
KA_P
KM_FR
KM_U
KR_F
KM_F
M
3~
R_F
KM_B2
KM_B1
KM_FA
R_S
KM_D
FR_S
KM_S
KM_SR
②主拖动控制区
U
W
S_BK
KA_GO
厅外开门
KM_E
控制电源
KT_S
KA_V
KA_GL
KA_GC
KA_U
KA_UP
S_DL
S_UL
上行
上行辅助
KA_R
KM_UA
KA_M
KM_DA
下行
KA_DP
KA_D
下行辅助
S_UV
S_DV
S_C1
快速辅助
KA_VD
快速
慢速
KT_F
快速运行
KT1
一制动
KT2
二制动
KT3
慢速运行
10

（a）

③电梯运行过程控制区

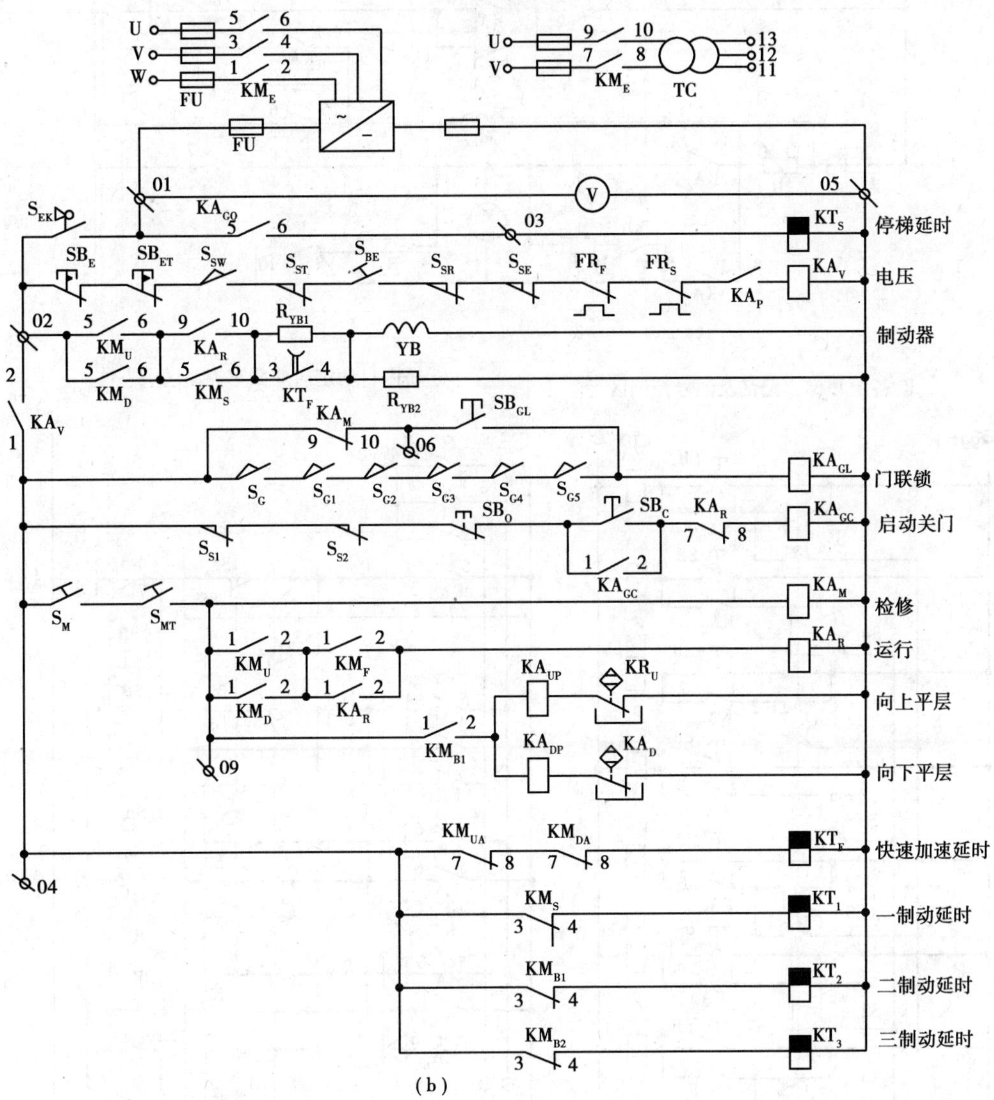

(b)

④自动门控制区

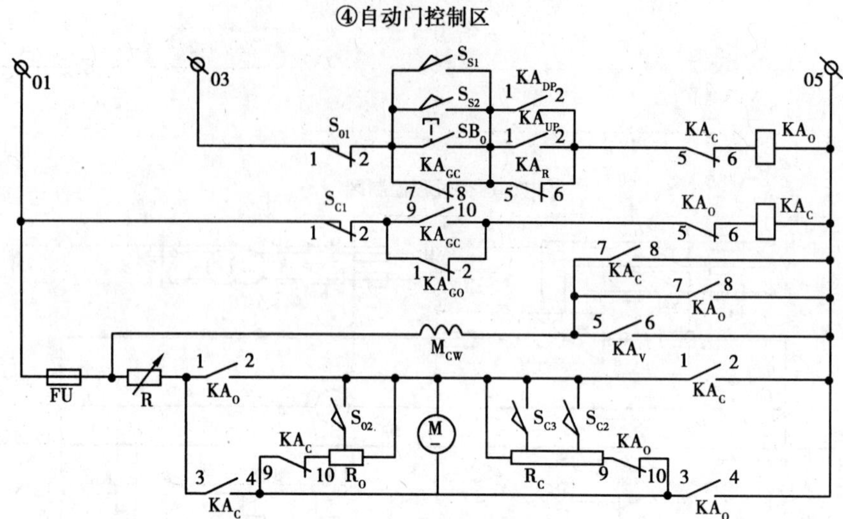

⑤各层呼梯、记忆及消号控制区

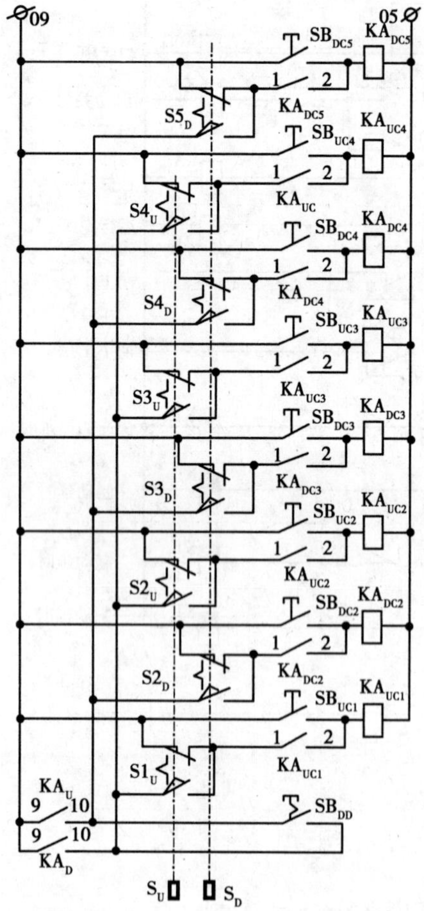

⑥轿内自动定向外截车控制区

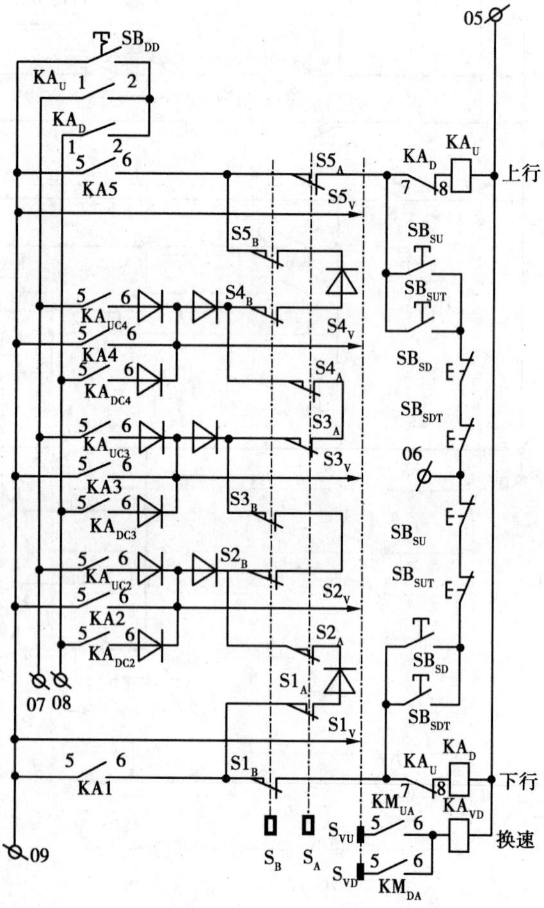

（c）

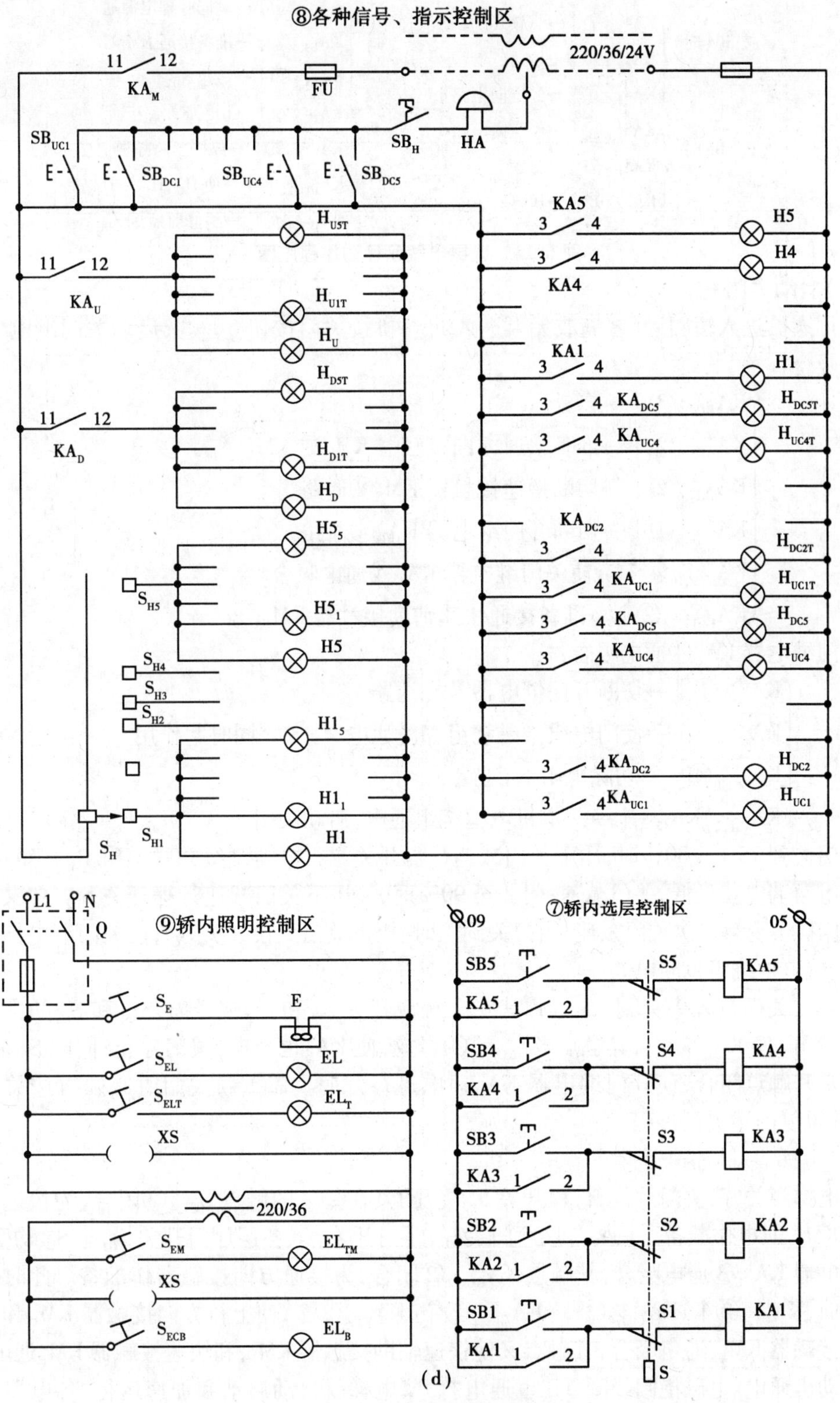

(d)

图 6.11　电梯的电气控制电路图

(按 SB4 时) KA4⑦↑
- $KA4_{1,2}$⑦↑→自锁
- $KA4_{3,4}$⑧↑→H4 亮
- $KA4_{5,6}$⑥↑→经定向电路

(按 SB5 时) KA5⑦↑
- $KA5_{5,6}$⑥↑→经定向电路
- $KA5_{1,2}$⑦↑→自锁
- $KA5_{3,4}$⑧↑→H5 亮

（$KA4_{5,6}$、$KA5_{5,6}$）→ KA_U⑥↑
- $KA_{U1,2}$⑥↑→顺向呼梯电源通
- $KA_{U3,4}$②↑→准备接通 KM_U
- $KA_{U5,6}$②↑→短接 S_{DV}
- $KA_{U7,8}$⑥↓→切断 KA_D，互锁
- $KA_{U9,10}$⑤↑→保持反向呼梯记忆
- $KA_{U11,12}$⑧↑→使 H_U，H_{U1} ~ H_{U5}亮
- $KA_{U13,14}$②↑→检修时短接 S_{DL}

图 6.12　选层电气元件动作程序图

(2)启动关门

乘用人员进入轿厢后(客满或无人进入)，司机按关门按钮 SB_C③，启动关门继电器 KA_{GC}③通电吸合：

KA_{GC}③↑
- $KA_{GC1,2}$③↑→自锁
- $KA_{GC3,4}$②↑→准备接通方向接触器 KM_U或 KM_D
- $KA_{GC5,6}$②↓→切断慢速接触器 KM_S②通路
- $KA_{GC7,8}$④↓→切断开门继电器 KA_O④通路
- $KA_{GC9,10}$④↑→使关门继电器 KA_C④通电吸合
- $KA_{GC11,12}$②↑→准备接通快速辅助接触器 KM_{FA}②

关门继电器 KA_C④通电吸合：

KA_C↑
- $KA_{C5,6}$④↓→切断开门继电器 KA_O通路
- $KA_{C7,8}$④↑→使门电机激磁绕组 M_{GW}通电，与 KA_V同时起作用
- $KA_{C9,10}$④↓→切除电阻 R_O通路
- $KA_{C1,2}$，$KA_{C3,4}$↑→门电机电枢绕组通电，启动关门

当门关到 75% ~80% 时，压下关门减速行程开关 S_{C3}，电枢绕组并联电阻 R_C被短接一段，电枢绕组两端电压降低，关门减速；门关至 90% 时，又压下关门减速行程开关 S_{C2}，并又短接一段 R_C电阻，实现第二次关门减速；当门关到位时，压下关门到位开关 S_{C1}，使关门继电器 KA_C断电，门电机电枢绕组也断电。

如果在关门过程中夹到人或物，其安全触板开关 S_{S1}和 S_{S2}被碰撞，S_{S1}和 S_{S2}的常闭触点(③区)断开，使 KA_{GC}断电，其触点 $KA_{GC9,10}$④释放，使 KA_C也断电，关门停止；同时 S_{S1}和 S_{S2}在④区的常开触点闭合，使开门继电器 KA_O通电进行开门。需重新关门时必须再按关门按钮 SB_C③并重复前述关门过程。

(3)电梯启动、加速运行

当电梯门关好，关门到位，行程开关 S_{C3}受压，其在②区的触点 $S_{C3,4}$②闭合，为快速接触器 KM_F和 KM_{FA}通电作准备。只要各层厅门关好，轿门开关 S_G、各层厅门开关 S_{G1}至 S_{G5}均受压，门联锁继电器 KA_{GL}③通电吸合，其触点 $KA_{GL1,2}$②闭合，为接通方向接触器作准备。此时电梯已定好方向，$KA_{U3,4}$②↑、$KA_{GC3,4}$②↑、$KA_{GL1,2}$②↑、$KA_{V3,4}$②↑，使上行方向接触器 KM_U和上行方向辅助接触器 KM_{UA}通电吸合，其触点又使快速辅助接触器 KM_{FA}和快速接触器 KM_F通电吸合，曳引电动机通电、电磁抱闸线圈 YB 也通电打开，电梯就自动启动和加速运行，各电器元件动作程序见图 6.13 的分析。

(4)停层换速制动

KM_UA ↑
KM_UA1,2②↑→自锁
KM_UA3,4②↑→KM_FA②↑
KM_UA5,6⑥↑→准备换速
KM_UA7,8③↓→KT_F③↓
KM_FAZ1~Z6①↑→M 接成 YY 快速
KM_FA3,4②↓→切断 KM_S 通路
KM_FA5,6②↑→自锁
KM_FA1,2②↑→KM_F②↑
KM_FZ1~Z6①↑→M 接快速绕组
KM_FA3,4②↓→切断 KM_S 通路
KM_F5,6②↑→
KM_F1,2③↑→
KM_U②↑
KM_UZ1~Z4①↑→M 接正相序
KM_U3,4②↓→切断 KM_D
KM_U1,2③↑→
KM_U5,6③↑→
KA_R③↑
KA_R1,2③↑→自锁
KA_R3,4②↑→准备代替 KA_GC3.4②
KA_R5,6④↓→切断 KA_0④
KA_R7,8③↓→KA_GC③↓
KA_R9,10③↑→
YB 线圈通电↑→M 启动
延时
KT_F1,2②↑→
KT_F3,4③↓→YB 串入 R_YB1，经济运行
KM_FR②↑→KM_FR Z1~Z6①↑→切除 RF→M 加速运行

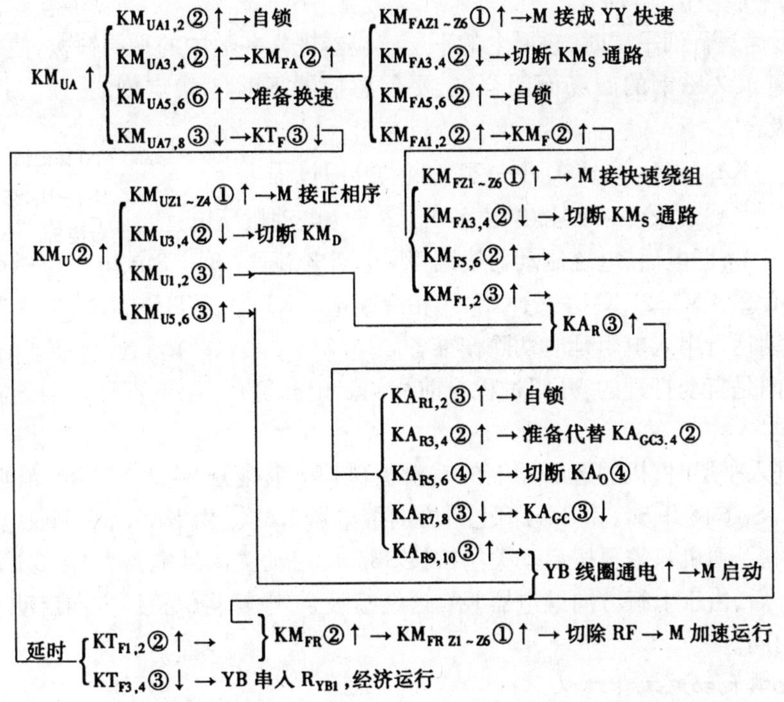

图 6.13　电梯启动、加速运行电器元件动作程序图

当电梯的轿厢运行时，机械选层器上的动滑板也按比例移动，动滑板上的碰块和动触头与对应各层楼的定滑板上的微动开关和静触头相碰撞和接触，使微动开关触点发生变化及动静触头接触而通过指示灯显示轿厢的运行位置和方向。

当轿厢运行到 4 楼停层区时，动滑板上的动触头 S_{VU}⑥与定滑板上的静触头 $S4_V$⑥相接触，由于 $S4_V$⑥经 $KA4_{5,6}$↑有电，换速继电器 KA_{VD}⑥通电吸合，电梯实现换速、制动及慢速停靠，各电器元件动作程序见图 6.14 的分析。

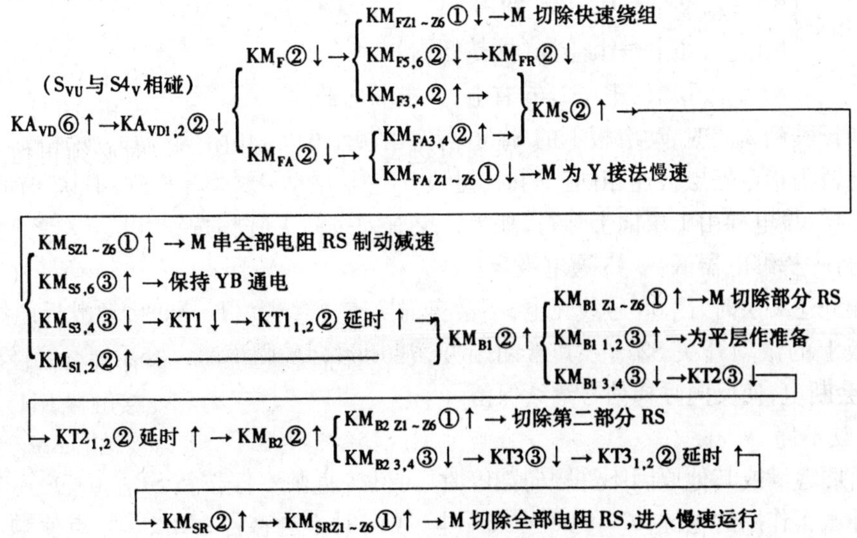

(S_VU 与 S4_V 相碰)
KA_VD⑥↑→KA_VD1,2②↓
KM_F②↓→
KM_FZ1~Z6①↓→M 切除快速绕组
KM_F5,6②↓→KM_FR②↓
KM_F3,4②↑→
KM_FA②↓→
KM_FA3,4②↑→
KM_FA Z1~Z6①↓→M 为 Y 接法慢速
KM_S②↑→
KM_SZ1~Z6①↑→M 串全部电阻 RS 制动减速
KM_S5,6③↑→保持 YB 通电
KM_S3,4③↓→KT1↓→KT1_1,2②延时↑→
KM_S1,2②↑→
KM_B1②↑
KM_B1 Z1~Z6①↑→M 切除部分 RS
KM_B1 1,2③↑→为平层作准备
KM_B1 3,4③↓→KT2③↓
KT2_1,2②延时↑→KM_B2②↑
KM_B2 Z1~Z6①↑→切除第二部分 RS
KM_B2 3,4③↓→KT3③↓→KT3_1,2②延时↑
KM_SR②↑→KM_SRZ1~Z6①↑→M 切除全部电阻 RS，进入慢速运行

图 6.14　电梯减速时各电器元件动作程序图

(5)电梯平层停止、自动开门

当电梯慢速运行到平层时,轿厢上的平层感应器进入井道中的平层铁板,使平层感应器中的干簧片脱离永久磁钢的磁场而闭合,上平层感应器 KR_U③触点恢复,使上行平层继电器 KA_{UP}③通电吸合:

$$KA_{UP}③\uparrow\begin{cases}KA_{UP1,2}④\uparrow\rightarrow KA_O\uparrow\rightarrow \text{实现自动开门过程}\\KA_{UP3,4}②\downarrow\rightarrow KM_U②\downarrow,KM_{UA}②\downarrow\rightarrow \text{电动机断电}\end{cases}$$

当 KM_U,KM_{UA}断电后,电磁制动器线圈 YB 也断电,通过 R_{YB2}③放电将电磁抱闸抱紧。同时 KA_R③,KM_S②,KM_{B1}②,KM_{SR}②,KA_{UP}③相继断电。KT_F③,KT1③,KT2③,KT3③又重新通电,为下次启动运行串入电阻延时切除作准备。

平层后,门是自动打开的,开门过程与前相同。门开好后,压下行程开关 S_{01}④,开门继电器 KA_O④断电。

当电梯进入平层时,机械选层器上的动滑板碰块 S⑦碰开 S4,KA4 断电消除 4 层登记信号;碰块 S_A⑥,S_B⑥碰开 $S4_A$和 $S4_B$,但上行方向继电器 KA_U⑥由 $KA5_{5,6}$⑥↑通电而继续吸合,乘客进出轿厢后,司机只需再按启动关门按钮 SB_C③,启动关门继电器 KA_{GC}③通电,实现关门过程。门关好后,由于上行方向继电器 KA_U还继续吸合,电梯将保持原方向启动、运行、其过程与前面分析相同。

3)**电梯的其他功能工作过程**

(1)顺向呼梯和反向呼梯

电梯底层厅门旁装有一个向上呼梯按钮,顶层厅门旁装有一个向下呼梯按钮,中间层站厅门旁都装有向上和向下呼梯按钮(⑤区电路),各层厅门上方装有电梯运行方向及位置指示灯,它与轿内指示灯相对应(⑧区电路)。

顺向呼梯:设电梯由 1 层向上运行,若 2 层有人按动向上呼梯按钮 SB_{UC2}⑤,蜂鸣器 HA⑧响,同时上行呼梯继电器 KA_{UC2}⑤通电吸合:

$$KA_{UC2}⑤\uparrow\begin{cases}KA_{UC21,2}⑤\uparrow\rightarrow \text{自锁记忆}\\KA_{UC23,4}⑧\uparrow\rightarrow H_{UC2}\text{亮(轿内)}\\KA_{UC27,8}⑧\uparrow\rightarrow H_{UC2T}\text{亮(厅按钮内)}\\KA_{UC25,6}⑥\uparrow\rightarrow \text{因 }S2_V⑥\text{有电,要求顺向截停}\end{cases}$$

当轿厢行驶到 2 层时,动滑板上的 S_{VU}⑥与定滑板上的 S_{V2}⑥相碰,进行换速顺向截停,其工作原理与轿内指令停层换速相同。同时,碰块 S_U⑤与微动开关 $S2_U$相碰,消除呼梯信号。

反向呼梯:设电梯由 1 层向上运行,如果 2 层有人按向下呼梯按钮 SB_{DC2}⑤,蜂鸣器 HA⑧响,同时下行呼梯继电器 KA_{DC2}⑤通电吸合。

当轿厢到达 2 层时,因 08 号线无电,不会实现换速,继续上行。同时,动滑板碰块 S_D⑤将碰压定滑板上的微动开关 $S2_D$⑤,其常闭断开,常开闭合。因 $KA_{U9,10}$⑤闭合,经 $S2_D$常开使 KA_{DC2}⑤不会断电,使反向呼梯信号继续保留。

(2)直驶不停

如果轿厢客满或其他原因不许顺向截停时,司机按直驶不停按钮 SB_{DD}⑥⑤,其中 SB_{DD}⑥触点切断外截车作用的电源,07 和 08 号线无电,顺向时不会截停;SB_{DD}⑤触点使顺向及反向呼梯信号能继续保持。

(3)检修运行

当电梯需要检修时,为了便于观察,电梯要慢速运行,可把轿顶检修开关 S_{MT}③或轿内检修开关 S_M③的其中一个扳到检修位置(打开)切断 09 号线电源,检修运行继电器 KA_M③断电释放。

KA_M③↓
- $KA_{M1,2}$②↓→切断 KM_F,KM_{FA},电梯不能快速运行
- $KA_{M3,4}$②↑→在开门检修时,能接通 KM_S②
- $KA_{M5,6}$②↑→将终端限位开关能串入相同方向接触器电路
- $KA_{M7,8}$②↑→在开门检修时,能接通 KM_U或 KM_D
- $KA_{M9,10}$③↑→06 号线有电,为检修运行作准备
- $KA_{M11,12}$⑧↓→信号指示灯电路停止工作

关门检修时,当各层厅门关好,各层厅门开关 S_{G1}至 S_{G5}压下,轿门关好 S_G压下,门联锁继电器 KA_{GL}③通电吸合,$KA_{GL1,2}$②↑准备接通方向接触器,按动轿顶慢上按钮,SB_{SUT}⑥(或慢下按钮 SB_{SDT}⑥)使方向继电器 KA_U⑥(或 KA_D⑥)通过 6 号线通电吸合,再接通 KM_U②,KM_{UA}②(或 KM_D②,KM_{DA}②)及 KM_S②,实现慢速启动,并分级切除电阻运行。

如按轿内按钮 SB_{SU}⑥或 SB_{SD}⑥原理相同。检修运行均属点动控制。

如需开门检修运行时,按门联锁按钮 SB_{GL}③可短接门开关 S_G,S_{G1}至 S_{G5},使 KA_{GL}③通电吸合。其他与关门检修运行相同。

(4)停梯下班关门

电梯停在基站,司机在轿厢内断开电源钥匙开关 S_{EK}③,出轿厢在厅门旁断开基站钥匙开关 S_{BK}②,厅外开门继电器 KA_{GO}断电释放:

KA_{GO}↓
- $KA_{GO1,2}$④↑→KA_C④↑实现自动关门
- $KA_{GO3,4}$②↓→KM_E②由 $KT_{S3,4}$②延时↓,为关门供电
- $KA_{GO5,6}$③↓→KT_S③↓,其触点 $KT_{S3,4}$②延时↓,为关门供电

当门关好后,压下关门到位行程开关 S_{C1}④,关门继电器 KA_C④断电。当 KT_S③延时完毕,KM_E②断电释放,信号及控制电源断电。

(5)轿厢运行指示及其他

轿厢运行到某一层,是利用选层器中动滑板上的动触点 S_H⑧与对应各层楼定滑板上的静触点 S_{H1}至 S_{H5}接触,使各层厅和轿内指示灯 H1 至 H5 亮,从而显示出轿厢运行到某一层的指示。

轿厢在关门过程中,按 $SB_0$③④可实现强行开门,$SB_0$③断开 KA_{GC},$SB_0$④接通 KA_0。

电梯电路中的安全保护可分为电气保护和机电联锁保护两类。电气保护主要有欠电压保护继电器 KA_V③,缺相保护继电器 KA_P①,过载保护热继电器 FR_F①,FR_S①,短路保护 FU 等;机电联锁保护有上下行强迫减速开关 S_{UV}和 S_{DV}②,上下行终端限位开关 S_{UL}②和 S_{DL}②,极限开关 Q_L①,安全窗开关 S_{SW}③,安全钳开关 S_{ST}③,限速器钢绳张紧开关 S_{SR}③,选层器钢带张紧开关 S_{SE}③,安全触板开关 S_{S1}和 S_{S2}③④,门关好联锁开关 S_G,S_{G1}至 S_{G5}等。机电联锁保护应与机械系统联系起来进行分析理解。

轿厢中的照明电源开关 Q⑨单独控制,不受极限开关 Q_L控制。为了检修时安全,使用手提灯,特设置了插座。手提灯的电压为 36V 安全电压。

小结6

电梯的控制比较复杂,分析时应先了解拖动电动机的调速方式,因为其调速方式的不同,控制方式也是不同的。变极调速是应用接触器实现的,比较容易分析,交流调压或调频调压是应用半导体变流技术实现的,为无触点的,而且是闭环系统,此处只能用方框图的方法分析。

电梯的选层定向电路分析难度最大,因为选层器的种类比较多,不同的选层器组成的选层定向电路也是不同的,关键是要先了解选层器的结构和工作原理,机械式选层器是最简单的一种。本章实例是通过一种变极调速、机械选层器式电梯的运行分析,来了解电梯运行控制的基本情况,应该重点理解主电路、运行控制电路、保护电路、轿厢门电路、抱闸电路、选层电路、召唤电路、选层定向电路等的控制原理和分析思路。随着程序控制器和计算机控制的应用,变化较大的部分主要是主电路、运行控制电路和选层定向电路,对应的接触器和继电器数量也减少。

复习思考题6

(1)曳引系统主要由哪几部分组成?曳引轮、导向轮各起什么作用?

(2)门系统主要有哪几部分组成?门锁装置的主要作用?

(3)限速器与安全钳是怎样配合对电梯实现超速保护的?

(4)端站保护装置有哪三道防线?

(5)有一台电梯的额定载重为1 000 kg,轿厢净质量为1 200 kg,若取平衡系数为0.5,求对重装置的总质量P为多少?

(6)电梯用双速鼠笼式电动机的快速绕组和慢速绕组各起什么作用?串入的电阻或电感各起什么作用?

(7)试画出单绕组双速电动机两种速度时的绕组接法?为什么要注意相序的配合?

(8)在自动门电路中,关门时,KA_C得电,关好门后是怎样失电的?开门时,KA_O得电,门开好后又是怎样失电的?

(9)在电磁制动器YB控制回路接入R_{YB1}和R_{YB2},各起什么作用?

(10)电梯的平层装置安装在什么位置?它是怎样工作的?

(11)该信号控制电梯,当电梯在最高层,要下降到二层,到达二层时是怎样实现换速及平层的?

(12)当电梯下行时,若3层有人呼梯下行,是怎样实现截停的?如果轿厢已经客满又怎么办?

(13)当电梯下行时,反向呼梯信号是怎样保留的(以3层呼梯上行为例分析)?

(14)当电梯检修时,试分析慢速上升启动运行。

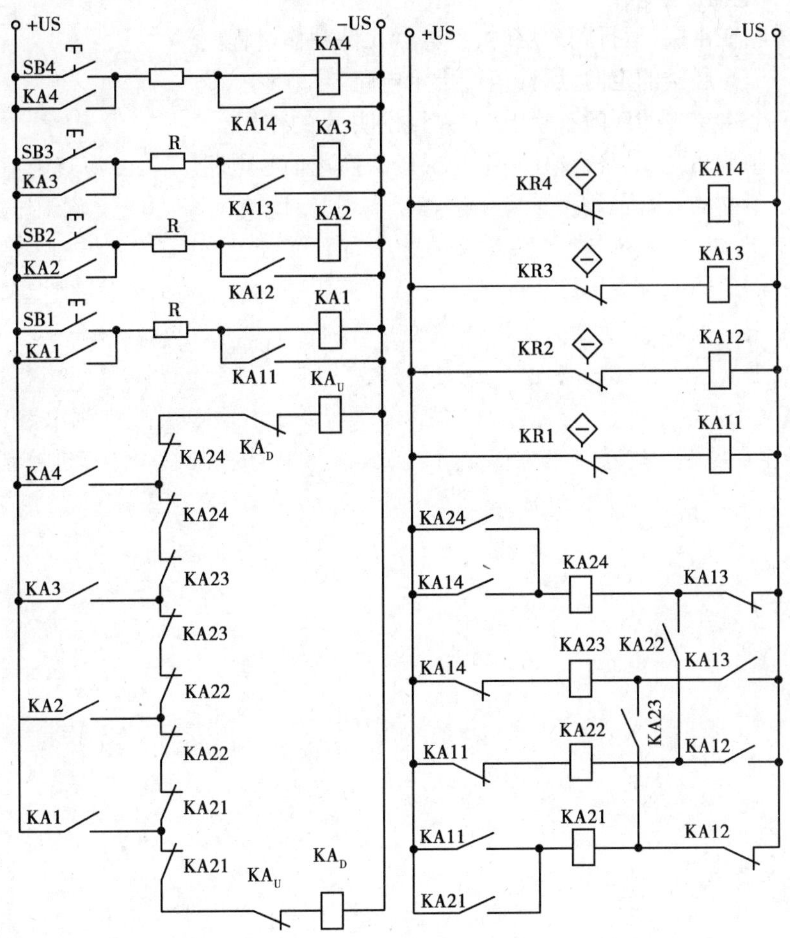

图 6.15 干簧继电器式选层器

(15)读图练习题：图 6.15 为干簧继电器式选层器，其结构和工作原理与平层感应器 KR_U，KR_D基本相同，不同的是由干簧管和永久磁钢组成的干簧继电器是安装在井道中适当位置，在轿厢顶部支架上安装有感应铁板，当轿厢运行到某一层时，感应铁板进入该层的干簧管和永久磁钢组成的干簧继电器的缝隙中，永久磁钢的磁场被铁板短路，干簧管中的干簧片利用弹性而恢复成闭合触点（图 6.15 就是按这种状态画的，不受外力的状态），与其配合的继电器得电吸合，发出到达该楼层的信号。

例如，轿厢运行到 3 层，KR3 触点闭合，与其配合的继电器 KA13 得电吸合，KA13 的常开触点闭合使 KA23 得电吸合，KA23 的触点发出是否停止的信号；同时，KA13 的其他触点也发出轿厢运行到 3 层的信号。

当轿厢离开 3 层时，KR3 触点又断开，KA13 失电释放，而 KA23 利用自己的常开触点闭合，继续得电吸合；当轿厢运行到 4 层时，KR4 触点闭合，使 KA14 得电吸合，KA14 的常闭触点断开使 KA23 失电释放等。

由图分析可知，KA1 ~ KA4 继电器是用于轿内选层，KA11 ~ KA14 继电器是用于层楼信号转换，KA21 ~ KA24 继电器是用于定向、层楼信号指示等。KA_U 和 KA_D是方向继电器。要求：

①分析轿厢在4层，运行到2层时，各电器元件动作过程。

②设计一个6层楼的定向、层楼信号指示电路。

③设计一个4层楼的厅门召唤电路，并且说明R的作用。

④结合图6.11的主电路，设计一个4层楼的换速信号电路。

建筑机械设备的电气控制

从事建筑电气技术工作，常会遇到建筑机械设备的维修和保养，因此，需要了解该类设备的控制要求和电路分析，本章主要介绍常见的塔式起重机、混凝土搅拌机等设备的控制电路分析方法。

7.1 塔式起重机的电气控制

塔式起重机是一种塔身竖立、起重臂回转的起重机械，具有回转半径大、提升高度高、操作简单、安装拆卸方便等优点，广泛应用于建筑施工和安装工程中。

塔式起重机有多种型式，整台起重机可以沿铺设在地面上的轨道行走的称为行走式，本身不行走的称为自升式；用改变起重臂仰角的方式进行变幅的称为俯仰式，起重臂处于水平状态，利用小车在起重臂轨道上行走而变幅的称为小车式。

目前，自升小车式应用的比较普遍，下面仅以 QTZ50 固定型自升塔式起重机为例，介绍其运行工艺和电气控制原理。

7.1.1 塔式起重机的工作机构

QTZ50 塔式起重机的工作机构包括：提升机构、回转机构、小车牵引机构、液压顶升机构、安全保护装置和电气控制装置等，其电气控制电路图见图 7.1。各机构的运动情况简介如下：

1）提升机构

提升机构对于不同的起吊质量有不同的速度要求，以充分满足施工要求。QTZ50 塔式起重机采用了 YZTDF250M-4/8/32，20/20/4.8 kW 的三速电动机，通过柱销联轴器带动变速箱再驱动卷筒，使卷筒获得3种速度。根据吊重可选择不同的滑轮倍率，当选用2绳时，速度可达到80 m/min，40 m/min，10 m/min 3种，若选用4绳时，速度可达到40 m/min，20 m/min，5 m/min 3种。提升机构带有制动器，提升机构不工作时，制动机构永远处于制动状态。

2）回转机构

回转机构1套，布置在大齿圈一旁，由YD132S-4/8，3.3/2.2kW电动机驱动，经液力偶合器和立式行星减速器带动小齿轮，从而带动塔机上部的起重臂、平衡臂等左右回转。其速度为0.8 r/min，0.4 r/min。在液力偶合器的输出轴处加一个盘式制动器，盘式制动器处于常开状态，主要用于塔机顶升时的制动定位，保证安全进行顶升作业。回转制动器也用于有风状态下工作时，起重臂不能准确定位之用。严禁用回转制动器停车，起重臂没有完全停止时，不允许打反转来帮助停止。

3）小车牵引机构

小车牵引机构是载重小车变幅的驱动装置，采用YD132S-4/8，3.3/2.2kW电动机，经由圆柱蜗轮减速器带动卷筒，通过钢丝绳使载重小车以38 m/min，19 m/min的速度在起重臂轨道上来回变幅运动。牵引钢丝绳一端缠绕后固定在卷筒上，另一端则固定在载重小车上。变幅时通过钢丝绳的收、放，来保证载重小车正常工作。

4）液压顶升机构

液压顶升机构的工作主要靠安装在爬升架内侧面的1套液压油缸、活塞、泵、阀和油压系统来完成。当需要顶升时，由起重吊钩吊起标准节，送进引入架，把塔身标准节与下支座的4个M45的连接螺栓松开，开动电动机使液压缸工作，顶起上部机构，操纵爬爪支持上部质量，然后收回活塞，再次顶升，这样两次工作循环可加装一个标准节。

7.1.2 QTZ50塔式起重机的安全保护装置

1）零位保护

塔机开始工作时，把控制起升、回转、小车用的转换开关操作手柄先置于零位，按下启动按钮SB1，主接触器KM吸合，塔机各机构才能开始工作，可以防止各机构误动作。

2）吊钩提升高度限位

在提升机构的卷筒另一端装有提升高度限位器（多功能限位开关），高度限位器可根据实际需要进行调整。提升机构运行时，卷筒转动的圈数也就是吊钩提升的高度，通过一个小变速箱传递给行程开关。当吊钩上升到预定的极限高度，行程开关动作，切断起升方向的运行。再次启动只能向下降钩。当提升机构由一个方向转换为另一个方向运行时，必须将操作手柄先扳回零位，待电机停止后，再逆向扳动手柄，禁止突然打反转。

3）小车幅度限位

小车牵引机构旁设有限位装置，内有多功能行程开关，小车运行到臂头或臂尾时，碰撞多功能行程开关，小车将停止运行。再开动时，小车只能往吊臂中央运行。

4）力矩保护

为了保证塔机的起重力矩不大于额定力矩，塔机设有力矩保护装置。当起重力矩超过额定值，并小于额定值的110%时，SQ_T使卷扬机的起升方向及变幅小车的向外方向运动停止，这时可将小车向内变幅方向运动，以减小起重力矩，然后再驱动提升方向。

5）**超重保护**

塔机起升机构的工作方式分为轻载高速，重载中、低速两挡，每一挡都规定了该挡的最大起重质量，在低速挡最大起重质量为5 t，高速挡的最大起重质量为2.5 t，为了使各挡的起重质量在规定值以下，塔机设有起重质量限制器。它是通过SQ_{G1}和SQ_{G2}分别控制卷扬机的起升来实现的。

当卷扬机工作在轻载高速挡时，如果起重质量超过高速挡的最大起重质量时，SQ_{G1}动作，该挡的上升电路被切断，此时可以将挡位开关换到重载低速挡工作。若起重质量超过低速挡的最大起重质量时，SQ_{G2}动作，卷扬机上升电路被切断，操作台上的超重指示灯亮，发出报警信号，待减轻负载后，才能再次启动。

7.1.3 QTZ50型塔式起重机的控制电路分析

由于塔式起重机的电动机较多，而每台电动机的控制电器也较多，为了分析方便，用对应的标注方法进行标注，例如，起升机构电动机为M1，其控制接触器标注为KM11～KM17等。

1）**总电源部分**

（1）总电源开关

QTZ50塔机由380 V、三相四线制电源供电，其装机容量约为28 kW，电源总开关QF为DZ20-100型号的自动空气开关，对塔机电气系统进行短路和过载保护。

（2）顶升液压电动机的控制

本控制系统由液压油泵电动机M4、自动开关QF4、接触器KM4及启动按钮SB41和停止按钮SB42组成。顶升是利用标准节将塔身增高，数天才顶升一次，塔机进行顶升作业时，应先合上QF4和QF1（利用起升机构吊起标准节，送进引入架），操作SB41，电动机M4启动使液压缸工作，顶起上部结构进行加装标准节。顶升作业完毕后，应先操作停止按钮SB42，再关断QF4。

（3）总电源的零位保护

由电源接触器KM、总启动按钮SB1、总停止按钮SB2、总紧急停止按钮SB3及起升用转换开关SA1、回转用转换开关SA2和小车用转换开关SA3的零位触点组成。

在停产或停电时，由于操作人员的疏忽会忘记将各转换开关的手柄扳回零位，当再次工作或恢复供电时，就有可能造成电动机直接启动（绕线式电动机）或自行启动而可能引起的人身或设备事故。零位保护就是为了防止这类事故的发生而设置的一种安全保护。

如图7.1所示，当SA1，SA2和SA3的操作手柄均处于零位时，对应的SA1-1，SA2-1和SA3-1三对零位触点闭合，按下总启动按钮SB1，电源接触器KM吸合，分别接通主回路及控制回路的电源，并且自锁。这时，再分别操作SA1或SA2，SA3的手柄就可以对起升或回转及小车进行控制。与失（零）压保护的不同之处在于零位保护主要指用转换类（主令控制器、凸轮控制器等）开关控制的电路，开始工作时，必须先将转换开关的手柄扳回零位，按下总启动按钮SB1，电源才能接通。

（4）超力矩保护

当塔机力矩超限时，力矩行程开关SQ_T动作，切断力矩保护用继电器KA1的线圈回路，进而切断了塔机的起升向上和小车向外（前）方向的控制回路，即停止增大力矩的操作。此时，只能接通起升向下或小车向里（后）方向的控制回路。减少力矩至塔机允许的额定力矩时，

SQ_T复位，再按一次 SB1，KA1 得电，这时，可恢复塔机的起升向上和小车向外(前)方向的控制。

(5)超质量保护

超质量保护分为起升高速超重和起升低速超重，SG_{G1}为高速超重保护开关，SG_{G2}为低速超重保护开关，当高速超重时，SG_{G1}动作，切断起升高速接法回路，塔机只能进行低速起升。当低速超重时，SG_{G2}动作，切断低速超重保护用继电器 KA2 的线圈回路，进而切断了塔机的起升中速和低速的控制回路，只有卸载后才能起升。

2)**起升电动机的控制**

起升电动机 M1 为三速电动机，定子铁心安装有两套独立绕组，其中一套绕组磁极数为 32 极，不能变极调速，为低速接法，由接触器 KM13 控制通和断；另一套绕组磁极数为 8 极，为中速接法，由接触器 KM14 控制通和断，定子绕组为三角形(D)接法；此套绕组可以改变极数实现调速，变极后的极数为 4 极高速接法，绕组为双星形(YY)接法，由接触器 KM16 先将绕组接成双星形，再由接触器 KM15 接电源。

转换开关 SA1 的操作手柄共有 7 挡(左、右各 3 挡和中间挡)，共用了 6 对触点，中间挡为 SA1-1 触点闭合，用于零位保护，左、右各 3 挡为对称分布的，每挡分别有两对触点闭合，用于提升或下降及低、中、高三速。

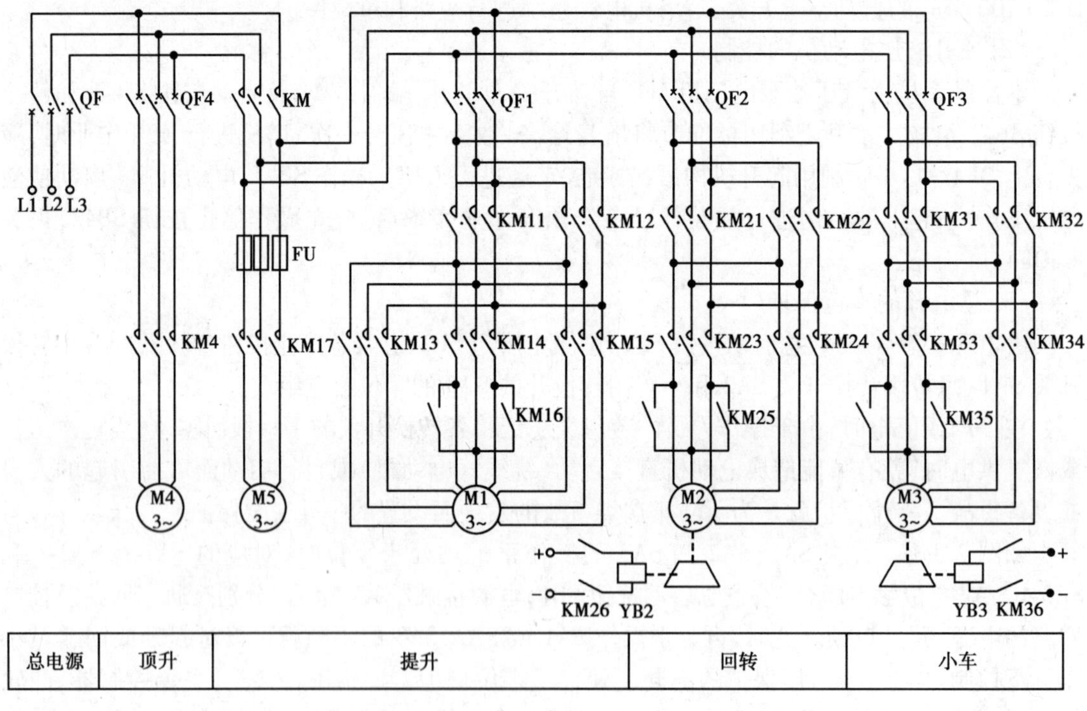

(a)

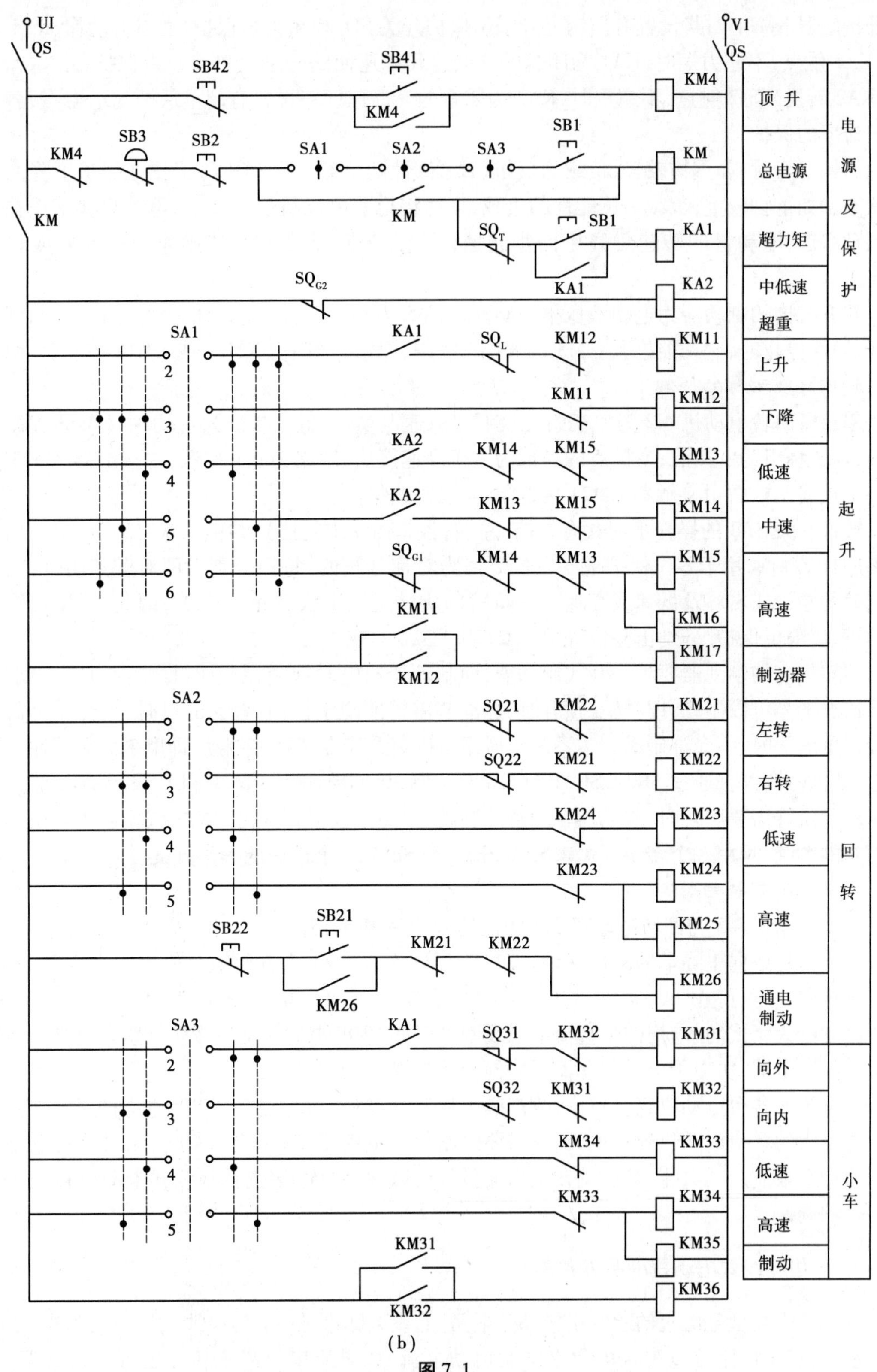

(b)

图 7.1

(a)QTZ50 塔机控制电路图;(b)QTZ50 塔机控制电路图

提升接触器 KM11 回路设置有吊钩上升限位保护开关 SQ_L 和超力矩保护（由 SQ_T 动作、KA1 转换）KA1 触点，不超力矩时，KA1 为闭合的。低速和中速回路分别设置有超重保护（由 SQ_{G2} 动作、KA2 转换）KA2 触点，不超重时，KA2 为闭合的。高速回路设置有超重保护 SQ_{G1} 触点，各自完成对应的保护。

吊钩下降时，如重物较轻，负载为反抗（摩擦）性的负载。电动机将工作在强迫下降的电动状态。如重物较重，负载为位能性的负载，重物将拖着电动机反向加速，电动机将工作在回馈制动状态，电动机的转速将高于同步转速，注意，转换开关 SA1 的操作手柄不要放在高速挡。

起升机构的制动器为电动液压推杆制动器，M5 为其液压油泵电动机，M5 工作时，制动器打开。M5 停止时，制动器抱紧。M5 由 KM17 控制，KM17 线圈由 KM11 或 KM12 控制。

3）回转电动机的控制

起重臂回转电动机 M2 为单绕组变极调速双速电动机，低速接法为 8 极，由 KM23 控制通和断，定子绕组为△接法；变极后的极数为 4 极高速接法，绕组为 YY 接法，由接触器 KM25 先将绕组接成 YY，再由接触器 KM24 接电源，实现高速接法。

转换开关 SA2 的操作手柄共有 5 挡（左、右各 2 挡和中间挡），共用了 5 对触点，中间挡为 SA2-1 闭合触点，用于零位保护，左、右各 2 挡为对称分布的，每挡分别有两对触点闭合，用于起重臂的左旋或右旋及低速或高速。起重臂的旋转运动最大转角为 500°，因此，要设置转动角的正、反限位保护，分别由限位开关 SQ21 和 SQ22 实现。

回转机构的制动器要求为开式制动器，即制动器通电时抱紧，断电时打开，而且只要求在特殊情况下才可以制动，即：塔身顶升时，标准节需要准确定位；有较大的风时，被起重物需要准确定位。平时，不允许制动。本系统是应用电磁离合器盘式摩擦制动，即电磁离合器通电时挂上，断电时离开。通过 SB21，SB22 和 KM26 控制，该回路串入 KM21 和 KM22 常闭触点，可以实现起重臂需要回转时，制动器自动解除制动。平时，也不允许用制动方式使起重臂快速停止。有的系统，只用一个转换开关来替代 SB21 和 SB22 两个按钮的操作方案。

4）小车电动机的控制

小车电动机 M3 与回转电动机 M2 的调速及控制基本相同，行程开关 SQ31 和 SQ32 分别实现小车向外或向里终端的限位保护。KM31 回路串入 KA1 常开触点是实现超力矩时，不允许小车再向外运行（由 SQ_T 动作、KA1 转换）的保护。不超力矩时，KA1 常开触点是闭合的。小车制动器为闭式的，应用的是直流电磁线圈，容易实现断电时制动器缓慢抱紧。也可以增加一个时间继电器，实现断电时制动器缓慢抱紧的效果。

本系统的各台电动机容量较小，故都是直接启动，电动机的启动转矩都能满足启动要求，起重容量大的塔机电动机容量也大，就需要限制启动电流了，对于提升机构，用鼠笼式电动机降压启动来限制启动电流，其启动转矩也会显著的减少，因此，多选择绕线式电动机转子串电阻启动和调速。

7.1.4 应用绕线式电动机的起升机构

图 7.2 为某型号塔机的起升机构部分电路图，主电路中的 M1 为绕线式异步电动机，电动机启动时，转子回路可以串入电阻来限制启动电流，如果所串电阻不切除还可以实现调速。M5 为电动液压推杆制动器的液压油泵电动机，重物下放时，可以用其作为负载而调速，工作

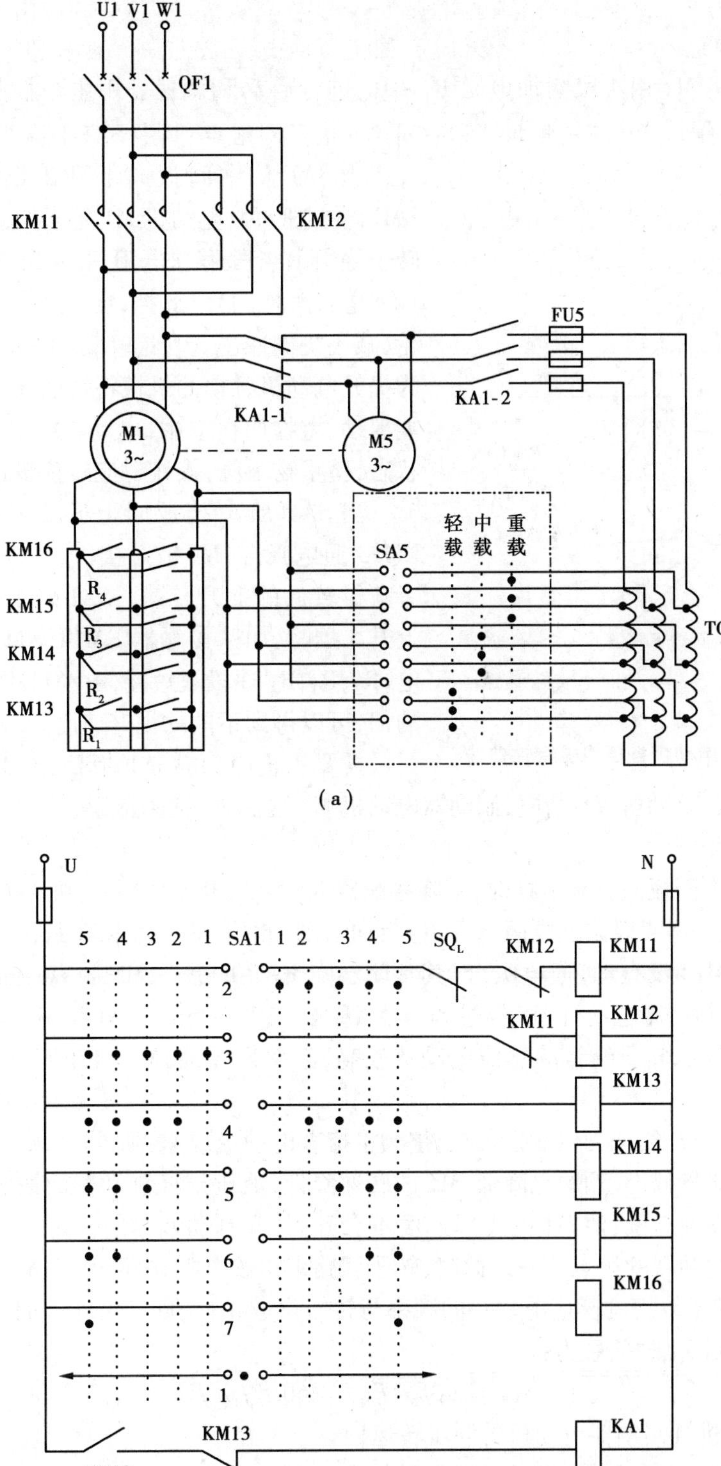

图 7.2 塔机的绕线式电动机起升机构控制电路图

原理如下：

1）**重物提升**

提升电动机 M1 用4 段附加电阻 $R_1 \sim R_4$ 进行启动和调速。用主令控制器（转换开关）SA1 控制，SA1 有 11 挡（左右各 5 挡和中间挡），有 7 对触点，其中 SA1-1 用于零位保护。

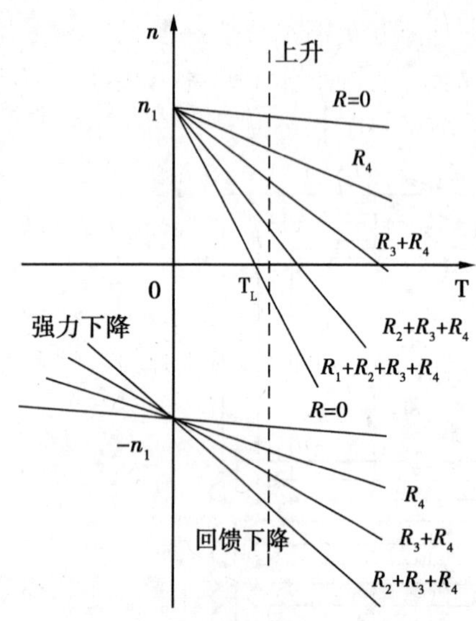

图 7.3 提升电动机各挡机械特性曲线

当 SA1 从中间扳向上升 1 挡时，上升接触器 KM11 通电吸合，电动机 M1 定子绕组接正相序电源，转子绕组串 4 段附加电阻 $R_1 \sim R_4$ 启动（制动器 M5 也通电打开抱闸）。此挡，启动转矩小，仅用于咬紧齿轮，减小机械冲击。若是轻载，可以慢速上升。图7.3 为提升电动机各挡的机械特性曲线。若是重载，将不能启动，重物如在空中，电动机会进入倒拉反接制动状态，使重物下降，操作时应较快滑过。

当 SA1 从 1 挡扳向上升 2 挡时，加速接触器 KM13 通电吸合，R1 被短接，电动机可以正常启动或者获得较低的上升转速。SA1 从上升 2 挡逐个扳向上升 5 挡时，加速接触器 KM14，KM15，KM16 依次得电，R_2，R_3，R_4 逐段被短接，电动机逐挡加速。在不同的挡，可以得到不同的提升速度。5 挡时，转速最高。

需要停止时，将 SA1 扳回中间挡，上升接触器 KM11 断电释放，电动机 M1 断电，制动器电动机 M5 也断电，抱闸抱紧。

2）**重物下降**

当 SA1 从中间扳向下降 1 挡时，下降接触器 KM12 通电吸合，电动机 M1 定子绕组接反相序电源，转子绕组串 4 段附加电阻 $R_1 \sim R_4$ 反向启动，此挡，继电器 KA1 线圈（因 KM12 辅助触点常开闭合，KM13 没有动）通电吸合，其常闭触点 KA1-1 断开，M5 脱离主电源；而常开触点 KA1-2 闭合，使制动器电动机 M5 经过调压器 TC、转换开关 SA5 并联在 M1 转子绕组电路上，因 M1 启动初始时，转子绕组的感应电动势较高，频率也较高，M5 启动而打开抱闸，M1 启动加速。

若此时是重载，负载为位能性负载，重物将拖着电动机加速，随着电动机 M1 加速，转子绕组的感应电动势将减小，频率也降低，M5 的转速降低，液压推杆制动器的油压力下降，使制动器闸瓦又开始逐渐抱紧，使 M1 的下降速度不会升高，起制动调速的作用，这就是应用绕线式电动机和电动制动器的优点之一。此时，转子回路串 4 段电阻，电流也较小。

因为 M1 转子绕组的感应电动势的频率与转差率成正比，即 $f_2 = Sf_1$，所以 M5 的同步转速与 $f_1 = 50$ Hz 时相比的关系为：

$$n_{M5} = 60f_2 / P_{M5} = 60\,S\,f_1 / P_{M5} \tag{7.1}$$

式中 n_{M5}——推杆制动器电动机的同步转速；

P_{M5}——推杆制动器电动机的磁极对数；

f_1——电源频率；

f_2——M1 的转子电动势频率；

S——M1 的转差率。

M1 的转子电压比电源电压低，为了使 M5 的工作电压尽量接近于额定电压，故用调压器 TC 升压后供给 M5，TC 有 3 组抽头，可以根据负荷情况用 SA5 选择，重载时选择变比较小的抽头，使 M5 的电压较低，转速也较低，制动器的机械制动转矩增大而进一步减慢重载下降速度。

用推杆制动器进行机械制动时，提升电动机输出的机械能和负载的位能都消耗在闸瓦与闸轮之间的摩擦上而严重发热；另一方面，推杆制动器的小电动机工作于低电压和低频率状态，时间稍长就会使它过热而烧坏，因此，重物离就位点的高度小于 2 m 时才允许使用这种制动方法。

当 SA1 从下降 1 挡扳向下降 2 挡时，下降接触器 KM12 通电吸合，加速接触器 KM13 也通电吸合，继电器 KA1 线圈断电，其触点恢复使 M5 接通主电源，制动器打开。此时，电动机 M1 转子串 3 段（R_2，R_3，R_4）电阻反向启动、运行，重物较轻时，电动机为反向电动，强迫下放重物，如果重物较重时，重物拖着电动机加速进入回馈制动状态，转子串入的电阻越大，转速越高，比较危险，应将 SA1 连续推向 3 ~5 挡。重物较轻时，电动机为反向电动，5 挡的转速最高；重物较重时，电动机为反向回馈制动状态，5 挡的转速最低，但也比电动状态时 5 挡的高，要想获得较低的转速，只有扳回下降 1 挡，实现机械摩擦制动。

应用绕线式电动机的主要优点是可以在转子回路串电阻启动，既可以限制启动电流，又能增大启动转矩。常用在起重容量大，又需要限制启动电流的塔机电动机上。

7.2 混凝土搅拌机的电气控制

混凝土搅拌机在建筑工地上是最常见的一种机械，其种类和结构形式很多，典型的混凝土搅拌机电气控制电路图如图 7.4 所示。

该混凝土搅拌机主要由搅拌机构、上料装置、给水环节组成。

对搅拌机构的滚筒要求能正转搅拌混凝土，反转使搅拌好的混凝土倒出，即要求拖动搅拌机构的电动机 M1 可以正、反转。其控制电路就是典型的用接触器触点互锁的正反转电路。

上料装置的爬斗要求能正转提升爬斗，爬斗上升到位后自动停止，并翻转将骨料和水泥倾入搅拌机滚筒，反转使料斗下降，下降到位后放平并自动停止，以接受再一次的上料。为了保证在料斗负重上升时停电和中途停止运行时的安全，采用电磁制动器 YB 作机械制动装置。上料装置电动机 M2 属于间歇运行，所以未设过载保护装置，其控制电路与前面分析的正反限位控制电路是相同的。电磁抱闸线圈为单相 380 V，与电动机定子绕阻并联，M2 得电时抱闸打开，M2 断电时抱闸抱紧，实现机械制动。SQ1 限位开关作为上升限位控制，SQ2 限位开关作为下降限位控制。

给水环节由电磁阀 YV 和按钮 SB7 控制。按下 SB7，电磁阀 YV 线圈通电打开阀门，向滚筒加水。再按一次 SB7，关闭阀门停止加水。

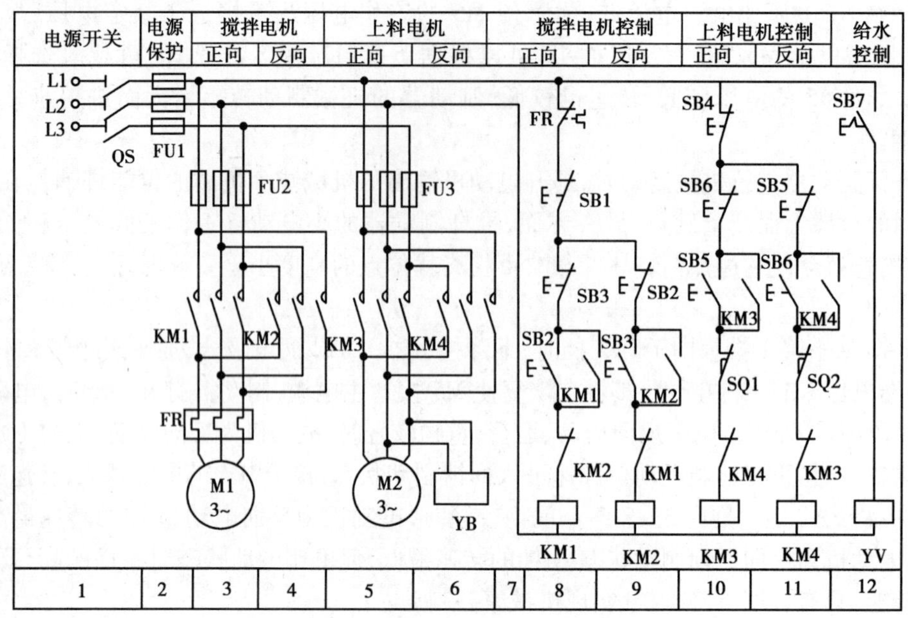

图7.4　混凝土搅拌机电气控制电路

小结7

塔式起重机种类较多,其电气控制的要求也不尽相同,本章所举电气控制的实例并不复杂,重点是掌握分析方法,起重机的控制重点是提升机构,提升机构的拖动电动机可以选用特制的起重用三相鼠笼式变极调速电动机,其控制方式比较简单;也可以选用三相绕线式电动机,利用在转子绕组电路串入电阻,既可限制启动电流又能增大启动力矩,也可以进行调速,因此应用的比较多。起重机常常应用主令控制器进行操纵其启动和变速,主令控制器的手柄挡位比较多,触点对数也比较多,读图时应掌握其识读方法。

复习思考题7

(1)塔式起重机的工作机构一般有哪几部分组成?

(2)塔式起重机一般有哪几种保护?

(3)什么是零位保护,目的是什么?

(4)塔式起重机对回转机构的制动器有什么要求?

(5)用三相鼠笼式变极调速电动机拖动的塔式起重机提升机构,在重物下降时,其电动机工作在什么状态?应注意什么?

(6)用三相绕线式电动机拖动的塔式起重机的提升机构,在重物下降时,主令控制器的手柄在不同的挡位时,其电动机可能工作在哪种状态?应注意什么?

(7)绕线式电动机启动时,是否在转子绕组电路串入的电阻越大其启动力矩就越大?

(8)试分析混凝土搅拌机电路上料装置的控制原理?

可编程序控制器基本知识

可编程序控制器是一种新型的工业控制装置,因其功能强、可靠性高、操作使用方便,在国外早已得到了广泛的应用。近几年来在国内工业自动化领域也越来越受到重视。通过在各个行业工业电气控制中的成功的应用表明,可编程序控制器是今后实现工业自动化的一种主要手段。因此,熟悉它的工作原理、性能特点,掌握其在工业电气控制中的使用方法,是当今电气及自动化技术人员必须具备的专业知识和基本技能之一。

本章从应用角度阐述可编程序控制器的组成和工作原理,主要介绍日本三菱公司生产的FX系列产品的基本逻辑指令,为今后掌握它在电气控制中的应用打下基础。

8.1 概 述

现代社会要求制造业对市场需求作出迅速的反应,生产出小批量、多品种、多规格、低成本和高质量的产品,为了满足这一要求,生产设备和自动生产线的控制系统必须具有极高的可靠性和灵活性,可编程序控制器正是顺应这一要求出现的,它是以微处理器为基础的新型工业控制装置,现在已经成为工业自动化的主要支柱之一。可编程序控制器(Programmable Controller)简称为PC,为了与个人计算机(Personal Computer)的简称PC相区别,现在一般将可编程序控制器简称为PLC(Programmable Logic Controller)。

8.1.1 可编程序控制器的历史

可编程序控制器是一种新型的工业控制装置,它把计算机技术和自动化技术融为一体,具有灵活可靠、功能强、使用方便等一系列优点,因而,可编程序控制器从诞生至今,在短短的30

来年里,广泛地应用在多种工业控制场合,并且得到了异常迅猛的发展。

PLC 是由美国数字设备公司于 20 世纪 60 年代末期首先开发出来的,并首先在美国通用汽车公司的技术改造中得到了成功的应用。当时的 PLC 主要用来解决多种逻辑量的控制问题,即取代传统的继电器硬接线方式控制系统。这一时期的 PLC 尽管只能实现如逻辑处理、计数、定时等比较简单的功能,但它的体积比继电器控制屏大大减少,所形成的控制系统和线路也远远比继电器系统简单得多,特别是用软件编程代替了大量而复杂的线路连接,使得更改控制功能非常容易。因此,这种控制装置很快被工业控制技术人员所接受,并大量地应用在各种需要进行电气控制的场合中。

随着技术的发展和使用要求的不断提高,PLC 发展得十分迅速,特别是 20 世纪 70 年代后期以来,将微处理器应用于 PLC 中,使之成为一种专用的工业控制计算机,这使得 PLC 的功能大大增强。既可以用来完成逻辑控制,也可以实现模拟控制;既可用来控制工业现场的各种设备及自动生产线,也可以同计算机联网,构成集散控制系统。加上其配置完善的 I/O(输入/输出)组件,易学易懂的编程技术,工业环境的适应能力,使 PLC 成为实现工业自动化的主要手段之一。

国际电工委员会(IEC)于 1985 年 1 月为 PLC 作了如下定义:“可编程序控制器是一种数字运算操作的电子系统,专为在工业环境下应用而设计。它采用可编程序的存储器,用来在其内部存储执行逻辑运算、顺序控制、定时、计数和算术运算等操作的指令,并通过数字式、模拟式的输入和输出,控制各种类型的机械或生产过程。可编程序控制器及其有关设备,都应按易于使工业控制系统形成一个整体,易于扩充其功能的原则设计。”

在全世界上百个可编程序控制器制造厂中,有几家举足轻重的公司。它们是美国 Rockwell 自动化公司所属的 A-B(Allen & Bradly)公司、GE-Fanuc 公司,德国的西门子(Siemens)公司和总部设在法国的施耐德(Schneider)自动化公司,日本的三菱公司和立石(OMRON)公司。这几家公司控制着全世界 80% 以上的可编程序控制器市场,它们的系列产品有其技术广度和深度,从微型可编程序控制器到有上万个 I/O(输入/输出)点的大型可编程序控制器应有尽有。

近几年可编程序控制器的推广应用在我国也得到了迅猛的发展,可编程序控制器已经大量应用在引进设备和国产设备中,我国不少厂家引进或研制了一批可编程序控制器,各行各业也涌现出大批应用可编程序控制器改造设备的成果,机械行业生产的设备越来越多地采用可编程序控制器作控制装置。了解可编程序控制器的工作原理,具备设计、调试和维护可编程序控制器控制系统的能力,已经成为现代工业对电气技术人员的基本要求。

8.1.2 可编程序控制器的特点

1)无触点免配线,可靠性高,抗干扰能力强

传统的继电器控制系统中使用了大量的中间继电器、时间继电器。触点和接线一多,难免接触不良,因此容易出现故障。可编程序控制器用软件代替了大量的中间继电器和时间继电器,仅剩下了与输入和输出有关的少量接线,一般为继电器控制系统接线的 0.1% ~1%,因触点接触不良造成的故障大大地减少。

可编程序控制器采取了一系列硬件和软件抗干扰措施,如滤波、隔离、屏蔽、自诊断、自恢复等,使之具有很强的抗干扰能力,平均无故障时间达到数万小时以上,可以直接用于有强烈干扰的工业生产现场，可编程序控制器已被广大用户公认为最可靠的工业控制设备之一。

2）**编程方法简单易学**

梯形图是使用得最多的可编程序控制器的编程语言，其电路符号和表达方式与继电器电路原理图相似，梯形图语言形象直观，易学易懂，熟悉继电器电路图的电气技术人员和电气技术工人只要几天时间就可以熟悉梯形图语言，并用来编制用户程序。

梯形图语言实际上是一种面向用户的高级语言，可编程序控制器在执行梯形图程序时，用解释程序将它"翻译"成汇编语言后再去执行。与直接用汇编语言编写的用户程序相比，执行时间要长一些，由于可编程序控制器运算速度的不断提高，对于一般的控制设备来说，执行速度完全能满足要求。

3）**功能强，性能价格比高**

一台小型可编程序控制器内有成百上千个内部继电器，几十到几百个定时器和计数器，几十个特殊用途继电器，有很强的功能，可以实现非常复杂的控制功能。与相同功能的继电器系统相比，具有很高的性能价格比。一台可编程序控制器可以同时控制几台设备，也可以通过联网通信，实现分散控制，集中管理。

4）**硬件配套齐全，用户使用方便，适应性强**

可编程序控制器产品已经标准化、系列化、模块化，配备有品种齐全的各种硬件装置供用户选用，用户能灵活方便地进行系统配置，组成不同功能、不同规模的系统。可编程序控制器的安装接线也很方便，一般用接线端子连接外部接线。可编程序控制器有较强的带负载能力，可以直接驱动一般的电磁阀和交流接触器。

硬件配置确定后，可以通过修改用户程序，方便快速地适应工艺条件的变化。

5）**系统的设计、安装、调试工作量少**

可编程序控制器用软件功能取代了继电器控制系统中大量的中间继电器、时间继电器、计数器等器件，使控制柜的设计、安装、接线工作量大大减少。

可编程序控制器的梯形图程序一般采用顺序控制设计法。这种编程方法很有规律，很容易掌握。对于复杂的控制系统，设计梯形图所花的时间比设计继电器系统电路图所花的时间要少得多。

可编程序控制器的用户程序可以在实验室模拟调试，输入信号用小开关来模拟，输出信号的状态可以观察可编程序控制器上有关的发光二极管，调试好后再将可编程序控制器安装在现场统调。调试过程中发现的问题一般通过修改程序就可以解决，调试时间比继电器系统少得多。

6）**维修工作量小，维修方便**

可编程序控制器的故障率很低，并且有完善的自诊断和显示功能。可编程序控制器或外部的输入装置和执行机构发生故障时，可以根据可编程序控制器上的发光二极管或编程器提供的信息迅速地查明故障的原因，用更换模块的方法可以迅速地排除可编程序控制器的故障。

7）**体积小，能耗低**

对于复杂的控制系统，使用可编程序控制器后，可以减少大量的中间继电器和时间继电器，而可编程序控制器的体积仅相当于几个继电器的大小，因此可将开关柜的体积缩小到原来的1/2～1/10。

可编程序控制器的体积小，重量轻，以三菱公司的 FX_{0S}-10 型超小型可编程序控制器（10

个输入/输出点)为例,其底部尺寸为 90 mm×60 mm,只有卡片大小。由于体积小,很容易装入机械设备内部,是实现机电一体化的理想控制设备。

可编程序控制器的配线比继电器控制系统的少得多,故可以省下大量的配线和附件,减少大量的安装接线工时,加上开关柜的缩小,可以节约大量的费用。

8.1.3 可编程序控制器的应用领域

在发达的工业国家,可编程序控制器已经广泛地应用在所有的工业部门。随着可编程序控制器性能价格比的不断提高,可编程序控制器的应用范围也在不断扩展,主要体现在以下几个方面:

1)开关量逻辑控制

开关量逻辑控制是各种工业现场中最常见的一种控制类型,很多生产机械或工作设备都需要对反映工作状态的逻辑量进行控制。传统的逻辑控制用继电器线路实现,当逻辑关系比较复杂时,继电器线路也相应复杂,给设计、施工、维修均带来不便。可编程序控制器具有“与”、“或”、“非”等逻辑指令,可以实现触点和电路的串、并联,代替继电器进行组合逻辑、定时控制与顺序逻辑控制。用可编程序控制器取代继电器线路实现逻辑控制使控制线路大大简化,并且减少了故障率,提高了可靠性。PLC 已经在不少大型的设备逻辑控制中得到了广泛的应用,在建筑机械及设备如起重机、运输机、大型搅拌站、电梯、水泵站的控制中,也显示出了很好的效果。

2)运动控制

可编程序控制器用专用的运动控制模块,对直线运动或圆周运动的位置、速度和加速度进行控制,可实现单轴/双轴/三轴位置控制,使运动控制与顺序控制功能有机地结合在一起。可编程序控制器的运动控制功能广泛地用于各种机械,如金属切削机床、金属成形机械、装配机械、机器人、电梯等。

3)闭环过程控制

过程控制是指对温度、压力、流量等连续变化的模拟量的闭环控制。可编程序控制器通过模拟量 I/O 模块,实现模拟量(Analog)和数字量(Digital)之间的 A/D 转换和 D/A 转换,并对模拟量实行闭环 PID(比例-微分-积分)控制。现代的大中型可编程序控制器一般都有 PID 闭环控制功能,这一功能可以用 PID 子程序来实现,更多的是使用专用的智能 PID 模块。利用这些功能,可编程序控制器可实现闭环的速度、位置控制及过程控制。在建筑设备中,如电梯的运动控制,空调的温、湿度控制等,均可由可编程序控制器进行闭环控制。

4)数据处理

现代的可编程序控制器具有数字处理、数据传送、转换、排序和查表等数据处理功能,可以完成数据的采集、分析和处理。这些数据可以与储存在存储器中的参考值比较,也可以用通信功能传送到别的智能装置,或者将它们打印制表。数据处理一般用于大型控制系统,如无人柔性制造系统,也可以用于过程控制系统,如造纸、冶金、食品工业中的一些大型控制系统。

5)通信联网

可编程序控制器的通信包括主机与远程 I/O 之间的通信、多台可编程序控制器之间的通信、可编程序控制器和其他智能控制设备(如计算机、变频器、数控装置)之间的通信。可编程序控制器与其他智能控制设备一起,可以组成“集中管理、分散控制”的分布式控制系统。

值得说明的是,并不是所有的可编程序控制器都具有上述全部功能,有些小型可编程序控制器只具有上述的部分功能,但是价格较低。

8.2 可编程序控制器的硬件与工作原理

8.2.1 可编程序控制器的组成

可编程序控制器作为一种以微处理器为核心的专用计算机系统,其结构也与一般微机系统相似,主要由 CPU 模块、输入模块、输出模块、编程器、电源等部分组成。图 8.1 是 PLC 控制系统示意图。

1)CPU 模块

CPU 模块主要由微处理器(CPU 芯片)和存储器组成。在控制系统中,CPU 模块相当于人的大脑和心脏,它不断地采集输入信号,执行用户程序,刷新系统的输出;存储器用来储存程序和数据。

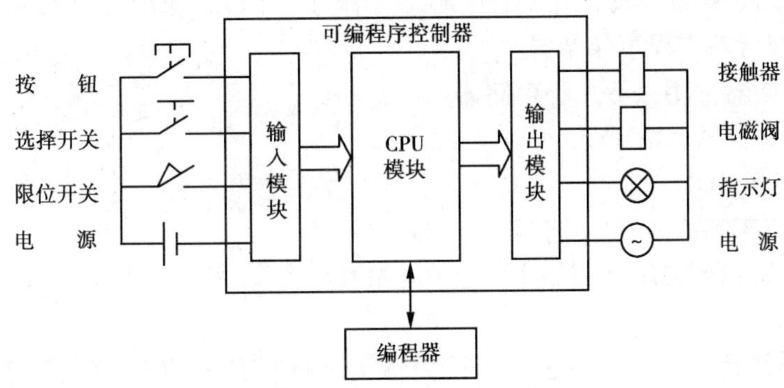

图 8.1 PLC 控制系统示意图

(1)PLC 中 CPU 的作用

与一般微机控制系统一样,CPU 在 PLC 控制系统中用来实现各种运算并对整个系统进行控制,它是 PLC 的核心。它根据生产厂家预先编制好的系统程序完成以下工作:

①以扫描方式检测并接收现场输入装置(如开关、按钮、触点、编码器等)的状态或数据,并存入内存某指定区域或数据寄存器中。

②接收并存储从编程器输入的用户程序或数据。

③逐条读入和解释用户程序,产生相应的控制信号去控制有关的电路,执行数据的存取、传送、比较变换等工作,并根据逻辑运算或算术运算的结果更新有关寄存器的内容。

④把最新产生的内存状态或数据寄存器的有关内容传送给输出单元,去控制外部负载。

⑤监视和诊断电源、内部电路、运算过程和用户程序中的语法错误等。

(2)PLC 中常用的 CPU 芯片

可编程序控制器使用以下几类芯片:

①通用微处理器,如 Intel 公司的 8086,80186 和 Pentium 系列芯片。

②单片微处理器(单片机),如 Intel 公司的 MCS51/96 系列单片机。

③位片式微处理器,如 AMD2900 系列位片式微处理器。

(3)存储器

PLC 中的存储器一般有系统程序存储器和用户程序存储器两大类。

系统程序是由 PLC 制造厂家研制的,在 PLC 使用过程中用户不能进行修改。因此,系统程序存储器一般为 ROM。

用户存储器可分为程序存储区和数据存储区。前者存放用户程序,后者存放输入、输出变量,内部变量的状态及定时器、计数器的设定值或其他数据。PLC 中的用户程序存储器一般为 RAM。由于用户程序对一个具体的控制任务而言是相对固定的,因此各种 PLC 都设有 EPROM 接口,并配有 EPROM 写入器,以便把 RAM 中的用户程序写入到主机外的 EPROM 芯片中进行保存。当 RAM 中的用户程序遭到破坏后,可以使 PLC 按 EPROM 中的程序运行。用户程序存储器的容量一般以字(每个字由 16 位二进制数组成)为单位,三菱的 FX 系列可编程序控制器的用户程序存储器的容量以步为单位。小型可编程序控制器的用户程序存储器的容量在 1 K 字($1\ K=1024=2^{10}$)左右,大型可编程序控制器的用户程序存储器的容量可达数百 K 字,甚至数兆字。

由于系统程序存储器不能由用户任意存取操作,所以 PLC 使用说明书中所列的存储器型式及容量,通常都指用户程序存储器。

可编程序控制器常用以下几种存储器:

①随机存取存储器(RAM)。

②只读存储器(ROM)。

③可擦除可编程序的只读存储器(EPROM)。

④可电擦除的 EPROM(EEPROM 或 E^2PROM)。

2)I/O **模块**

输入(Input)模块和输出(Output)模块简称为 I/O 模块,它们是系统的眼、耳、手、足,是 PLC 联系外部现场和 CPU 模块的桥梁。

(1)I/O 模块的基本功能及特点

输入模块的主要作用是接收并储存来自现场或外部设备送入 PLC 的信号,供 CPU 进行控制。而 CPU 运算的结果要通过输出模块送往执行元件完成控制作用。

I/O 模块除了传递信号外,一般还具有电平转换和电气隔离两个基本功能。输入电平转换是把现场送入 PLC 的不同等级电压、电流信号转换成 CPU 能够接受的标准电平信号;输出电平转换则是将 CPU 产生的低电平逻辑信号转换成为执行机构或工作负载所需的电压信号。为了防止现场的强电信号或长距离信号传输产生的噪声对 CPU 的干扰,I/O 模块中都有光电隔离电路,把 I/O 部分与 CPU 隔离开来。每一条 I/O 通路(称为一个 I/O 点)都有固定的编号,编号的原则随 PLC 产品而异。每一个编号对应着 RAM 区域中的某一位,因此可以把 I/O 状态用软件编在程序中进行逻辑运算。

微小型 PLC 一般把 I/O 模块与 CPU、电源组装在一个机箱内,属于坚固整机型结构,称之为基本控制单元或基本模块。通常其 I/O 点数为 12 ~ 64。与基本模块配合使用的有I/O扩展单元,它是一些单纯的 I/O 模块的组合,当基本模块的 I/O 数目不能满足控制要求时,可以用扁平电缆加接扩展单元,从而可使它的 I/O 点数达 120 点左右。

大中型PLC通常采用组件式结构,即在一个有一定规模的机架上独立地插接有CPU组件、电源组件和I/O组件等。I/O模块按操作类别、点数等制成一系列标准插接组件,它们可以按用户的具体要求灵活地进行配置。

PLC面板上对应于每一个I/O点都配有发光二极管作为状态显示,可方便地监视I/O的状态,也便于对所编制的软件进行离散模拟调试。

(2)PLC常用的I/O模块

尽管PLC的种类很多,输入输出模块也有多种型号,但它们的基本原理是相似的,即:输入模块用于对输入信号进行滤波、隔离和电平转换等以使输入信号的逻辑值安全、可靠地被传送到PLC的内部;输出模块则具有隔离PLC内部电源和外部执行元件的作用,同时还具有功率放大的作用。这里以使用最广泛的开关量I/O模块为例介绍其一般线路和原理。

开关量I/O模块的点数一般为2的n次方,如4,8,16,32,64点。

① 输入模块典型线路

输入模块根据使用电源的不同分为直流输入模块和交流输入模块。

图8.2是典型的直流输入模块,图中只画出了对应于一个输入点的回路。其他多个输入点与此相同。图中COM是各回路的公共端。

当图8.2外接触点接通时,光电耦合器中的发光二极管亮,光敏三极管饱和导通;外接触点断开时,光电耦合器中的发光二极管熄灭,光敏三极管截止,信号通过内部电路传送给CPU模块。

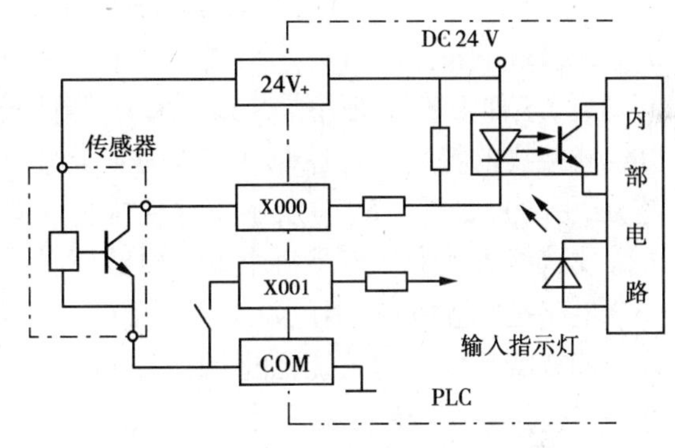

图8.2 直流输入电路

输入回路所用的直流电源,一般由PLC机内供给。用户只要用导线将其与各输入元件连起来即可。有些PLC机的电源与各输入回路已在机内连接好,因此外部只需连接电源触点即可。

图8.3是典型的交流/直流输入模块原理图。当图8.3输入触点接通时,输入信号被滤波和整流,交流电压或直流电压被转换为直流电流,送给显示用的发光二极管和光电耦合器。

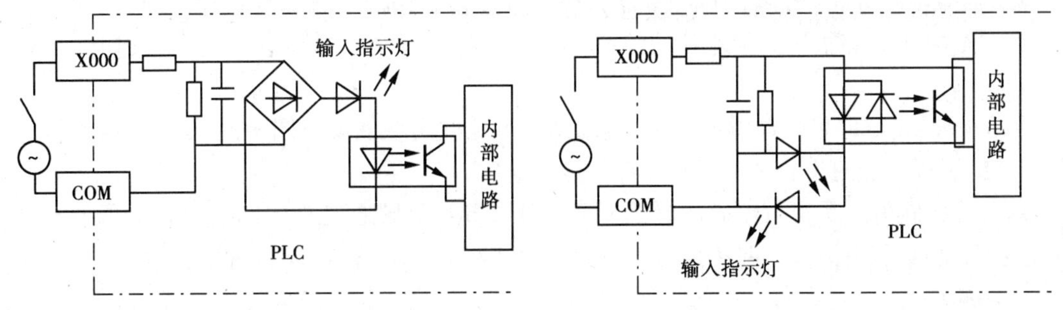

图8.3 交流/直流输入电路

图8.4 交流/直流输入电路

图8.4是另一种交流/直流输入电路,光电耦合器有两个反并联的发光二极管,显示用的

发光二极管也是反并联的,所以这个电路可以接收外部的交流输入电压。

开关量 I/O 模块的外部接线方式有汇点式、分组式和分隔式 3 种。

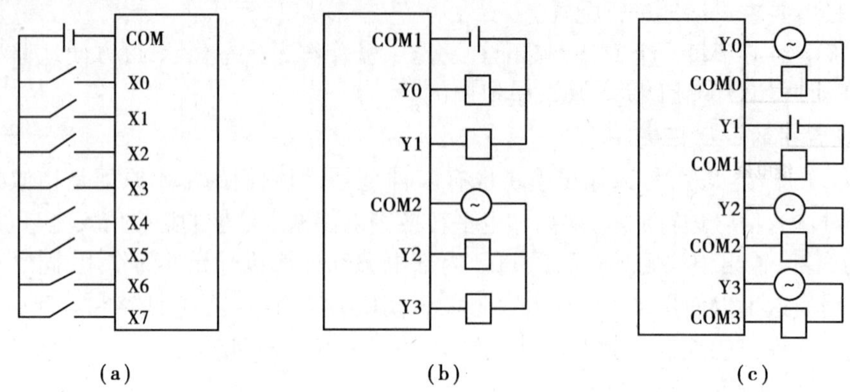

图 8.5 I/O 模块的外部接线方式

(a)汇点式;(b)分组式;(c)分隔式

汇点式接线的特点是各 I/O 电路有一个公共的 COM 端,它们共用一个电源和 COM,如图 8.5(a)所示,这种安装可使引线需要量减少,降低安装费用,常用于要求不太高的系统。

分组式接线的特点是把各 I/O 点分为若干组,每组各一个公共端 COM 和一个电源,各组之间是分隔开的,如图 8.5(b)所示。这种接线方式适用于使用不同的输入电源。

分隔式接线方式的特点是每个 I/O 电路都有一个 COM 端子,由单独的一个电源供电,由于各 I/O 电路是相互隔离,因此每组可以使用不同的电源,这种接线方式常用于要求较高或对抗干扰性能有特殊要求的系统,如图 8.5(c)所示。

②输出模块典型线路

输出模块是 PLC 驱动负载的输出电路,它同时具有功率放大的作用。其输出信号按负载使用的电源分为直流输出、交流输出和交直流输出 3 种;按使用的输出开关器件分有继电器输出、晶体管输出和双向可控硅输出 3 种方式。

图 8.6(a)是继电器输出电路,继电器同时起隔离和功率放大作用,每一路只给用户提供一对常开触点。与触点并联的 RC 电路和压敏电阻用来消除触点断开时产生的电弧。

图 8.6(b)是晶体管集电极输出电路。输出信号送给内部电路中的输出锁存器,再经光电耦合器送给输出晶体管,后者的饱和导通状态和截止状态相当于触点的接通和断开。图中的稳压管用来抑制关断过电压和外部的浪涌电压,以保护晶体管,晶体管输出的延迟时间小于 10 ms。

图 8.6(c)是双向可控硅输出电路,它用光电可控硅实现隔离。图中的 RC 电路和压敏电阻,用来抑制可控硅的关断过电压和外部的浪涌电压。

双向可控硅由关断变为导通的延迟时间小于 1 ms,由导通变为关断的延迟时间小于 10 ms。可控硅在负载电流过小时不能导通,遇到这种情况时可以在负载两端并联电阻。

3)编程器

编程器除了用来输入和编程用户程序外,还可以用来监视可编程序控制器运行时各种编程元件的工作状态。

编程器可以永远地连接在可编程序控制器上,将编程器取下来后系统也可以运行。一般

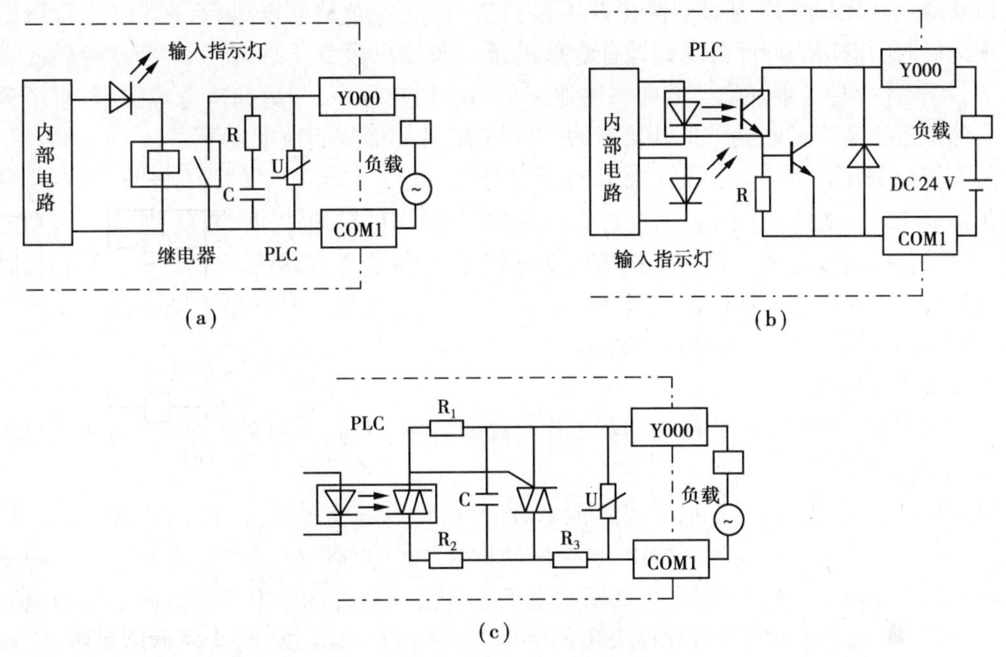

图 8.6　PLC 的输出电路

只在程序输入、调试和检修时使用编程器，一台编程器可供多台可编程序控制器公用。

4）**电源**

可编程序控制器使用 220 V 交流电源或 24 V 直流电源。可编程序控制器内部的直流稳压电源为各模块内的电路供电。某些可编程序控制器可以为输入电路和外部电子检测装置（如接近开关）提供 24 V 直流电源，驱动现场执行机构的 24 V 直流电源一般由用户提供。

8.2.2　可编程序控制器的工作原理

可编程序控制器实质上是一种计算机控制系统，它和用计算机实现控制的基本原理一样，都是在系统软件的支持下，通过执行用户程序并通过硬件系统完成控制任务的。但由于它最广泛的用途是实现工业现场的逻辑控制，用以代替复杂的继电器控制系统，因此在工作方式上又有自己的特点。下面从应用的角度说明其工作原理。

1）**巡回扫描原理**

传统的继电器控制系统是由物理元件连接起来的硬接线系统，当控制现场的输入元件（如按钮、开关等）状态发生变化时，通过与这些元件连接的逻辑线路产生输出，从而控制执行元件（接触器、电磁阀等）的状态变化以达到控制设备或生产过程的目的。可编程序控制器与继电器控制的一个主要区别是把继电器线路表示的逻辑运算关系编成用户程序，通过执行该程序来完成控制任务。

当可编程序控制器运行时，用户程序中有大量的操作需要执行，但 CPU 是不能同时去执行多个操作的，它只能按分时操作的原则每一时刻执行一个操作。由于 CPU 的运算速度极高，从其输入/输出关系的宏观上看，逻辑处理过程似乎是同时完成的。这种按一定顺序分时执行各个操作的工作方式，称为对程序的扫描。

PLC 对一个用户程序的扫描执行并不是只进行一次,而是反复执行,称为"巡回扫描"。PLC 在运行时,扫描从 0000 号存储地址存放的第一条用户指令开始,在无中断或跳转控制的情况下,按程序存储地址递增的方向顺序地逐条扫描用户程序,一边扫描一边执行,直至程序结束。然后返回程序的起始地址开始新的一轮扫描,并周而复始地重复下去。

每扫描全部用户程序一次所用的时间叫"扫描周期"。它与 CPU 的运行速度、指令类型及程序长短有关,一般为 100 ms 左右。可编程序控制器具有对扫描周期的监视功能。该功能主要由一个硬件计时器完成。每一个扫描周期开始前,计时器复位,然后开始计时。当扫描时间超过其设定值,则停止 CPU 运行、复位输入/输出、并给出报警。这样就避免了由于系统硬件故障使程序执行进入死循环而造成的故障。

2)**建立 I/O 映像区**

建立 I/O 映像区是可编程序控制器工作过程的另一个特点。用来处理外部输入信号和可编程序控制器产生的输出信号。

可编程序控制器在每一扫描周期的特定时间内,将现场全部输入信息采集到 PLC 中,存放在用户存储器的某一指定的区域内,这个区域称为"输入映像区"。CPU 在执行用户程序所需的现场信息都取自于输入映像区,而不是随机地直接到输入接口中去取。由于集中地采集现场信息,严格地说每个输入信号被采集的时间是不同的。但 CPU 的采样周期很短,这种细微的时间差并不会对控制带来明显的影响,因此可以认为输入映像区每一位的状态是同时建立的。

PLC 所产生的用于控制对象的输出信息,也不采取产生一个就输出一个的控制方式,而是先将它们存放在 RAM 中的某特定区域,称之为"输出映像区"。当用户程序扫描结束后,将所有存放在输出映像区内的控制信息集中输出,从而改变被控对象的状态。对于那些在一个扫描周期内状态没有发生变化的逻辑变量,就输出与前一个周期同样的信息,因而也不引起相应执行元件状态的变化。

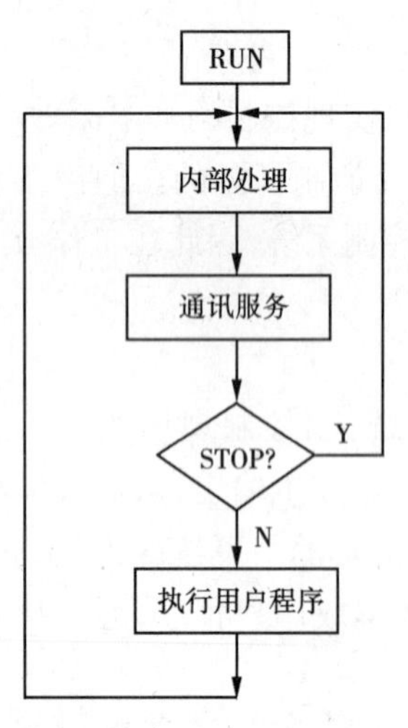

图 8.7 PLC 工作过程流程图

上述输入映像区和输出映像区(简称 I/O 映像区)的建立,使 PLC 在从控制现场获取信息工作时只和某输入点相对应的内存有关地址单元内所储存的信息状态发生联系,而系统的一个输出也只是给 RAM 中某一地址单元设定一个状态。因此 PLC 在执行用户程序所规定的运算时并不与实际控制对象直接相关。这就为可编程序控制器的系列化,标准化生产创造了条件。

3)**PLC 的工作过程**

根据上述特点,PLC 按巡回扫描方式的典型工作过程如图 8.7 所示。从图中可见,一个扫描周期内大致包括内部处理、通讯服务和执行程序 3 个过程。

在内部处理过程中,PLC 检查系统内部的硬件是否正常、复位监控定时器,以及其他内部处理工作。

在通讯服务阶段,PLC 既要与编程器交换信息,还要根据通讯模块的配置情况决定是否与其他智能装置完成通讯。

当 PLC 处于停止运行(STOP)或某些故障状态下,只完成以上过程,否则在运行(RUN)状态下就进入执行用户程序的工作过程。

PLC 执行用户程序是一边扫描,一边执行的过程。

从图 8.8 中可见整个执行过程可分为 3 个阶段:

(1)输入采样阶段

这是建立(或更新)输入映像区的阶段。在此阶段中,PLC 将输入端的所有输入状态读入到输入映像区中储存起来以备执行程序时使用,在程序执行期间,即使输入状态发生变化,输入映像区内容也不会改变。只有等到下一个周期的这个阶段才能把输入信号的变化读入到相应的映像单元中,这称为"输入刷新"。

(2)程序执行阶段

在此阶段中,PLC 逐条解释和执行用户程序的指令,指令中所出现的任何逻辑变量状态均从相应的映像存储单元(如输入/输出映像区,内部继电器映像区等)中读出,根据程序规定的逻辑关系对这些逻辑变量进行运算,运算结果又写入各自的内存映像区中。

(3)输出刷新阶段

在此阶段中,PLC 把 CPU 运算得到的输出变量的状态(ON/OFF)由输出映像区中传送到输出锁存器,再经输出模块驱动外部负载。

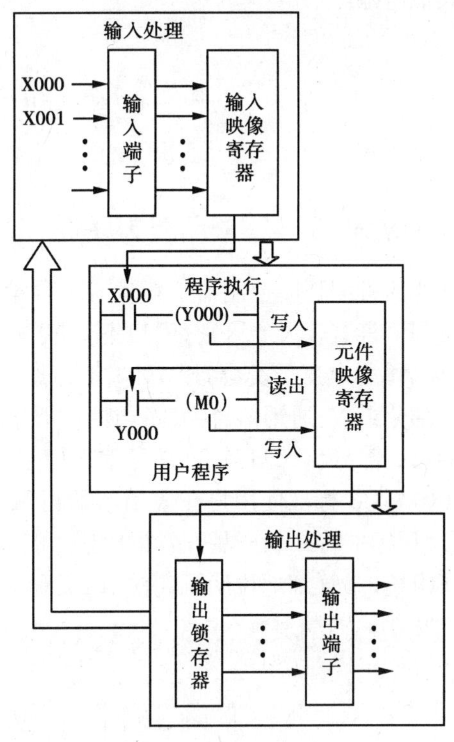

图 8.8　扫描过程示意图

4)**扫描周期**

可编程序控制器在 RUN 工作状态时,执行一次扫描操作所需的时间称为扫描周期,其值一般为 1 ~ 100 ms,如图 8.8 所示。扫描周期包括用户程序执行时间、I/O 刷新时间、系统程序执行时间和外设服务时间,指令执行所需的时间与用户程序的长短、指令的种类和 CPU 执行指令的速度有很大的关系。当用户程序较长时,指令执行时间在扫描周期中占相当大的比例。

5)**输入/输出滞后时间**

输入/输出滞后时间又称为系统响应时间,它是指可编程序控制器的外部输入信号发生变化的时刻至它控制的有关外部输入信号发生变化的时刻之间的时间间隔。它由输入电路滤波时间、输出电路的滞后时间和因扫描工作方式产生的滞后时间 3 部分组成。

输入电路滤波时间一般为 1 ~ 100 ms;

输出模块的滞后时间与模块的类型有关,继电器输出电路的滞后时间一般在 10 ms 左右;晶体管输出电路的滞后时间一般在 1 ms 左右;双向可控硅输出电路的滞后时间约为 1 ms,负载由导通到断开时的最大滞后时间为 10 ms。

由扫描工作方式引起的滞后时间最长可达两个多扫描周期。

可编程序控制器总的响应延迟时间一般只有几十毫秒,对于一般的系统是无关紧要的。要求输入/输出信号之间的滞后时间尽量短的系统,可以选用扫描速度快的可编程序控制器或采取其他措施。

8.3 可编程序控制器的编程语言

8.3.1 可编程序控制器语言的国际标准

现代的可编程序控制器一般备有多种编程语言,供用户选用。不同厂家的可编程序控制器的编程语言有较大的区别,用户不得不学习多种编程语言。

IEC(国际电工委员会)于1994年5月公布了可编程序控制器标准(IEC1131),该标准由以下5部分组成:通用信息、设备与测试要求、可编程序控制器的编程语言、用户指南和通讯。其中的第3部分(IEC1131-3)是可编程控制器的编程语言标准。

IEC1131-3标准使用户在使用新的可编程序控制器时,可以减少重新培训的时间。对于厂家,使用标准将减少产品开发的时间,可以投入更多的精力去满足用户的特殊要求。

IEC1131-3详细地说明了句法、语义和下述5种编程语言(见图8.9)的表达方式:

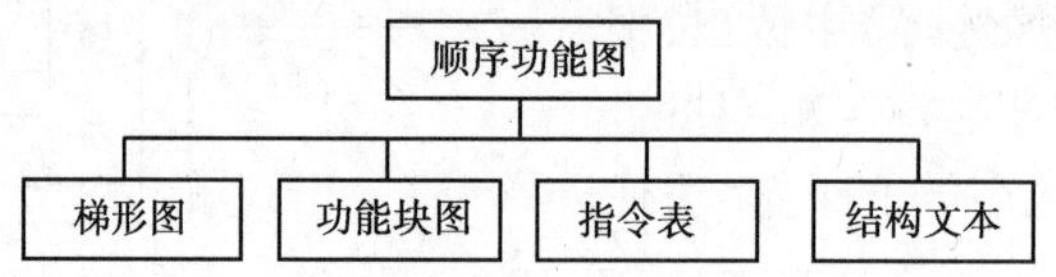

图8.9 PLC的编程语言

顺序功能图(Sequential function chart);

梯形图(Ladder diagram);

功能块图(Function block diagram);

指令表(Instruction list);

结构文本(Structured text)。

其中梯形图(LD)和功能块图(FBD)是图形语言,指令表(IL)和结构文本(ST)是文字语言,顺序功能图(SFC)被认为是一种结构块控制程序流程图。

1)**顺序功能图**(SFC)

这是一种位于其他编程语言之上的图形语言,用来编制顺序控制程序,编程人员不一定对PLC的指令系统非常熟悉,甚至可以不懂计算机知识,只要对被控过程的工艺流程非常熟悉就可以协助进行SFC的设计,因此,它是各专业技术人员进行交流的桥梁。大多数通用编程器不能直接对SFC进行编辑,必须将其转换成对应的指令表输入编程器实现程序的编译。关于SFC的设计在第9章中将作详细介绍。

2)**梯形图**(LD)

梯形图是使用得最多的可编程序控制器图形编程语言。梯形图与继电器控制系统的电路图很相似,具有直观易懂的优点,很容易被工厂熟悉继电器控制的电气人员掌握,特别适用于开关量逻辑控制。

IEC1131-3 的梯形图中除了线圈、常开触点和常闭触点外,还允许增加功能和功能块。通常我们把梯形图称为电路或程序,把梯形图的设计叫做编程。

图 8.10(a)是一个简单的继电器线路。用梯形图语言编制出完成同一功能的程序如图 8.10(b)所示。显然梯形图所表示的逻辑关系与继电器线路是一致的。图中 X0,X1 和 Y0 分别是 PLC 的输入、输出变量,它们分别对应继电器线路中的 SB1,KM1 和 KM2。不同 PLC 产品对输入、输出变量编号均有自己的规定,但意义是一样的。

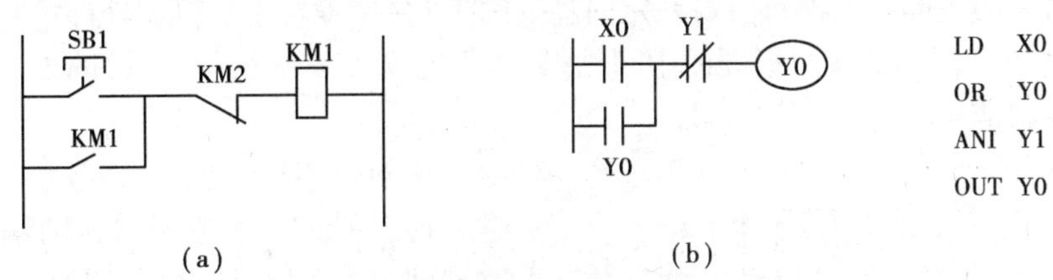

图 8.10 继电线路与梯形图的比较

梯形图主要有以下特点:

①可编程序控制器梯形图中的某些编程元件沿用了继电器这一名称,如输入继电器、输出继电器、内部辅助继电器等,但是它们不是真实的物理继电器(即硬件继电器),而是在软件中使用的编程元件。每一编程元件与可编程序控制器存储器中元件映像寄存器的一个存储单元相对应。该存储单元如果为"1"状态,则表示梯形图中对应编程元件的线圈"通电",其常开触点接通,常闭触点断开,以后我们称这种状态是该编程元件为"1" 状态,或称该编程元件 ON(接通)。如果该存储单元为"0"状态,对应的编程元件的线圈和触点的状态与上述的相反,称该编程元件为"0"状态,或称该编程元件 OFF(断开)。

②梯形图与继电器控制电路图的形式及符号非常相似,如图 8.10 示,梯形图按自上而下,从左到右的顺序排列,其左侧的垂直公共线称为左母线,从左母线开始,按一定的控制要求和规则连接两个触点,最后以继电器线圈结束,这样一段电路成为一逻辑行,最右边还可以加一条竖线,称为右母线。在分析梯形图的逻辑关系时,为了借用继电器电路图的分析方法,可以想象左右两侧母线之间有一个左正右负的直流电源电压,当图 8.11 中的触点 1,2 接通时,有一个假想的"概念电流"或"能流"(Power flow)从左向右流动,这一方向与执行用户程序时的逻辑运算的顺序是一致的。利用能流这一概念,可以帮助我们更好地理解和分析梯形图。能流只能从左向右流动,图 8.11(a)中可能有两个方向的能流流过触点 5(经过触点 1,5,4 或经过触点 3,5,2),无法将该图转换为指令表,因此应将它改为图(b)所示的等效电路。

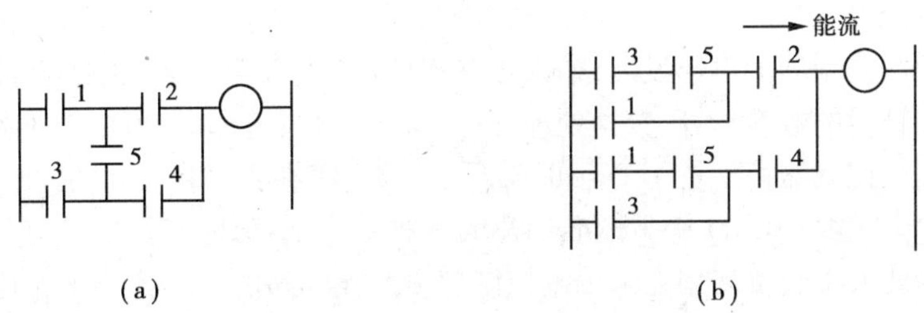

图 8.11 梯形图

(a)错误的梯形图;(b)改正后的梯形图

③根据梯形图中各触点的状态和逻辑关系,求出与图中各线圈对应的编程元件的 ON/OFF 状态,称为梯形图的逻辑解算。逻辑解算是按梯形图中从上到下、从左至右的顺序进行的。解算的结果,马上可以被后面的逻辑解算所利用。逻辑解算是根据输入映像寄存器中的值,而不是根据解算瞬时外部输入触点的状态来进行的。

④梯形图中各编程元件的常开触点和常闭触点均可以无限多次地使用,也可以任意串联和并联连接使用,但各编程元件的线圈之间只能并联不能串联。而且,线圈必须放在最右边。

⑤梯形图中的内部继电器、计数器、定时器、各种寄存器等均不能控制外部负载,其提供的信号只能作为 PLC 内部解算梯形图的中间结果,而不能直接控制负载。只有输出继电器才能向负载输出控制信号。

3)**功能块图**(FBD)

这是一种类似于数字逻辑电路的编程语言,有数字电路基础的人很容易掌握。该编程语言用类似与门、或门的方框来表示逻辑运算关系,方框的左侧为逻辑运算的输入变量,右侧为输出变量,输入、输出端的小圆圈表示"非"运算,信号是自左向右流动的。就像电路图那样,它们被"导线"连接在一起(见图 8.12),在与控制元件之间的信息、数据流动有关的高级应用场合,FBD 是很有用的。

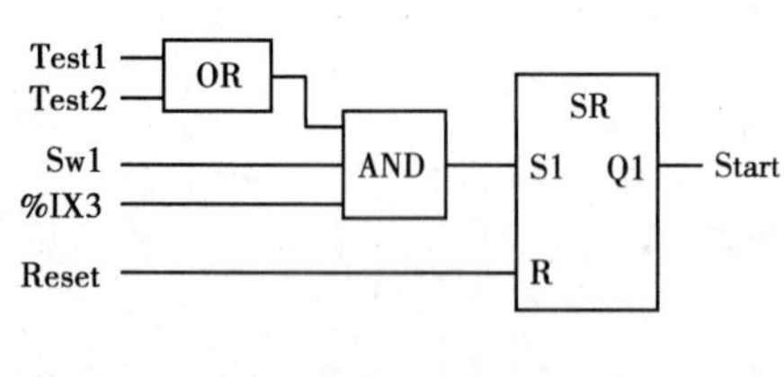

图 8.12 功能块图

像 SFC 一样,功能块图 FBD 也是一种图形语言,在 FBD 中也允许嵌入别的语言(如梯形图、指令表和结构文本)。

4)**指令表**(IL)

由若干条指令组成的程序叫做指令表程序,有的厂家将指令称为语句。

可编程序控制器的指令是一种与微机的汇编语言中的指令相似的助记符表达式,但是小型可编程序控制器的指令系统比汇编语言的简单得多,使用 20 多条可编程序控制器的基本逻辑指令,就可以编制出能替代继电器控制系统的梯形图。指令表程序较难阅读,其中的逻辑关系很难一眼看出,所以在设计时一般使用梯形图语言。使用图形编程器可以直接将梯形图写入可编程序控制器,并在显示器上显示出来。如果使用简易编程器,则必须将梯形图转换成指令表后再写入可编程序控制器,这种转换的规则是很简单的。在用户程序存储器中,指令按步序号顺序排列。

通常,不同厂家生产的 PLC 所使用的指令助记符是不同的,所以,对于完成同一功能的梯形图所写出的指令表也是不同的,这是学习中应该注意的。

5)**结构文本**(ST)

随着可编程序控制器的迅速发展,如果仍然用梯形图来表示高级功能,会很不方便。为了增强可编程序控制器的数学运算、数据处理、图形显示、报表打印等功能,方便用户的使用,许多大中型可编程序控制器都配备了 Pascal,Basic,C 等高级编程语言。

结构文本(ST)是为 IEC1131-3 标准创建的一种专用的高级编程语言,实际上,受过计算机编程语言训练的人将会发现用它来编制控制逻辑是很容易的。与梯形图相比,ST 有两个很大的优点,其一是能实现复杂的数学运算,其二是非常简洁和紧凑,用 ST 编制极其复杂的数学运算程序可能只占一页纸。

8.4 FX系列可编程序控制器梯形图中的编程元件

8.4.1 FX 系列的用户数据结构

用户数据结构有3种：

第一种是bit数据(位数据，或称位编程元件，bit是二进制的1位)，用来表示开关量的状态，如触点的通、断，线圈的通电和断电，其值为二进制的“1”或“0”，或称为该编程元件ON或OFF。

第二种是字数据，为使用方便，通常采用4位BCD码的形式。在FX系列可编程序控制器内部，常数以二进制原码的形式存储，所用四则运算和加1、减1运算都用二进制(BIN)来运算。所以在输入拨码开关的BCD码后，要使用BCD→BIN转换传送指令。向数码管等外部设备输出BCD码时，要使用BIN→BCD转换传送指令。

第三种是字与位(bit)的结合，例如定时器和计数器的触点为bit，而它们的设定值寄存器和当前值寄存器为字。

8.4.2 FX_{2N}系列可编程序控制器的编程元件

FX_{2N}系列可编程序控制器梯形图中的编程元件的名称由字母和数字组成，它们分别表示元件的类型和元件号，如Y10，M08。

1)输入继电器与输出继电器

FX_{2N}系列可编程序控制器的输入继电器和输出继电器的元件号用八进制数表示，八进制数只有0~7这8个数字符号，遵循“逢8进1”的运算规则。例如，八进制数X7和X10是两个相邻的整数，表8.1给出了FX_{2N}系列可编程序控制器的输入/输出继电器元件号。

(1)输入继电器(X)

输入继电器是可编程序控制器接收外部输入的开关量信号的窗口。可编程序控制器通过光电耦合器，将外部信号的状态读入并存储在输入映像寄存器内，外部输入电路接通时对应的映像寄存器为ON(“1”状态)。输入端可以外接常开触点或常闭触点，也可以接多个触点组成的串并联电路。输入继电器的等效电路如图8.13所示，其线圈与输入端的外部触点相连，每一个线圈均带有许多常开与常闭触点供编程时使用，在梯形图中，可以多次使用输入继电器的常开触点和常闭触点。

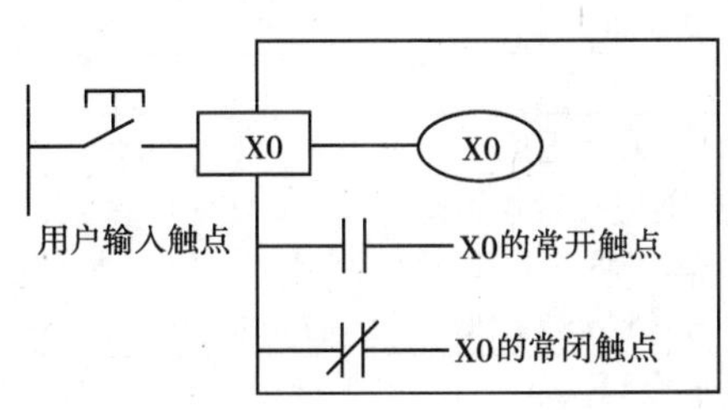

图8.13 输入继电器的等效电路

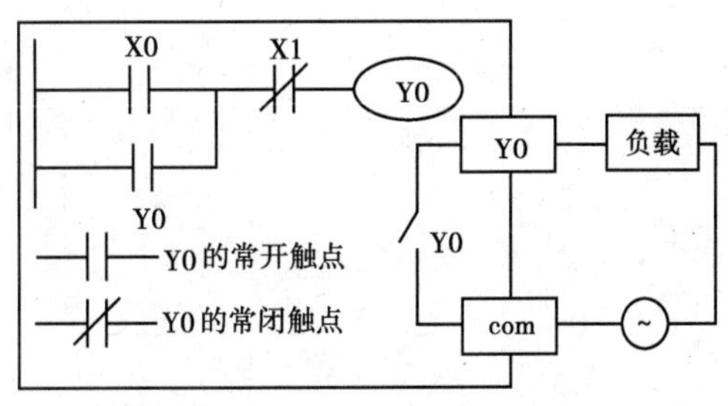

图8.14 输出继电器的等效电路

表 8.1　FX_{2N}的基本性能

项　目			FX_{2N}	
运算控制方式			存储程序,反复运算方式(专用 LSI)	
输入输出控制方式			批处理方式(在执行 END 指令时),但有输入输出刷新指令	
运算处理速度	基本指令		0.08 μs / 指令	
	应用指令		数 1.52 ~ 数百 μs / 指令	
程序语言			继电器符号语言 + 步进方式(可用 SFC 表示)	
程序容量 存储器形式			内附 8 000 步 EEPROM,最大为 16K 步 (可装 RAM,EEPROM,EPROM 存储器卡盒)	
指令数	基本、步进指令		基本(顺控)指令 27 条,步进指令 2 条	
	应用指令		128 种 298 条	
输入继电器			184 点 X0 ~ X267	总共 256 点
输出继电器			184 点 Y0 ~ Y267	
辅助继电器	一般用		500 点 M0 ~ M499	
	锁存用		2572 点 M500 ~ M3071	
	特殊用		256 点 M8000 ~ M8255	
状态	初始化用		10 点 S0 ~ S9	
	一般用		490 点 S10 ~ S499	
	锁存用		400 点 S500 ~ S899	
	报警用		100 点 S900 ~ S999	
定时器	100 ms		200 点 T0 ~ T199	
	10 ms		46 点 T200 ~ T245	
	1 ms(积算)		4 点 T246 ~ T249	
	100 ms(积算)		6 点 T250 ~ T255	
	模　拟		1 点	
计数器	加计数	一般用	16 位 100 点 C0 ~ C99	
		锁存用	16 位 100 点 C100 ~ C199	
	加/减计数	一般用	32 位 20 点 C200 ~ C219	
		锁存用	32 位 15 点 C220 ~ C234	
	高速计数器		1 相 60 kHz 2 点, 1 相 10 kHz 4 点,2 相 30 kHz1 点, 5 kHz 1 点	
数据寄存器	通用数据寄存器	一般用	16 位 200 点 D0 ~ D199	
		锁存用	16 位 7 800 点 D200 ~ D7999	
	特殊寄存器		16 位 256 点 D8000 ~ D8255	
	变址寄存器		16 位 16 点 V0 ~ V7、Z0 ~ Z7	
	文件寄存器		D1000 以后以 500 个为单位设置文件寄存器 (MAX7 000 点)	
跳步指针	转移用		128 点 P0 ~ P127	
	中断用		15 点 I0□□ ~ I8□□	
频　　率			8 点 N0 ~ N7	
常　数	十进制(K)		16 位: -32 768 ~ +32 767 32 位: -2 147 483 648 ~ +2 147 483 647	
	十六进制(H)		16 位:0 ~ FFFF (H), 32 位:0 ~ FFFFFFFF (H)	

对于 FX_{2N}-80M 其输入继电器的元件编号为 X0～X47。

(2)输出继电器(Y)

输出继电器是可编程序控制器向外部负载发送信号的窗口。输出继电器用来将可编程序控制器的输出信号传送给输出模块,再由后者驱动外部负载。输出继电器的通断状态是由程序执行结果来决定的,在 PLC 内部它有一个线圈和许多对应的常开与常闭触点,在编程时可反复使用,对外部负载输出模块中的每一个硬件继电器仅有一对常开触点,其等效电路如图 8.14 所示。

对于 FX_{2N}-80M 其输出继电器的元件编号为 Y0～Y47。

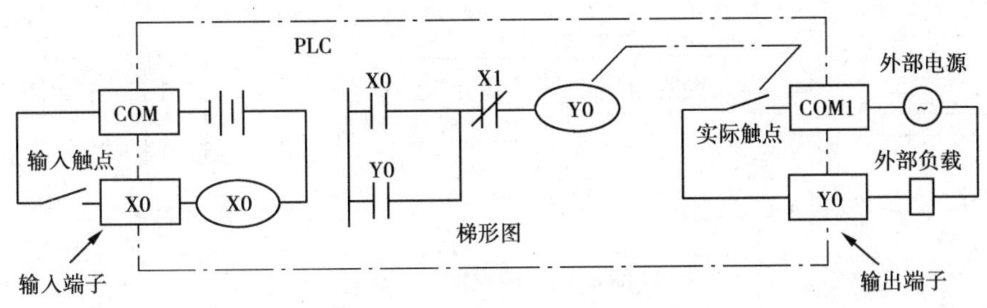

图 8.15 输入继电器与输出继电器

图 8.15 是一个可编程序控制器控制系统的示意图。应将图中与输入端子 X0 相连的输入继电器 X0 的线圈理解为 X0 对应的输入映像寄存器,外接的输入触点电路接通时,该映像寄存器为"1"状态,断开时为"0"状态。输入继电器的状态惟一地取决于外部输入信号的状态,不可能受用户程序的控制,因此在梯形图中绝对不能出现输入继电器的线圈。如果图8.15 中 Y0 的线圈"通电",继电器型输出模块中对应的硬件继电器的触点(图中的实际触点)闭合,使外部负载工作。本书一般用圆括号表示梯形图中的线圈。

2)**辅助继电器**(M)

PLC 中设有许多辅助继电器,其结构如图 8.16 所示。每一个辅助继电器的线圈也有许多常开触点和常闭触点供用户编程时使用,辅助继电器是用软件实现的,它们不能直接接收外部的输入信号,也不能直接驱动外部负载,相当于继电器控制系统的中间继电器。在 FX_{2N} 系列中,辅助继电器元件编号分为以下几种:

(1)通用辅助继电器 M000～ M499

FX_{2N} 系列可编程序控制器的通用辅助继电器的元件号为 M000～M499,共 500 点。在 FX_{2N} 系列可编程序控制器中,除了输入继电器和输出继电器的元件号采用八进制外,其他编程元件的元件号均采用十进制。

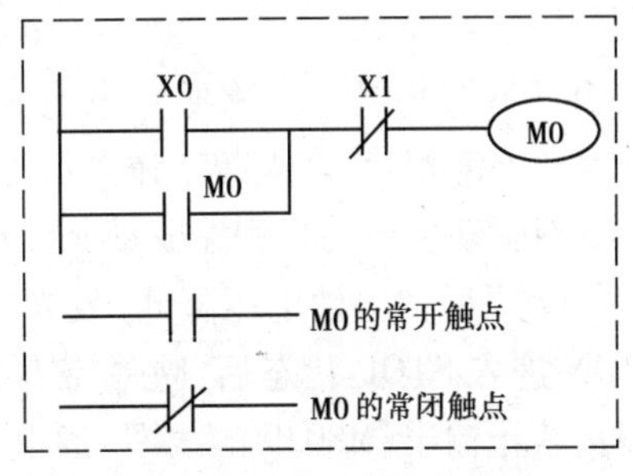

图 8.16 辅助继电器的等效电路

如果在可编程序控制器运行时电源突然中断,输出继电器和 M000～M499 将全部变为 OFF。若电源再次接通,除了因外部输入信号而变为 ON 的以外,其余的仍将保持 OFF 状态。

(2)断电保持辅助继电器 M500 ~ M3071

编号为 M500 ~ M3071 的辅助继电器在电源中断时用锂电池保持它们的映像寄存器中的内容,它们只是在可编程序控制器重新通电后的第一个扫描周期变为 ON(见图 8.17(a)和(b)所示)。其中的 M500 ~ M1023 可用软件来设定,变为非断电保持辅助继电器。某些控制系统要求记忆电源中断瞬时的状态,重新通电后再现其状态,则上述辅助继电器可以用于这种场合。为了利用它们的断电记忆功能,可以采用图 8.17(c)所示的电路。当电源中断又重新通电后,M500 的线圈将一直"通电",直到 X1 的常闭触点断开,其自保持功能是用它的常开触点实现的。

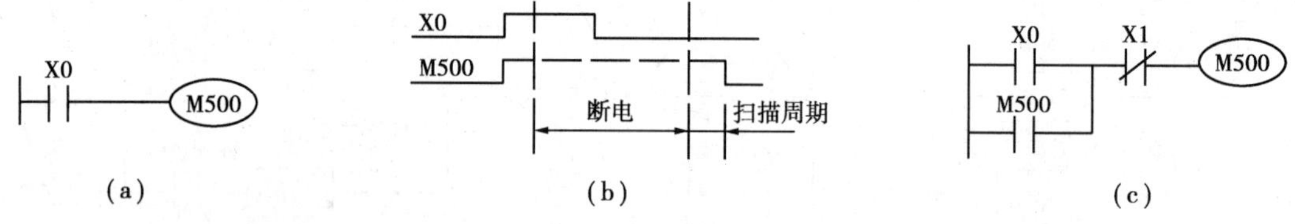

图 8.17　断电保持功能

(3)特殊辅助继电器(M8000 ~ M8255)

特殊辅助继电器共 256 点,它们用来表示可编程序控制器的某些状态,提供时钟脉冲和标志(如进位、借位标志),设定可编程序控制器的运行方式,或者用于步进顺控、禁止中断、设定计数器是加计数或是减计数等。

特殊辅助继电器分为触点利用型和线圈驱动型两种。前者由可编程序控制器的系统程序来驱动其线圈,在用户程序中可直接使用其触点,下面是几个例子:

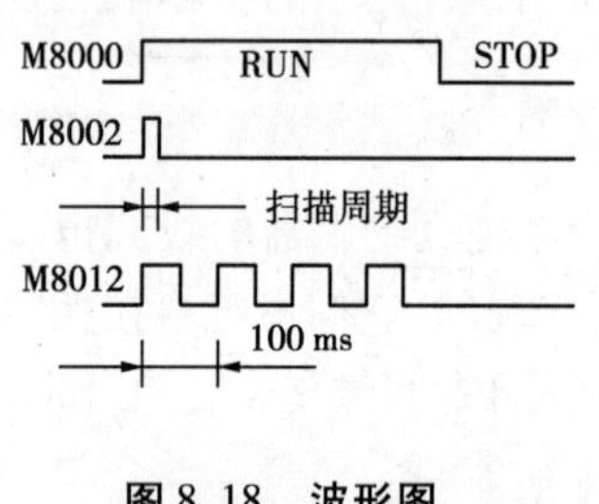

图 8.18　波形图

M8000(运行监视):当可编程序控制器执行用户程序时,M8000 为 ON;停止执行时,M8000 为 OFF(见图 8.18)。

M8002(初始化脉冲):M8002 仅在 M8000 由 OFF 变为 ON 状态时的一个扫描周期内为 ON(见图 8.18),可以用 M8002 的常开触点来使有断电保持功能的元件初始化复位和清零。

M8011 ~ M8014 分别是 10 ms,100 ms,1 s 和 1 min 时钟脉冲。

M8005(锂电池电压降低):电池电压下降至规定值时变为 ON,可以用它的触点驱动输出继电器和外部指示灯,提醒工作人员更换锂电池。

线圈驱动型由用户程序驱动其线圈,使可编程序控制器执行特定的操作,例如 M8030 的线圈"通电"后,"电池电压降低"发光二极管熄灭; M8033 的线圈"通电"时,可编程序控制器由 RUN 进入 STOP 状态后,映像寄存器与数据寄存器中的内容保持不变;M8034 的线圈"通电"时,禁止输出;M8039 的线圈"通电"时,可编程序控制器以 M8039 中指定的扫描时间工作。

3)**状态寄存器**(S)

状态寄存器是用于编制顺序控制程序的一种编程元件,它与后面介绍的 STL 指令(步进梯形指令)一起使用。在 FX_{2N}系列 PLC 中,其元件编号范围为 S0 ~ S999 共 1 000 点,分为以下几种类型。

(1)通用状态寄存器(S0 ~ S499)

通用状态寄存器(S0 ~ S499)共500点,没有断电保持功能,但是用程序可以将它们设定为有断电保持功能的状态,其中包括供初始状态用的S0 ~ S9和供返回原点用的S10 ~ S19。

(2)锁存状态寄存器S500 ~ S899

锁存状态寄存器S500 ~ S899共400点,具有断电保持功能。

(3)报警器用状态寄存器S900 ~ S999

供报警器用状态寄存器S900 ~ S999共100点。

不对状态使用步进梯形指令时,可以把它们当作普通辅助继电器(M)使用。供报警器用的状态可用于外部故障诊断的输出。

4)**定时器**(T)

可编程序控制器中的定时器相当于继电器系统中的时间继电器。它有一个设定值寄存器(一个字长)、一个当前值寄存器(一个字长)和一个用来储存其输出触点状态的映像寄存器(占二进制的一位)。这3个存储单元使用同一个元件号。FX系列可编程序控制器的定时器分为通用定时器和积算定时器。元件编号为T0 ~ T255

定时器的定时时间可用常数K作为设定值。

(1)通用定时器(T0 ~ T249)

通用定时器元件编号为(T0 ~ T249)共250点,没有保持功能,在输入电路断开或停电时复位。其中T0 ~ T199为100 ms定时器(共200点),定时范围为0.1 ~ 3 276.7 s,而T192 ~ T199为子程序和中断服务程序专用的定时器;T200 ~ T245为10 ms定时器(共46点),定时范围为0.01 ~ 327.67 s;T246 ~ T249为1 ms定时器(共4点),定时范围为0.001 ~ 32.767 s。

图8.19中X0的常开触点接通时,T200计数器的当前值从零开始,对10 ms时钟脉冲进行累加计数。当前值等于设定值123时,定时器的常开触点接通,常闭触点断开,即T200的输出触点在其线圈被驱动1.23 s后动作。X0的常开触点断开后,定时器被复位,它的常开触点断开,常闭触点接通,当前值恢复为零。

如果需要在定时器的线圈"通电"时就动作的瞬动触点,可以在定时器线圈两端并联一个辅助继电器的线圈,并使用它的触点。

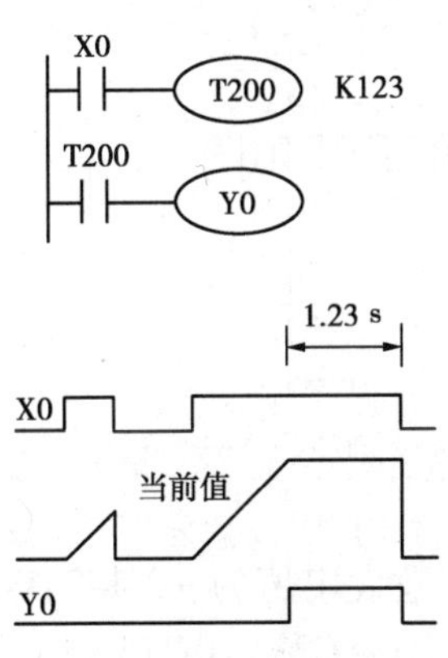

图8.19　定时器

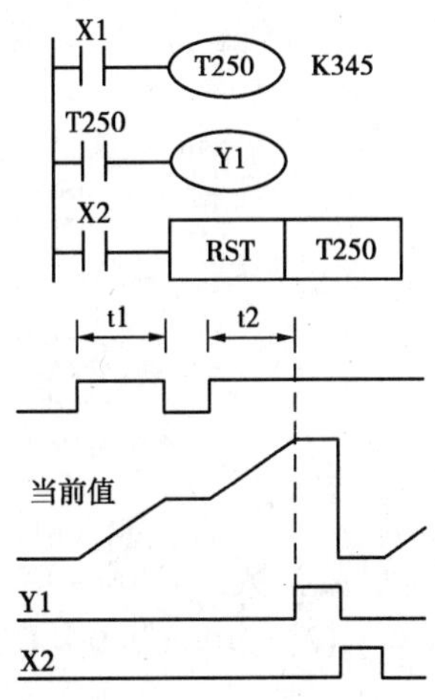

图8.20　积算定时器

(2)100 ms 积算定时器(T250 ~ T255)

100 ms 积算定时器 T250 ~ T255(共6点)的设定范围为0.1 ~3 276.7 s。X1 的常开触点接通时(见图 8.20),T250 的当前值计数器对 100 ms 时钟脉冲进行累加计数。当前值等于设定值 345 时,定时器的常开触点接通,常闭触点断开。X1 的常开触点断开或停电时停止定时,当前值保持不变。X1 的常开触点再次接通或复电时继续定时,累计时间(T1 + T2)为 34.5 s 时, T250 的触点动作,X2 的常开触点接通时 T250 复位。

定时器只能提供其线圈“通电”后延迟动作的触点,如果需要在它的线圈“断电”后延迟动作,可以使用图 8.21 所示的电路。除此之外,定时器还具有定时精度等。

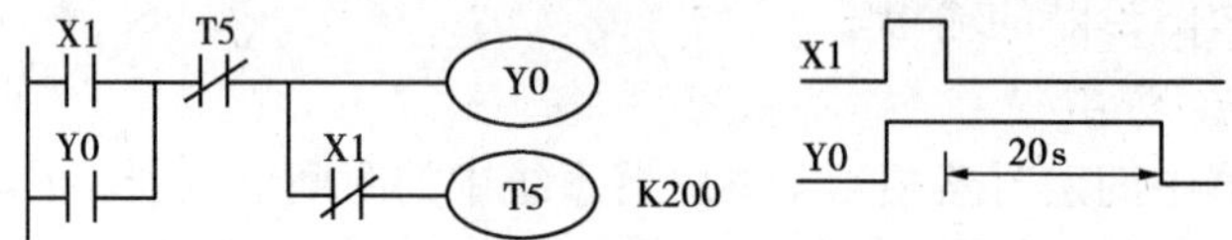

图 8.21　延时停止输出定时器

5)计数器(C)

PLC 内部设有 235 点用于内部计数的计数器 C0 ~ C234,和 8 个用于对外部输入端 X0 ~ X7 计数的高速计数器,编号为 C235 ~ C255 共 21 点。

内部计数器(C0 ~ C234)用来对可编程序控制器的内部信号 X,Y,M,S 等计数,其响应速度通常为数十 Hz 以下。内部计数器输入信号的接通或断开的持续时间,应大于可编程序控制器的扫描周期。内部计数器又分为 16 位加计数器(C0 ~ C199)和 32 位加/减计数器。

16 位加计数器 C0 ~ C199(共 200 点)的设定值为 1 ~ 32 767,其中 C0 ~ C99 为通用型,C100 ~ C199 为断电保持型。图 8.22 给出了加计数器的工作过程,图中当计数器的复位输入电路 X10 的常开触点接通后,C0 被复位,它对应的位存储单元被置为“0”,它的常开触点断开,常闭触点接通,同时其计数器的计数当前值被置为 0。X11 用来提供计数器的计数输入信号,当计数器的复位输入电路 X10 的常开触点断开,计数输入电路 X11 由断开变为接通(即计数脉冲的上升沿)时,计数器的当前值加 1。在 10 个计数脉冲之后,C0 的当前值等于设定值 10,它对应的位存储单元的内容被置为“1”,其常开触点接通,常闭触点断开。再来计数脉冲时当前值不变,直到复位输入电路接通,计数器的当前值被置为 0(见图 8.22)。

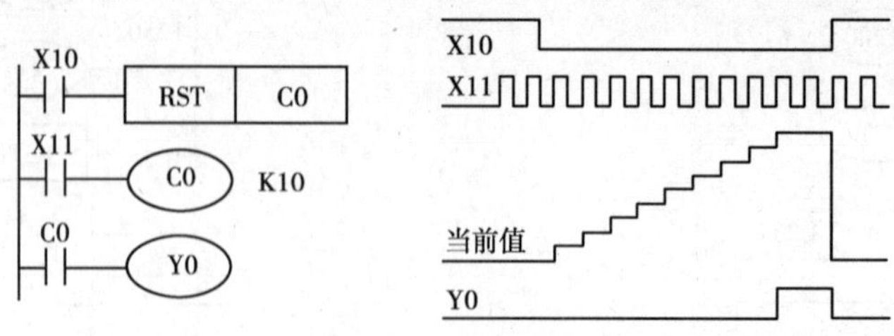

图 8.22　计数器

32 位加/减计数器 C200 ~ C234(共 35 点),其计数器的计数设定值为 -2 147 483 648 ~ +2 147 483 647, 其中 C200 ~ C219(共 20 点)为通用型,C220 ~ C234(共 15 点)为断电保持型。

32 位加/减计数器 C200 ~ C234 的加/减计数方式由特殊辅助继电器 M8200 ~ M8234 设

定,对应的特殊辅助继电器为 ON 时,为减计数,反之为加计数。

计数器的设定值由常数 K 设定。

除此之外,还具有高速计数器(C235 ~ C255)、数据寄存器(D)、分支用(P0 ~ P127)和中断用指针 P/I 等。

8.5　FX 系列可编程序控制器的基本逻辑指令

FX 系列可编程序控制器共有 27 条基本顺控指令,此外还有 100 多条功能指令。仅用基本顺控指令便可以编制出开关量控制系统的用户程序。

1)LD,LDI,OUT **指令**

LD(Load):常开触点与母线连接的指令。常用来表示一个逻辑行的开始。

LDI(Load Inverse):常闭触点与母线连接的指令。与 LD 指令对应。

OUT(Out):驱动线圈的输出指令。

3 条指令的使用见图 8.23。

①LD,LDI 指令可以用于 X,Y,M,T,C 和 S,它们还可以与 ANB、ORB 指令配合,用于分支电路的起点。

②OUT 指令可以用于 Y,M,T,C 和 S,但是不能用于输入继电器。

③OUT 指令可以连续使用若干次,相当于线圈的并联(见图 8.23)。单一线圈在同一梯形图中只能使用 OUT 一次,否则为双线圈输出。

```
LD   X0
OUT  Y0
LDI  X1
OUT  T0
K    19
OUT  M100
LD   T0
OUT  Y1
```

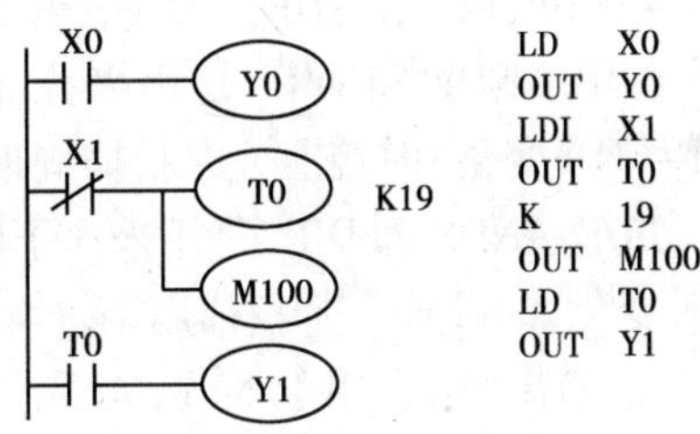

图 8.23　LD,LDI,OUT 指令

定时器和计数器的 OUT 指令之后应设置常数 K,常数占一个步序,用它作为定时器和计数器的设定值。

2)AND,ANI **指令**

AND(And):常开触点串联连接指令。

ANI(And Inverse):常闭触点串联连接指令。

①AND 和 ANI 指令可以用于 X,Y,M,T,C 和 S。

②AND 和 ANI 指令用于单个触点与左边的电路串联,理论上串联触点的个数没有限制。

```
0  LD   X2
1  AND  X0
2  OUT  Y3
3  LD   Y3
4  ANI  X3
5  OUT  M101
6  AND  T1
7  OUT  Y4
```

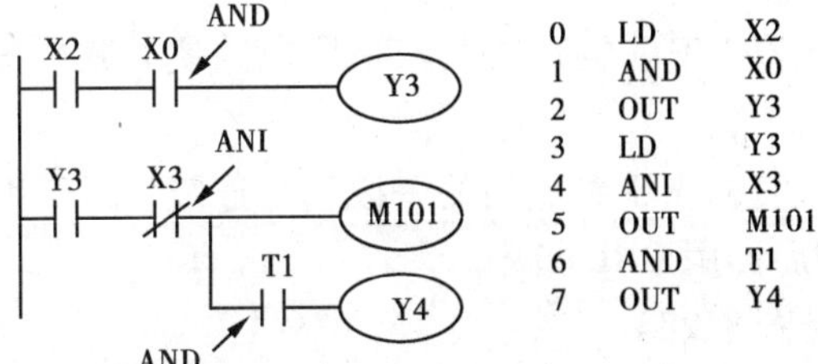

图 8.24　AND 与 ANI 指令

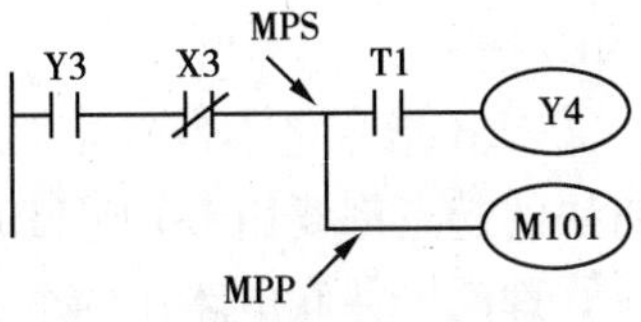

图 8.25　不推荐的电路

③AND 和 ANI 指令还可以用于在图 8.24 中的连续输出方式,(OUT M101 指令之后通过 T1 的触点去驱动 Y4)。只要按正确的次序设计电路,可以连续多次使用连续输出。

④应该指出,图 8.24 中 M101 和 Y4 线圈所在的并联支路如果改为图 8.25 中的电路,必须使用后面将要讲到的 MPS 和 MPP 指令。

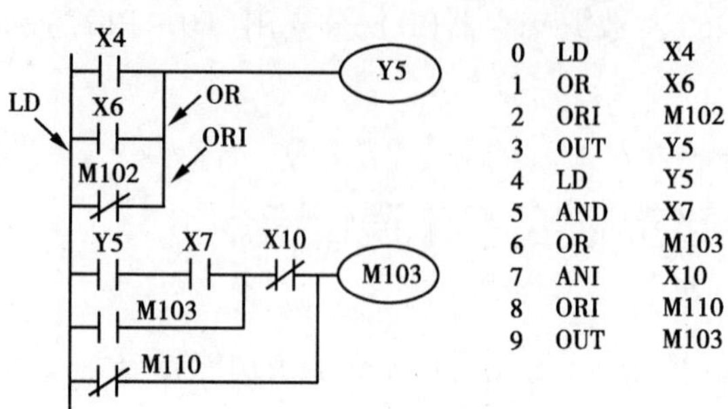

图 8.26 OR 与 ORI 指令

3)OR,ORI 指令

OR(Or):常开触点的并联连接指令。

ORI(Or Inverse):常闭触点的并联连接指令。

①OR 和 ORI 指令可以用于 X,Y,M,T,C 和 S。

②OR 和 ORI 用于单个触点与前面电路的并联,并联触点的左端接到 LD 点上,右端与前一条指令对应的触点的右端相连。

③这两种触点的串联与并联理论上也没有限制(见图 8.26)。

4)LDP,LDF,ANDP,ANDF,ORP 和 ORF 指令

LDP,ANDP 和 ORP 是用来作上升沿检测的触点指令,仅在指定位元件的上升沿(由 OFF→ON 变化)时接通一个扫描周期。

LDF,ANDF 和 ORF 是用来作下降沿检测的触点指令,仅在指定位元件的下降沿(由 ON→OFF 变化)时接通一个扫描周期。

上述指令可以用于 X,Y,M,T,C 和 S。在 X2 的上升沿或 X3 的下降沿,Y0 仅在一个扫描周期为 ON(见图 8.27)。

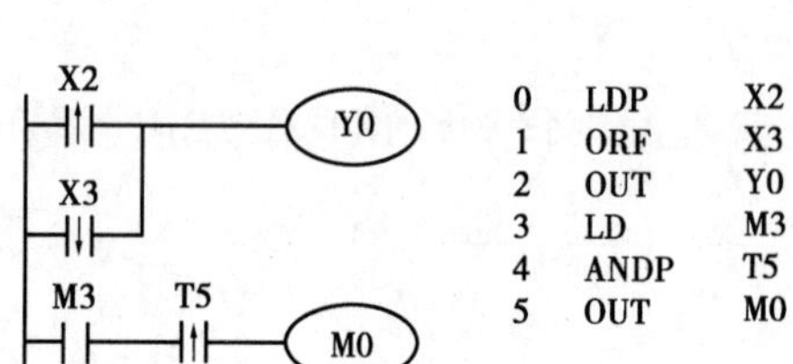

图 8.27 边沿检测触点指令

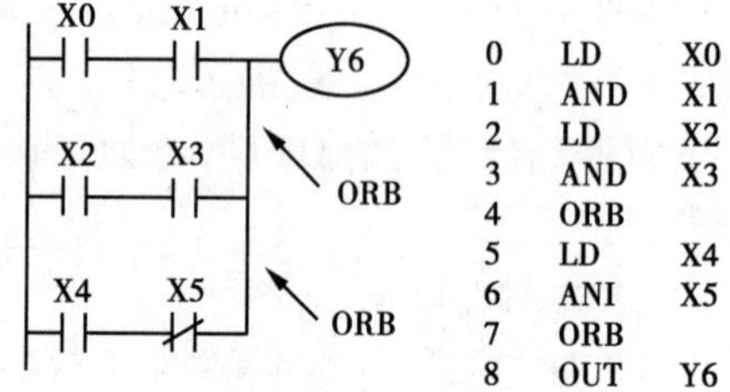

图 8.28 ORB 指令

5)ORB 指令

ORB(Or Block):串联电路块的并联连接指令。

①两个以上的触点串联连接而成的电路块称为“串联电路块”,将串联电路块并联连接时用 ORB 指令。

②ORB 指令是不带软元件编号的独立指令,它相当于触点间的一段垂直连线。每个串联电路块的起点都要用 LD 或 LDI 指令,电路块的后面用 ORB 指令。

③理论上并联电路块的个数也没有限制(见图 8.28)。

6)ANB 指令

ANB(And Block):并联电路块的串联连接指令。

①ANB 指令将并联电路块与前面的电路串联,在使用 ANB 指令之前,应先完成并联电路块的内部连接。

②ANB 指令是不带软元件编号的独立指令，相当于两个电路块之间的串联连线。并联电路块中各支路的起始触点使用 LD 或 LDI 指令，电路块后面用 ANB。该点也可以视为它右边的并联电路块的 LD 点。

③理论上这种串联电路块的个数也没有限制(见图 8.29)。

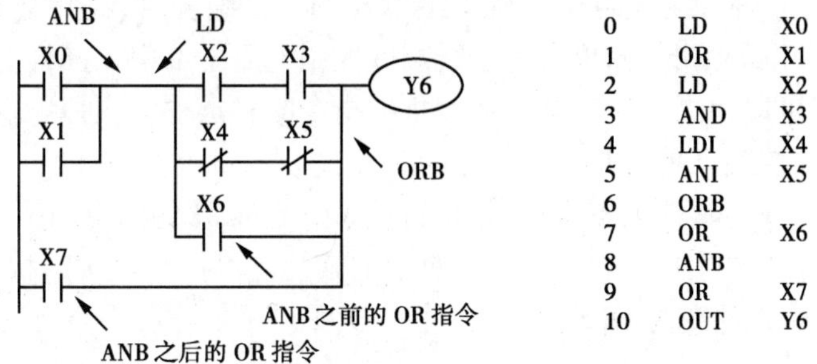

图 8.29 ANB 指令

7)**栈存储器与多重输出指令** MPS,MRD,MPP

MPS(Push):进栈指令； MRD(Read):读栈指令;MPP(Pop):出栈指令。

①它们用于多重输出电路。FX 系列有 11 个存储中间运算结果的栈存储器(见图8.30)。使用一次 MPS 指令，当时的逻辑运算结果压入栈的第 1 层，栈中原来的数据依次向下 1 层推移。

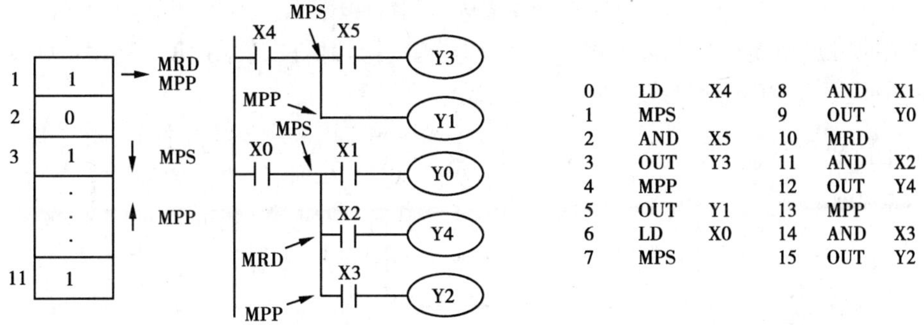

图 8.30 栈存储器与多重输出指令

②使用 MPP 指令时，各层的数据向上移动 1 层，最上层的数据在读出后从栈内消失；

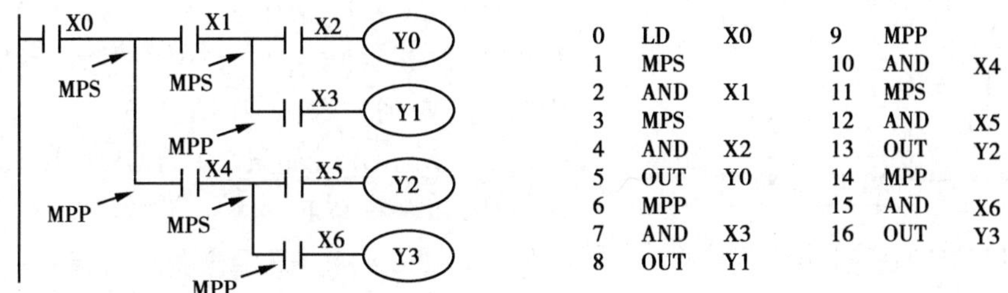

图 8.31 二层栈

③MRD 用来读出最上层的数据，栈内的数据不会上移或下移。图 8.30 和图 8.31 分别给

出了使用1层栈和使用多层栈的例子。

8)**主控与主控复位指令** MC,MCR

MC(Master Control):主控指令,或公共触点串联连接指令。

MCR(Master Control Reset):主控复位指令,MC 指令的复位指令。

①MC 指令可用于输出继电器 Y 和辅助继电器 M。在编程时,经常会遇到许多线圈同时受一个或一组触点控制的情况,如果在每个线圈的控制电路中都串入同样的触点,将占用很多存储单元,主控指令可以解决这一问题。使用主控指令的触点称为主控触点,它在梯形图中与一般的触点垂直。主控触点是控制一组电路的总开关。

②在图 8.32 中 X0 的常开触点接通时,执行从 MC 到 MCR 的指令,MC 指令的输入触点断开时,积算定时器、计数器、用复位/置位指令驱动的软元件保持其当时的状态。非积算定时器和用 OUT 指令驱动的元件变为 OFF。

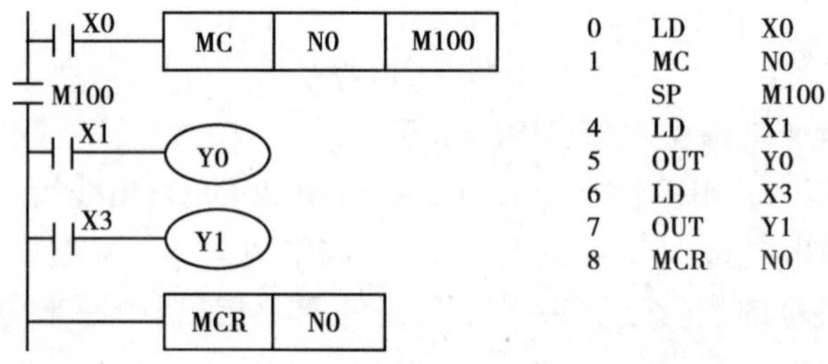

图 8.32 主控与主控复位指令

③与主控触点相连的触点必须用 LD 或 LDI 指令,换句话说,使用 MC 指令后,母线移到主控触点的后面去了,MCR 使母线(LD 点)回到原来的位置。

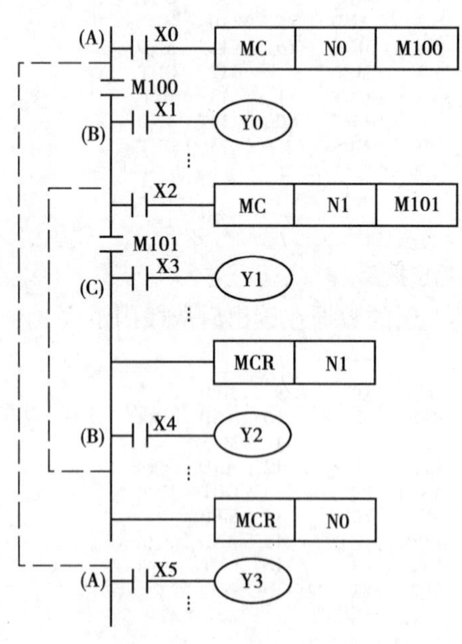

图 8.33 多重嵌套主控指令

④在 MC 指令区内使用 MC 指令称为嵌套。在没有嵌套结构时,通常用 N0 编程,N0 的使用次数没有限制。有嵌套结构时(如图 8.33 所示),嵌套级 N 的编号顺序增大(N0→N1→N2→N3→N4→N5→N6→N7)。

⑤MC 与 MCR 指令是一对指令,必须成对使用。

9)INV **指令**

INV(Inverse)指令将执行该指令之前的运算结果取反(运算结果如为"0"将它变为"1",结果为"1"则变为"0")。在图 8.34 中,如果 X0 为 ON,则 Y0 为 OFF,如果 X0 为 OFF,则 Y0 为 ON。

10)PLS **与** PLF **指令**

PLS(Pulse):上升沿微分输出指令。

PLF:下降沿微分输出指令。

①PLS 指令只能用于输出继电器和辅助继电器。

②PLS,PLF 仅在条件满足时接通一个扫描周期。图 8.35 中的 M0 仅在 X0 的常开触点由断开变为接通(即 X0 的上升沿)时的一个扫描周期内为 ON,M1 仅在 X1 的常开触点由接通变为断开(即X1 的下降沿)时的一个扫描周期内为 ON。

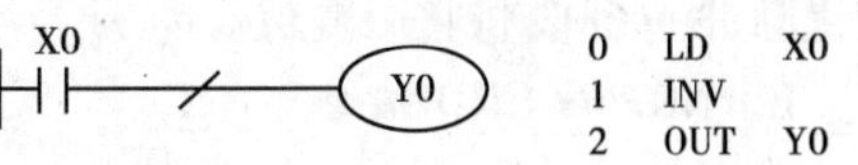

0	LD	X0
1	INV	
2	OUT	Y0

图 8.34　INV 指令

0	LD	X0
1	PLS	M0
3	LD	M0
4	SET	Y0
5	LD	X1
6	PLF	M1
8	LD	M1
9	RST	Y0

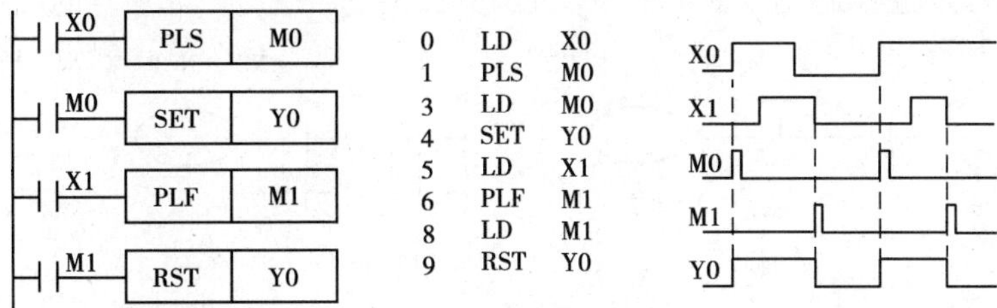

图 8.35　脉冲输出指令

11) SET,RST 指令

SET:置位指令,使操作保持的指令。

RST:复位指令,使操作保持复位的指令。

①SET 指令可用于 Y,M,S;RST 指令可用于 Y,M,S,T,C,D,V,Z。

②SET 指令是指使操作保持为 ON 状态,RET 指令是指使操作保持为 OFF 状态;如果图 8.36 中 X0 的常开触点接通,Y0 变为 ON 并保持该状态,即使 X0 的常开触点断开,它也仍然保持 ON 状态。当 X1 的常开触点闭合时,Y0 变为 OFF 并保持该状态,即使 X1 的常开触点断开,它也仍然保持 OFF 状态(如图 8.36 所示中的波形图)。

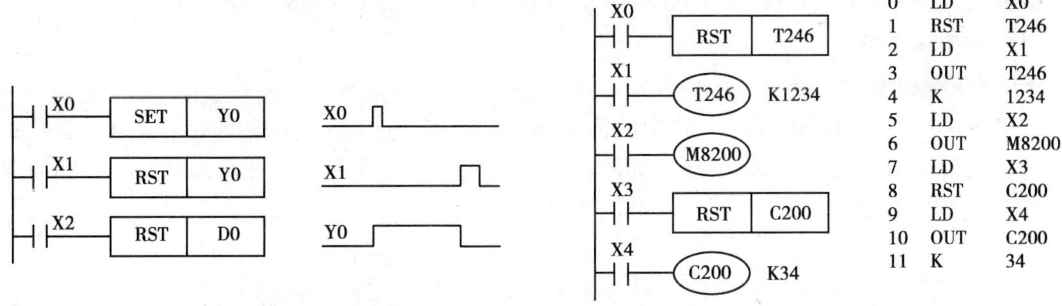

图 8.36　置位复位指令

0	LD	X0
1	RST	T246
2	LD	X1
3	OUT	T246
4	K	1234
5	LD	X2
6	OUT	M8200
7	LD	X3
8	RST	C200
9	LD	X4
10	OUT	C200
11	K	34

图 8.37　定时器与计数器的复位

③对同一编程元件,可多次使用 SET 和 RST 指令。RST 指令可将数据寄存器 D,变址寄存器 Z,V 的内容清零,RST 指令还可以用来复位积算定时器和计数器。

④SET,RST 指令的功能与数字电路中 R-S 触发器的功能相似,S,R 指令之间可以插入别的程序。如果它们之间没有别的程序,最后的指令有效。

图 8.37 中 X0 的常开触点接通时,积算定时器 T246 复位,X3 的常开触点接通时,计数器 C200 复位,它们的常开触点断开,常闭触点闭合,当前值变为 0。

⑤在任何情况下,RST 指令都优先执行。计数器处于复位状态时,不接受输入的计数脉冲。

⑥如果不希望计数器和积算定时器具有断电保持功能,可以在用户程序开始运行时用初

始化脉冲 M8002 将它们复位。

12) NOP 与 END 指令

①NOP(Non processing):空操作指令。空操作指令使该步序作空操作。将已编好的程序中的指令改为空操作指令,可以变更程序(见图 8.38)。可编程序控制器的编程器一般都有指令的插入和删除功能,实际上很少使用 NOP 指令。执行完清除用户存储器的操作后,用户存储器的内容全部变为空操作指令。

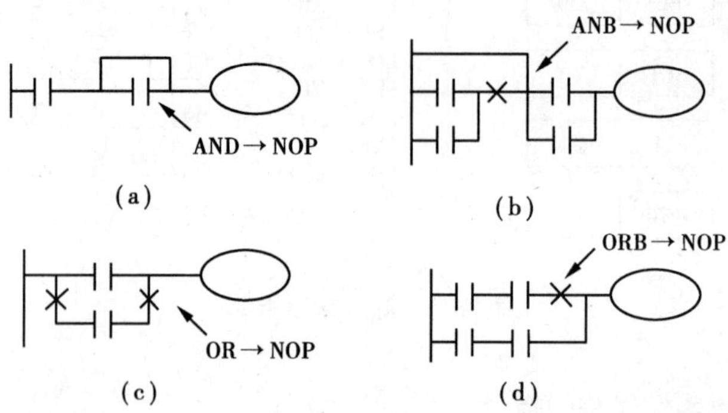

图 8.38 用 NOP 指令改变电路

②END(End):结束指令,表示程序结束。若不写 END 指令,PLC 工作时,将从用户程序存储器的第一步执行到最后一步;将 END 指令放在程序结束处,只执行第一步至 END 这一步的程序,使用 END 指令可以缩短扫描周期。某些可编程序控制器要求在用户程序结束之处必须有 END 指令。

在调试程序时可以将 END 指令插在各段程序之后,从第一段开始分段调试,调试好以后再顺序删去程序中间的 END 指令,这种方法对程序的查错也很有用处。

13) 编程注意事项

①双线圈输出

如果在同一个程序中,同一元件的线圈使用了两次或多次,称为双线圈输出。这时前面的输出无效,最后一次输出才是有效的,如图 8.39(a)所示。一般不应出现双线圈输出,可将图 8.39(a)改为图 8.39(b)。

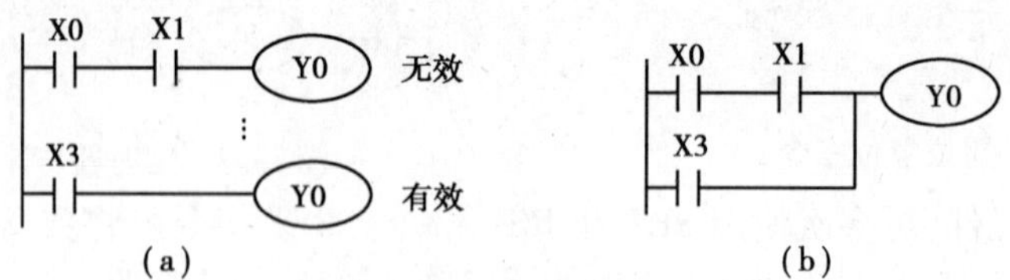

图 8.39 双线圈输出

②程序的优化设计

在设计并联电路时,应将单个触点的支路放在下面;设计串联电路时,应将单个触点放在右边,否则将多使用一条指令(见图 8.40 和图 8.41)。

梯形图中的线圈应放在最右边,建议在有线圈的并联电路中将单个线圈放在上面,图 8.42(a)的电路应改为图 8.42(b)中的电路。

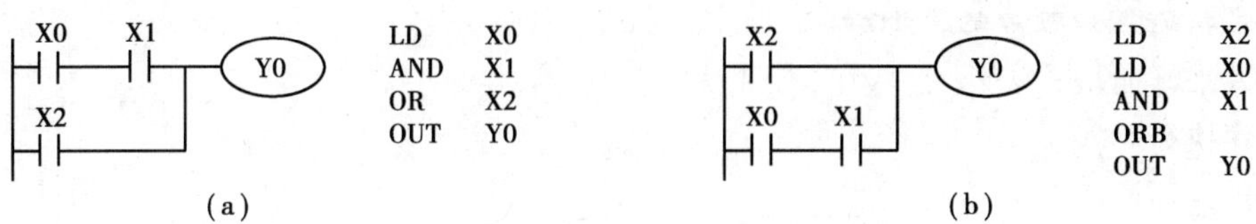

图 8.40 梯形图

(a)好的梯形图;(b)不好的梯形图

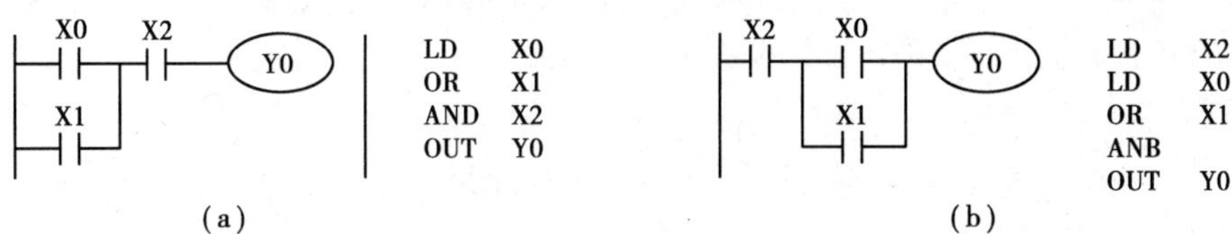

图 8.41 梯形图

(a)好的梯形图;(b)不好的梯形图

图 8.42 梯形图改错

(a)错误的电路;(b)正确的电路

小结 8

可编程序控制器是以微处理器为基础的新型工业控制装置,是将数字运算操作的电子系统应用于工业环境而专门设计的。它采用可编程序的存储器,用来在其内部存储执行逻辑运算、顺序控制、定时、计数和算术运算等操作的指令,并通过数字式、模拟式的输入和输出,控制各种类型的机械或生产过程。可编程序控制器及其有关设备,都应按易于使工业控制系统形成一个整体,易于扩充其功能的原则设计。

可编程序控制器主要由 CPU 模块、输入模块、输出模块、编程器、电源等部分组成。

1)可编程序控制器的特点

①无触点免配线,可靠性高,抗干扰能力强;

②编程方法简单易学;

③功能强,性能价格比高;

④硬件配套齐全,用户使用方便,适应性强;

⑤系统的设计、安装、调试工作量少;

⑥维修工作量小,维修方便;

⑦体积小,能耗低。

2)PLC 执行用户程序的 3 个阶段

①输入采样阶段;

②程序执行阶段;

③输出刷新阶段。

3)可编程序控制器的编程语言

(1)梯形图

梯形图线圈应放在最右边、不允许双线圈输出、定时器与计数器线圈的后一定有常数 K;单个触点的并联放在下面、单个触点的串联放在后面。

(2)指令表

指令表与梯形图有一一对应关系,常用大写字母表示。

(3)顺序功能图

顺序功能图有 5 个基本组成部分(步、有向连线、转换、转换条件和动作);有单序列、选择序列和并行序列 3 种基本结构。

(4)功能块图

功能块图这是一种图形语言,允许嵌入别的语言(如梯形图、指令表和结构文本)。

(5)结构文本(ST)

结构文本能实现复杂的数学运算,并且非常简洁和紧凑。

4)可编程序控制器的编程元件

FX_{2N}系列可编程序控制器梯形图中的编程元件的名称由字母和数字组成,它们分别表示元件的类型和元件号。

(1)输入继电器(X)与输出继电器(Y)。

它们的元件号采用八进制数表示,遵循“逢 8 进 1”的运算规则。

(2)辅助继电器(M)

辅助继电器元件号采用十进制数表示。

(3)状态寄存器(S)

状态寄存器元件号采用十进制数表示。

(4)定时器(T)

定时器需设定定时时间常数 K。

(5)计数器(C)

计数器的设定值由常数 K 设定。

除此之外,还具有数据寄存器(D),指针 P/I 等。

5)FX_{2N}系列可编程序控制器基本逻辑指令

LD/LDI:常开/常闭触点与母线连接的指令。可以用于 X,Y,M,T,C 和 S。

OUT:驱动线圈的输出指令。可以用于 Y,M,T,C 和 S,但是不能用于输入继电器。

AND/ANI:常开/常闭触点串联连接指令。可以用于 X,Y,M,T,C 和 S。

OR/ORI:常开/常闭触点的并联连接指令。可以用于 X,Y,M,T,C 和 S。

ANB:并联电路块的串联连接指令。是不带软元件编号的独立指令。

ORB:串联电路块的并联连接指令。是不带软元件编号的独立指令。

LDP,ANDP,ORP:用来作上升沿检测的触点指令,仅在指定位元件的上升沿(由 OFF→ON

变化)时接通一个扫描周期。可以用于 X,Y,M,T,C 和 S。

LDF,ANDF 和 ORF 是用来作下降沿检测的触点指令,仅在指定位元件的下降沿(由 ON→OFF 变化)时接通一个扫描周期。可以用于 X,Y,M,T,C 和 S。

MC:主控指令,或公共触点串联连接指令。可用于 Y 和 M。

MCR:主控复位指令,MC 指令的复位指令。

MPS/MRD/MPP:进栈指令/读栈指令/出栈指令。

INV:取反指令,是不带软元件编号的独立指令。

SET:置位指令,使操作保持的指令。可用于 Y,M 和 S。

RST:复位指令,使操作保持复位的指令。可用于 Y,M,S,T,C,D,V 和 Z。

PLS/PLF:上升/下降沿微分输出指令。只能用于 Y 和 M。

SET:置位指令,使操作保持的指令。可用于 Y,M 和 S。

RST:复位指令,使操作保持复位的指令。可用于 Y,M,S,T,C,D,V 和 Z。

NOP:空操作指令。

END:结束指令。

复习思考题 8

(1)填空题

①可编程序控制器主要由______、______、______和______组成。

②FX_{0N}—24MR 是有______个 I/O 点,______输出型的______元件。

③若梯形图中输出继电器的线圈“通电”,对应的输出映像寄存器为______状态,在输出处理阶段,继电器型输出模块中对应的硬件继电器的线圈______,其常开触点______,外部负载______。

④定时器的线圈______时开始定时,定时时间到了时,其常开触点________,其常闭触点______。

⑤计数器的复位输入电路______,计数输入电路______时,计数器的当前值加 1。计数当前值等于设定值时,其常开触点______,其常闭触点______,再来计数脉冲时当前值______。复位输入电路______时,计数器被复位,复位后其常开触点______,其常闭触点______,当前值______。

⑥OUT 指令不能用于______继电器。

⑦编程元件中只有______和______的元件号采用八进制数。

⑧______是初始化脉冲,当______时,它 ON 一个扫描周期。当可编程序控制器处于 RUN 状态时,M8000 一直为______。

⑨PLS 和 PLF 指令只能用于______和______继电器。

⑩SET 指令是使操作______的指令, RST 指令是使操作______的指令。

(2)解答题

①简述可编程序控制器的定义。

②可编程序控制器有哪些主要特点?

③与一般的计算机控制系统相比,可编程序控制器有哪些优点?

④与继电器控制系统相比,可编程序控制器有哪些优点?

⑤可编程序控制器可以用在哪些领域?

(3)画出下列指令表程序对应的梯形图。

LD	X0	OR	X5
ORI	X1	ANB	
ANI	X3	ORI	M7
LD	T1	OUT	Y0
AND	M4	ANI	M102
ORB		OUT	M10
LDI	X2	ANI	X5
AND	X4	OUT	M105

LD	M12	OR	M100
ORI	X1	OUT	Y5
LD	T1	ANI	X5
ANI	Y1	AND	X6
LD	X2	OUT	T6
AND	X3	K	40
ORB			
ANB			

(4)指出图8.43中有几处错误,并加以改正。

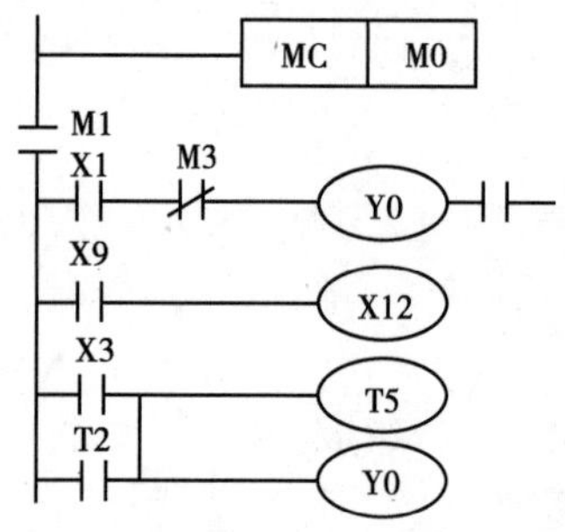

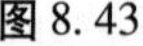

图8.43

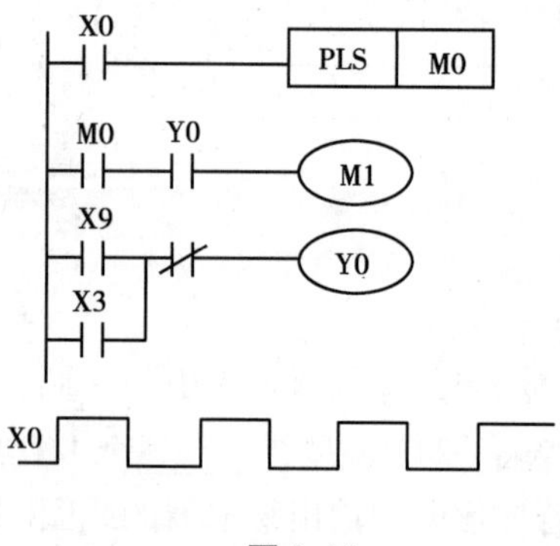

图8.44

(5)画出图8.44中Y0的波形图。

(6)画出下列指令表程序对应的梯形图。

LD	X12	INV		ANI	X3	AND	X13
OR	Y6	OUT	Y2	OUT	C2	RST	C2
MPS		MRD		K	6		
ANDP	X33	AND	X7	MPP			

(7)写出图8.45所示梯形图的指令表程序。

(8)用进栈、读栈和出栈指令写出图8.46对应的指令表程序。

(9)画出图8.47中M100的波形图。

(10)用SET,RST和边沿检测触点指令设计满足图8.48所示波形的梯形图。

(11)按下按钮X1后,Y0接通并保持,过5 s后Y1接通,按下按钮X0后Y1,Y0同时断开试设计其梯形图。

(12)按下按钮X0后, Y0接通并保持,15 s后Y0自动断开,试设计其梯形图。

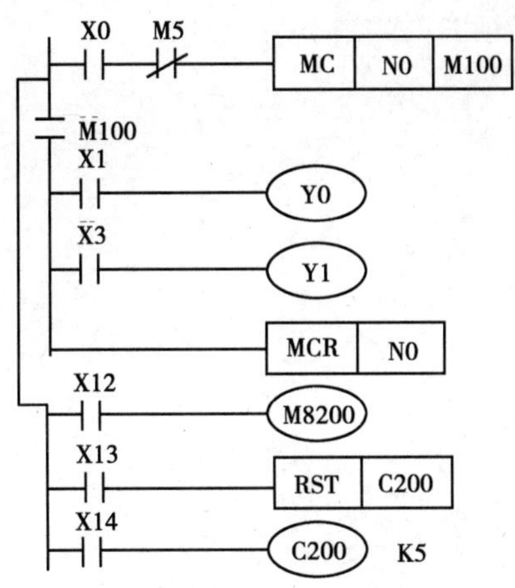

图 8.45

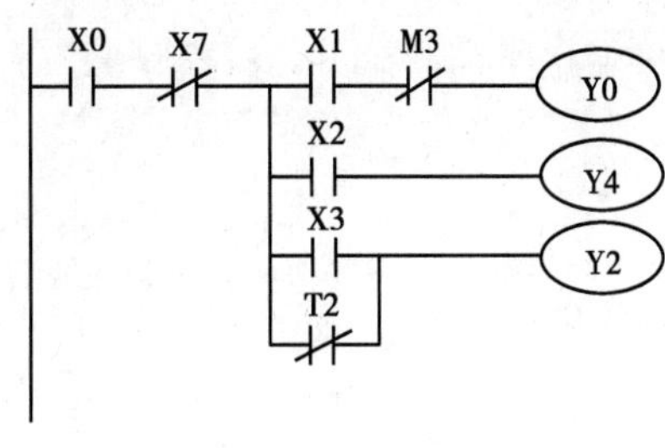

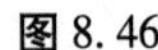

图 8.46

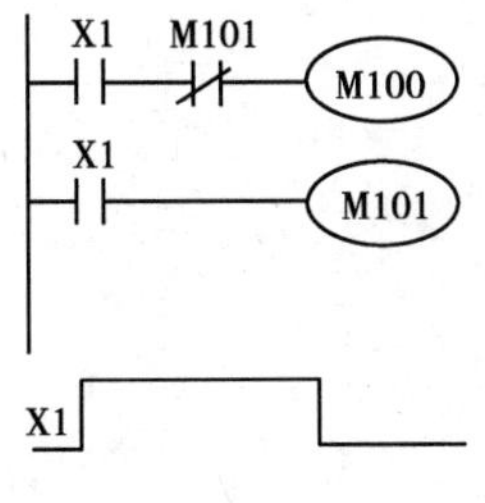

图 8.47

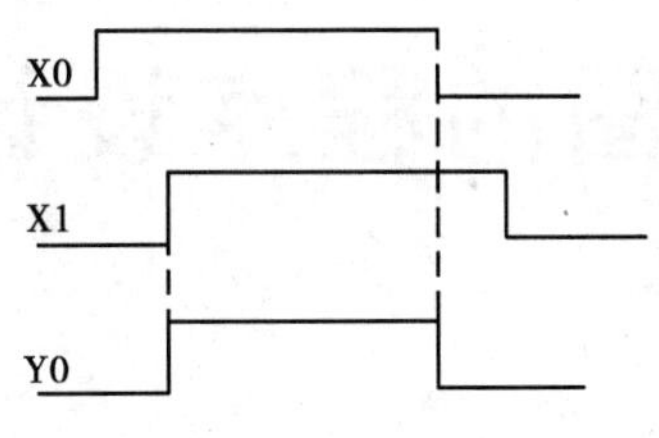

图 8.48

梯形图的程序设计方法

梯形图程序设计是可编程序控制器应用中最关键的问题，本章主要介绍设计开关量控制系统梯形图的2种方法：经验设计法和顺序控制设计法。然后结合建筑电气设备控制介绍几个应用实例。

9.1 梯形图的经验设计方法

在可编程序控制器发展的初期，沿用了设计继电器电路图的方法来设计梯形图，即在一些典型电路的基础上，根据被控对象对控制系统的具体要求，不断地修改和完善梯形图。有时需要多次反复地调试和修改梯形图，不断地增加中间编程元件和辅助触点，最后才能得到一个较为满意的结果。

这种方法没有普遍的规律可以遵循，具有很大的试探性和随意性，最后的结果不是唯一的，设计所用的时间、设计的质量与设计者的经验有很大的关系，所以有人把这种设计方法叫做经验设计法，它可以用于较简单的梯形图（如手动程序）的设计。下面通过具体例子来介绍这种设计方法。

9.1.1 梯形图的基本电路

1）**起保停电路**

具有启动、保持和停止功能的电路简称为起保停电路。在图9.1中的启动信号 X0 和停止信号 X1 持续为 ON 的时间一般都很短，这种信号称为短信号。起保停电路最主要的特点是具有“记忆”功能，当启动信号 X0 变为 ON 时（用高电平表示），X0 的常开触点接通，如果这时

X1 为 OFF，X1 常闭触点接通，Y0 的线圈通电，它的常开触点同时接通。放开启动按钮，X0 变为 OFF 时(用低电平表示)，其常开触点断开，“能流”经 Y0 的常开触点和 X1 的常闭触点流过 Y0的线圈，Y0 仍为 ON，这就是所谓的“自锁”或“自保持”功能。当 X1 变为 ON 时，其常闭触点断开，停止条件满足，使 Y0 的线圈断电，Y0 的常开触点断开，以后即使放开停止按钮，X1 的常闭触点恢复接通状态，Y0 的线圈仍然断电。图 9.1 是用 LD，ANI，OR 和 OUT 指令完成的起保停电路；图 9.2 是另一种用 RST 和 SET 指令完成的起保停电路。

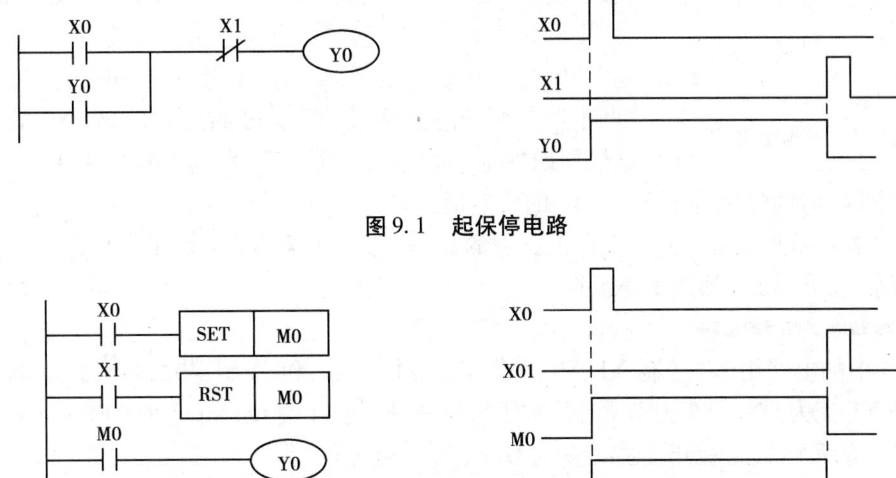

图 9.1　起保停电路

图 9.2　RST 和 SET 指令完成的起保停电路

在实际的梯形图中，各继电器的启动和停止信号可能由多个触点串并联组成。

2) **定时器与计数器应用电路**

(1)定时范围的扩展

FX 系列的定时器的最长定时时间为 3 276.7 s，如果需要更长的定时时间，可使用图 9.3 所示的电路。当 X0 为 OFF 时，T0 和 C0 处于复位状态，它们不能工作。X0 为 ON 时，其常开触点接通，T0 开始定时，60 s 后 T0 的定时时间到，其当前值等于设定值，它的常闭触点断开，使它自己复位，复位后 T0 的当前值变为 0，同时它的常闭触点接通，使它自己的线圈重新“通电”，又开始定时。T0 将这样周而复始地工作，直到 X0 变为 OFF。从上面的分析可知，图 9.3 中最上面一行电路相当于一个脉冲信号发生器，脉冲周期等于 T0 的设定值(60 s)。

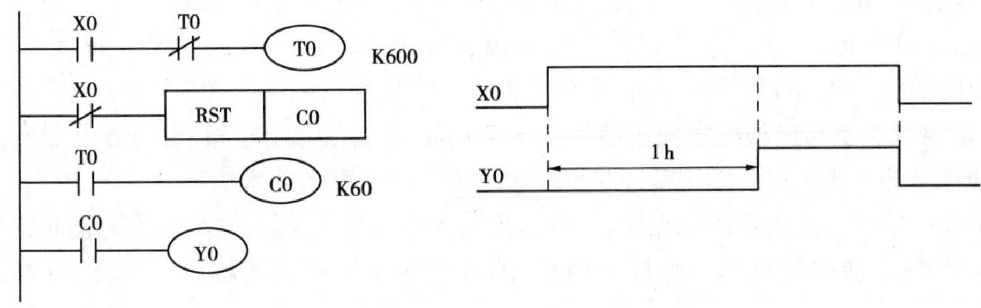

图 9.3　定时范围的扩展

T0 产生的脉冲列送给 C0 计数，计满 60 个数（即 1 h）后，C0 的当前值加至设定值，它的常开触点闭合。设 T0 和 C0 的设定值分别为 *KT* 和 *KC*，对于 100 ms 定时器，总的定时时间为

$$T = 0.1KT \cdot KC \tag{9.1}$$

（2）闪烁电路

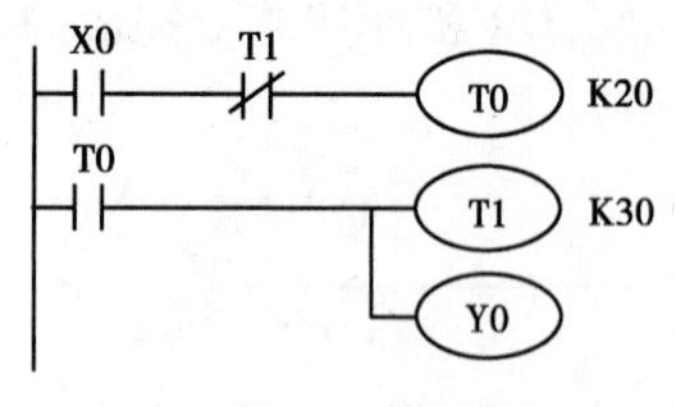

图 9.4　闪烁电路

设图 9.4 中的 T0 和 T1 开始时均为 OFF，X0 的常开触点接通后，T0 的线圈"通电"，2 s 后定时时间到，T0 的常开触点接通，使 Y0 变为 ON，同时 T1 的线圈"通电"，开始定时。3 s 后 T1 的定时时间到，它的常闭触点断开，使 T0 的线圈"断电"，T0 的常开触点断开，使 Y0 变为 OFF，同时使 T1 的线圈"断电"，其常闭触点接通，T0 又开始定时，以后 Y0 的线圈将这样周期性地"通电"和"断电"，直到 X0 变为 OFF。Y0"通电"和"断电"的时间分别等于 T1 和 T0 的设定值。

闪烁电路实际上相当于一个具有正反馈的振荡电路，T0 和 T1 的输出信号通过它们的触点分别控制对方的线圈，形成了正反馈。

3）延时接通/断开电路

图 9.5 中的电路用 X0 控制 Y1，X0 的常开触点接通后，T0 开始定时，9 s 后 T0 的常开触点接通，使 Y1 变为 ON。X0 为 ON 时其常闭触点断开，使 T1 复位，X0 变为 OFF 后 T1 开始定时，7 s 后 T1 的常闭触点断开，使 Y1 变为 OFF，T1 亦被复位。

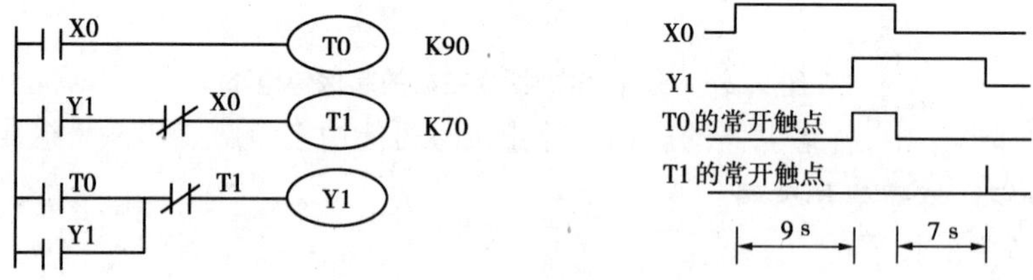

图 9.5　接通断开延时电路

4）常闭触点输入信号的处理

前面在介绍梯形图的设计方法时，实际上有一个前提，就是假设输入的开关量信号均由外部常开触点提供，但是有些输入信号只能由常闭触点提供。图 9.6（a）是控制电机运行的继电器电路图，SB1 和 SB2 分别是启动按钮和停止按钮，如果将它们的常开触点接到可编程序控制器的输入端，梯形图中触点的类型与图 9.6（a）完全一致。如果接入可编程序控制器的是 SB2 的常闭触点（见图 9.6（b）），按下 SB2，其常闭触点断开，X1 变为 OFF，它的常开触点断开，显然在梯形图中应将 X1 的常开触点与 Y0 的线圈串联（见图 9.6（c）），但是这时在梯形图中所用的 X1 的触点类型与可编程序控制器外接 SB2 的常开触点时刚好相反，与继电器电路图中的习惯是相反的。建议尽可能用常开触点作可编程序控制器的输入信号。

如果某些信号只能用常闭触点输入，可以按输入全部为常开触点来设计，然后将梯形图中相应的输入继电器的触点改为相反的触点，即常开触点改为常闭触点，常闭触点改为常开触点。

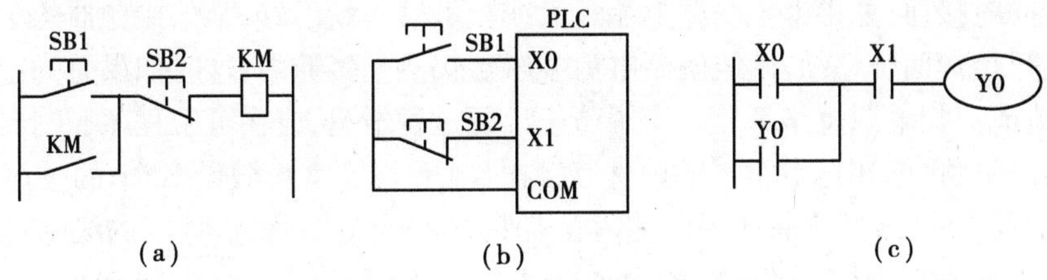

图 9.6 常闭触点输入电路

9.1.2 梯形图的经验设计方法

1)三相异步电动机正反转控制电路

图 9.7 是用可编程序控制器控制三相异步电动机正反转控制系统的外部接线图和梯形图,其中 KM1 和 KM2 分别是控制正转运行和反转运行的交流接触器。用 KM1 和 KM2 的主触点改变进入电动机的三相电源的相序,即可改变电动机的旋转方向。图中的 FR 是热继电器,在电动机过载时,它的常闭触点断开,使 KM1 或 KM2 的线圈断电,电动机停转。

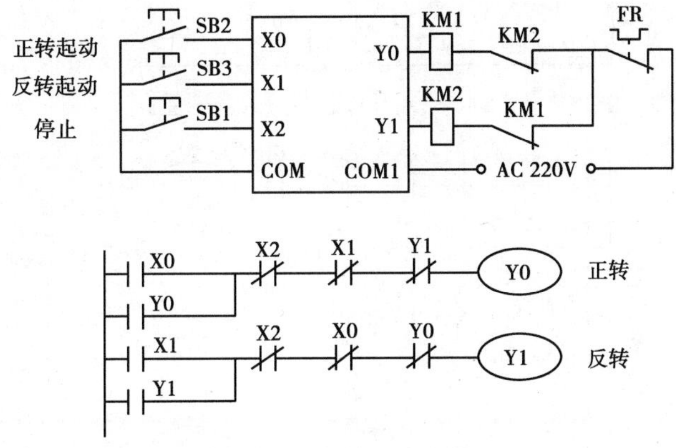

图 9.7 异步电动机正反转控制电路

在图 9.7 的梯形图中,用两个起保停电路来分别控制电动机的正转和反转。按下正转启动按钮 SB2,X0 变为 ON,其常开触点接通,Y0 的线圈“得电”并自保持,使 KM1 的线圈通电,电机开始正转运行。按下停止按钮 SB1,X2 变为 ON,其常闭触点断开,使 Y0 线圈“失电”,电动机停止运行。

在梯形图中,将 Y0 和 Y1 的常闭触点分别与对方的线圈串联,可以保证它们不会同时为 ON,因此 KM1 和 KM2 的线圈不会同时通电,这种安全措施在继电器接触器控制电路中称为“互锁”。除此之外,为了方便操作和保证 Y0,Y1 不会同时为 ON,在梯形图中还设置了“按钮联锁”,即将反转启动按钮控制的 X1 的常闭触点与控制正转的 Y0 的线圈串联,将正转启动按钮控制的 X0 的常闭触点与控制反转的 Y1 的线圈串联。设 Y0 为 ON,电动机正转,这时如果想改为反转运行,可以不按停止按钮 SB1,直接按反转启动按钮 SB3,X1 变为 ON,它的常闭触点断开,使 Y0 线圈“失电”。同时 X1 的常开触点接通,使 Y1 的线圈“得电”,电机由正转变为反转。

梯形图中的互锁和按钮联锁电路只能保证输出模块中与 Y0,Y1 对应的硬件继电器的常开触点不会同时接通，如果因主电路电流过大或接触器质量不好，某一接触器的主触点被断电时产生的电弧熔焊而被粘结，其线圈断电后主触点仍然是接通的，这时如果另一接触器的线圈通电，仍将造成三相电源短路事故。为了防止出现这种情况，应在可编程序控制器外部设置由KM1 和 KM2 的辅助常闭触点组成的硬件互锁电路（见图 9.7），假设 KM1 的主触点被电弧熔焊，这时它的与 KM2 线圈串联的辅助常闭触点处于断开状态，因此 KM2 的线圈不可能得电。

2）**送料小车自动控制系统的梯形图设计**

送料小车在限位开关 X4 处装料（见图 9.8），10 s 后装料结束，开始右行，碰到 X3 后停下来卸料，15 s 后左行，碰到 X4 后又停下来装料，这样不停地循环工作，直到按下停止按钮 X2。按钮 X0 和 X1 分别用来启动小车右行和左行。

在电动机正反转控制梯形图的基础上，设计出的小车控制梯形图如图 9.8 所示。为使小车自动停止，将 X3 和 X4 的常闭触点分别与 Y0 和 Y1 的线圈串联。为使小车自动启动，将控制装、卸料延时的定时器 T0 和 T1 的常开触点，分别与手动启动右行和左行的 X0、X1 的常开触点并联，并用两个限位开关对应的 X4 和 X3 的常开触点分别接通装料、卸料电磁阀和相应的定时器。

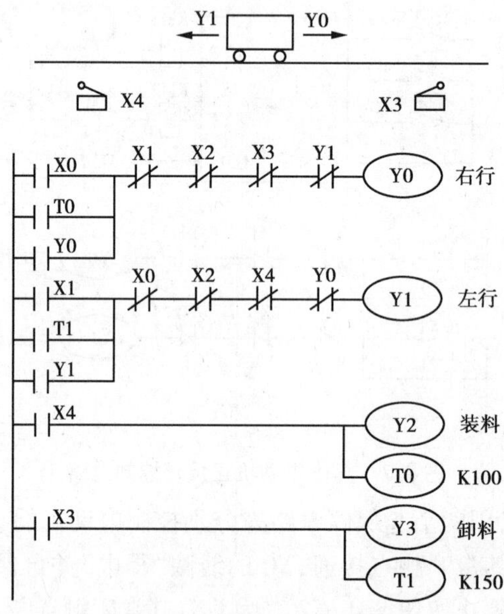

图 9.8　小车控制系统梯形图

设小车在启动时是空车，按下左行启动按钮 X1，小车开始左行，碰到左限位开关时，X4 的常闭触点断开，使 Y1 的线圈"断电"，小车停止左行。X4 的常开触点接通，使 Y2 和 T0 的线圈"通电"，开始装料和延时。10 s 后 T0 的常开触点闭合，使 Y0 的线圈"通电"，小车右行。小车离开左限位开关后，X4 变为 OFF，Y2 和 T0 的线圈"失电"，停止装料，T0 被复位。对右行和卸料过程的分析与上面的基本相同。如果小车正在运行时按停止按钮 X2，小车将停止运动，系统停止工作。

3）**时序控制电路的设计方法**

图 9.9 是用可编程序控制器控制三相异步电动机 Y/△降压启动控制系统的外部接线图和梯形图，其中 KM1 是连接电源的交流接触器，KM2 和 KM3 分别是控制定子绕组作 Y 型连

接和作△型连接所对应的交流接触器。现要求按下启动按钮 SB1 后,电动机 M 先作 Y 型启动,10 s 钟后自动转换为△型运行。若任何情况下外部按下停止按钮 SB2 或三相异步电动机过载(即热继电器 FR 动作)时,都会导致电动机停止。

由控制要求可知,现场有 3 个开关信号需送往 PLC,即为 PLC 的输入信号。有 3 个开关量信号需要受 PLC 的控制,即为 PLC 的输出信号。列出这些现场信号与 PLC 的 I/O 通道各变量的对应关系,称为 I/O 分配表,见表 9.1 所示。

表 9.1　三相异步电动机 Y/△降压启动 PLC 控制的 I/O 分配表

输　入		输　出	
现场信号	PLC 地址	现场信号	PLC 地址
启动按钮 SB1	X0	电源接触器 KM1	Y0
停止按钮 SB2	X1	Y 降压接触器 KM2	Y1
热继电器 FR	X2	△运行接触器 KM3	Y2

对于同一个控制问题,可以设计出不同形式的梯形图。最直观的办法是按继电接触器线路的形式进行设计,如图 9.10 所示。但这种方法不利于充分发挥 PLC 软件编程能力,在要求实现控制的功能较多时,往往使梯形图的形式显得比较复杂,故常用于简单控制情况下的编程。对于图 9.10 的梯形图,可以像分析继电器线路那样分析其工作原理。由于本例较简单,具体分析请读者自己进行。

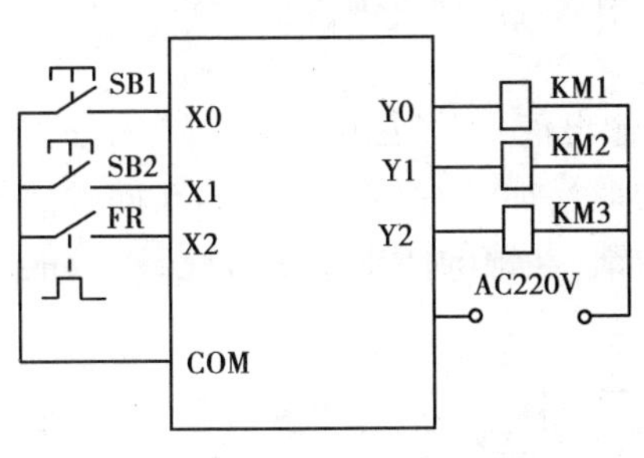

图 9.9　Y/△降压启动 PLC 接线图

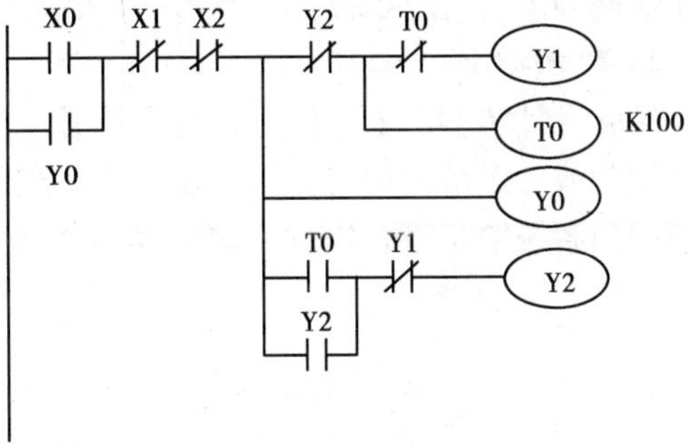

图 9.10　Y/△降压启动梯形图

9.2　梯形图的顺序控制设计方法

9.2.1　*梯形图的顺序控制法*

1) 顺序控制法概述

所谓顺序控制,就是按照生产工艺预先规定的顺序,在各个输入信号的作用下,根据内部状态和时间的顺序,在生产过程中各个执行机构自动地有秩序地进行操作。顺序控制设计法又称步进控制设计法,它是一种先进的设计方法,很容易被初学者接受,对于有经验的工程师,也会提高设计的效率，程序的调试、修改和阅读也很方便。

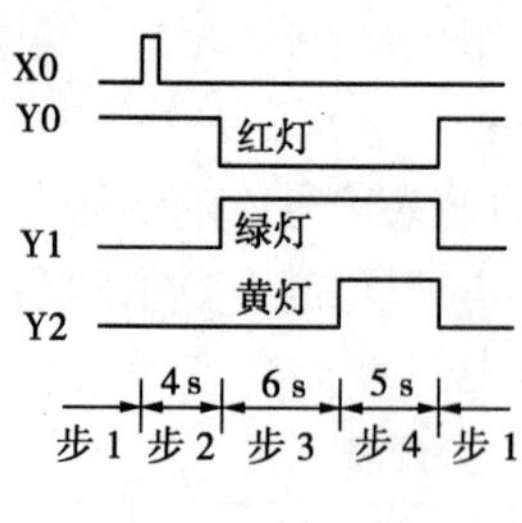

图 9.11　步的划分

顺序控制设计法最基本的思想是将系统的一个工作周期划分为若干个顺序相连的阶段，这些阶段称为步（Step），并用编程元件（例如辅助继电器 M 和状态 S）来代表各步。步是根据输出量的状态变化来划分的，在任何一步之内，各输出量的 ON/OFF 状态不变，但是相邻两步输出量总的状态是不同的（见图 9.11），步的这种划分方法使代表各步的编程元件的状态与各输出量的状态之间有着极为简单的逻辑关系。

使系统由当前步进入下一步的信号称为转换条件，转换条件可能是外部输入信号，如按钮、指令开关、限位开关的接通/断开等，也可能是可编程序控制器内部产生的信号，如定时器、计数器常开触点的接通等，转换条件也可能是若干个信号的与、或、非逻辑组合。

顺序控制设计法用转换条件控制代表各步的编程元件，让它们的状态按一定的顺序变化，然后用代表各步的编程元件去控制各输出继电器。

顺序控制设计法的这种设计思想由来已久，在继电器控制系统中，顺序控制是用有触点的步进式选线器（或鼓形控制器）来实现的，但是由于触点的磨损和接触不良，工作很不可靠。20 世纪 70 年代出现的顺序控制器主要由分立元件和中小规模集成电路组成，因为其功能有限，可靠性不高，早已被淘汰。可编程序控制器的设计者们继承了顺序控制的思想，为顺序控制程序的设计提供了大量通用的和专用的编程元件和指令，开发了供设计顺序控制程序用的顺序功能图语言，使这种先进的设计方法成为当前梯形图设计的主要方法。

2）**顺序控制设计法的本质**

经验设计法实际上是试图用输入信号 X 直接控制输出信号 Y（见图 9.12（a）），如果无法直接控制或为了解决记忆、联锁、互锁等功能，只好被动地增加一些辅助元件和辅助触点。由于不同的系统输出量 Y 与输入量 X 之间的关系和对联锁、互锁的要求千变万化，不可能找出一种简单通用的设计方法。

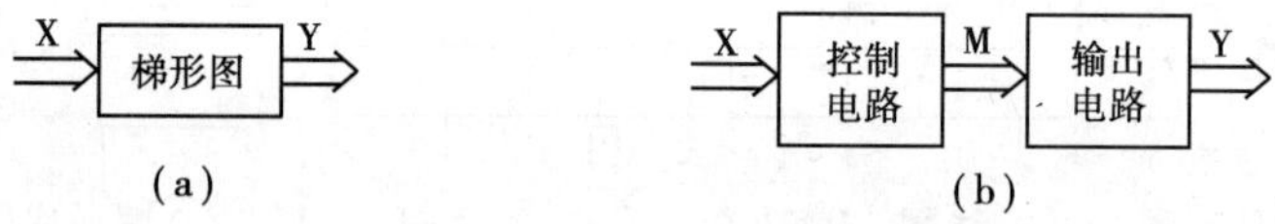

图 9.12　信号关系图

顺序控制设计法则是用输入量 X 控制代表各步的编程元件（如辅助继电器 M），再用它们控制输出量 Y（见图 9.12（b））。步是根据输出量 Y 的状态划分的，M 与 Y 之间具有很简单的“与”的逻辑关系，输出电路的设计极为简单。任何复杂系统的代表步的辅助继电器的控制电路，其设计方法都是相同的，并且很容易掌握，所以顺序控制设计法具有简单、规范、通用的优点。由于 M 是依次顺序为 ON/OFF 状态的，实际上已经基本上解决了经验设计法中的记忆、联锁等问题。

9.2.2　顺序控制设计法中的顺序功能图

1）顺序控制功能图的组成

顺序功能图是应用顺序控制法的思想来描述控制系统的控制过程、功能和特性的一种图形，也是设计可编程序控制器的顺序控制程序的有力工具。它不涉及所描述的控制对象的具体技术，是一种通用的技术语言，可供设计人员作进一步的设计，也可供不同专业的技术人员之间进行技术交流之用。

顺序控制功能图由步、动作、有向连线、转换和转换条件5个基本要素组成。下面通过一个例子分别予以介绍：

(1)步

前面已经讲述过，将系统的一个工作周期划分为若干个顺序相连的阶段，这些阶段就称为步，通常用编程元件来表示各步。具体来说，步是根据控制系统的输出量的状态来划分的，在任何一步之内，各输出量的ON/OFF状态不变，但相邻两步的输出量的总的状态是不同的。现结合实例来说明步的划分。

例，某组合机床动力头的进给运动示意图如图9.13所示，按下启动按钮X0动力头快进；当碰到X1(行程开关)，动力头由快进变为工进(加工工件)；加工完毕，动力头碰到X2，由工进变为快退；退回原点动力头碰到X3停止，等待下一次启动。试对该控制过程的步进行划分。

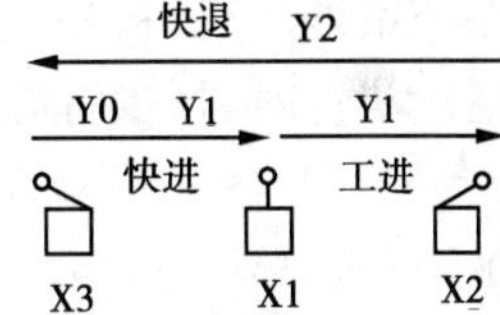

图9.13　某机床的运动示意图

根据工艺要求，动力头工作时有快进、工进和快退3种状态，所以该系统至少可分为3步；但是，从波形图中可见，在工作结束时或在开始工作前，系统所处的工作状态(所有输出均为零)与以上三步都不相同，而该段工作状态也属于系统的工作周期的一部分，故也应该划为一步。所以，该系统共有4步。如图9.14所示：

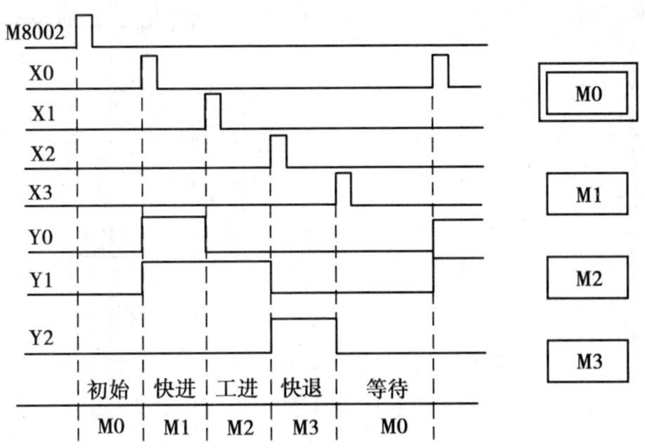

图9.14　顺序功能图

因为图中第1步(初始步)与第5步(等待步)的输出状态完全相同，而且，接下来的步都应该是下一周期的起始步(快进步)，按照步的定义它们应该是同一步，是对应于开机后的初始状态的一步，我们称其为初始步。

系统开始工作前，等待启动命令时的等待状态对应的步称为初始步，即：与系统的初始状态相对应的步称为初始步,初始状态一般是系统等待启动命令的相对静止的状态。每一个顺序控制功能图中至少有一个初始步。

在画顺序功能图时,步用方框表示,为了以示区别初始步用双线框表示,如图 9.14。

(2)与步对应的动作或命令

系统在工作时每一步应该完成的工作称为与步对应的动作或命令,简称动作(或命令)。

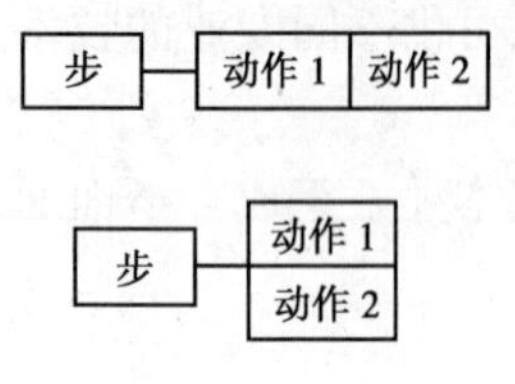

图 9.15 动作

任何一个控制系统均可被划分为被控系统和施控系统,对于被控系统,在某一步中必须完成某些动作,而对于施控系统,在某一步中则必须发出某些命令。无论是命令还是动作,我们都用矩形方框表示并用短线与对应的步相联,说明这是与该步对应的动作(或命令),如图 9.15 所示。

如果某一步的动作不止一个,可用下述方法表示,如图 9.15 所示。两种表示法不代表两个动作之间的任何先后顺序,只表示它们为同一步中的动作。

初始步可以有动作也可以没有动作。

当系统正处于某一步所在的阶段时,称该步处于活动状态,对应的步称为"活动步"。当步处于活动状态时,与步对应的动作被执行,处于不活动状态时,相应的非存储性动作被停止执行。

(3)有向连线

为了反映步的活动状态的进展路线与方向,在顺序功能图中,采用有向连线把各步按顺序连接起来。如上例中,将代表各步的方框用有向连线连接起来就表示了步的进展情况,如图 9.16 所示。

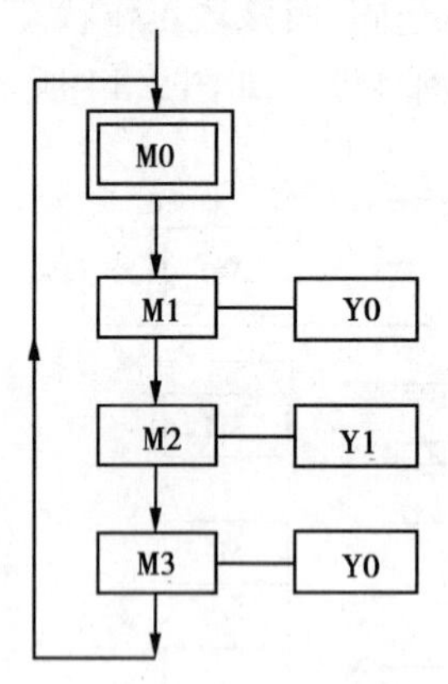

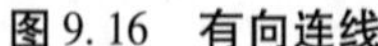

图 9.16 有向连线

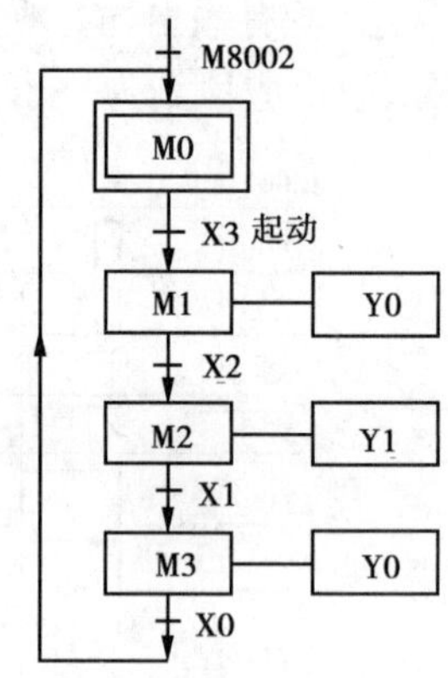

图 9.17 转换与转换条件

步的活动状态习惯上的进展方向是从上到下或从左到右,在这个方向上,有向连线上的箭头可以省略;如果不是上述方向,则必须在有向连线上标明其实际的进展方向。

如果在画图时有向连线必须中断(例如在复杂的控制系统的顺序功能图中),则应该在有向连线中断之处表明下一步的标号和所在的页数,如步 68,13 页。

(4)转换

从上一步到下一步的变化称为步与步之间的转换。步的转换以在有向连线上画一段小横线来表示,如图 9.17 所示。一个转换将相邻的两步隔开,步的活动状态的进展是由转换的实现来完成的,它与控制过程的发展相对应。

(5)转换条件

使系统从上一步进入下一步的控制信号称为转换条件,通常表示于转换的短线的旁边,与转换是一对相关的逻辑命题(见图 9.17 中的 X0,X1 等)。转换条件的表示形式可以是文字语言、布尔代数表达式或图形符号,见图 9.18(a)所示。但使用得最多的是布尔代数表达式,如图 9.18(a)所示中的 a + b、a · b 等。

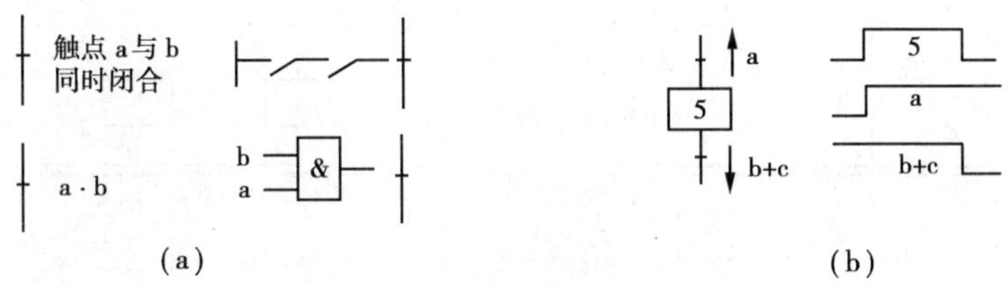

图 9.18　转换条件的表达形式

转换条件 X 与 $\overline{X}$ 分别表示当二进制逻辑信号 X 为 ON 和 OFF 时转换实现。符号↑X 和↓X 分别表示当 X 从 0→1 状态和从 1→0 状态时转换实现。图 9.18(b)中步 5 为活动步时,用高电平表示,反之,则用低电平表示。

2)顺序控制功能图中的基本结构

为了实现不同的控制功能,顺序控制功能图的结构也将随之改变,但其变化都可用如下的基本结构描述:

(1)单序列

每一步后面只有一个转换而且每一个转换后面只有一步的顺序控制功能图结构称为单序列结构。如上例图 9.17 就是单序列的实例。

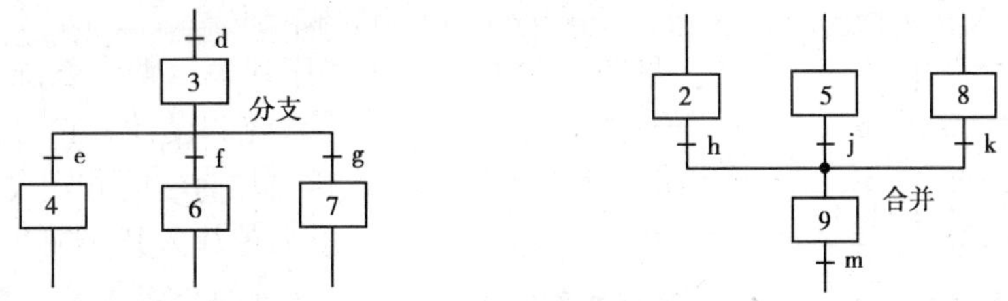

图 9.19　选择序列

(2)选择序列

当某一步后面不止一步,而是由两步(或两步以上的步)组成,这些后续步分别由与该步对应的不同的转换条件来完成各自的转换;或当某一步前面不止一步和一个转换,而是由两步(或两步以上的步)及相应的转换条件构成,该步可转至其中任何一步并由相应的转换条件实现转换,这种结构称为选择序列,如图 9.19 所示。

①选择序列的开始称为分支。在分支处,转换符号只能标于水平线之下。例如在图 9.19 中,当步 3 是活动步时,如果转换条件 e 满足,则实现步 3 到步 4 的转换;如果转换条件 g 满足,则实现步 3 到步 7 的转换。每一次只能选择一个序列,其余序列均不工作。

②选择序列的结束称为合并。几个选择序列合并到一个公共序列时,用需要重新组合的

序列数相同的转换符号与水平线来表示,转换符号只允许标在水平线之上。每一次只能有一个序列处于活动状态,其余序列均不工作。

(3)并行序列

当某一步之后只有一个转换,而这一转换条件的满足会使该步后面的两步(或两步以上的步)同时变成活动步,而这些活动步各自独立;或某一步前面只有一个转换,但同时有许多独立的步,该步变成活动步的条件是这些前级步均为活动步且转换条件满足。这样的结构称为并行序列,如图9.20所示。

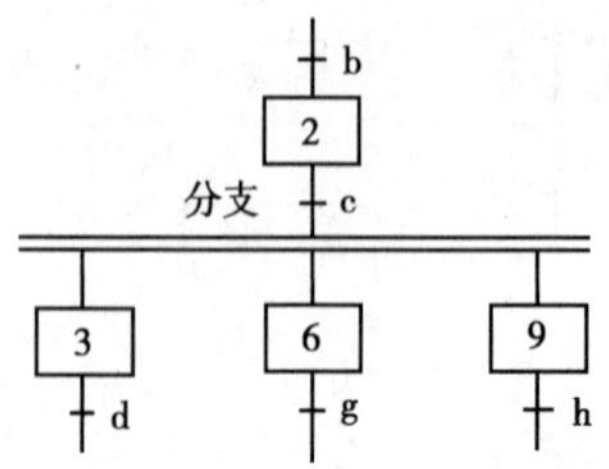

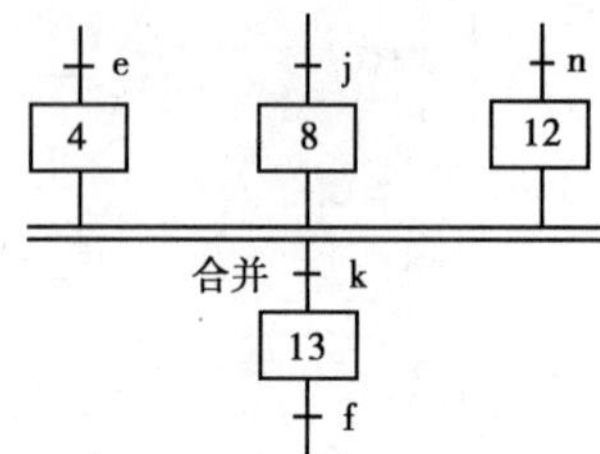

图9.20 并行序列

①为了强调转换的同步实现,水平连线用双线表示。

②并行序列的开始称为分支。在分支处,转换的实现导致几个序列被同时激活,而且每个序列中的活动步的进展是独立的;在分支处表示同步的双水平线上只能有一个转换符号。

③并行序列的结束称为合并。在表示同步实现的双水平线下只允许有一个转换符号。只有当连在双线上的所有前级步都是活动步且相应的转换条件满足,才能发生到下一步的转换。同时,所有的前级步都变成不活动步。

④并行序列通常用来表示系统同时工作的几个独立部分的工作情况。

(4)子步(microstep)

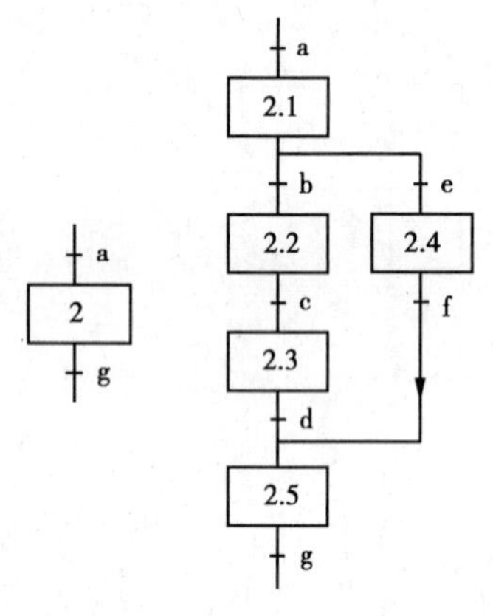

图9.21 子步

在顺序功能图中,某一步可以包含一系列子步和转换(见图9.21),通常这些序列表示整个系统的一个完整的子功能。子步的使用使系统的设计者在总体设计时容易抓住系统的主要矛盾,用更加简洁的方式表示系统的整体功能和概貌,而不是一开始就陷入某些细节之中。设计者可以从最简单的对整个系统的全面描述开始,然后画出更详细的顺序功能图,子步中还可以包含更详细的子步。这种设计方法的逻辑性很强,可以减少设计中的错误,缩短总体设计和查错所需要的时间。

3)顺序功能图中转换实现的基本规则

(1)转换实现的条件

在顺序功能图中,步的活动状态的进展是由转换的实现来完成的。转换实现必须同时满足两个条件:

①转换所有的前级步都是活动步。

②相应的转换条件得到满足。

如果转换的前级步或后续步不止一个,转换的实现称为同步实现(见图9.22)。为了强调同步实现，有向连线的水平部分用双线表示。

(2)转换实现应完成的操作

转换的实现应完成以下两个操作：

①使所有由有向连线与相应转换符号相连的后续步都变为活动步。

②使所有由有向连线与相应转换符号相连的前级步都变为不活动步。

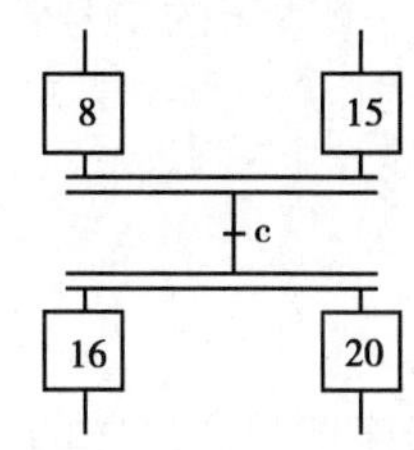

图 9.22　转换的同步实现

以上规则可以用于任意结构中的转换，其区别如下：在单序列中，一个转换仅有一个前级步和一个后续步；在并行序列的分支处，转换有几个后续步，在转换实现时应同时将它们对应的编程元件置位。在并行序列的合并处，转换有几个前级步，它们均为活动步时才有可能实现转换，在转换实现时应将它们对应的编程元件全部复位；在选择序列的分支与合并处，一个转换实际上只有一个前级步和一个后续步，但是一个步可能有多个前级步或多个后续步（见图 9.20）。

转换实现的基本规则是根据顺序功能图设计梯形图的基础，它适用于顺序功能图中的各种基本结构和将要在下节中介绍的各种顺序控制梯形图的编程方式。

在梯形图中，用编程元件代表步，当某步为活动步时，该步对应的编程元件为 ON。当该步之后的转换条件满足时，转换条件对应的触点或电路接通，因此可以将该触点或电路所有前级步的编程元件的常开触点串联，作为与转换实现的两个条件同时满足对应的电路。例如，假设某转换条件的布尔代数表达式为 X1 · X3，它的两个前级步用 M5 和 M6 来代表，则应将这 4 个元件的常开触点串联，作为转换实现的两个条件同时满足对应的电路。在梯形图中，该电路接通时，应使所有代表前级步的编程元件复位，同时使所有代表后续步的编程元件置位（变为 ON 并保持），完成以上任务的电路将在下节中介绍。

4）**绘制顺序功能图时的注意事项**

下面是针对绘制顺序功能图时常见的错误提出的注意事项：

①两个步绝对不能直接相连，必须用一个转换将它们隔开。

②两个转换也不能直接相连，必须用一个步将它们隔开。

③顺序功能图中的初始步一般对应于系统等待启动的初始状态，这一步可能没有什么输出处于 ON 状态，因此有的初学者在画顺序功能图时很容易遗漏掉这一步。初始步是必不可少的，一方面因为该步与它的相邻步相比，从总体上说输出变量的状态各不相同，另一方面如果没有该步，无法表示初始状态，系统也无法返回停止状态。

④自动控制系统应能多次重复执行同一工艺过程，因此在顺序功能图中一般应有由步和有向连线组成的闭环，即在完成一次工艺过程的全部操作之后，应从最后一步返回初始步，系统停留在初始状态（单周期操作，见图 9.17），在连续循环工作方式时，将从最后一步返回下一工作周期开始运行的第一步。

⑤ 在单序列中，只有当某一步的前级步是活动步时，该步才有可能变成活动步。如果用没有断电保持功能的编程元件代表各步，进入 RUN 工作方式时，它们均处于 OFF 状态，必须用初始化脉冲 M8002 的常开触点作为转换条件，将初始步预置为活动步（见图 9.17），否则顺序功能图中永远不会出现活动步，系统将无法工作。如果系统具有自动、手动两种工作方式，顺序功能图是用来描述自动工作过程的，这时还应在系统由手动工作方式进入自动工作方式

时,用一个适当的信号将初始步置为活动步。

9.3 顺序控制梯形图的编程方式

顺序控制梯形图的编程方式就是根据系统的顺序功能图设计 PLC 梯形图的方法。本节将介绍使用起保停电路和 STL 指令的编程方式,这两种方式很容易掌握,用它们可以迅速地、得心应手地设计出任意复杂的控制系统的梯形图。

系统在进入初始状态之前,还应将与顺序功能图的初始步对应的编程元件置位,为转换的实现作好准备,并将其余各步对应的编程元件置为 OFF 状态,这是因为在没有并行序列或并行序列未处于活动状态时,同时只能有一个活动步。为了便于将顺序功能图转换为梯形图,最好用代表各步的编程元件的元件号作为步的代号,并用编程元件的元件号来标注转换条件和各步的动作或命令。

在本节中,假设刚开始执行用户程序时,系统已处于要求的初始状态,并用初始化脉冲 M8002将初始步置位,代表其余各步的各编程元件均为 OFF,为转换的实现作好了准备。

9.3.1 使用起保停电路的编程方式

根据顺序功能图设计梯形图时,可以用辅助继电器来代表步。某一步为活动步时,对应的辅助继电器为 ON,某一转换实现时,该转换的后续步变为活动步,前级步变为不活动步。很多转换条件都是短信号,即它存在的时间比它激活的后续步为活动步的时间短,因此,应使用有记忆(或称保持)功能的电路来控制代表步的辅助继电器。

1)单序列的编程方式

起保停电路仅仅使用与触点和线圈有关的指令,任何一种可编程序控制器的指令系统都有这一类指令,因此它是一种通用的编程方式,可以用于任意型号的可编程序控制器。

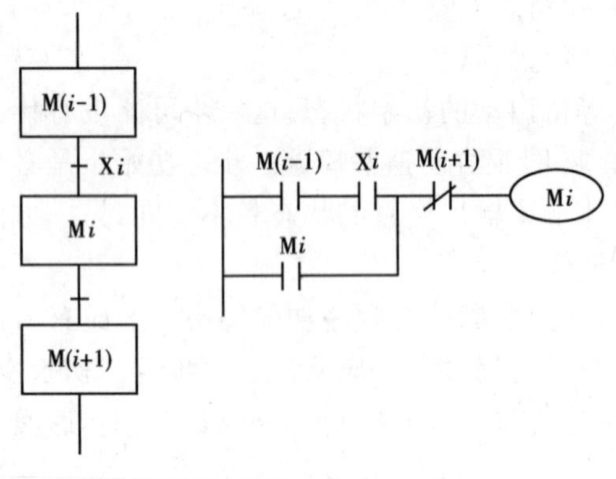

图 9.23 起保停电路

假设 M(i-1),Mi 和 M(i+1)是顺序功能图中顺序相连的 i 步,Xi 是步 Mi 之前的转换条件(见图 9.23)。设计起保停电路的关键是找出它的启动条件和停止条件。根据转换实现的基本规则,转换实现的条件是它的前级步为活动步,并且满足相应的转换条件,所以步变为活动步的条件是M(i-1)为活动步,且转换条件 Xi=1。在起保停电路中,则应将 M(i-1)和 Xi 的常开触点串联后作为控制 Mi 的启动电路。

当 Mi 和 X(i+1)均为 ON 时,步 M(i+1)变为活动步,这时步 Mi 应变为不活动步,因此可以将以 M(i+1)作为使辅助继电器 Mi 变为 OFF 的条件,即将 M(i+1)的常闭触点与 Mi 的线圈串联。图 9.23 中的梯形图可以用逻辑代数式表示为

$$Mi = [M(i-1) \cdot Xi + Mi] \cdot \overline{M(i+1)}$$

在这个例子中,可以用 X($i+1$)的常闭触点代替以 M($i+1$)的常闭触点。但是当转换条件由多个信号经“与、或、非”逻辑运算组合而成时,应将它的逻辑表达式求反,再将对应的触点串并联电路作为起保停电路的停止电路,不如使用 M($i+1$)的常闭触点这样简单方便。

按照上述的编程方式和顺序功能图,很容易画出梯形图。

现以图 9.24 所示的冷加工自动化生产线钻头自动控制的起保停电路为例,将其顺序功能图转换成编程方式的梯形图。

根据前面所述的原则,M0 步变为活动步的条件是:有初始化脉冲 M8002 或步 M4 活动且转换条件 X1 满足。当 M1 步为活动步时,M0 步变成不活动步。所以,M0 的起停电路为图 9.25所示。

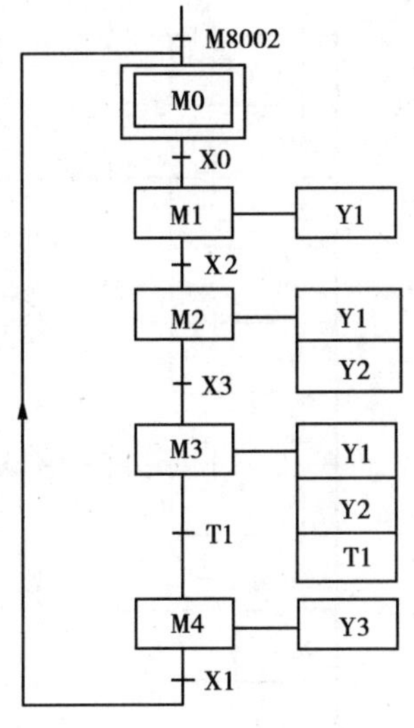

图 9.24 钻头控制电路

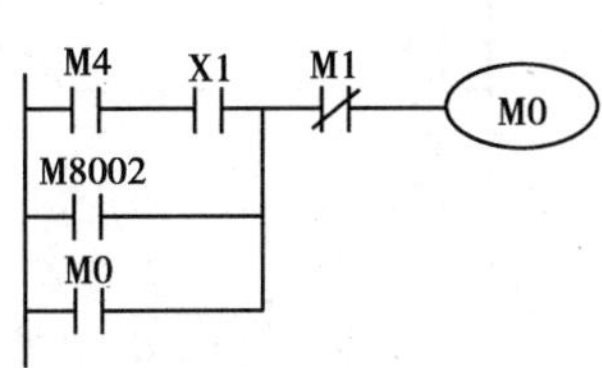

图 9.25 M0 的起停电路

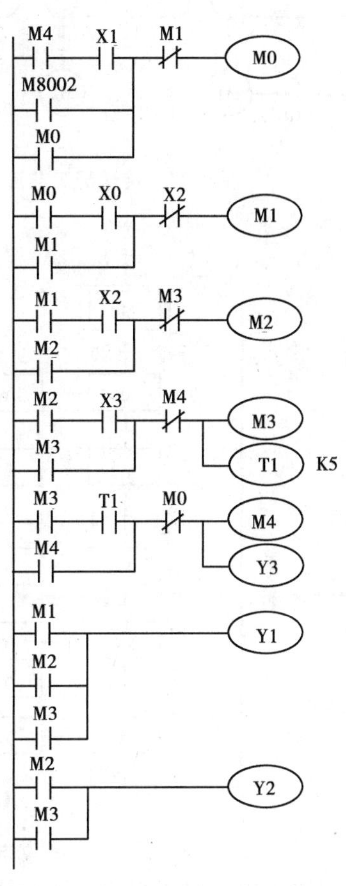

图 9.26 起保停电路梯形图

由于 M0 步变成活动步后,M4 将变成不活动步,对应 M4 的常开触点将断开,为保持 M0 为活动步,加 M0 常开触点起自保持作用。在此,M8002,M4 与 X1 为 M0 的启动条件,M1 的常闭触点为 M0 的停止条件,M0 的常开触点为自保持条件。于是,上图构成 M0 的顺序功能图。与此相同,可画出整个顺序功能图的起保停电路梯形图如图 9.26 所示。

在图 9.26 中,输出继电器 Y1 和 Y2 并未与其对应的辅助继电器线圈并联,而是由其对应的常开触点并联后驱动。这是因为如果它们与其对应的辅助继电器线圈并联,则会出现双线圈输出。然而,Y3 因为只在 M4 步中输出,所以,它可以直接与 M4 线圈并联。

下面再以多个传送带启动和停止为例，画出功能表图，并设计起停保电路的梯形图。

如图 9.27 所示按下启动按钮 X0 后，电动机 M1 接通，当货物碰到 X1 后，电机 M2 接通，当 X2 被货物碰撞后，M1 停止；同理，以后几个传送带动作类推。

据此可画出功能表图如图 9.28 所示。并按照前面所述的设计规则可设计出对应的起保停电路的梯形图如图 9.29 所示。

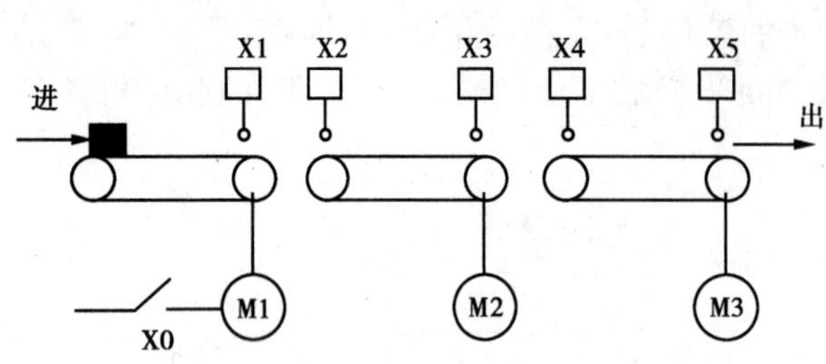

图 9.27　传送带工艺流程图

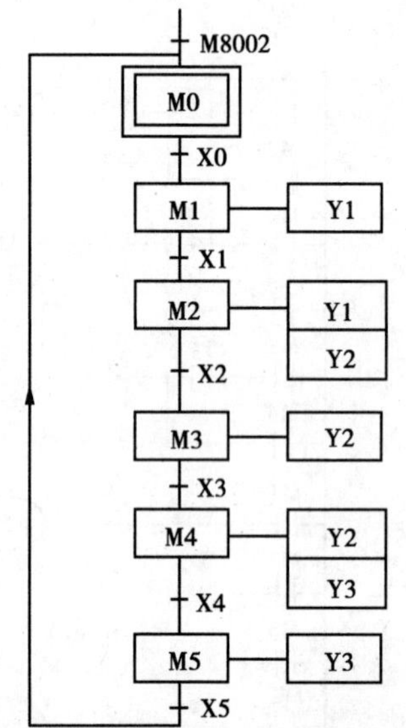

图 9.28　传送带控制功能表图

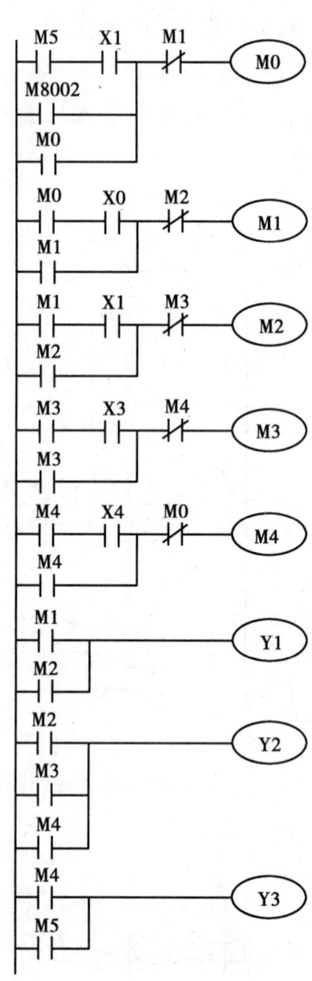

图 9.29　传送带控制梯形图

通过以上例子可以得出以下规律：

①设计起保停电路的关键在于找出它的启动条件和停止条件。即前级步为活动步与相应的转换条件满足。

②在设计输出电路时，由于步是根据输出量的状态变化来划分的，所以，它们之间的关系极为简单，可分为两种情况处理：如果某一输出量仅在某一步被接通，可将它们的线圈与对应的代表步的辅助继电器的线圈并联；如果某一输出继电器在几步中被接通，应将代表各有关步的辅助继电器的常开触点并联后，驱动该输出继电器的线圈，否则，会出现双线圈输出现象。

2)**选择序列的编程方式**

(1)选择序列的分支的编程方式

图9.30中步M0之后有一个选择序列的分支,设它是活动步,当它的后续步M1或M3变为活动步时,它都应变为不活动步(M0变为OFF),所以应将M1和M3的常闭触点与M0的线圈串联。

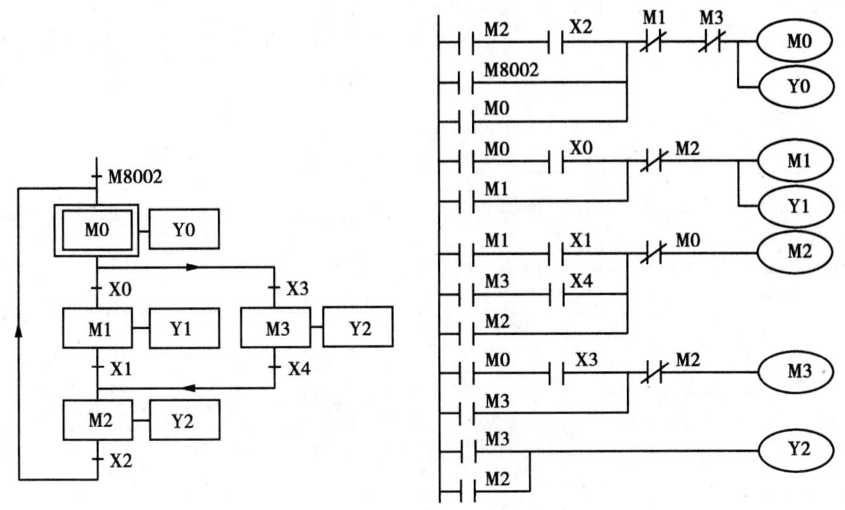

图9.30 选择序列的梯形图

如果某一步的后面有一个由N条分支组成的选择序列,该步可能转换到不同的N步去,则应将这N个后续步对应的辅助继电器的常闭触点与该步的线圈串联,作为结束该步的条件。

(2)选择序列的合并的编程方式

图9.30中,步M2之前有一个选择序列的合并,当步M1为活动步(M1为ON),并且转换条件X1满足,或步M3为活动步,并且转换条件X4满足,步M2都应变为活动步,即代表该步的辅助继电器M2的启动条件应为

$$M1 \cdot X1 + M3 \cdot X4$$

对应的启动电路由两条并联支路组成,每条支路分别由M1,X1和M3,X4的常开触点串联而成(见图9.30)。

一般来说,对于选择序列的合并,如果某一步之前有N个转换(即有N条分支进入该步),则代表该步的辅助继电器的启动电路由N条支路并联而成,各支路由某一前级步对应的辅助继电器的常开触点与相应转换条件对应的触点或电路串联而成。

某一输出继电器在几步中都为ON(例如图9.30中的Y2),应将代表各有关步的辅助继电器的常开触点并联后,驱动该输出继电器的线圈。

为了避免出现双线圈现象,不能将Y2的两个线圈分别与M3和M2的线圈并联。

3)**并行序列的编程方式**

(1)并行序列的分支的编程方式

在图9.31中,步M0之后有一个并行序列的分支,当步M0是活动步,并且转换条件X0满足,步M1与步M4应同时变为活动步,这是用M0和X0的常开触点组成的串联电路分别作为

M1 和 M4 的启动电路来实现的,与此同时,步 M0 应变为不活动步。步 M1 和 M4 是同时变为活动步的,只需将 M1 或 M4 的常闭触点与 M0 的线圈串联就行了。

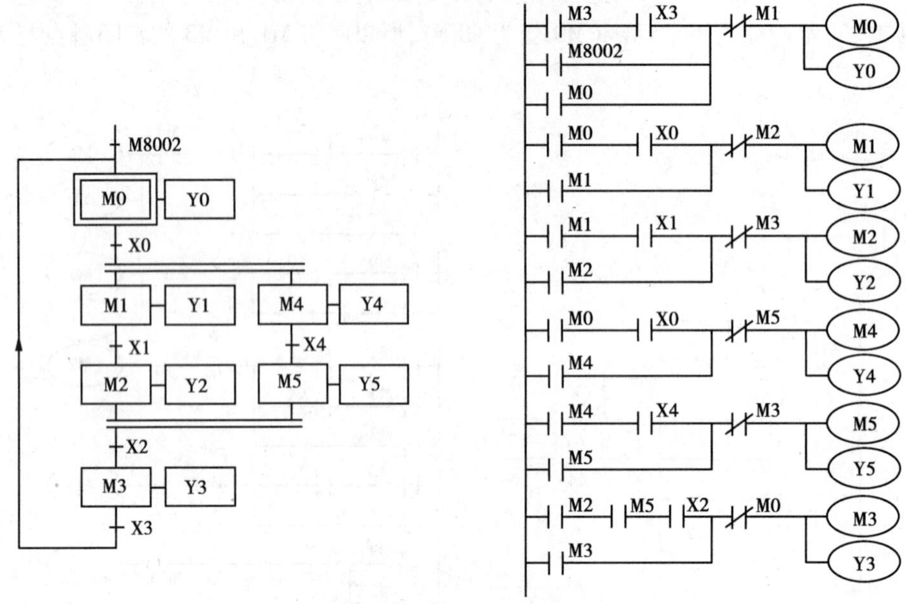

图 9.31　并行序列的梯形图

(2)并行序列的合并的编程方式

步 M3 之前有一个并行序列的合并,该转换实现的条件是所有的前级步(即步 M2 和 M5)都是活动步和转换条件 X2 满足。由此可知,应将 M2,M5 和 X2 的常开触点串联,作为控制M3 的起保停电路的启动电路。

4)仅有两步的闭环的处理

如果在顺序功能图中有仅由两步组成的小闭环(见图 9.32(a)),用起保停电路设计的梯形图不能正常工作。例如在 M2 和 X2 均为 ON 时,M3 的启动电路接通,但是这时与它串联的 M2 的常闭触点却是断开的,所以 M3 的线圈不能“通电”。出现上述问题的根本原因在于步 M2既是步 M3 的前级步,又是它的后续步。在小闭环中增设一步就可以解决这一问题(见图 9.32(b)),这一步只起延时作用,延时时间可以取得很短(如 0.1 s),对系统的运行不会有什么影响。

5)应用举例

液体混合装置如图 9.33 所示,上限位、下限位和中限位是液位传感器,它们被液体淹没时为 ON,阀 A,B,C 为电磁阀,线圈通电时打开,线圈断电时关闭。开始时容器是空的,各阀门均关闭,各传感器均为 OFF。按下启动按钮后,打开阀 A,液体 A 流入容器,中限位开关变为 ON 时,关闭阀 A,打开阀 B,液体 B 流入容器。当液面到达上限位开关时,关闭阀 B,电机 M 开始运行,搅动液体,6 s 后停止搅动,打开阀 C,放出混合液,当液面降至低限位开关之后再过 2 s,容器放空,关闭阀 C,打开阀 A,又开始下一周期的操作。按下停止按钮,在当前工作周期的操作结束后,才停止操作(停在初始状态)。

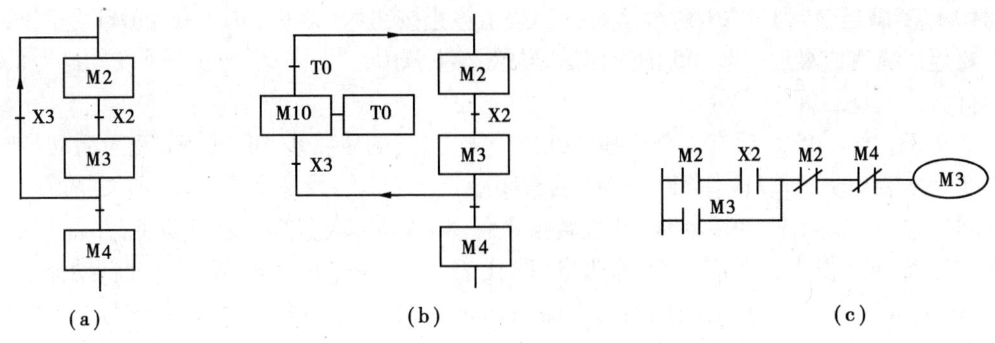

图 9.32　仅有两步的闭环的处理

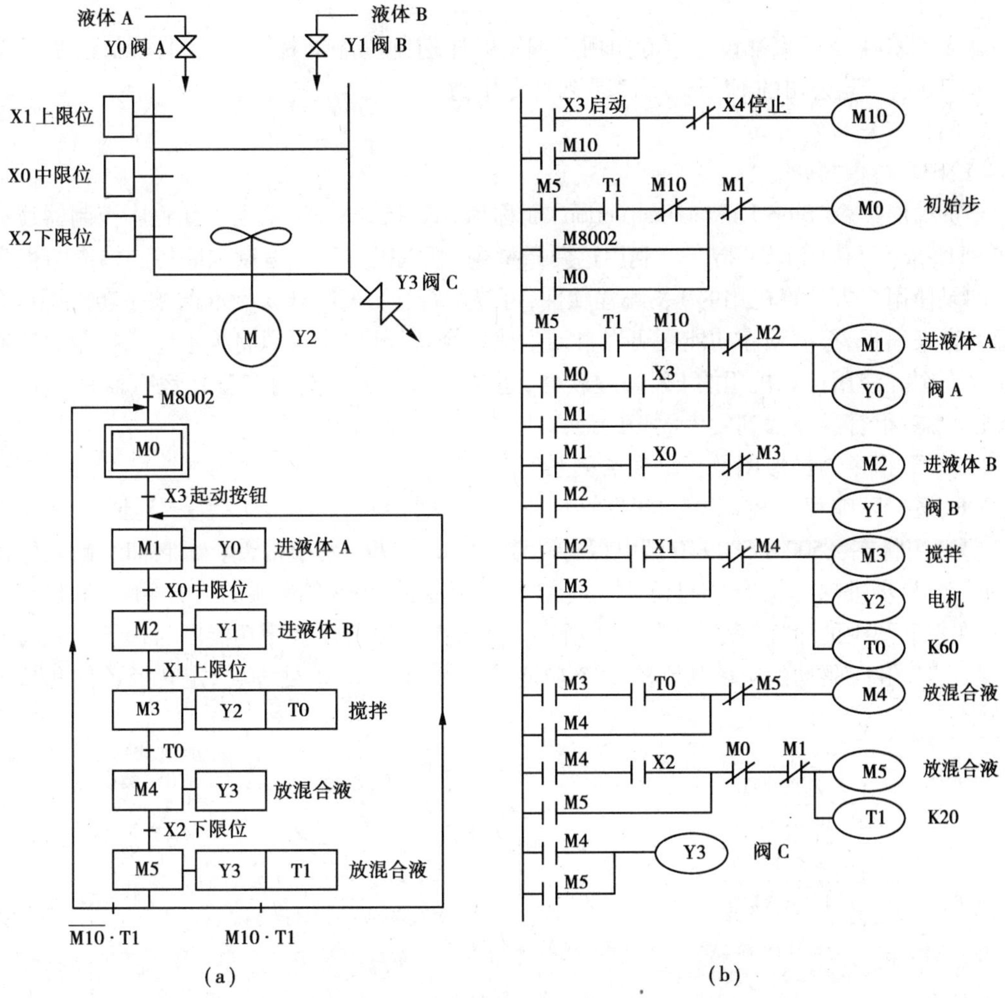

图 9.33　液体混合装置控制系统的顺序功能图和梯形图

图 9.33 给出了系统的顺序功能图和梯形图，图中的 M10 用来实现在按下停止按钮后不马上停止工作，而是在当前工作周期的操作结束后，才停止运行。M10 用启动按钮 X3 和停止按钮 X4 来控制。运行时它处于 ON 状态，系统完成一个周期的工作后，步 M5 到 M1 的转换条

件 M10 · T1 满足,转到步 M1 后继续运行。按了停止按钮 X4 之后,M10 变为 OFF。

要等系统完成最后一步 M5 的工作后,转换条件 M10 · T1 满足,才能返回初始步,系统停止运行。

图 9.33 中步 M5 之后有一个选择序列的分支,当它的后续步 M0 或 M1 变为活动步时,它都应变为不活动步,所以应将 M0 和 M1 的常闭触点与 M5 的线圈串联。步 M1 之前有一个选择序列的合并,当步 M0 为活动步,并且转换条件 X3 满足,或步 M5 为活动步,并且转换条件 M10 · T1 满足,步 M1 都应变为活动步,即代表该步的辅助继电器 M2 的启动条件应为 M0 · X3 + M5 · M10 · T1,对应的启动电路由两条并联支路组成,每条支路分别由 M0,X3 和 M5,M10,T1 的常开触点串联而成(如图 9.33)。

9.3.2 使用STL 指令的编程方式

许多 PLC 生产厂家都设计了专门用于编制顺序控制程序的指令和 j 编程元件,步进梯形指令(STL)是三菱公司的 F1,F2,FX2 系列的专用指令。

1)STL **指令**

(1)STL 指令简介

步进梯形指令(Step Ladder Instruction)简称为 STL 指令。FX 系列可编程序控制器还有一条使 STL 指令复位的 RET 指令。利用这两条指令,可以很方便地编制顺序控制梯形图程序。

如果使用个人计算机用的 FX 编程软件,可以用符合 IEC1131-3 标准的顺序功能图(SFC)编程语言来编程,根据顺序功能图可以自动生成指令表程序,也可以将梯形图或指令表转换为顺序功能图。使用计算机用的 FX 编程软件,还可以用顺序功能图来进行运行监视和自动显示运行状态,很容易查找到发生故障的地方。

(2)STL 指令与梯形图及指令表的关系

FX_{2N}系列可编程序控制器的状态 S0 ~ S9 用于初始步,S10 ~ S19 用于返回原点,S20 ~ S499 是通用状态,S500 ~ S899 有断电保持功能,S900 ~ S999 用于报警。用它们编制顺序控制程序时,应与步进梯形指令一起使用。使用 STL 指令的状态寄存器的常开触点称为 STL 触点,它在梯形图中的元件符号如图 9.34 所示。从该图可以看出顺序功能图与梯形图之间的对应关系,STL 触点驱动的电路块具有 3 个功能,即对负载的驱动处理、指定转换条件和指定转换目标。

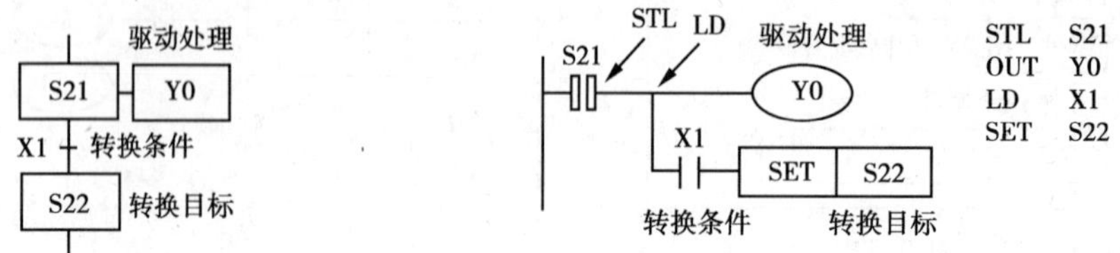

图 9.34 STL 指令

除了后面要介绍的并行序列的合并对应的电路外,STL 触点是与左侧母线相连的常开触点,当某一步为活动步时,对应的 STL 触点接通,该步的负载被驱动。当该步后面的转换条件满足时,转换实现,即后续步对应的状态被 SET 指令置位,后续步变为活动步,同时与原活动步对应的状态被系统程序复位,原活动步对应的 STL 触点断开。

(3)STL 指令的特点

①与 STL 触点相连的触点应使用 LD 或 LDI 指令,即 LD 点移到 STL 触点的右侧,直到出现下一条 STL 指令或出现 RET 指令,RET 指令使 LD 点返回左侧母线。各 STL 触点驱动的电路一般放在一起,最后一个 STL 电路结束时一定要使用 RET 指令,否则将出现"程序错误"信息,可编程序控制器不能运行。

②STL 触点可以直接驱动或通过别的触点驱动 Y,M,S 和 T 等元件的线圈,图 9.35(a)中的 X0 使用 LD 指令,如果对 Y3 使用 OUT 指令,实际上 Y3 的线圈与 Y2 的线圈并联,受到 X0 的控制,因此该图是错误的,应改为图(b)。

图 9.35　梯形图

(a)错误的梯形图;(b)正确的梯形图

③当 STL 触点断开时,CPU 不执行它驱动的电路块,即 CPU 只执行活动步对应的程序。在没有并行序列时,任何时候都只有一个活动步,因此大大缩短了扫描周期。由于 CPU 只执行活动步对应的电路块,使用 STL 指令时允许双线圈输出,即同一元件的线圈可以分别被不同的 STL 触点驱动。因为实际上在一个扫描周期内,同一元件的几条 OUT 指令中只有一条被执行。

④STL 指令只能用于状态寄存器,在没有并行序列时,一个状态寄存器的 STL 触点在梯形图中只能出现一次。

⑤在状态转换过程中,相邻两步的两个状态同时 ON 一个扫描周期,为了避免不能同时接通的两个外部负载(如控制异步电动机正、反转的两个接触器)同时接通,应在可编程序控制器外部设置硬件联锁,同时在梯形图内也应设置联锁,即将这两个输出继电器的常闭触点分别与对方的线圈串联。

⑥同一定时器的线圈可以在不同的步使用,但是如果用于相邻的两步,在步的活动状态转换时,该定时器的线圈不能断开,当前值不能复位。建议实际中尽量不这样使用。

⑦STL 触点驱动的电路块中不能使用 MC 和 MCR 指令,虽然不禁止在 STL 触点驱动的电路块中使用 CJ 指令,但因其操作复杂,建议不要使用。在中断程序与子程序内,不能使用 STL 指令。

⑧像普通的辅助继电器一样,可以对状态寄存器使用 LD/LDI, AND/ANI,OUT, OR/ORI,等指令,这时状态寄存器触点的画法与普通触点的画法相同。对状态寄存器置位的指令如果不在 STL 触点驱动的电路块内,置位时系统程序不会自动地将前级步对应的状态寄存器复位。

2)单序列的编程方式

图 9.36 为小车的运动的顺序功能图及用 STL 指令设计的梯形图。小车运动的工艺要求是,按下启动按钮 X3 后,小车开始周期运动,小车完成一次循环后返回并停留在初始步的原

点位置。

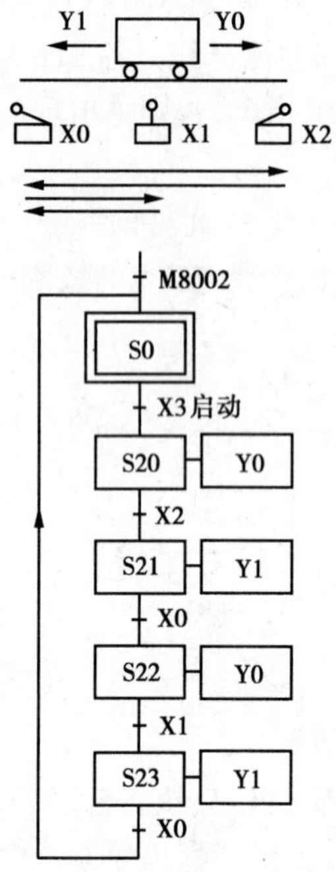

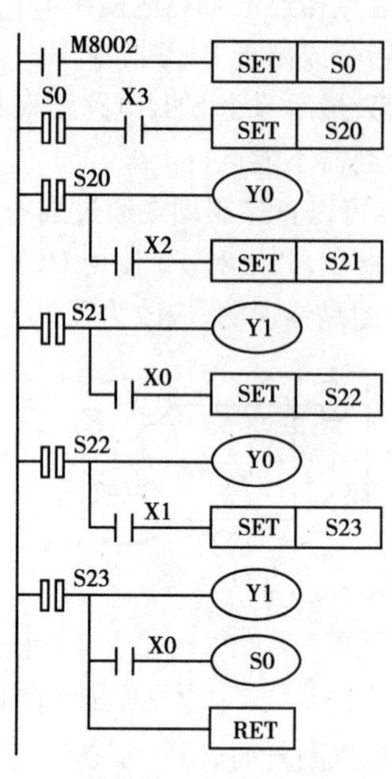

图 9.36 STL 指令顺序控制梯形图

按照其工艺特点表 9.2 列出了梯形图对应的指令表程序：

系统的初始步应使用初始状态，初始状态应放在顺序功能图的最前面，在由 STOP→RUN 状态时，可用此时只 ON 一个扫描周期的初始化脉冲来将初始状态置为 ON，为以后步的活动状态的转换作好准备。需要从某一步返回初始步时，应对初始状态使用 OUT 指令，如图 9.36 所示。

表 9.2 图 9.36 所示梯形图对应的指令表程序

LD	M8002	OUT	Y0	SET	S22	OUT	Y1
SET	S0	LD	X2	STL	S22	LD	X0
STL	S0	SET	S21	OUT	Y0	OUT	S0
LD	X3	STL	S21	LD	X1	RET	
SET	S20	OUT	Y1	SET	S23		
STL	S20	LD	X0	STL	S23		

假如小车的运动如图 9.37(a)所示，即按下启动按钮 X4 后，小车开始周期运动，按下停止按钮 X5 后，小车完成最后一次循环后将返回并停留在初始步和原点位置。那么它的顺序功能图以及用 STL 指令设计的梯形图，将分别为图 9.37(b)、图 9.37(c)所示。

3）**并行序列的编程方式**

图 9.38 是包含并行序列的顺序功能图，分别由 S20，S21 和 S23，S24 组成的两个单序列是并行工作的，设计梯形图时应保证这两个序列同时开始工作和同时结束，即两个序列的第一步 S20 和 S23 应同时变为活动步，两个序列的最后一步 S21 和 S24 应同时变为不活动步。

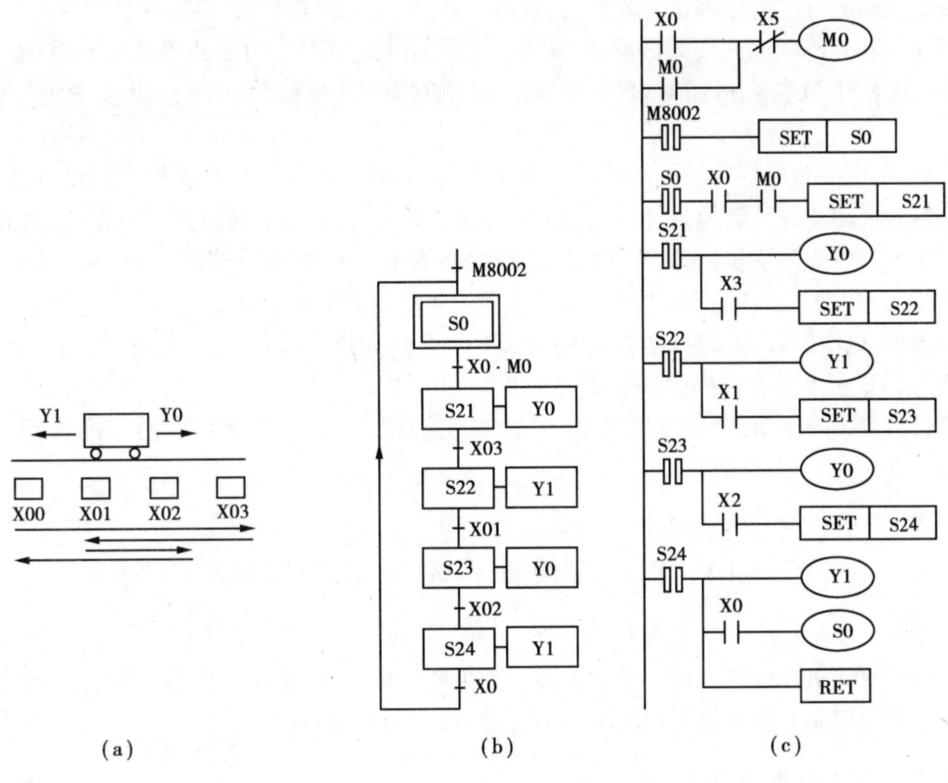

图 9.37

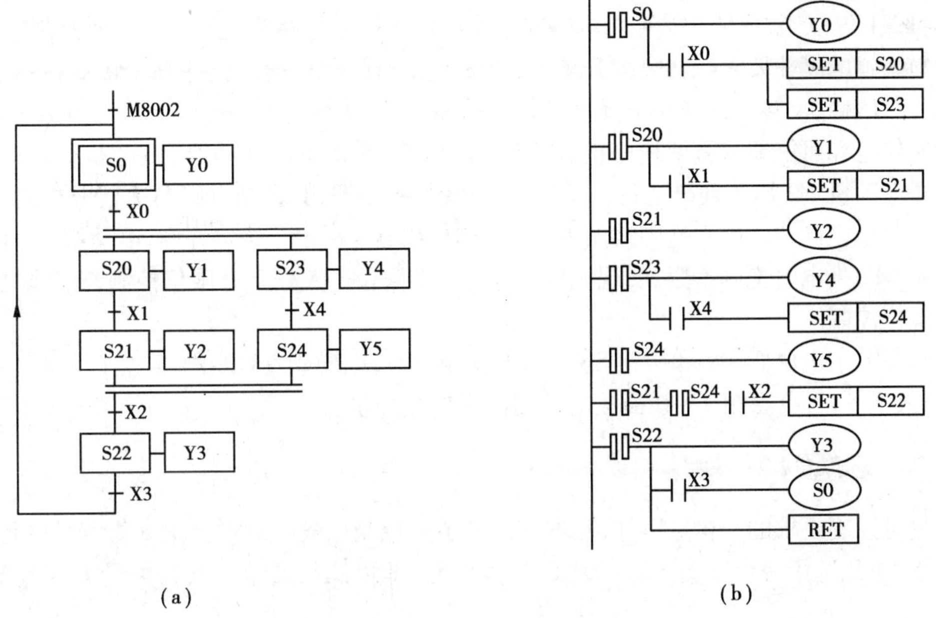

图 9.38　并行序列

并行序列的分支的处理是很简单的,在图9.38中,当步S0是活动步,并且转换条件X0为ON时,步S20和S23同时变为活动步,两个序列开始同时工作。在梯形图中,当S0的STL触点和X0的常开触点均接通时,S20和S23被同时置位,系统程序将前级步S0变为不活动步。

图9.38中并行序列合并处的转换有两个前级步S21和S24,根据转换实现的基本规则,当它们均为活动步并且转换条件满足(即S21S24 X2=1时),将实现并行序列的合并,即转换的后续步S22变为活动步(S22被置位),转换的前级步S21和S24同时变为不活动步(由系统程序完成)。在梯形图中,用S21,S24的STL触点和X2的常开触点组成的串联电路使S22置位。在图9.40中,S21和S24的STL触点出现了两次,如果不涉及并行序列的合并,同一状态寄存器的STL触点只能在梯形图中使用一次。

串联的STL触点的个数不能超过8个,换句话说,一个并行序列中的序列数不能超过8个。

9.4 PLC在搅拌系统控制中的应用

混凝土搅拌机在建筑工地上是常见的一种生产机械,其种类和结构形式很多,典型的混凝土搅拌机电气控制电路如第7章的图7.4所示。

9.4.1 混凝土搅拌机的控制要求

混凝土搅拌机主要由搅拌机构、上料装置、给水环节3大部分组成。

要求搅拌机构的滚筒正转时搅拌混凝土,反转时使搅拌好的混凝土倒出,即拖动搅拌机构的电动机M1可以正、反转。其控制电路就是典型的用接触器触头互锁的正反转控制电路。

上料装置的爬斗要求正转时提升爬斗,爬斗上升到位后自动停止并翻转将骨料和水泥倾倒入搅拌机滚筒,反转时使料斗下降放平并自动停止,以便接受再一次的下料。为防止料斗负重上升时停电和可能要求其中途停止运行时保证安全,采用电磁制动器YB作机械制动装置。上料装置电动机M2属于间歇运行,所以未设过载保护装置,其控制电路与前面分析的正反限位控制电路是相同的。电磁抱闸线圈为单相380V和电动机定子绕组并联,电动机M2得电时抱闸打开,M2失电时抱闸抱紧,实现机械制动。SQ1限位开关作上升限位控制,SQ2限位开关作下降限位控制。

给水环节由电磁阀YV和按钮SB7控制,按下SB7,电磁阀YV线圈通电打开阀门向滚筒加水;再按下SB7,电磁阀YV线圈失电关闭阀门停止加水。

9.4.2 PLC选择及I/O分配

通过对控制要求的分析可以知道,本系统的主要控制任务是对搅拌电动机M1和上料M2进行控制,为此选用一台三菱FX_{2N}-20MR基本单元,即可满足要求。其开关量I/O分配如表9.3所示。

表 9.3 PLC I/O 分配表

输　入		输　出	
启动按钮 SB1	X0	搅拌电动机正转接触器 KM1	Y0
停止按钮 SB2	X1	搅拌电动机反转接触器 KM2	Y1
上限位开关 SQ1	X2	上料电动机正转接触器 KM3	Y2
下限位开关 SQ2	X3	上料电动机反转接触器 KM4	Y3
		给水电磁阀接触器 KM5	Y4

9.4.3 PLC 接线图设计

PLC 接线图只要根据表 9.3 的 I/O 分配关系和 FX_{2N}-20MR 的端子排列位置进行相应的接线即可。图 9.39 是所设计的 PLC 系统外部接线图。

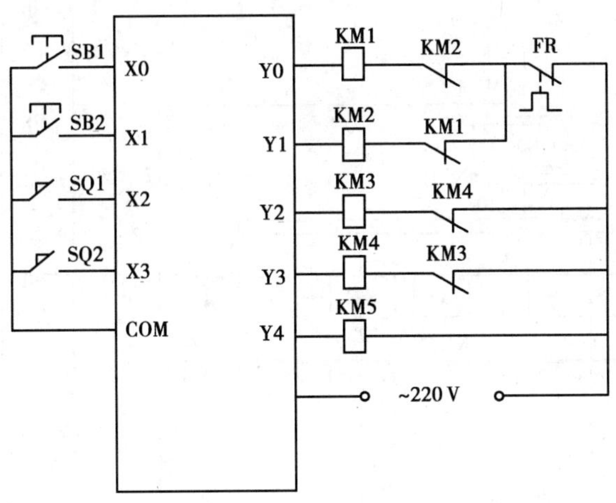

图 9.39 混凝土搅拌机 PLC 接线图

9.4.4 梯形图设计及分析

用 FX_{2N}系列 PLC 指令设计的搅拌控制系统的顺序功能图和梯形图如图 9.40 所示,由于本例较简单,具体分析请读者自己进行。

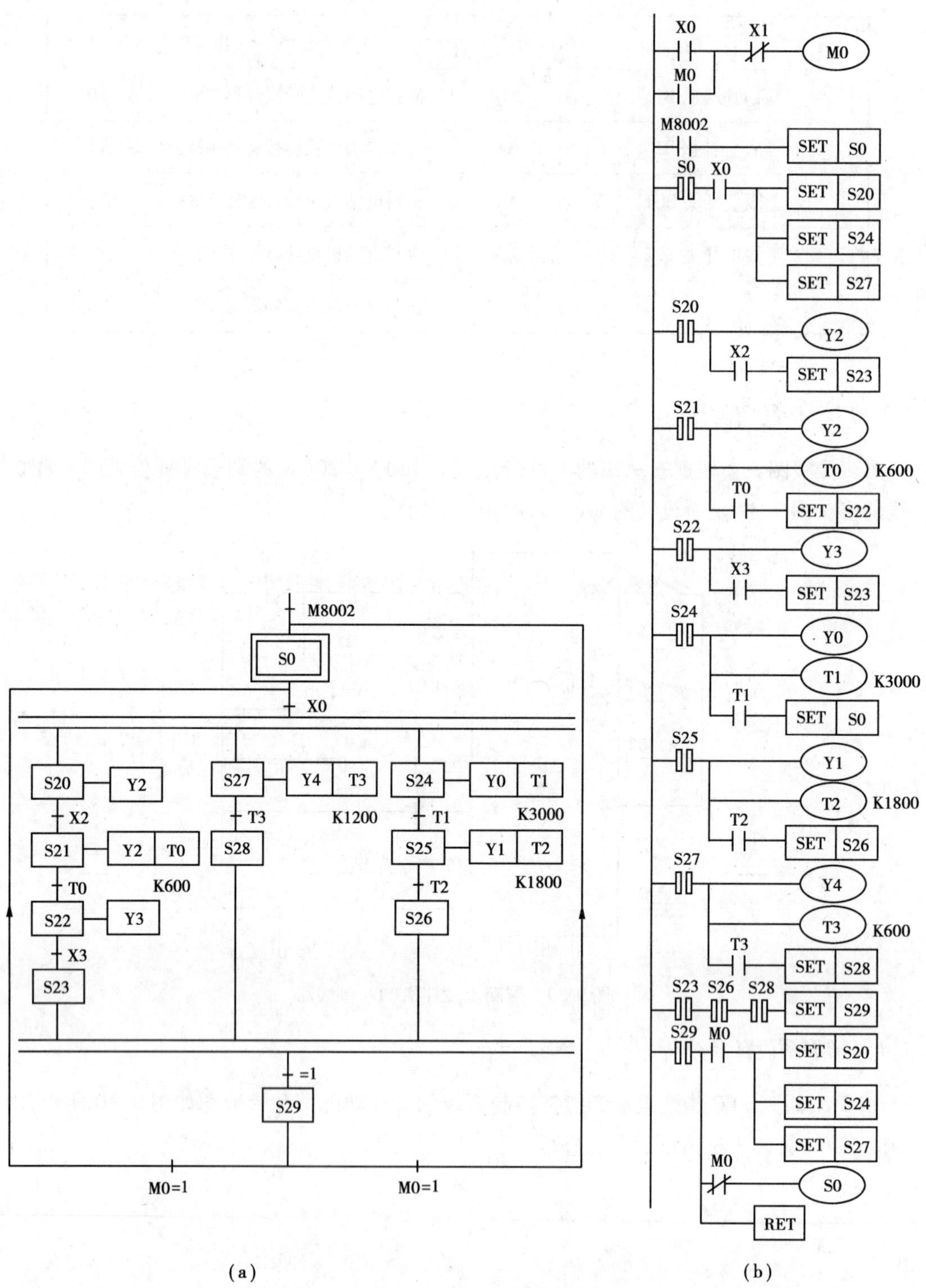

图9.40　混凝土搅拌机控制系统的顺序功能图和梯形图

(a)顺序功能图;(b)梯形图

9.5 PLC 在水塔供水系统控制中的应用

9.5.1 控制要求

某高层建筑住宅屋顶上设有高 4.2 m 的生活水箱,由设在地下设备层中的 2 台水泵为其供水。水泵电动机功率为 33 kW,额定电压为 380 V。水塔正常水位变化 3.5 m,由安装在水箱内的上、下液位开关 SU 和 SD 分别对水箱的上限和下限水位进行控制。

对水泵电机的控制要求如下:

①为了减小启动时的启动电流,2 台电机均采用 Y/△型降压启动,降压启动至全压运行的转换时间为 t_1 秒。并且 2 台电机均设有过载保护。

②设手动/自动方式转换开关 SA,在手动方式工作时,可由操作者分别启动每台水泵,水泵之间不进行联动;在自动方式下工作时,由上、下液位开关对水泵的起、停自动控制,且启动时要联动。

③2 台电机在正常情况下要求一开一备,当运行中任一台机组出现故障,备用机组应立即投入运行。为了防止备用泵长期闲置锈蚀,要求备用机组可在操作台上用按钮任意切换。

④在控制台上应有 2 台水泵的备用状态、运行、故障及上、下液位等信号指示。

9.5.2 系统设计

1)主电路设计

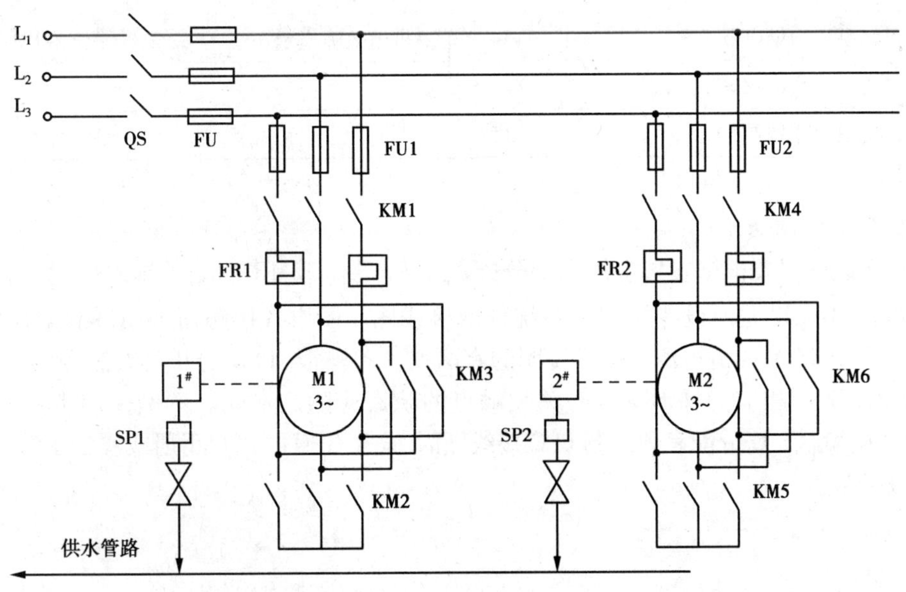

图 9.41 主电路控制线路

2 台水泵电机均采用 Y/△型启动方式,主电路控制线路如图 9.41 所示。图中 M1,M2 为水泵电动机,每台电动机用 3 个接触器分别控制电源、Y 型启动和△型运行。各电机均设有过载保护 FR1 和 FR2。为了反映各机组工作是否正常,在每台水泵的压力出口处设置压力继电器 SP1 和 SP2,将其常开触点输入 PLC 中。

2)PLC **选择及 I/O 分配**

根据上述控制要求,可统计出现场输入信号共 14 个,输出信号共 12 个,故选用 FX_{2N}-32MR,它可实现 16 点输入,16 点输出的控制,因此在本系统使用尚有余量,可供备用。其 I/O 分配如表 9.4 所示。

表 9.4 PLC I/O 分配表

输入		输出	
1#机组备用按钮 SRES1	X1	1#电机电源接触器 KM1	Y0
2#机组备用按钮 SRES2	X2	1#电机 Y 接触器 KM2	Y1
1#机组手动启动按钮 SB1	X3	1#电机△接触器 KM3	Y2
2#机组手动启动按钮 SB2	X4	2#电机电源接触器 KM4	Y3
选择开关 SA 手动	X5	2#电机 Y 接触器 KM5	Y4
自动	X6	2#电机△接触器 KM6	Y5
水位上限触点 SU	X7	1#泵备用指示 KM7	Y6
水位下限触点 SD	X10	2#泵备用指示 KM8	Y7
1#电机热保护触点 FR1	X11	水位上限报警	Y10
2#电机热保护触点 FR2	X12	水位下限报警	Y11
1#水泵压力继电器 SP1	X13	1#机组故障指示	Y12
2#水泵压力继电器 SP2	X14	2#机组故障指示	Y13
1#机组停止按钮 ST1	X15		
2#机组停止按钮 ST2	X16		

3)PLC **接线图设计**

PLC 接线图只要根据表 9.4 的 I/O 分配关系和 FX_{2N}-32MR 的端子排列位置进行相应的接线即可。图 9.42 是所设计的 PLC 系统外部接线图。图中各接触器采用 220 V 电源,信号指示部分采用 24 V 交流电源。需要说明的有两点:一是输入 PLC 的开关量信号可以为常开,也可以为常闭,但相应的梯形图中有关软触点的状态应随之变化。本例采用常开形式输入 PLC;二是在编制 I/O 分配表和绘制 PLC 接线图时,应事先通过 PLC 手册或实物了解外部端子的位置及编号。

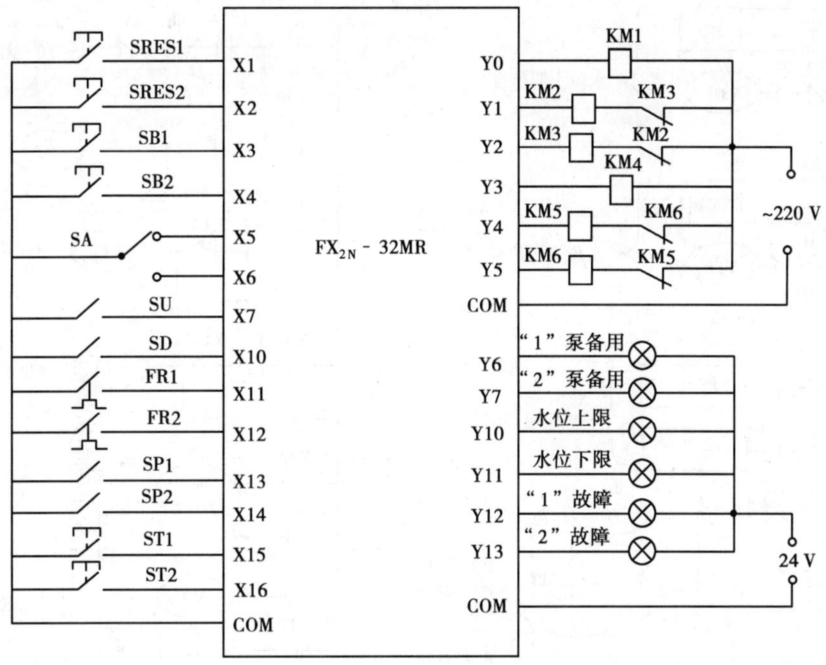

图 9.42　PLC 接线原理示意图

9.5.3　梯形图设计及分析

图 9.43 是实现上述控制任务的梯形图,以下分几方面对其进行分析。

1)**备用选择**

控制台上的 2 个备用选择按钮 SRES1 和 SRES2 分别与梯形图输入点 X1 和 X2 相对应。按下任一个按钮时,可以选择 1#和 2#中的任一台电动机作备用,备用机组可用上述按钮任意切换。

为表达简便,用记号"↑"表示"ON"状态,用"↓"表示"OFF"状态,设选择 2#机组备用,按下 SRES2,则 X2↑,输出继电器 Y7↑,控制台 2#备用指示灯亮。同时 Y7 的软触点在梯形图内部起控制作用。若将备用机组改为 1#,则需按下 SRES1, X1↑使输出继电器 Y6↑,给出 1#备用指示,同时 Y6 常闭触点使 Y7↓,清除 2#电动机以前的备用记忆。

2)**上、下液位指示**

安装在水箱内的上、下液位开关 SU/SD 均为常开型,与输入点 X7/X10 相对应。设水位上升到上限位置,则 X7↑,在其前沿产生一个扫描周期的脉冲信号 M0,该脉冲使输出继电器 Y10↑,发出上限位指示,使电动机停止工作。若水位下降到下限位置,由于触点 SD 要断开,使 X10↓,故用 PLF 指令在 SD 断开时产生脉冲信号 M1,从而使输出点 Y11↑,发出下限位指示。上、下液位状态由脉冲信号 M0 和 M1 互相复位。

3)**机组的自动启动方式**

在"自动"工作方式下,X6↑,选择 2#机组备用,由上面分析可知,Y7↑。当水位下降到下限位时,由上述可知 Y11↑,于是在 Y11 上升沿产生微分脉冲 M4。M4 就是用来使 1#机组首先启动的信号,具体启动过程在下面叙述。

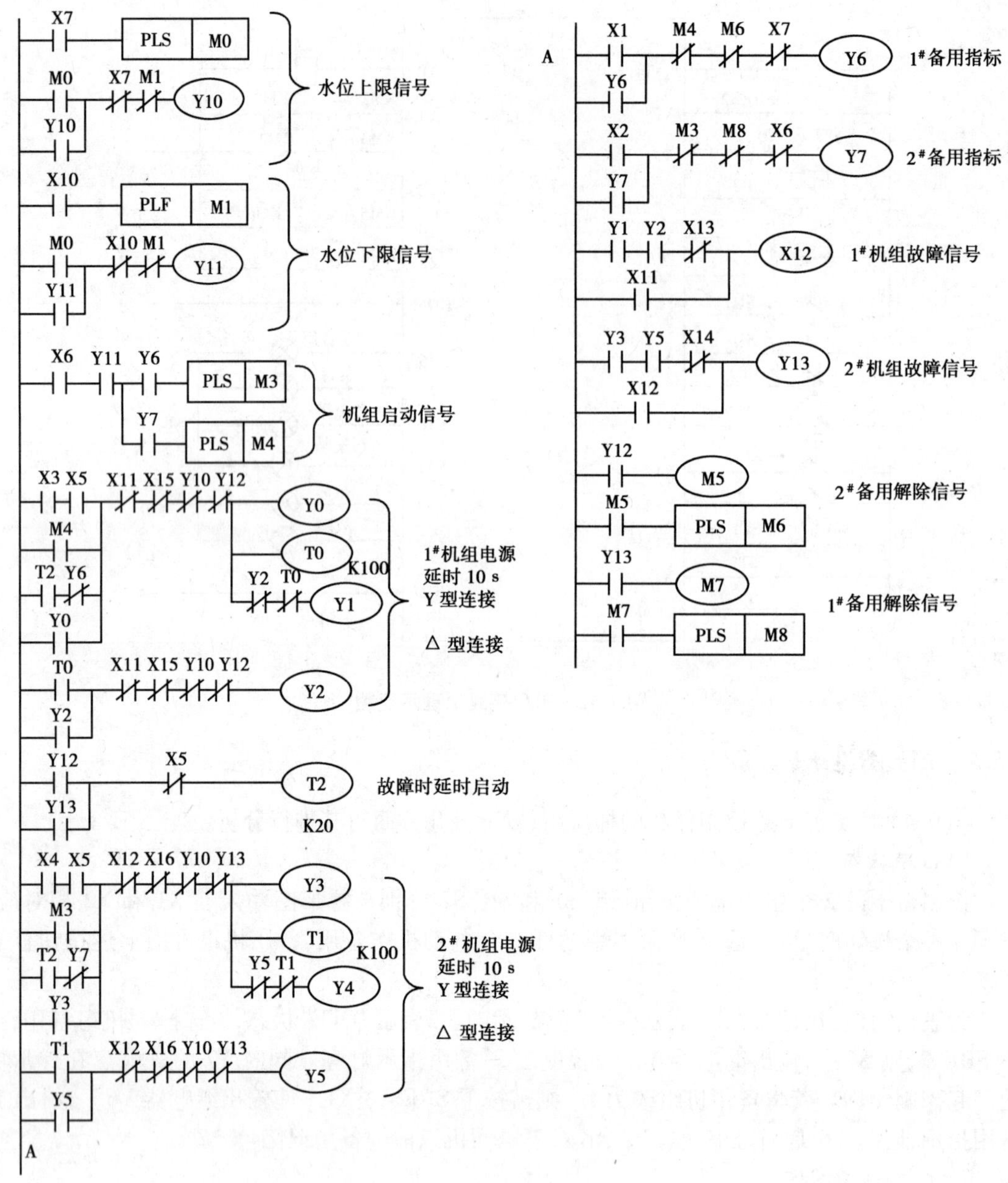

图 9.43 水泵站控制梯形图

4）**机组的启动及联动**

每台水泵电机启动时接触器的动作顺序为电源接触器 →Y 型连接接触器→△型连接接触器,梯形图中,Y0,Y3 分别控制 2 台电机的电源;Y1,Y4 分别控制 2 个 Y 型接触器;Y2,Y5 分别控制 2 个△型接触器;软件定时器 T0,T1 分别控制每台电机 Y/△转换时间 t(假设为10 s)。

设“自动”方式下选择 2#机组备用。当水位到下限时,由上面分析可知 M4↑,于是有如下过程:

M4↑→Y0↑(电源引入)

$$\begin{cases}\rightarrow Y1\uparrow(\text{Y 型连接})\\ \rightarrow T0\text{ 启动定时,延时 10 s 后,}T0\uparrow\begin{cases}\rightarrow Y2\uparrow\\ \rightarrow Y1\downarrow(1^{\#}\text{电机 Y/}\triangle\text{转换完成})\end{cases}\end{cases}$$

5)**机组的故障检测**

当任何一台运行机组出现故障时应当立即停止该机运行,并使备用机组自动投入运行。为此应把发生故障时的状态在梯形图中反映出来。

水泵机组可能出现的故障很多,为了尽量全面而又简单地表示故障的发生,可以把出现以下两种情况之一确定为出现故障的条件:

①某机在进入正常运行后,水泵出水压力仍然很低。例如将装设在该机出水管处的压力继电器 SPi(i=1,2)的动作压力整定为电机 Y 型启动时的压力。如果进入△型运行后,管路压力仍不能使该继电器动作,则说明存在各种机械或电气故障,使水泵不能正常工作。因此应视为故障出现。

②水泵电机在运行中过载。装设于电机主电路的热继电器可以反映出由于电机长期过负荷工作或由于缺相引起的过载现象。这时压力继电器不一定动作。但属不正常状态,因此也应视为故障。

将上述两种情况相"或",即可得到任何一台电动机的故障条件。梯形图中用输出继电器 Y12 和 Y13 分别表示 $1^{\#}$,$2^{\#}$水泵机组的故障状态,则梯形图中对应的故障逻辑表达式为:

$$Y12 = Y0 \cdot Y2 \cdot \overline{X13} + X11$$

$$Y13 = Y3 \cdot Y5 \cdot \overline{X14} + X12$$

上式中$\overline{X13}$,$\overline{X14}$是与 2 台机组压力继电器输入信号(常开)相对应的输入继电器常闭触点,当出水压力正常时,它们均会断开。X11,X12 是与 2 台电动机热继电器输入信号(常开)相对应的输入继电器常开触点,当电机过载时,它们将会闭合。

例如 $1^{\#}$机组进入正常运行后,Y0↑,Y2↑。这时若该机组供水压力继电器仍不动作(水压太低)常闭触点$\overline{X13}$将不会打开,因此 $1^{\#}$机组故障标志 Y12↑。从图 9.43 可见,输出继电器 Y12 接通后一方面输出灯光或声音报警信号;另一方面其常开触点使 Y0 和 Y2 断开,这样就切断了 $1^{\#}$电动机的电源和△型连接状态,从而使其停止工作。$2^{\#}$机组故障时的处理过程与 $1^{\#}$机组相同。

6)**故障情况下备用机组的自动投入**

当运行机组出现故障时,备用机组应投入运行,这时应首先解除备用状态,然后才能完成备用机组的投入过程。

(1)备用过程的解除

梯形图中的内部辅助继电器 M5,M7 分别为当 $1^{\#}$,$2^{\#}$机组备用情况下解除备用的条件,从它们的逻辑组合关系可以清楚地看出,任一台备用机组要解除备用状态,条件就是另外一台机组出现故障,例如当常开触点 Y12 接通(若 $1^{\#}$机组出现故障)时,都会使 M5 继电器接通。将 M5 用 PLF 指令转换为脉冲信号 M6,则 M6 可以使 $2^{\#}$机组的备用状态 Y6 复位,即解除了 $2^{\#}$机组的备用。

(2)备用机组自动投入

设"自动"工作方式下,选择 $2^{\#}$机组备用。由前面分析可知,由于 Y7↑,$2^{\#}$机组不会启动运行。如果此时 $1^{\#}$机组故障,则 $2^{\#}$机组应当投入工作。

若1#机组在运行时出现故障,则Y12↑,发出声、光报警,并使Y0↓,Y2↓。同时通过M5辅助继电器产生脉冲信号,使M8↑,从而使输出继电器Y7↓,解除了备用状态。但此时2#机组尚未启动,经过时间继电器T2启动延时数秒钟(假设为2 s),T2↑,这样2#机组运行正常,即备用机组实现了自动投入。

7)手动控制

手动/自动转换开关SA是一个用动触点完成两种工况切换的开关,因此,当开关置于"手动"位置时,X5↑,同时必有X6↓,即手动方式建立,自动方式自然解除,这时每台电机是通过手动按钮(对应输入点X3,X4)完成启动任务的。根据控制要求,这种工作方式不进行联动,因此用手动状态X5常闭触点封锁T2,即解除了各台电机的联动关系。用手动启动按钮(对应输入点X3,X4)和手动停止按钮(对应输入点X15,X16)可以分别对1#,2#机组单独进行控制,具体过程请自行分析。

以上分析了水塔供水泵站PLC控制梯形图的主要控制功能的实现过程。虽然以2台机组为背景,但只要留有一定的I/O点裕量,同样的控制环节很容易扩展到由多台水泵组成的泵群控制中去。显然,与继电器控制系统相比,PLC控制系统具有更大的灵活性。

9.6 PLC在空调机组控制中的应用

9.6.1 空调机组工作过程简介

空调机组是建筑物内局部空气处理的大型成套设备。由于具有安装方便,施工迅速,操作简单等优点,在各种建筑物中得到了广泛的使用。

空调机组按照功能分为制冷、空气处理两大部分。

制冷部分是机组的冷源,主要由压缩机、冷凝器、膨胀阀和蒸汽阀等组成。其功能是在夏季对送入室内的空气进行冷却,并除去空气中过多的水分,从而对空气进行降温除湿处理。为了调节室内所需的热、湿负荷,将蒸发器制冷管路分为两条,利用两个电磁阀YV1和YV2分别控制两条管路的通断。当YV1打开肘,蒸发面积为总面积的1/3,当YV2打开时则为2/3,因此可以改变冷却量及除湿强度。

空气处理设备由新风采集口、回风口、空气过滤器、电加热器、电加湿器及风机等组成,其主要任务是将新风与回风按一定比例混合经过滤器过滤后,处理成所需要的温度及湿度送入空调房间。电加热器为3组电阻式加热器,安装在送风管道中;电加湿器是用电极直接加热水产生蒸汽,用喷管喷入空气中进行加湿。

空调机组的电气控制部分常用继电器线路实现,由于触点多,线路连接复杂,因此故障率高,维护工作量大。同时因固定接线,使控制功能灵活性较差。如改用PLC实现其控制,则可以提高可靠性,增强控制功能,并可用一台PLC控制多台机组。

9.6.2 空调机组的控制要求

下面以夏季为例介绍其控制要求。

夏季室外空气温度较高,湿度较大,因此通过制冷设备对进入室内的空气(称送风)进行

降温、除湿处理,具体要求如下:

①控制电磁阀 YV1,YV2 的工作数量,改变蒸发器的制冷投入面积,从而改变送风相对湿度。

②为了在控制湿度时保持送风温度基本不变,可用一组电加热器 RH1 作为精加热(又称冷加热)装置。

③电加热器与风机应连锁,即先启动风机后才能启动电加热器以保证安全。

9.6.3 PLC 控制系统设计

1)机型选择和 I/O 分配

根据上述控制要求,当采用 PLC 对单台空调机组进行控制时,PLC 的输出信号全都为开关量,分别控制主电路中的接触器 KM1 ~ KM8 及声、光报警,因此输出点数为 10 个。现场输入信号主要为一些开关、选择开关及保护触点,共需要 16 个。因此选择 FX_{2N} 系列 FX_{2N}-40MR 即可满足要求,I/O 分配关系见表 9.5 所示。

表 9.5 PLC I/O 分配表

输入		输出	
风机运行开关 S1	X0	风机电机接触器 KM1	Y0
压缩机运行开关 S2	X1	压缩机电机接触器 KM2	Y1
加热器 RH1 自动选择开关 S3	X2	加热器 RH1 接触器 KM3	Y2
加热器 RH1 手动选择开关 S3	X3	加热器 RH2 接触器 KM4	Y3
加热器 RH2 自动选择开关 S4	X4	加热器 RH3 接触器 KM5	Y4
加热器 RH2 手动选择开关 S4	X5	加湿器 RW 接触器 KM6	Y5
加热器 RH3 自动选择开关 S5	X6	电磁阀 YV1 接触器 KM7	Y6
加热器 RH3 手动选择开关 S5	X7	电磁阀 YV2 接触器 KM8	Y7
电磁阀控制选择开关 S_A	X10	报警指示灯	Y10
电磁阀控制选择开关 S_A	X11	报警蜂鸣器	Y11
湿度控制开关 S6	X12		
温度接点信号 T	X13		
湿度接点信号 TW	X14		
压缩机压力接点信号 SP	X15		
风机热保护 FR1	X16		
压缩机保护 FR2	X17		

2)PLC 系统接线

空调机组控制系统接线示意图如图 9.44 所示。

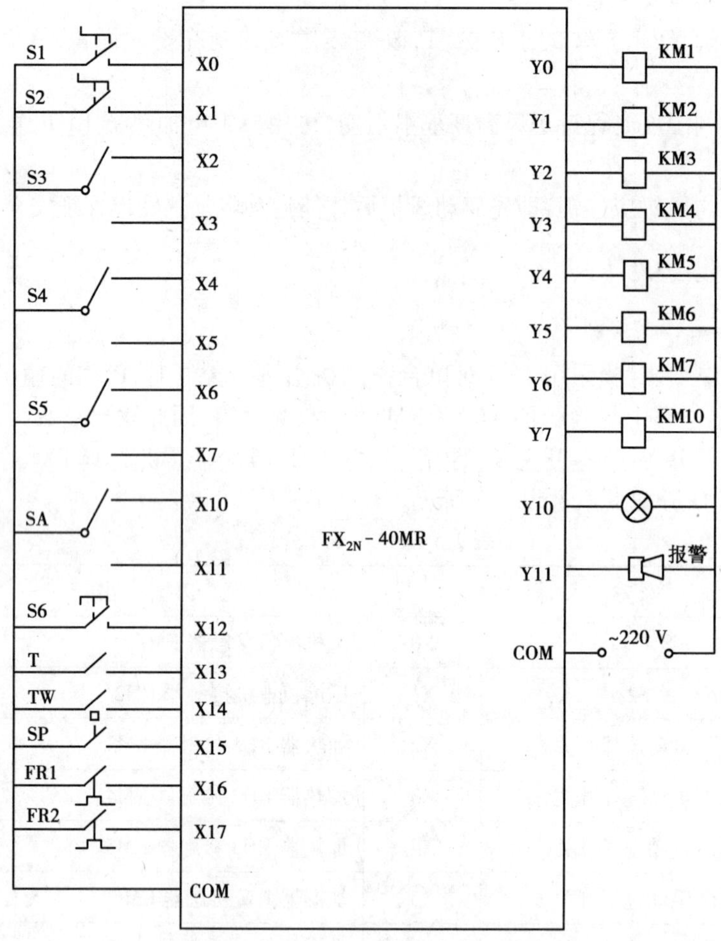

图 9.44 PLC 接线原理示意图

9.6.4 梯形图设计及分析

图 9.45 是用 PLC 实现空调机组控制的一种梯形图。

当按下风机运行开关 S1,使 Y0↑,启动送风机;同时 Y0 常开触点为系统开始工作作准备。以后 PLC 的工作情况分析与继电接触器控制电路相同,这里就不作介绍了,详细内容见第 4 章的 4.4 节。

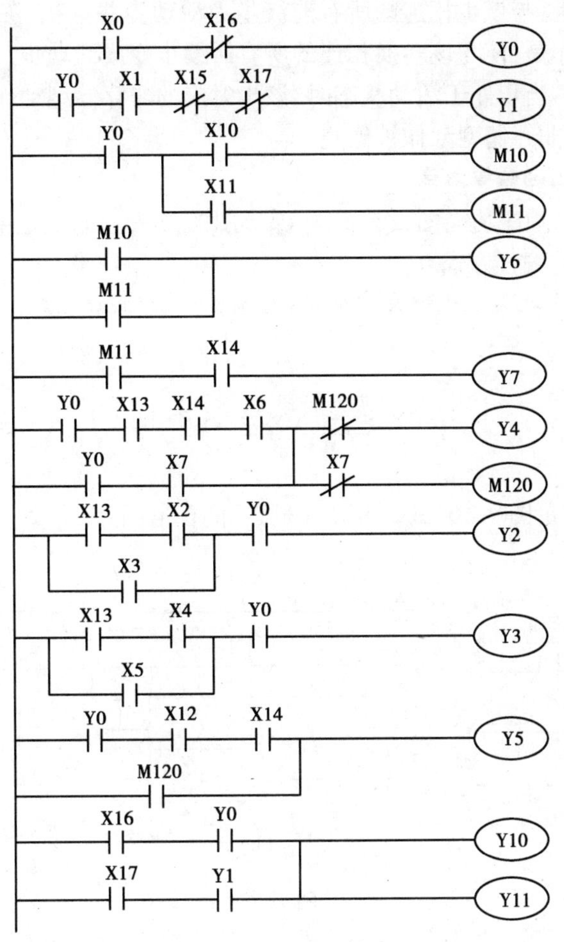

图 9.45　空调控制梯形图

小结 9

1）**经验设计法**

这种设计法适用于较简单的梯形图(如手动程序)的设计。该方法没有普遍的规律可以遵循,具有很大的试探性和随意性,最后的结果不是唯一的,设计所用的时间、设计的质量与设计者的经验有很大的关系,常以起保停电路为基本电路。

2）**顺序控制设计法**

这是一种先进的设计方法,它根据顺序功能图设计。

顺序功能图有 5 个基本组成部分(步、有向连线、转换、转换条件和动作),它分为单序列、选择序列和并行序列 3 种基本结构。

绘制的规则为:两个步不能直接相连,中间一定要有转换将其隔开;两个转换不能直接相连,中间一定有步将其隔开;每一个顺序功能图中至少有一个初始步,有向连线的箭头表明步的活动顺序,所以在与常规不同处应标明方向。

转换实现的条件是:与该步相连的所有前级步为活动步并且相应的转换条件满足。转换实现应完成的基本操作是:使与该转换相连的所有后续步变成活动步,使与该转换相连的所有前级步变成不活动步。当步处于活动状态时,该步对应的非存储型动作被执行;当步处于不活动状态时,该步对应的非存储型动作被停止。

3)**顺序控制梯形图的编程方式**

这就是根据系统的顺序功能图设计 PLC 梯形图的方法。本章主要介绍了用起保停电路设计和 STL 指令设计的编程方式。

4)**本章例举了 PLC 在混凝土搅拌系统、水塔供水系统、空调机组控制中的应用实例**

复习思考题9

(1)试分别设计满足图 9.46(a),(b),(c)所示的梯形图。

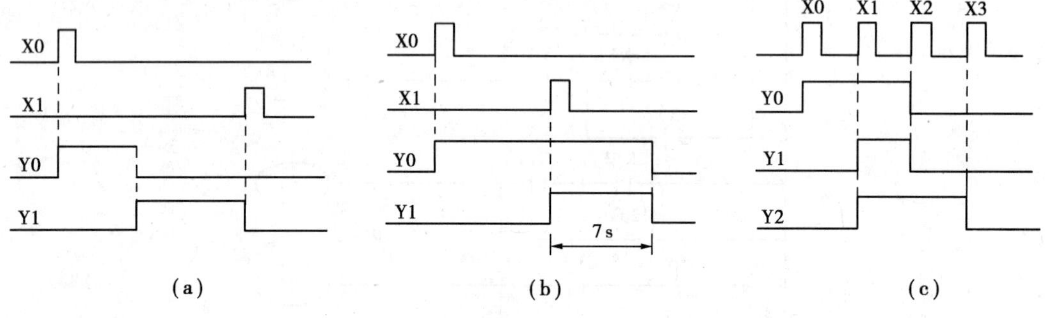

图 9.46

(2)在按钮 X0 按下后 Y0 变为 ON 并自保持,T0 定时 5 s 后,用 C0 对输入的脉冲记数,记满 3 个脉冲后,Y0 变为 OFF(见图 9.47),同时 C0 被复位,在可编程序控制器刚开始执行用户程序后,C0 也被复位,试设计出梯形图。

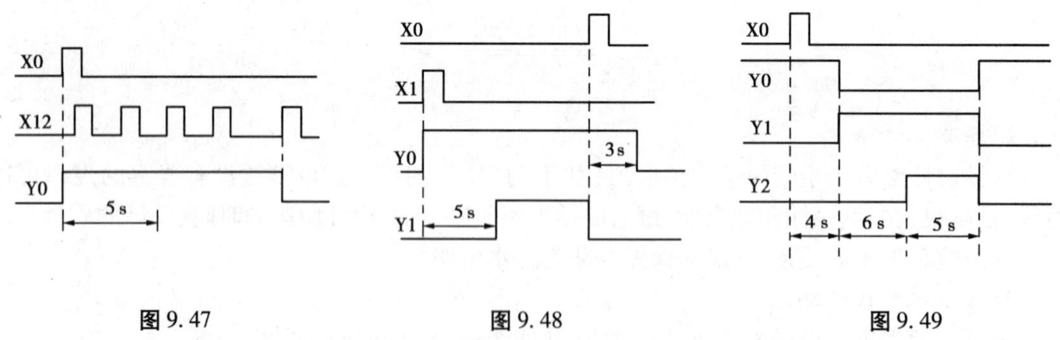

图 9.47　　图 9.48　　图 9.49

(3)按下按钮 X1 后,Y0 接通并保持,过 5 s 后 Y1 接通,按下按钮 X0 后 Y1, Y0 同时断开(见图 9.48),试设计出梯形图。

(4)按下按钮 X0 后,Y0 ~ Y2(红灯、绿灯、黄灯)按图 9.49 所示的时序变化,试设计出梯形图。

(5)试分别设计出图 9.50(a),(b),(c)所示的顺序功能图的梯形图程序。

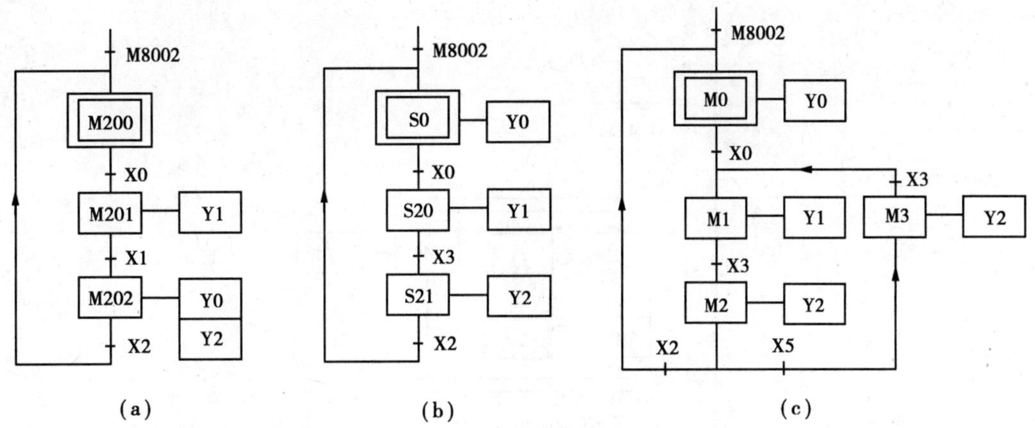

图 9.50

(6)如图 9.51 所示，小车在初始位置时，限位开关 X0 为"1"状态，按下启动按钮 X3，小车按下图示顺序运动，最后返回并停在初始位置。试画出该系统的顺序功能图；并用起保停编程方式画出对应的梯形图。

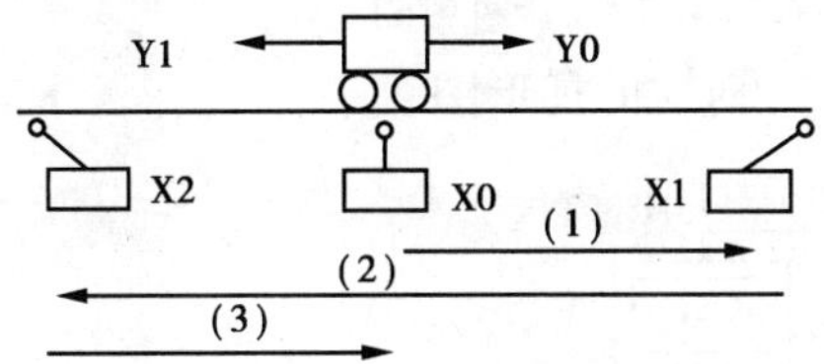

图 9.51

(7)图 9.52 中的两条运输带顺序相连，按下启动按钮，2 号运输带开始运行，5 s 钟后 1 号运输带自动启动，停机的顺序与启动的顺序刚好相反，时间间隔仍然为 5 s 钟。试画出该系统的顺序功能图；并设计出对应的梯形图。

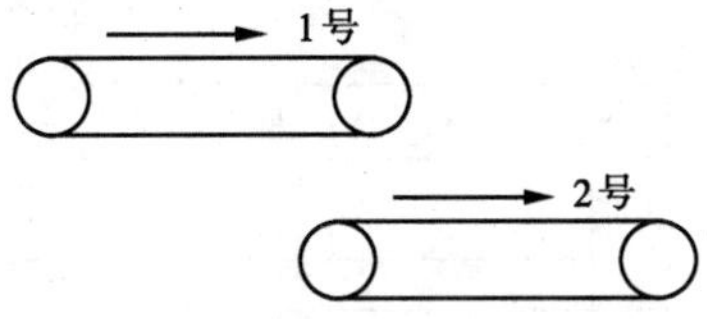

图 9.52

(8)试设计出图 9.53 所示的顺序功能图的梯形图程序。

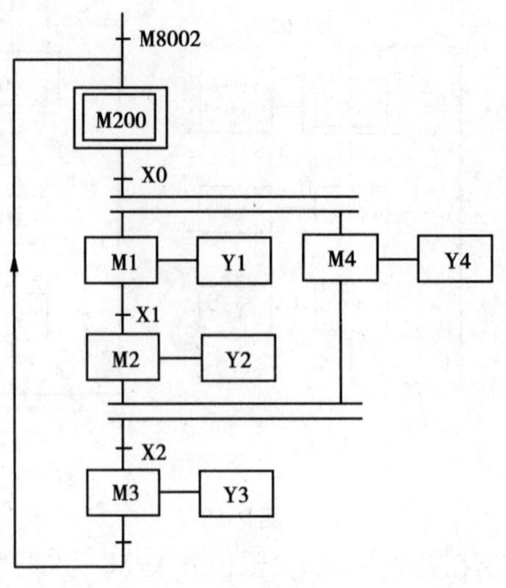

图 9.53

(9)用 STL 指令设计图 9.54 对应的梯形图。

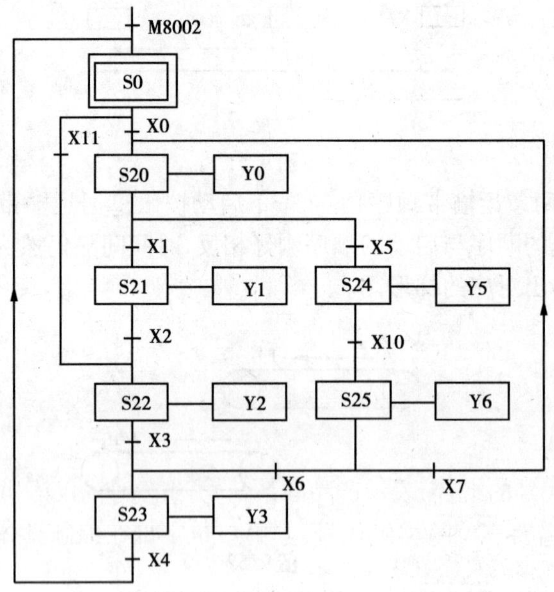

图 9.54

附　录

附录1　国产低压电器产品型号编制方法

1）**全型号组成型式**

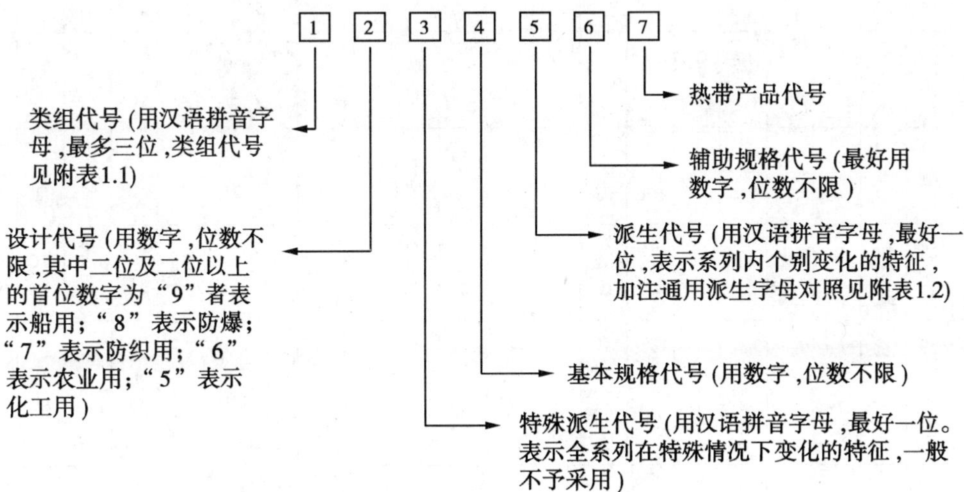

2）**类组代号**

类组代号与设计代号的组合，表示产品的系列，类组代号的汉语拼音字母方案的首二位字母规定如附表1.1，如需要三位的类组代号，其第三位字母在编制具体型号时，以不重复为原则，临时拟定之。

3）**汉语拼音字母选用原则**

①采用所代表对象的第一个音节字母；

②采用所代表对象的非第一个音节字母；

③采用通俗的外来语言的第一个音节字母；

④万不得已时才选用与发音毫不相关的字母。

4)低压电器产品型号类组代号表(附表1.1)

附表1.1　低压电器产品型号类组代号表

代号	名称	A	B	C	D	G	H	J	K	L	M	P	Q	R	S	T	U	W	X	Y	Z
H	刀开关和转换开关				刀开关		封闭式负荷开关		开启式负荷开关					熔断器式刀开关	刀形转换开关					其他	组合开关
R	熔断器			插入式			汇流排式			螺旋式	封闭管式				快速	有填料管式			限流	其他	
D	自动开关										灭弧				快速			框架式	限流	其他	塑料外壳式
K	控制器					鼓形						平面				凸轮				其他	
C	接触器					高压		交流				中频			时间	通用				其他	直流
Q	启动器	按钮式		磁力				减压							手动		油浸		星三角	其他	综合
J	控制继电器									电流				热	时间	通用		温度		其他	中间
L	主令电器	按钮						接近开关	主令控制器						主令开关	足踏开关	旋钮	万能转换开关	行程开关	其他	
Z	电阻器		板形元件	冲片元件	铁铬铝带型元件	管形元件									烧结元件	铸铁元件			电阻器	其他	
B	变阻器			旋臂式						励磁		频敏	启动		石墨	启动调速	油浸启动	液体启动	滑线式	其他	

续表

代号	名称	A	B	C	D	G	H	J	K	L	M	P	Q	R	S	T	U	W	X	Y	Z
T	调整器				电压																
M	电磁铁					阀用							牵引					起重		液压	制动
A	其他		触电保护器	插销	灯具					电铃											

5）**加注通用派生字母对照表（附表1.2）**

附表1.2　加注通用派生字母对照表

派生字母	代表意义
A,B,C,D,…	结构设计稍有改进或变化
C	插入式
J	交流、防溅式
Z	直流、自动复位、防震、重任务、正向
W	无灭弧装置、无极性
N	可逆、逆向
S	有锁住机构、手动复位、防水式、三相、三个电源、双线圈
P	电磁复位、防滴式、单相、两个电源、电压的
K	开启式
H	保护式、带缓冲装置
M	密封式、灭磁、母线式
Q	防尘式、手车式
L	电流的
F	高返回、带分励脱扣
T	按(湿热带)临时措施制造 } 此项派生字母加注在全型号之后
TH	湿热带
TA	干热带

附录2　常用低压电器技术数据

附表 2.1　CJ10(10~150),CJ20(10~630)系列交流接触器主要技术数据

型　号	触头额定工作电压/V	主触头额定电流/A	辅助触头额定电流/A	可控制的三相异步电动机的最大功率/kW			吸引线圈额定电压/V
				220 V	380 V	660 V	
CJ10-10	500 及以下	10	5	2.2	4		36,110,127,220,380
CJ10-20		20	5	5.5	10		
CJ10-40		40	5	11	20		
CJ10-60		60	5	17	30		
CJ10-100		100	5	30	50		
CJ10-150		150	5	43	75		
CJ20-10	660 及以下	10	6	2.2	4	4	36,127 220,380
CJ20-16		16	6	4.5	7.5	11	
CJ20-25		25	6	5.5	11	22	
CJ20-40		40	6	11	22	35	
CJ20-63		63	6	18	30	50	
CJ20-100		100	6	28	50	85	
CJ20-160		160	6	48	85		
CJ20-250		250	6	80	132	220	
CJ20-400		400	6	115	200		
CJ20-630		630	6	175	300	350	

附表 2.2　JZ7、JZ8 系列中间继电器的技术数据

型　号	线圈参数			触头参数				动作时间/s	操作频率/(次·h^{-1})
	额定电压/V		消耗功率	触头数		最大断开容量			
	交流	直流		常开	常闭	阻性负载	感性负载		
JZ7-22	12,24,36,48,110,127,220,380,420,440,500		12 VA	2	2	AC 380 V 5 A DC 220 V 1 A	$\cos\varphi=0.4$ $L/R=5$ ms AC 380 V 5 A, 500 V 3.5 A DC 220 V 0.5 A		1 200
JZ7-41				4	1				
JZ7-42				4	2				
JZ7-44				4	4				
JZ7-53				5	3				
JZ7-62				6	2				
JZ7-80				8	0				
JZ8-62 J/Z/□	110,127,220,380	12 24 48 110 220	AC 10 VA DC 7.5 W	6	2			0.05	2 000
JZ8-44 J/Z/□				4	4				
JZ8-26 J/Z/□				2	6				

附表 2.3　JS11 系列时间继电器技术数据

<table>
<tr><th rowspan="3">型　号</th><th rowspan="3">吸引线圈电压/V</th><th rowspan="3">触头额定电压/V</th><th rowspan="3">触头额定电流/A</th><th colspan="4">延时触头数</th><th colspan="2" rowspan="2">瞬动触头数</th><th rowspan="3">延时范围</th></tr>
<tr><th colspan="2">通电延时</th><th colspan="2">断电延时</th></tr>
<tr><th>常开</th><th>常闭</th><th>常开</th><th>常闭</th><th>常开</th><th>常闭</th></tr>
<tr><td>JS11-11
JS11-11B</td><td rowspan="7">110
127
220
380</td><td rowspan="14">380</td><td rowspan="14">5</td><td rowspan="14">3</td><td rowspan="14">2</td><td rowspan="14">3</td><td rowspan="14">2</td><td rowspan="14">1</td><td rowspan="14">1</td><td>0.4～8 s</td></tr>
<tr><td>JS11-21
JS11-21B</td><td>2～40 s</td></tr>
<tr><td>JS11-31
JS11-31B</td><td>10～240 s</td></tr>
<tr><td>JS11-41
JS11-41B</td><td>1～20 min</td></tr>
<tr><td>JS11-51
JS11-51B</td><td>5～120 min</td></tr>
<tr><td>JS11-61
JS11-61B</td><td>0.5～12 h</td></tr>
<tr><td>JS11-71
JS11-71B</td><td>3～72 h</td></tr>
<tr><td>JS11-12
JS11-12B</td><td rowspan="7">110
127
220
380</td><td>0.4～8 s</td></tr>
<tr><td>JS11-22
JS11-22B</td><td>2～40 s</td></tr>
<tr><td>JS11-32
JS11-32B</td><td>10～240 s</td></tr>
<tr><td>JS11-42
JS11-42B</td><td>1～20 min</td></tr>
<tr><td>JS11-52
JS11-52B</td><td>5～120 min</td></tr>
<tr><td>JS11-62
JS11-62B</td><td>0.5～12 h</td></tr>
<tr><td>JS11-72
JS11-72B</td><td>3～72 h</td></tr>
</table>

附表 2.4　常用自动开关主要技术数据及系列号

类别	型号	额定电流/A	过电流脱扣器额定电流范围/A	极限开断能力 电压/V	极限开断能力 交流电流周期分量有效值 I_c/kA	极限开断能力 cos φ	备　注
塑料外壳式	DZ5	20	0.15～20 复式电磁式	380	1.2	≥0.7	
			0.15～20 热脱扣式		1.3 倍脱扣器额定电流		
			无脱扣式		0.2		
		50	10～50		2.5		
	DZ10	100	15～20	380	(7)	≥0.5	
			25～40		(9)		
			50～100		(12)		
		250	100～250		(30)		
		600	200～600		(50)		
	DZ12	60	6～60	120	5	0.5～0.6	上海开关厂的数据
				120/240			
				240/415	3	0.75～0.8	
	DZ15	40	10～40	380	2.5	0.7	嘉兴电气控制设备厂的数据
	DZ15L						
框架式	DW10	200	60～200	380	10	≥0.4	
		400	100～400		15		
		600	500～600		15		
		1 000	400～1 000		20		
		1 500	1 500		20		
		2 500	1 000～2 500		30		
		4 000	2 000～4 000		40		
	DW5	400	100～400	380	10/20	0.35	延时 0.4 s　北京开关厂数据
		600	100～600		12.5/25		

附表 2.5　新型自动开关主要技术数据及系列号

系　列	额定电流 /A	脱扣器额定电流 /A	通断能力		极　数
			额定电压 /V	通断电流 /kA	
TO	100	15,20,30,40,50,60,75,100	AC 380	18	3
			AC 440	12	
	225	125,150,175,200,225	AC 380	25	
			AC 440	20	
	400	250,300,350,400	AC 380	30	
			AC 440	25	
	600	450,500,600	AC 380	30	
			AC 440	25	
TG	30	15,20,30	AC 380	30	3
			AC 440	30	
	100	15,20,30,40,50,60,75,100	AC 380	30	
			AC 440	25	
	225	125,150,175,200,225	AC 380	42	
			AC 440	30	
	400	250,300,350,400	AC 380	42	
			AC 440	30	
	600	450,500,600	AC 380	50	
			AC 440	35	
TS	100	15,25,50,75,100	AC 500	15	3
	225	125,150,175,225,250	AC 500	20	
	400	200,350,400	AC 500	30	
TL	100	15,20,30,40,50,60,75,100	AC 380	180	3
			AC 440	120	
	225	125,150,175,200,225	AC 380	180	
			AC 440	120	
TH	50	6,10,15,20,30,40,50	AC 240	1～5	1,2,3
			380		
			415		
			DC 125		
PX-200C	63	6,10,16,20,25,32,40	240(220)		1,2,3,4
			415(380)		

附录3　常用电器的电气符号（摘自 GB 4728）

附表 3.1　常用电器图用图形符号

名　称	图形符号	名　称	图形符号
三相鼠笼型电动机	M 3~	三相变压器 Y/△联接	Y △
三相绕线型电动机	M 3~	接触器线圈 一般继电器线圈	
串励直流电动机	M	电磁铁	
并励直流电动机	M	按钮开关（不闭锁）动合触头	
他励直流电动机	M	按钮开关（不闭锁）动断触头	
电抗器 扼流圈		按钮开关 旋转开关（闭锁）	
双绕组变压器		液位开关	
电流互感器		热继电器的热元件	
缓放继电器线圈（断电延时）		过电流继电器线圈	I>

续表

名　称	图形符号	名　称	图形符号
缓吸继电器线圈(通电延时)	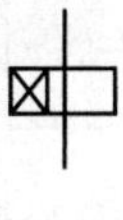	欠电流继电器线圈	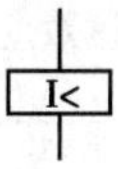 I<
接触器动合(常开)触点	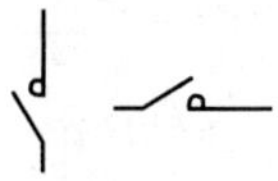	熔断器	
接触器动断(常闭)触点	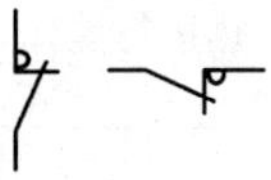	三极熔断器式隔离开关	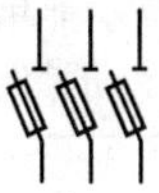
继电器动合触点	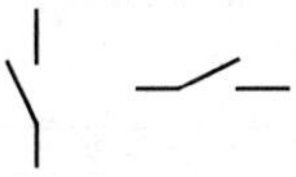	延时闭合动合(常开)触点	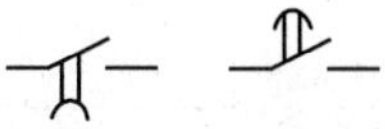
继电器动断触点	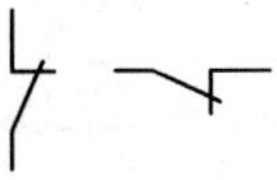	延时断开动断(常闭)触点	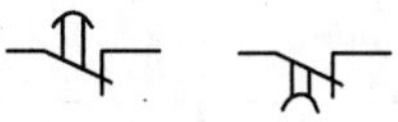
热继电器常闭触点	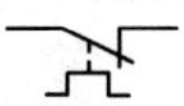	延时断开动合(常开)触点	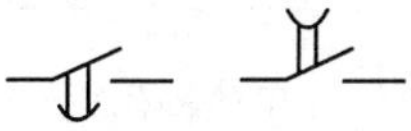
热继电器常开触点		延时闭合动断(常闭)触点	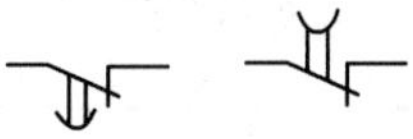
插头和插座	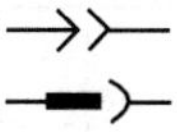	行程开关动合(常开)触点	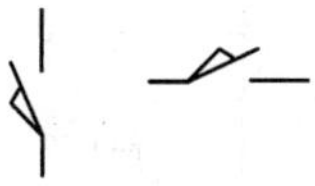
低压断路器	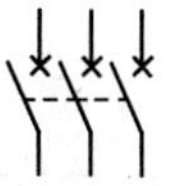	行程开关动断(常闭)触点	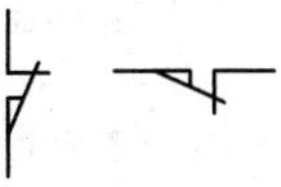

附表 3.2 常用符号要素及限定符号

名　称	图形符号	名　称	图形符号
热效应		拉拔操作	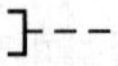
电磁效应		旋转操作	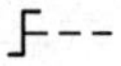
一般情况下手动控制	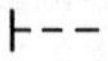	推动操作	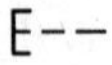
受限制的手动控制	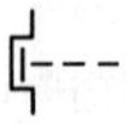	热执行操作	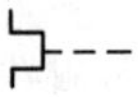
接近效应操作	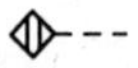	机械连接	形式 1 形式 2
接触效应操作	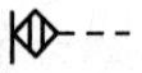	延时动作	形式 1 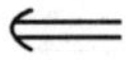 形式 2 
紧急开关(蘑菇头安全按钮)	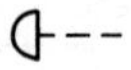	脚踏操作	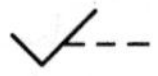
手轮操作	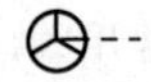	滚轮(滚柱操作)	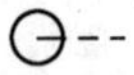
钥匙操作	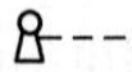	凸轮操作	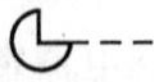

附录 3.3 常用基本文字符号

元器件种类	元件名称	基本文字符号	
		单字母	双字母
变换器	扬声器 测速发电机	B B	 BR
电容器	电容器	C	
保护元件	熔断器 过电流继电器 过电压继电器 热继电器	F	FU FA FV FR
信号器件	指示灯	H	HL
其他器件	照明灯	E	EL

续表

元器件种类	元件名称	基本文字符号	
		单字母	双字母
电力电路 开关器件	断路器 电动机保护开关 隔离开关 闸刀开关	Q	QF QM QS QS
测量设备	电流表 电压表 电度表	P	PA PV PJ
电阻器	电阻器 电位器	R	RP
控制电路 开关器件	选择开关 按钮开关 压力传感器	S	SA SB SP
操作器件	电磁铁 电磁制动器 电磁阀	Y	YA YB YV
接触器 继电器	接触器 时间继电器 中间继电器 速度继电器 电压继电器 电流继电器	K	KM KT KA KV,Kn KV KI
电抗器	电抗器	L	
电动机	可作发电机用 力矩电动机	M	MG MT
变压器	电流互感器 电压互感器 控制变压器 电力变压器	T	TA TV TC TM
电子管 晶体管	二极管 晶体管 晶闸管 电子管 控制电路电源 整流器	V	VE VC
传输通道 波导天线	导线 电缆	W	
端子 插头 插座	插头 插座 端子板	X	XP XS XT

附录4 FX-20P-E型简易编程器

编程器是可编程序控制器最重要的外部设备,除了用它来给可编程序控制器编程外,还可以用来监视可编程序控制器的工作状态。简易编程器具有体积小、重量轻、价格低等特点,广泛用于小型可编程序控制器的用户程序编制、现场调试和监控。

FX-20P-E 简易编程器可以用于 FX_2, FX_0, FX_{0S}, FX_{2N}, FX_{2C}系列可编程序控制器,也可以通过 FX-20P-FKIT 转换器用于 F_1 和 F_2 系列可编程序控制器。

1) FX-20P-E **型简易编程器的组成与面板布置**

(1) FX-20P-E 型简易编程器的组成

FX-20P 型简易编程器的硬件主要包括以下几个部件:

①FX-20P-E 型编程器。

②FX-20P-CAB 型电缆。

③FX-20P-RWM 型 ROM 写入器模块。

④FX-20P-ADP 型电源适配器。

⑤ FX-20P-FKIT 型接口。

其中编程器与电缆是必须的,其他部分是选配件。编程器右侧面的上方有一个插座,将FX-20P-CAB 型电缆的一端插入该插座内(见如附图1所示),电缆的另一端插到 FX 系列可编程序控制器的 RS-422 编程器插座内。

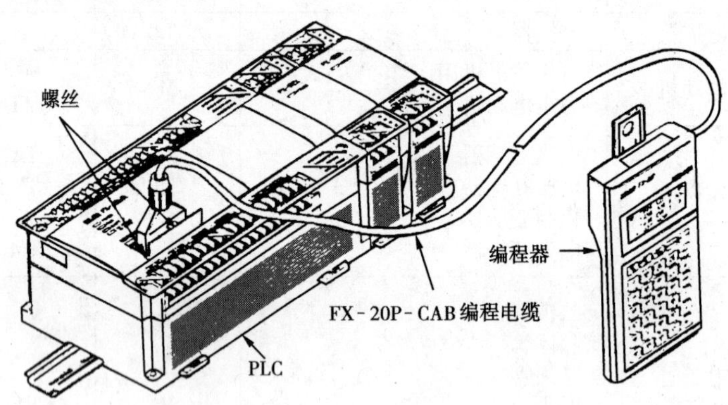

附图1 FX-20P 型简易编程器面板布置示意图

FX-20P-E 型编程器的顶部有一个插座,可以连接 FX-20P-RWM 型 ROM 写入器,编程器底都插有系统程序存储器卡盒,需要将编程器的系统程序更新时,只要更换系统程序存储器即可。

在 FX-20P-E 型编程器与可编程序控制器不相连的情况下(脱机或离线方式),需要用该编程器编制用户程序时,可以使用 FX-20P-ADP 型电源适配器对编程器供电。

FX-20P-E 型编程器内附有 8 K 的 RAM,脱机方式时用来保存用户程序。编程器内附有高性能的电容器,通电一小时后,在该电容器的支持下,RAM 内的信息可以保留 3 天。

(2)FX-20P-E 型编程器的面板布置

FX-20P-E 型编程器的面板布置附图 1 所示。面板的上方是一个 16×4 个字符的液晶显示器。它的下面共有 35 个键,最上面一行和最右边一列为 11 个功能键,其余的 24 个键为指令键和数字键。

(3)FX-20P-E 型编程器的功能键

11 个功能键在编程时的功能简述如下:

RD/WR:读出/写入键;INS/DEL:插入/删除键;MNT/TEST:监视/测试键。3 个键都是双功能键,以RD/WR 为例,按第一下选择读出方式;按第二下选择写入方式,按第三下又回到读出方式,编程器当时的工作状态显示在液晶显示屏的左上角。

GO 键为执行键,用于对指令的确认和执行命令,在键入某指令后,再按GO 键,编程器就将该指令写入可编程序控制器的用户程序存储器中,该键还用来选择工作方式。

CLEAR 键为清除键,在未按GO 键之前,按下CLEAR 键,刚刚键入的操作码或操作数被清除。另外,该键还用来清除屏幕上的错误内容或恢复原来的画面。

SP 为空格键,输入多参数的指令时,用来指定操作数或常数。在监视工作方式下,若要监视位编程元件,先按下SP 键,再送该编程元件的元件号。

STEP 键为步序键,如果需要显示某步的指令,先按STEP 键,再送步序号。

↑,↓键为光标键,使光标“▶”上移或下移。

HELP 为帮助键,在编制用户程序时,如果对某条功能指令的编程代码不清楚,按下 FNC 键后按 HELP 键,屏幕上会显示特殊功能指令的分类菜单,再按下相应的数字键,就会显示出该类指令的全部编程代码。在监视方式下按HELP 键,可以使字编程元件内的数据在十进制和 16 进制数之间进行切换。

OTHER 键为“其他”键,无论什么时候按下,立即进入工作方式的选择。

(4)指令键、元件符号键和数字键

它们都是双功能键,键的上面是指令助记符,下面是元件符号或数字,上、下挡功能自动切换,下面的元件符号Z/V,K/H 和P/I 交替起作用,反复按键时,相互切换。

(5)液晶显示器

在编程时,液晶显示器显示屏的画面示意图如附图 2 所示。液晶显示器的显示屏可显示 4 行,每行 16 个字符,第一行第一列的字符代表编程器工作方式。其中 R 为读出用户程序;W 为写入户程序;I 为将编制的程序插入光标“▶”所指的指令之前;D 为删除“▶”所指的指令;M 表示编程器处于监视工作状态,可以监视位编程元件的 ON/OFF 状态、字编程元件内的数据,以及对基本逻辑指令的通断状态进行监视。T 表示编程器处于测试工作状态,可以对位编程元件的状态以及定时器和计数器的线圈状态强制接通或强制关断,也可以对字编程元件内的数据进行修改。

R ▶	100	LD	M	10
	101	OUT	T	5
			K	130
	104	LDI	X	003

附图 2　液晶显示屏

第 3 到 6 列为指令步序号,第 7 列为空格,第 8 列到 11 列为指令助记符,第 12 列为操作数或元件的类型,第 13 到 16 列为操作数或元件号。

2)编程器工作方式选择与用户程序存储器初始化

(1)编程器的工作方式选择

FX-20P-E 型编程器具有在线(ONLINE,联机)编程和离线(OFFLINE,脱机)编程两种工作方式。联机编程时,编程器与可编程序控制器直接相联,编程器直接对可编程序控制器的用户程序存储器进行读写操作。若可编程序控制器内装有 EEPROM 卡盒,程序写入该卡盒,若没有 EEPROM 卡盒,程序写入可编程序控制器内的 RAM 中。在离线编程时,编制的程序首先写入编程器内的 RAM 中,以后再成批地传入可编程序控制器的存储器。

FX-20P-E 型编程器上电后,其液晶屏幕上显示的内容如附图 3 所示。

其中闪烁的符号"■"指明编程器目前所处的工作方式。用↑或↓键将"■"移动到选中的方式上,然后再按"GO"键,就进入所选定的编程方式。

在联机方式下,用户可用编程器直接对可编程序控制器的用户程序存储器进行读/写操作,在执行写操作时,若可编程序控制器内没有安装 EEPROM 存储器卡盒,程序写入可编程序控制器的 RAM 存储器内;反之则写入 EEPROM 内,此时,EEPROM 存储器的写保护开关必须处于"OFF"的位置。只有用 FX-20P-RWM 型 ROM 写入器才能将用户程序写入 EPROM。

按OTHER 键,进入工作方式选择的操作。此时,液晶屏幕显示的内容如附图 4 所示。

```
PROGRAM    MOOD
■ ONLINE     (PC)
  OFFLINE    (HPP)
```

附图 3　工作方式选择

```
ONLINE MOOD FX
■ 1. OFFLINE  MOOD
  2. PROGRAM
  3. DATA  TRANSFER
```

附图 4　液晶显示屏

其中闪烁的符号"■"表示编程器所选的工作方式,按↑或↓键,"■"上移或下移,移到所需位置上,再接"GO"键,就进入选定的工作方式。在联机编程方式下,可供选择的工作方式共有 7 种,它们依次是:

①OHINE MODE(脱机方式):进入脱机编程方式。

②PROGRAM CHECK:程序检查,若没有错误,显示" NO ERROR"(没有错误);若有错,显示出错指令的步序号及出错代码。

③DATA TRANSFER:数据传送,若可编程序控制器内安装有存储器卡盒,在可编程序控制器的 RAM 和外装的存储器之间进行程序和参数的传送。反之则显示" NO MEMCASSETTE"(没有存储器卡盒),不进行传送。

④PARAMETER:对可编程序控制器的用户程序存储器容量进行设置,还可以对各种具有断电保持功能的编程元件的范围以及文件寄存器的数量进行设置。

⑤XYM. . NO. CONV. :修改 X, Y,M 的元件号。

⑥BUZZER LEVEL:蜂鸣器的音量调节。

⑦LATCH CLEAR:复位有断电保持功能的编程元件。

对文件寄存器的复位与它使用的存储器类别有关,只能对 RAM 和写保护开关处于 OFF 位置的 EEPROM 中的文件寄存器复位。

(2)用户程序存储器初始化

在写入程序之前,一般需要将存储器中原有的内容全部清除,先按RD/WR 键,使编程器

处于 W 工作方式,接着按以下顺序按键:

NOP→A→GO→GO

3)指令的读出

(1)根据步序号读出指令

基本操作如附图 5 所示,先按RD/WR 键,使编程器处于 R 工作方式,如果要读出步序号为 100 的指令,按下列的顺序操作,该步的指令就显示在屏幕上。

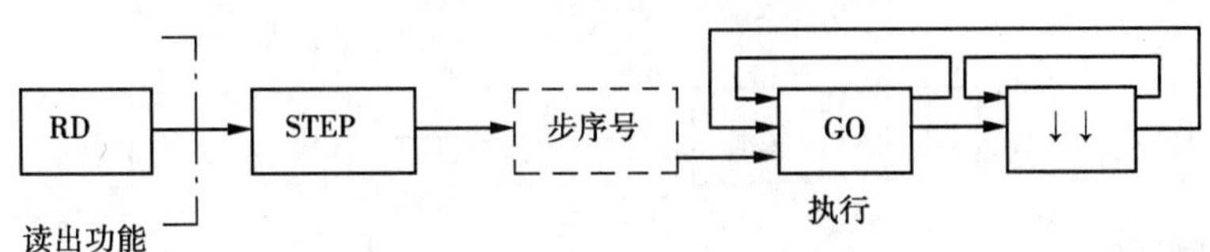

附图 5　根据步序号读出的基本操作

若还需要显示该指令之前或之后的其他指令,可以按↑,↓或按GO。按↑,↓可显示上一条或下一条指令;按GO 可显示下 4 条指令。

(2)根据指令读出

基本操作如附图 6 所示,先按RD/WR 键,使编程器处于 R 工作方式,然后根据附图 6 和附图 7 所示的操作步骤依次接相应的键,该指令就显示在屏幕上。

例如指定指令 LD　XIO,从可编程序控制器中读出并显示该指令。

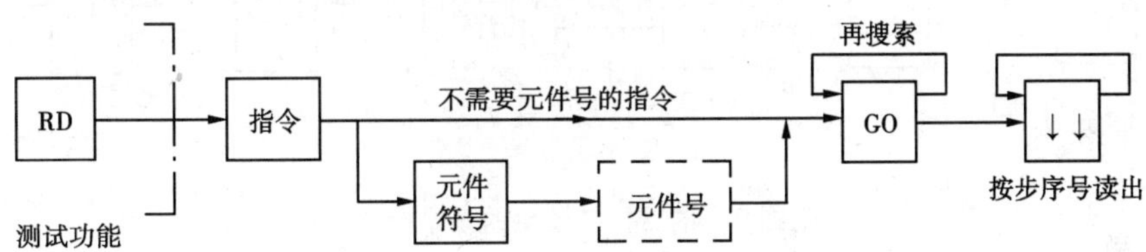

附图 6　根据指令读出的基本操作

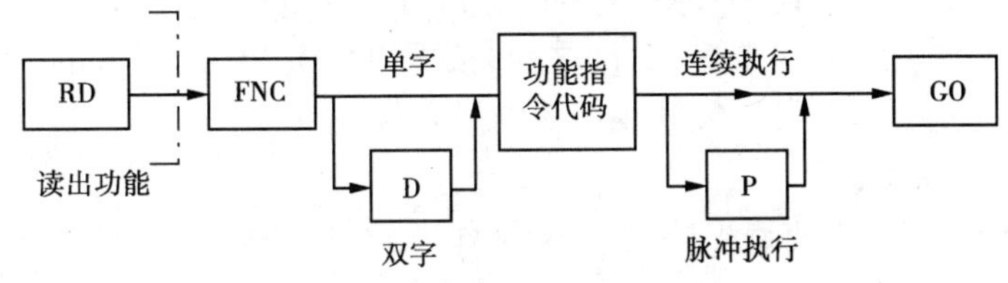

附图 7　功能指令的读出

按RD/WR 键,使编程器处于 R 工作方式,然后按以下的顺序按键:

LD→X→1→0→GO

再例如读出数据传送指令(D)MOV(P) D0 D4。

MOV 指令的功能指令代码为 12,先按RD/WR 键,使编程器处于 R 工作方式,然后按以下的顺序按键:

FUN→D→1→2→P→GO

按GO 键后屏幕上显示出指定的指令和步序号。接着再按功能键GO,屏幕上显示出下一条相同的指令及其步序号。如果用户程序中没有该指令,在屏幕的最后一行显示"NOT

FOUND"(未找到)。按↑、或↓键可读出上一条或下一条指令。按如CLEAR键，屏幕显示原先的内容。

(3)根据元件读出指令

基本操作如附图8所示，在R工作方式下读出含有X0的指令的操作步骤如下：

SP→X→0→GO

这种方法只限于基本逻辑指令，不能用于功能指令。

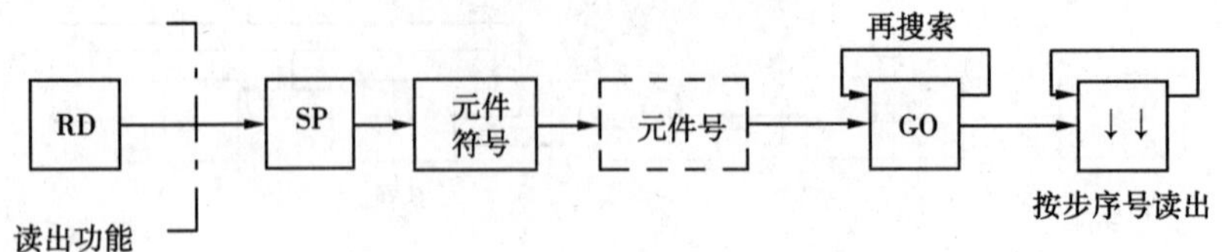

附图8　根据元件读出的基本操作

(4)根据指针查找其所在的步序号

基本操作如附图9所示，在R工作方式下读出10号指针的操作步骤如下：

P→1→0→GO

屏幕上将显示指针 P_{10} 及其步序号。读出中断程序用的指针时，按了P键后应按I键。

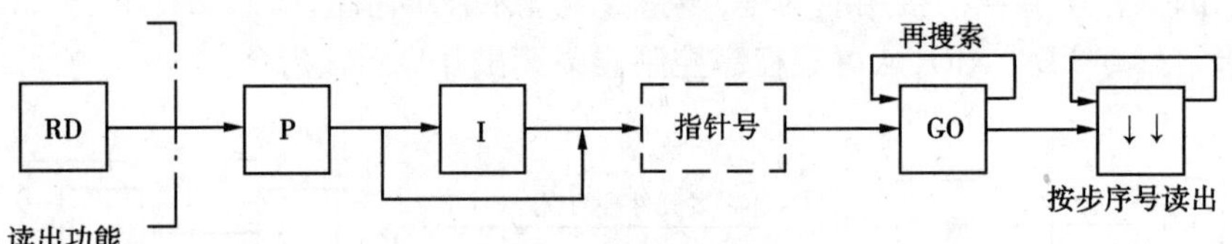

附图9　根据指针读出的基本操作

4)**指令的写入**

按RD/WR键，使编程器处于W工作方式，然后根据该指令所在的步序号，按STEP键后键入相应的步序号，接着按功能键GO，使"►"移动到指定的步序号，这时，可以开始写入指令。如果需要修改刚写入的指令，在未按GO键之前，按下CLEAR键，刚键入的操作码或操作数被清除。按了GO键之后，可按↑键，回到刚写入的指令，再作修改。

(1)写入基本逻辑指令

写入指令LD X10时，先使编程器处于W工作方式，将光标"►"移动到指定的步序号位置，然后按以下顺序按键：

LD→X→1→0→GO

(2)写入功能指令

基本操作如附图10所示，按RD/WR键，使编程器处于W工作方式，将光标"►"移动到指定的步序号位置，然后按"FNC"键，接着按该功能指令的指令代码对应的数字键，然后按SP键，再按相应的操作数键。如果操作数不止一个，每次键入操作数之前，先按一下SP键，键入所有操作数后，再按GO键，该指令就被写入可编程序控制器的存储器内。如果操作数为双字，按"FNC"键后，再按D键；如果仅当其控制电路由"断开"到"闭合"(上升沿)时才执行该功能指令的操作(脉冲执行)，在键入其编程代码的数字键后，接着再按P键。

例如写入数据传送指令MOV D0 D4。

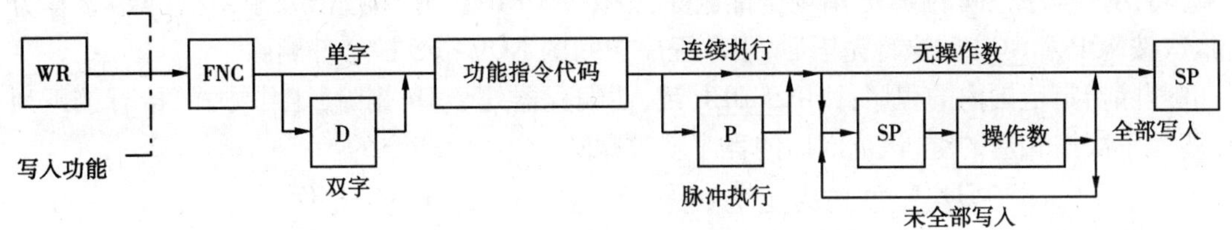

附图 10　功能指令的写入

MOV 指令的功能指令编号为 12，写入的操作步骤如下：

FUN→1→2→SP→D→0→SP→D→4→GO

再例如写入数据传送指令(D)MOV(P) D0 D4。

写入的操作步骤如下：

FUN→1→2→P→SP→D→0→SP→D→4→GO

(3)写入指针

写入指针的操作步骤如附图 11 所示，如写入中断用的指针，按了P 键后再按I 键。

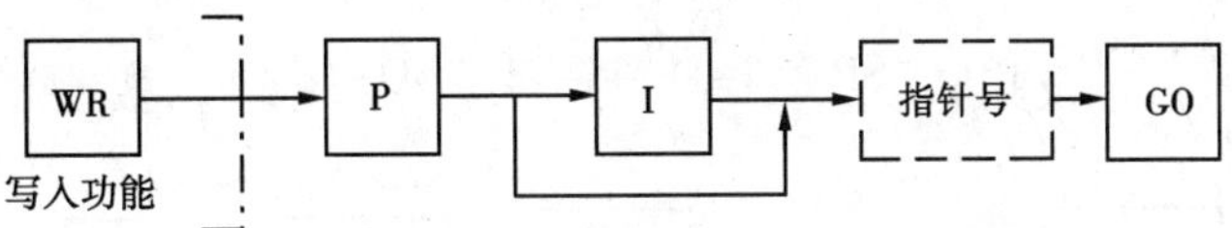

附图 11　写入指针的基本操作

5)**程序的修改**

(1)修改指定步序号的指令

例如将 100 步原有的指令改写为 OUT TO K15。

按步序号读出原指令后，按RD/WR 键，使编程器处于 W 工作方式，然后按下列操作步骤按键：

OUT→T→0→SP→K→1→5→GO

如果要修改功能指令中的操作数，读出该指令后，将光标"▶"移到欲修改的操作数所在的行，然后修改该行的参数。

(2)指令的插入

如果需要在某条指令之前插入一条指令，按照前述指令读出的方法，先将某条指令显示在屏幕上，此时，"▶"指向该指令。然后按INS/DEL 键，使编程器处于 I(插入)工作方式，然后按照指令写入的方法，将该指令写入，按GO 键后写入的指令插在原指令之前，后面的指令依次向后推移。

例如要在 200 步之前插入指令 AND X4，在 I 工作方式下首先读出 200 步的指令，然后按以下顺序按键：

INS→AND→X→4→GO

(3)指令的删除

①单条指令或单个指针的删除：如果需要将某条指令或某个指针删除，按照指令读出的方法，先将该指令或指针显示在屏幕上，此时，"▶"指向该指令。然后按INS/DEL 键，使编程器处于 D(删除)工作方式，接着按功能键GO，该指令或指针就被删除。

②将用户程序中间的 NOP 指令全部删除：按INS/DEL 键，使编程器处于 D(删除)工作方式，依次按NOP 和GO 键，执行完毕后，用户程序中间的 NOP 指令被全部删除。

③删除指定范围内的程序：按INS/DEL 键，使编程器处于 D(删除)工作方式，接着按下列操作步骤依次按相应的键，该范围内的程序就被删除。

STEP→起始步序号→SP→STEP→终止步序号→GO

6)对可编程序控制器编程元件与基本逻辑运界指令通/断状态的监视

使用编程器可以对各个位编程元件的状态和各个字编程元件内的数据进行监视和测试，监视功能可监视和确认联机方式下可编程序控制器编程元件的动作和控制状态，包括对编程元件的监视和对基本逻辑运算指令通/断状态的监视。测试是指用编程器对位编程元件的强制置位与复位、对字操作元件内数据的修改(如对 T，C，D，Z，V 当前值的修改和对 T，C 设定值的修改)和文件寄存器的写入等。

(1)对位编程元件的监视

基本操作如附图 12 所示，FX_{2N}有多个变址寄存器 Z，V，应送它们的元件号。以监视辅助继电器 M153 的状态为例，先按MNT/TEST 键，使编程器处于 M(测试)工作方式，然后按下列的操作步骤按键：

SP→M→1→5→3→GO

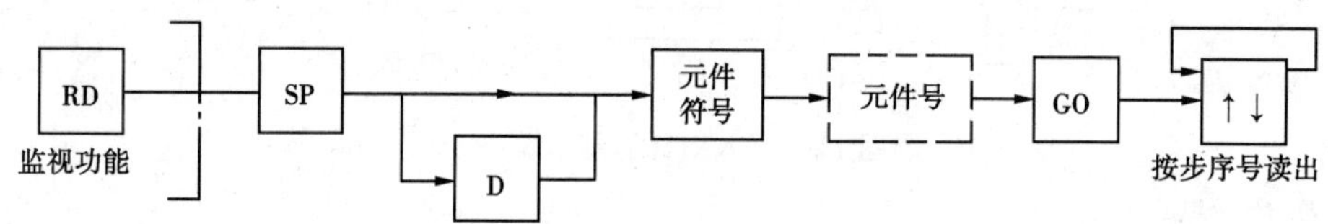

附图 12　元件监视的基本操作

M■M	153	Y	10
S	1	■X	3
X	4	S	5
X	6	X	7

附图 13　对位编程元件的监视

屏幕上就会显示出 M153 的状态。如果在编程元件的左侧有字符“■”(见附图 13)，表示该编程元件处于 ON 状态；如果没有，表示它处于 OFF 状态，最多可监视 8 个元件。按↑或↓键，可以监视前面或后面元件的状态。

(2)监视 16 位字编程元件(D，Z，V)内的数据

以测视数据寄存器 D0 内的数据为例，首先按MNT/TEST 键，使编程器处于 M(测试)工作方式，接着按下面的顺序按键：

SP→D→0→GO

屏幕上就会显示出数据寄存器 D0 内的数据。再按功能键↓，依次显示 D1，D2，D3 内的数据。此时显示的数据均以十进制数表示。若要以十六进制数表示，可按功能键HELP，重复按功能键HELP，显示的数据在十进制数和十六进制数之间切换。

(3)监视 32 位字编程元件(D，Z，V)内的数据

以监视由数据寄存器 D0 和 D1 组成的 32 位数据寄存器内数据为例，按MNT/TEST 键，使编程器处于 M(测试)工作方式，接着按下面的顺序按键：

SP→D→D→0→GO

屏幕上就会显示出由数据寄存器 D0 和 D1 组成的 32 位数据寄存器内的数据(见附图 14)。若要以十六进制数表示，可用功能键HELP 来切换。

(4)对定时器和16位计数器的监视

以监视定时器C99的运行情况为例,按MNT/TEST键,使编程器处于M(测试)工作方式,接着按下面的顺序按键:

SP→C→9→9→GO

屏幕上显示的内容如附图15所示。图中第三行末尾显示的数据K20是C99的当前计数值,第四行末尾显示的数据K100是C99的设定值。第四行中的字母P表示C99输出触点的状态,当其右侧显示"■"时,表示其常开触点闭合;反之则表示其常开触点断开。第四行中的字母"R"表示C99复位电路的状态,当其右侧显示"■"时,表示其复位电路闭合,其复位位为ON状态;反之则表示其复位电路断开,复位位为OFF状态。

非积算定时器没有复位输入,附图15中T100的"R"未用。

```
M  D    1    D    0
          K  3 4 5 7 3 2
 ▶D   121    D    120
        K  8 7 4 3 7 3 2 1
```

附图14　对32位元件的监视

```
M  T    100    K    100
    P    R     K    250
▶  C    99     K     20
    P ■  R     K    100
```

附图15　对定时器计数器的监视

(5)对32位计数器的监视

以监视32位计数器C200的运行情况为例,首先按MNT/TEST键,使编程器处于M(测试)工作方式,接着按下面的顺序按键:

SP→C→2→0→0→GO

```
M▶C     200    P    R    U■
         K    1 2 3 4 5 6 8
         K    2 3 4 5 6 7 8
```

附图16　对32位计数器的监视

屏幕上显示的内容如附图16所示。第一行显示的P和R的意义与附图15中的一样,U表示该计数器是递增还是递减计数方式,当其右侧显示"■"时(见附图16),表示其计数方式为递增(UP),反之为减计数方式。第二行显示的数据为当前计数值,第三行和第四行显示设定值,如果设定值为常数,直接显示在屏幕的第三行上;如果设定值存放在某数据寄存器内,第三行显示该数据寄存器的元件号,第四行才显示其设定值。按功能键HELP,显示的数据在十进制数和十六进制数之间切换。

(6)通/断检查(continuity check)

在监视状态下,根据步序号或指令读出指令,可监视指令中元件触点的通/断和线圈的状态,基本操作如附图17所示。按GO键后显示4条指令,第一行是指定的指令。若某一行的第11列(即元件符号的左侧)显示空格,表示该行指令对应的触点断开,对应的线圈"断电";若第11列显示"■",表示该行指令对应的触点接通,对应的线圈"通电"。

设在M工作方式下,按以下顺序按键:

STEP→1→2→6→GO

屏幕上显示的内容如附图18所示。根据各行是否显示"■",就可以知道触点和线圈的状态。但是对定时器和计数器来说,若OUT T或OUT C指令所在行显示"■",仅表示定时器或计数器分别处于定时或计数工作状态(其线圈"通电"),并不表示其输出常开触点接通。

(7)活动状态的监视

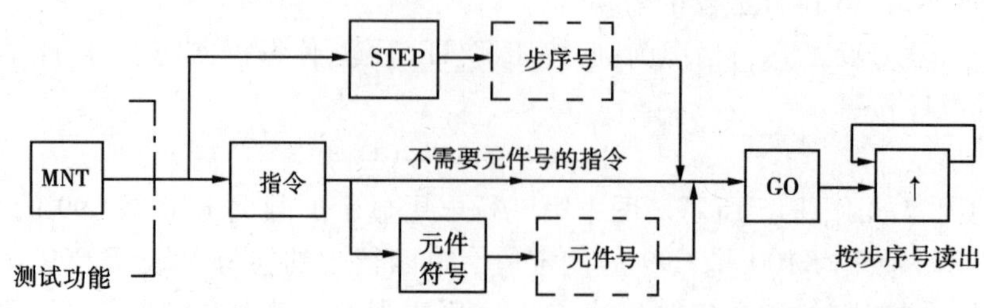

附图 17　通/断检查的基本操作

M ▶	126	LD	X	013
	127	ORI ■	M	100
	128	OUT ■	Y	005
	129	LDI	T	15

附图 18　通/断检查

用指令或编程元件的测试功能使 M8047(ST 监视有效)为 ON,先按MNT/TEST 键,使编程器处于 M(测试)工作方式,再按STL 键和GO 键,可以监视最多 8 点为 ON 的状态(S),它们按元件号从大到小的顺序排列。

7)对编程元件的测试

(1)位编程元件强制 ON/OFF

先按先按MNT/TEST 键,使编程器处于 M(测试)工作方式,然后按照监视位编程元件的操作步骤,显示出需要强制 ON/OFF 的那个位编程元件,接着再按MNT/TEST 键,使编程器处于 T 工作方式,确认"▶"指向需要强制接通或断开的编程元件以后,按一下 SET 键,即强制该位编程元件 ON 一下RST 键,即强制该编程元件 OFF。

强制 ON/OFF 的时间与可编程序控制器的运行方式有关,也与位编程元件的类型有关。一般来说,当可编程序控制器处于STOP 状态时,按一下SET 键,除了输入继电器 X 接通的时间仅一个扫描周期以外,其他位编程元件的 ON 状态一直持续到按下RST 键为止,其波形示意图如附图 19 所示(注意,每次只能对"▶"所指的那一个位编程元件执行强制 ON/OFF)。但是,当可编程序控制器处于 RUN 状态时,除了输入继电器 X 的执行情况与在 STOP 状态时的一样以外,其他位编程元件的执行情况还与梯形图的逻辑运算结果有关。

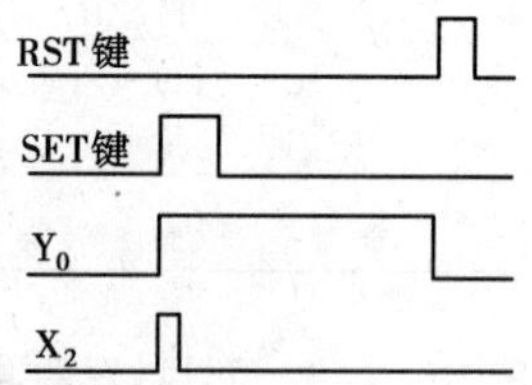

附图 19　强制 ON/OFF 波形

例如,设扫描用户程序的结果使输出继电器 Y0 为 ON,按RST 键只能使 Y0 为 OFF 的时间维持一个扫描周期;反之,设扫描用户程序的结果使输出继电器 Y0 OFF,按SET 键只能使 Y0 为 ON 的时间维持一个扫描周期。

(2)修改 T,C,D,Z,V 的当前值

基本操作如附图 20 所示,在 M 工作方式下,按照监视字编程元件的操作步骤,显示出需要修改的那个字编程元件,再按MNT/TEST 键,使编程器处于 T 工作方式,将定时器 T5 的当前值修改为 K20 的操作如下:

监视T5→TEST→SP→K→2→2→GO

常数 K 为十进制数设定,H 为十六进制数设定,若要输入十六进制数,按了K 键后还应按H 键。

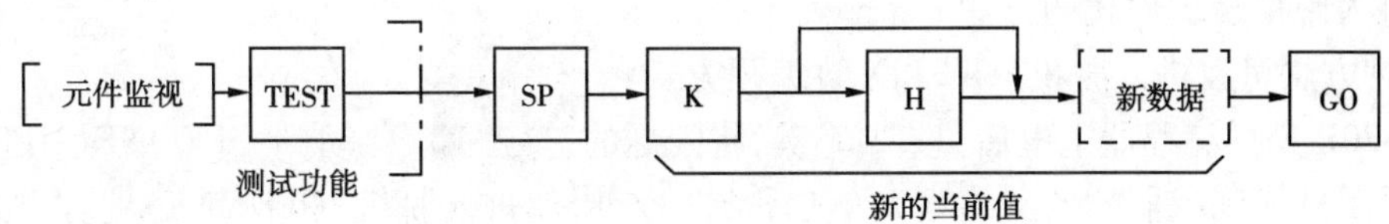

附图 20　修改字元件数据的基本操作

(3)修改定时器和计数器的设定值

基本操作如附图 21 所示。先按MNT/TEST 键,使编程器处于 M 工作方式,然后按照前述监视定时器和计数器的操作步骤,显示出待监视的定时器和计数器指令后,再按TEST 键,使编程器处于 T 工作方式,将定时器 T2 的设定值修改为 K414 的操作为:

监视T2→TEST→SP→SP→K→4→1→4→GO

第一次按SP 键后,提示符“　”出现在当前值前面,这时可以修改其当前值:第二次按SP 键后,提示符“▶”出现在设定值前面,这时可以修改其设定值;键入新的设定值后按GO 键,设定值修改完毕。

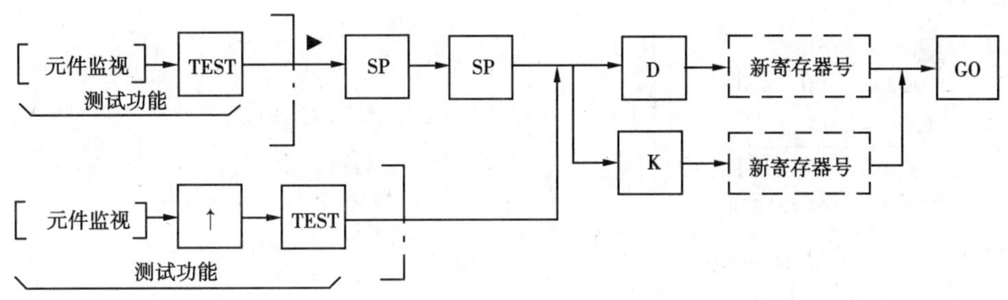

附图 21　修改定时器、计数器设定值的基本操作

将 T7 存放设定值的数据寄存器的元件号修改为 D125 的键操作如下:

监视T7→TEST→SP→SP→D→1→2→5→GO

另外一种修改方法是先对 OUT T7(以修改 T7 的设定值为例)指令作通/断检查,然后按功能键↓使“▶”指向设定值所在行,接着再按MNT/TEST 键,使编程器处于 T 工作方式,键入新的设定值,最后按GO 键,便完成了设定值的修改。将 100 步的 OUT T7 指令的设定值修改为 K225 的键操作如下:

监视 100 步的指令↓→TEST→K→2→2→5→GO

8)脱机(OFFLINE)编程方式

(1)概述

脱机方式编制的程序存放在简易编程器内部的 RAM 中,联机方式键入的程序存放在可编程序控制器内的 RAM 中,编程器内部 RAM 中的程序不变。编程器内部 RAM 中写入的程序可成批地传送到可编程序控制器的内部 RAM,也可成批地传送到装在可编程序控制器上的存储器卡盒。往 ROM 写入器的传送,在脱机方式下进行。

简易编程器内 RAM 的程序用超级电容器作断电保护,充电 1 h(小时),可保持 3 d(天)以上。因此,可将在实验室里脱机生成的装在编程器 RAM 内的程序,传送给安装在现场的可编程序控制器。

(2)进入脱机编程方式的方法

有两种方法可以进入脱机(OFFLINE)编程方式:

①FX-20P-E 型编程器上电后,按"↓"键,将闪烁的符号"■"移动到 OFFLINE(HPP)位置上(HPP 是手持式编程器的英文缩写),然后再按GO 键,就进入脱机(OFFLINE)编程方式。

②FX-20P-E 型编程器处于联机(ONLINE)编程方式时,按功能键OTHER,进入工作方式选择,此时,闪烁的符号"■"处于 OFFNINE MODE 位置上,接着按■键,就进入脱机(ONLINE)编程方式。

(3)工作方式

FX-20P-E 型编程器处于脱机编程方式时,所编制的用户程序存入编程器内的 RAM 中,与可编程序控制器内的用户程序存储器以及可编程序控制器的运行方式都没有关系。除了联机编程方式中的 M 和 T 两种工作方式不能使用以外,其余的工作方式限, W,互和 D 及操作步骤均适用于脱机编程。按 OTHER 键后,即进入工作方式选择的操作。此时,液晶屏幕显示的内容如附图 22 所示。

```
OFFLINE    MOOD    FX
■1.  ONLINE    MOOD
 2.  PROGRAM    CHECK
 3.  HPP  < - > FX
```

附图 22 屏幕显示

在脱机编程方式下,可供选择的工作方式共有 7 种,它们依次是:

①ONLINE MODE;

②PROGRAM CHECK;

③HPP < - > FX;

④PARAMETER;

⑤XYM. . NO. CONV. ;

⑥BUZZER LEVEL;

⑦MODULE。

选择 ONLINE MODE 时,编程器进入联机编程方式。PROGRAM CHECK,PARAMETER,XYM. . NO. CONV. 和 BUZZER LEVEL 的操作与联机编程方式下的相同。

(4)程序传送

选择 HPP < - > FX 时,若可编程序控制器内没有安装存储器卡盒,屏幕显示的内容如附图 22 所示。技功能键↑或↓将"■"移到需要的位置上,再按功能键GO,就执行相应的操作。其中"→"表示将编程器的 RAM 中的用户程序传送到可编程序控制器内的用户程序存储器中去,这时,可编程序控制器必须处于 STOP 状态。"←"表示将可编程序控制器内存储器中的用户程序读入编程器内的 RAM 中,":"表示将编程器内 RAM 中的用户程序与可编程序控制器的存储器中的用户程序进行比较,可编程序控制器处于 STOP 或 RUN 状态都可以进行后两种操作。

若可编程序控制器内安装了 RAM,EEPROM 或 EPROM 扩展存储器卡盒,屏幕显示的内容类似附图 23,但图中的 RAM 分别为 CSRAM,EEPROM 和 EPROM,且不能将编程器内 RAM 中的用户程序传送到可编程序控制器内的 EPROM 中去。

(5)MODULE 功能

MODULE 功能用于 EEPROM 和 EPROM 的写入,先将 FX-20P-RWM 型 ROM 写入器插在编程器上,开机后进入 OFFLINE(脱机)方式,选中 MODULE 功能,按功能键GO 后屏幕显示的内容如附图 24 所示。

```
3． HPP <-> FX
■ HPP → RAM
  HPP ← RAM
  HPP ： RAM
```

附图 23　屏幕显示

```
[ROM     WRITE]
■ HPP  →  ROM
  HPP  ←  ROM
  HPP  :  ROM
```

附图 24　屏幕显示

在 MODULE 方式下，共有 4 种工作方式可供选择：

①HPP→ROM

将编程器内 RAM 中的用户程序写入插在 ROM 写入器上的 EPROM 或 EEPROM 内。写操作之前必须先将 EPROM 中的内容全部擦除或先将 EEPROM 的写保护开关置于 OFF 位置。

②HPP←ROM

将 EPROM 或 EEPROM 中的用户程序读入编程器内的 RAM。

③HPP：ROM

将编程器内 RAM 中的用户程序与插在 ROM 写入器上的 EPROM 或 EEPROM 内的用户程序进行比较。

④ERASE CHECK

用来确认存储器卡盒中的 EPROM 是否已被掠除干净。如果 EPROM 中还有数据，将显示"ERASH ERROR"（擦除错误）。如果存储器卡盒中是 EEPROM，将显示" ROM MISCONNECTED"（ROM 连接错误）。

参考文献

[1] 李仁．电器控制[M]．北京:机械工业出版社,1990.
[2] 杨光臣．建筑电气工程图识读与绘制[M]．北京:中国建筑工业出版社,1995.
[3] 孙景芝．建筑电气自动控制[M]．北京:中国建筑工业出版社,1993.
[4] 王俭,龙莉莉．建筑电气控制技术[M]．北京:中国建筑工业出版社,1998.
[5] 方承远．工厂电气控制技术[M]．北京:机械工业出版社,1992.
[6] 王明昌．建筑电工学[M]．重庆:重庆大学出版社,1995.
[7] 朱庆元,商文怡．建筑电气设计基础知识[M]．北京:中国建筑工业出版社,1990.
[8] 李佐周．制冷与空调设备原理及维修[M]．北京:高等教育出版社,1994.
[9] 张子慧．空气调节自动化[M]．北京:科学出版社,1979.
[10] 史信芳．电梯原理与维修管理技术[M]．北京:电子工业出版社,1988.
[11] 陈家盛．电梯结构原理及安装维修[M]．北京:机械工业出版社,1990.
[12] 同济大学,湖南大学,重庆建筑工程学院．锅炉及锅炉房设备[M]．北京:中国建筑工业出版社,1986.
[13] 张亮明,夏桂娟．工业锅炉自动控制[M]．北京:中国建筑工业出版社,1987.
[14] 刘光源．实用维修电工手册[M]．上海:上海科学技术出版社,1993.
[15] 李发海,王岩．电机与拖动基础[M]．北京:中央广播电视大学出版社,1985.
[16] 国家标准局．电气制图及图形符号国家标准汇编[S]．北京:中国标准出版社,1989.
[17] 廖常初．可编程序控制器应用技术[M]．重庆:重庆大学出版社,1992.
[18] 陈金华,等．可编程序控制器应用技术[M]．北京:电子工业出版社,1995.
[19] 杨士元,李美莺,等．可编程序控制器原理、应用及维修[M]．北京:清华大学出版社,1995.
[20] 赵宏家．电气工程识图与施工工艺[M].2 版.重庆:重庆大学出版社,2007.